规划环境影响评价：理论、方法、机制与广东实践

罗育池　李朝晖　陈　瑜　包存宽　等编著

科学出版社

北京

内 容 简 介

本书在系统回顾国内外战略/规划环境影响评价发展历程和相关研究的基础上，分析了广东省规划环境影响评价的实施情况，梳理了目前规划环境影响评价存在的主要问题；基于规划的环境影响机理研究，构建了符合广东省省情的规划环境影响评价核心理论体系；结合广东省区域发展和环境保护战略要求，开展了针对不同规划的环境影响特征研究，以及环境影响评价关键方法的应用研究；从提高规划环境影响评价有效性的角度出发，创新和完善了广东省规划环境影响评价实施和管理机制；选取广东省有代表性的规划环境影响评价案例，开展了核心理论、关键方法和管理机制的适用性检验；最后从规划环境影响评价关键领域研究、差别化环境准入管理、实施有效性评估等方面提出了下一阶段的研究建议。

本书可供科研院所和企事业单位从事环境影响评价、规划编制的科技人员、高等院校环境类师生及政府部门环境管理人员参考。

图书在版编目(CIP)数据

规划环境影响评价：理论、方法、机制与广东实践/罗育池等编著. —北京：科学出版社，2017.2
ISBN 978-7-03-051618-3

Ⅰ.①规… Ⅱ.①罗… Ⅲ.①区域环境规划环境影响—环境质量评价—研究—广东 Ⅳ.①X321.265.001

中国版本图书馆 CIP 数据核字(2017)第 018968 号

责任编辑：谭宏宇
责任印制：韩 芳／封面设计：殷 靓

科学出版社 出版
北京东黄城根北街 16 号
邮政编码：100717
http://www.sciencep.com
京华虎彩印刷有限公司印刷
上海蓝鹰文化传播有限公司排版制作
科学出版社发行　各地新华书店经销
*
2017 年 2 月第 一 版　开本：787×1 092　1/16
2018 年 4 月第二次印刷　印张：18
字数：393 000
定价：130.00 元
(如有印装质量问题，我社负责调换)

前　　言

自 2002 年《中华人民共和国环境影响评价法》和 2009 年《规划环境影响评价条例》颁布以来,我国的规划环境影响评价工作得到稳步推进,相关研究成果逐步增多,规划环境影响评价制度已初见成效。纵观我国规划环境影响评价的发展历程和实施情况可以看出,规划环境影响评价在环境保护对经济发展的引导和调控方面发挥了积极作用,一定程度上避免单一建设项目的无序建设。但是,作为一项新生事物,由于没有现成的经验和发展模式,规划环境影响评价开展过程中仍存在诸多问题,实施效果差强人意,削弱了规划环境影响评价在环境保护中的作用。主要表现在:基础理论研究不足、方法针对性不强、评价类别和层次不明、监管机制缺失和实施作用有限等方面。

当前,广东省正处于转型发展的关键时期,资源环境约束日益凸显,环境问题日益复杂,仅依靠处于决策链低端的建设项目环境影响评价已难以解决问题,必须充分发挥规划环境影响评价的引导和调控作用。但首先必须摆脱规划环境影响评价目前所处的现实困境,这就非常有必要开展规划环境影响评价的核心理论和关键方法研究以提高其针对性,通过创新和完善规划环境影响评价的工作模式与管理机制以提高其有效性。为更好地服务于广东省的社会经济发展和环境保护工作,2013 年 6 月,广东省环境科学研究院设立了院科技创新基金,批准《广东省规划环境影响评价核心理论、关键方法与管理机制研究》课题立项(HKYKJ‐201303),并成立项目组开展相关研究工作。本书正是基于该项目研究成果进行编写的。

本书共分为 7 章。第 1 章系统总结了国内外战略/规划环境影响评价的发展历程,归纳了当前我国规划环境影响评价在基础理论、评价方法和管理机制等方面的研究进展,分析了广东省规划环境影响评价的实施情况,全面梳理了规划环境影响评价存在的主要问题;第 2 章对我国规划的内涵和规划体系进行了深入剖析,分析了规划影响环境的机理。在此基础上,从目标理论、方法理论和决策理论 3 个方面构建了广东省规划环境影响评价的核心理论体系;第 3 章基于广东省区域发展和环境保护战略定位,筛选了工业项目集群、矿产资源、交通、旅游、能源、水利水电、城市建设七大类典型规划,并采用矩阵法、网络法和压力‐状态‐响应分析法识别了规划的环境影响特征,建立了评价指标体系;第 4 章系统梳理了当前已有规划环境影响评价方法的适用范围,开展了针对广东省不同规划环境影响评价方法的应用研究,包括规划分析、资源环境承载力分析和环境影响评价等方法,明确了方法的适用情景和技术要点;第 5 章针对广东省不同行业、不同层次规划,完善了规划环境影响评价的工作程序、编制内容、多方协同、技术审查和实施监管等机制,创新了规划环境影响评价实施和管理模式;第 6 章选取广东省 1 个规划环境影响评价相关政策研究课题和 5 个具有代表性的专项规划,开展了规划环境影响评价

案例实证研究,对核心理论、关键方法和管理机制进行适用性检验和经验总结;第 7 章总结了规划环境影响评价的发展历程、核心理论、影响特征、关键方法、管理机制和案例实践等研究成果,并从规划环境影响评价关键领域研究、差别化环境准入管理、实施有效性评估等方面提出了下一阶段的研究建议。

本书主要着墨于 3 个方面的研究。一是构建了符合广东省省情的规划环境影响评价核心理论体系,强化了规划环境影响评价的目标导向和决策导向;二是开展了针对广东省典型规划环境影响评价的关键方法应用研究,明确了方法的适用情景和技术要点;三是创新了规划环境影响评价实施和管理模式,完善了规划环境影响评价工作机制,为广东省规划环境影响评价的管理提供技术支撑。

本书由罗育池、李朝晖主持编写,罗育池负责统稿。陈瑜、包存宽作为副主编参与了部分章节的编制和统稿工作。参与本书编写工作的人员(排名不分先后)还包括宋宝德、相景昌、侯锦湘、申冲、郝文彬、刘茜、王灵丹、陈媛和殷璐等。叶向东教授级高工、汪永红教授级高工、刘乙敏高工在编写过程中给予了大力支持和悉心指导。在此,对所有为本书付出努力的人员表示衷心感谢。

本书在编写过程中参考了不少相关领域的文献,引用了国内外许多专家和学者的成果和图表资料,谨此向有关作者致以谢忱。本书的出版得到了广东省环境科学研究院科技创新项目(HKYKJ-201303)的资助。

鉴于我们的知识水平和工作经验有限,本书难免存在一些不足和不当之处,恳请专家、学者及广大读者批评指正!

编 者

2016 年 5 月

目　　录

1 绪　　论

1.1　研究背景

实施环境影响评价(environmental impact assessment，EIA)目的是为了预防因人类发展过程中各项活动可能对环境影响造成的重大不利影响。由于人类活动决策具有层次性，因此完善的 EIA 体系具有层次性。按照人类决策行为从高到低，相应的 EIA 可分为法律法规、政策、规划、项目等几个层次，见图 1.1(包存宽等，2004)。其中，法律法规、政策、规划EIA 属于战略层面的评价，即战略环境评价(strategic environmental assessment，SEA)。我国目前主要开展的战略环境评价为规划环境影响评价(plan environmental impact assessment，PEIA)。

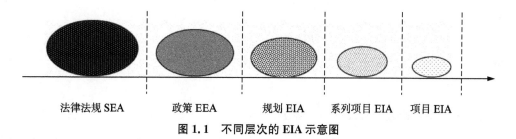

法律法规 SEA　　　政策 EEA　　　规划 EIA　　系列项目 EIA　　项目 EIA
图 1.1　不同层次的 EIA 示意图

PEIA 是指在规划编制阶段，对规划实施后可能造成的环境影响进行分析、预测和评价，提出预防或者减轻不良环境影响的对策和措施的过程。开展规划环境影响评价有利于在人类活动的源头预防和减轻社会经济活动对环境产生的不利影响，是实现人类社会可持续发展的一个重要手段(徐鹤，2012)。

2002 年颁布的《中华人民共和国环境影响评价法》(以下简称《环境影响评价法》)确立了规划环境影响评价制度在我国环保工作中的地位。2009 年颁布的《规划环境影响评价条例》又将规划环境影响评价引入一个新的发展时期。但是实际经验表明，规划环境影响评价的实施效果差强人意，很少有规划真正按照规划环境影响评价文件审查意见进行实施与反馈的。造成上述困境的主要原因在于：一是规划环境影响评价理论与方法学等基础性研究不足，过于依赖当前建设项目环境影响评价的框架。二是已有的技术规范和管理制度对实践的指导性不够，评价方法适用性不强，管理监督机制缺失。

当前，广东省经济社会正处于转型发展的关键时期，资源环境要素的约束日益凸显，环境问题日益复杂，污染特征从单一型、点源污染向复合型、区域污染转变，环境污染事故处于易发多发期，环保公共需求进入快速增长期。要破解广东发展与资源、环境之间的难题，实现以环保优化经济发展、促进发展模式的根本转变，仅依靠处于决策链低端的建设项目环境影响评价还难以解决问题，必须从上层决策综合考虑、从上下游产业链系统考虑、从区域流域整体考虑，积极探讨构建经济发展与环境保护的长效协调机制。

规划环境影响评价作为实施可持续发展战略的重要工具,是破解广东省这一发展难题的有效手段。如何摆脱规划环境影响评价所处的现实困境,充分发挥其在环境保护中对经济发展进行引导和调控重要作用,已经成为当前环保工作的重要议题。因此,非常有必要开展规划环境影响评价的核心理论和关键方法研究以提高其有效性。通过创新规划环境影响评价模式和管理机制,为建立适合广东省发展需要的规划环境影响评价工作程序、技术审查以及有效监管的管理体系提供机制保障。

1.2 规划环境影响评价的发展历程

1.2.1 国际战略环境评价的发展历程

战略环境评价制度产生于美国 1969 年的《国家环境政策法》,该法案提出在对人类环境质量具有重大影响的每一项建议或立法建议报告和其他重大联邦行动中,均应由负责官员提供关于该行动可能产生的环境影响说明。20 世纪 70 年代,一些发达国家开始认识到以项目为核心的"传统环境影响评价"的不足,逐步将评价对象扩展到计划、规划和政策层次,即战略环境评价(SEA)。20 世纪 80 年代末,战略环境评价应运而生,并开始得到世界范围的广泛接受。

根据 SEA 在各国的应用和发展,可以将其分为 3 个发展阶段,即 20 世纪 70 年代到 80 年代的形成阶段、20 世纪 90 年代开始的成形阶段以及 21 世纪至今的扩展深化阶段。

1.2.1.1 形成阶段 (1969～1989 年)

20 世纪 70 年代到 80 年代是 SEA 执行的早期阶段,SEA 首先在美国联邦层面的法律和政策中得到确立。《国家环境政策法》(national environmental protection act, NEPA)分别为政策、计划和规划以及立法的环境影响声明提供了统一的规则和程序(CEQ,1978)。但在实际应用当中,NEPA 仅被应用于计划和规划层面,在广泛有争议的政策(不同于立法)层面则被作为"非启动"法案而未能得到应用。70 年代中期,欧美其他国家开始将环境影响评价的应用扩展到战略层次。80 年代末,SEA 开始被全世界广泛接受,作用于战略实施全过程(政策—规划—计划—项目),新的环境影响评价体系逐渐形成。

1.2.1.2 成形阶段 (1990～2000 年)

以加拿大(1990)和世界银行(1989)为首,SEA 逐渐在越来越多的国家和国际组织中得到应用,并被列入《联合国欧洲经济委员会跨界环境影响评价公约》条款 2(7)中,该公约要求各缔约方"在一定的程度上,努力将 EIA 原则应用于政策、计划和规划中"。为此,在各缔约国案例研究的基础上,开展了关于 SEA 程序和方法的试点研究(UNECE,1992)。

加拿大 1993 年颁布了《政策和规划提案的环境影响评价程序》(The Environmental Assessment for Policy and Program Proposals),规定提交内阁审议的所有联邦政策和规划提案都需要经过非立法性的环境评价程序。

欧盟 1993 年发布的文件规定,凡有可能造成显著环境影响的开发活动或新的立法议案必须经过 SEA。1996 年颁行了《欧盟关于特定计划与规划环境影响评价指令建议》(Proposal for a Council Directive on the Effects of Certain Plans and Programs on the Environment)议案,要求成员国在批准或采纳一项规划和计划之前应对其潜在的环境影响进行充分的分析、论证和评价,并提交公众审议,而且该指令对哪些规划和计划应当进行评价以及评价的内容和程序都作了规定。1997 年 4 月,欧盟发布了《战略环境评价导则(草稿)》(Draft Directive on SEA),要求其成员国最迟在 1999 年年底以前执行。

英国 1992 年 2 月发表的规划政策指南 12 条"发展规划与区域性的指南"标志着英国发展规划环境评价的开始。随后 1993 年发表了更为实用的"发展规划的环境评价:实用指南"。很多郡还制定了各自的规划环境评价具体评价程序。1993 年,英国赫特福德郡对其发展规划进行了 SEA。1999 年,英国制定了《村镇规划(环境影响评价)法则》(The Town and Country Planning(Environment Impact Assessment)Regulations),将规划与环境影响评价直接并列、联系在一起,要求规划的全过程必须包括环境影响评价。

俄罗斯 1994 年公布了《俄罗斯联邦环境影响评价条例》,将环境影响评价的范围确定为五大类,即部门和地区社会经济发展构想、规划(包括投资规划)和计划;自然资源综合利用和保护纲要;城市建设文件(城市总体规划、详细规划方案和纲要等);研制新技术、新工艺、新材料和新物质的文件;建设投资的前期设计方案论证文件,现有经济和其他项目及联合体的新建、改建、扩建和技术改造的技术经济论证文件及设计方案。

1.2.1.3 扩展和深化阶段 (2001 年至今)

新一代的国际法律体系使 SEA 得到了更为广泛的应用,特别是在计划和规划层面。2001 年 7 月正式发布的《欧盟战略环境评价指令》(The European SEA Directive 2001/42/EC)为计划和规划的环境影响评价确立了基本框架,但排除了其在更高层次,即政策层次的应用。2003 年,35 个国家和欧盟在基辅签署了《联合国欧洲经济委员会战略环境评价协议》,更多的国家开始实施战略环境评价。

自 2001 年 7 月《欧盟战略环境评价指令》发布以来,所有欧盟成员国均已引进或正在引进 SEA 体系,有 14 个国家将 SEA 写进法律或规章,有 6 个国家奉内阁或总理之命引进 SEA 或形成了相关行政规章。25 个欧盟成员国之中已有 16 个确立了 SEA 体系。所有国家均已引进了评价范围和内容界定过程。除澳大利亚、丹麦、德国、爱尔兰、英国和加拿大之外均已执行公众参与。约半数国家考虑了社会经济方面的影响,而且大多数国家考虑了累积影响和协同效应。除丹麦外的所有国家均执行了审查程序,多数案例均有公众参与和环保第三方参与(如环保部门等),国家 SEA 体系中均有监测和后续跟踪评价。2009 年出台的欧盟环境指令评估报告表明,欧洲战略环境评价的实施产生了显著的成效。

2003 年 5 月,联合国欧洲经济委员会(UNECE)在乌克兰基辅召开"欧洲环境"会议,提出 SEA 协议。2010 年 7 月,埃斯波公约中补充 SEA 协议(条款)正式生效,该协议由联合国欧洲经济委员会指导,但面向所有联合国成员国,旨在要求参加各方对由政府主导的计划或

项目可能产生的环境影响进行评估。同时,对于非强制性需进行 SEA 的欧盟政策或立法,该协议也提供了推荐性评价方案,这也在一定程度上推动了 SEA 向更多领域的渗透和融合。

2010 年至 2015 年 7 月期间,陆续有奥地利、丹麦、爱沙尼亚、匈牙利、立陶宛、波兰、葡萄牙和斯洛文尼亚等 12 个国家陆续认可了 SEA 协议,这也让接受或批准 SEA 协议的欧洲国家达到 27 个之多。

纵观国际战略环境评价的发展历程,有以下几个特点。

(1) 从制度特点来讲,美国的环境影响评价法律制度表现为更加强调对政策法律等宏观性、战略性行为等的评价,强调对经济、社会和环境发展的一体化评价,以及环境影响评价的科学性,使环境影响评价真正成为影响重大决策的重要工具。加拿大内阁制定的《政策、规划和计划提案环境评价内阁指导方针》要求对重要的决策、计划和规划进行环境影响评价,同时也鼓励开展更为广泛的战略环境评价。由各部门及机构对自己提出的政策、计划或规划进行环境影响评价,属于“自评”,因此,存在相对缺乏环境领域的专业知识,在应对专业性极强的战略环境评价问题时先天不足。世界银行贷款活动所强调的部门及区域评价对于将该层面的 SEA 引入发展中国家发挥了重要作用。韩国要求国家和地方政府在制定实施各种政策计划时必须进行战略环境评价,日本也出台了一套“计划环境评价体系”专门用于区域开发体系中的战略环境评价。

(2) 从发展模式来讲,国际 SEA 经过理论形成、实践应用和有效性评估等不同阶段的发展,发展路径也逐渐分为两个方向:基于影响评价的 SEA 和基于战略思考的 SEA。其中,基于影响评价的 SEA 主要源于建设项目环境影响评价,其目的是为了评估规划和计划等可能带来的环境影响。而基于战略思考的 SEA 则是一种基于战略发展规划的决策辅助工具,其更侧重于帮助规划或政策的成型、替代方案的识别、目标的确定以及制度框架的建立。Therivel(2010)认为 SEA 的目的是将环境和可持续发展整合进战略决策阶段,识别和比较不同的战略替代方案能够尽量完善战略决策本身;Pope 等(2013)认为 SEA 发展的多样性意味着只有发展多样化的技术方法才能更有效地支撑 SEA 在各领域的应用和实践;Lobos 和 Partidario(2014)认为如何促进基于影响评价的 SEA 向更高战略角度 SEA 的发展是今后一段时间值得研究的问题;另外,1980 年创建于美国的国际影响评价协会(IAIA)作为一个致力于推广环境影响评价最佳的实践经验,推动环境影响评价技术创新与发展的民间学术交流机构,每年召开一次年会,以促进影响评价在不同地区和国家的发展,成为了国际上环境影响评价领域最重要的会议。现有来自 120 多个国家的 1 600 多位会员。

1.2.2 我国规划环境影响评价的发展历程

我国的战略环境评价主要在规划层面,《环境影响评价法》中也只是规定了规划环境影响评价制度。因此,我国战略环境评价的发展历程主要指的是规划环境影响评价。

我国规划环境影响评价的研究和实践始于 20 世纪 80 年代的区域环境影响评价,主要是区域开发项目、少数旧城改造和流域开发项目(徐鹤等,2000;李天威等,2007)。这种区域环境影响评价是一种介于项目和规划层次上的环境影响评价,可以将其视为战略环境评价的雏形。20 世纪 90 年代初,研究人员意识到战略环境评价的重要性,将其概念从国外引入我国,开始启动与战略、规划环境影响评价有关的研究,着手从概念的引入、国外理论成果与实践经验的介绍、符合我国实际的理论与尝试性案例研究,到立法与制度体系的建立等一系列工作(王华东和姚应山,1991)。

经过三十多年的发展,我国规划环境影响评价的发展可分 3 个阶段:规划环境影响评价形成阶段(20 世纪 80 年代末至 2002 年《环境影响评价法》颁布)、规划环境影响评价初步发展阶段(2002 年《环境影响评价法》颁布至 2009 年)和规划环境影响评价快速发展阶段(2009 年《规划环境影响评价条例》颁布至今)。

1.2.2.1　规划环境影响评价形成阶段

1986 年,原国家环境保护局制定的《对外经济开放地区环境管理暂行规定》第 4 条规定:对外经济开放地区进行新区建设必须进行环境影响评价,全面规划,合理布局。这是我国最早制定的有关区域环境影响评价的规定。

1990 年,《中共中央关于制定国民经济和社会发展十年规划和“八五”计划的建议》中提出“建立科学的政策体系和制度。对重大的政策措施和建设项目,都要广泛征求社会各界,包括有关方面专家、学者和企业的意见,认真进行可行性研究和科学论证”。

1993 年,原国家环境保护总局在《进一步做好建设项目环境保护管理工作的几点意见》中,要求对开发区建设进行区域环境影响评价,以部门规章的形式提出了区域环境影响评价的基本原则和管理程序,但未上升到强制性高度。

1994 年,国务院颁布的《90 年代国家产业政策纲要》也提出,各项产业政策草案在批准以前,“须经产业界、学术界和消费者群体进行科学论证和民主审议”,这是中国产业政策环境影响评价最早的要求。

1996 年,《国务院关于环境保护若干问题的决定》中指出:“在制定区域和资源开发、城市发展和行业发展规划,调整产业结构和生产力布局等经济建设和社会发展重大决策时,必须综合考虑经济、社会和环境效益,进行环境影响论证。”

1996 年,国务院批准的《国家环境保护“九五”计划和 2010 年远景目标》提出,要“完善环境影响评价制度,从对单个建设项目的环境影响进行评价向对各项资源开发活动、经济开发区建设和重大经济决策的环境影响评价拓展”。同时,建议“根据全国民主法制建设的整体进程,逐步建立公众参与环境保护的机制”。

1998 年,国务院发布的《建设项目环境保护管理条例》规定:“流域开发、开发区建设、城市新区建设和旧城改造等区域性开发,编制建设规划时,应当进行环境影响评价。”这是我国第一次以法规的形式对区域环境影响评价作出明确的规定,从而在行政管理上明确了规划环境影响评价的重要性。

2002 年,原国家环境保护总局发布了《关于加强开发区区域环境影响评价有关问题的通知》,提出加强区域环境影响评价开展力度,极大地推动了规划环境影响评价的立法工作。

1.2.2.2　规划环境影响评价初步发展阶段

2002 年,全国人大常委会通过了《环境影响评价法》,它的颁布和实施在立法上确立了规划环境影响评价的法律效力,标志着具有中国特色的规划环境影响评价制度进入新阶

段。《环境影响评价法》第七条明确规定："国务院有关部门、设区的市级以上地方人民政府及其有关部门，对其组织编制的有关土地利用规划，区域、流域、海域建设开发利用规划（简称'一地三域'），应当在规划编制过程中组织进行环境影响评价，编写该规划有关环境影响的篇章或者说明。"第八条规定："国务院有关部门、设区的市级以上地方人民政府及其有关部门，对其组织编制的工业、农业、畜牧业、林业、能源、水利、交通、城市建设、旅游、自然资源开发的有关专项规划（简称'专项规划'），应当在该专项规划草案上报审批前，组织进行环境影响评价，并向审批该专项规划的机关提出环境影响报告书。"

2003 年，原国家环境保护总局发布了《规划环境影响评价技术导则（试行）》（HJ 130—2014）、《开发区区域环境影响评价技术导则》（HJ/T 131—2003），为规范行业规划环境影响评价和各类开发区的区域环境影响评价提供技术指南和要求。

2004 年，原国家环境保护总局会同有关部门发布了《关于印发〈编制环境影响报告书的规划的具体范围（试行）〉和〈编制环境影响篇章或说明的规划的具体范围（试行）〉的通知》，从而规定了具体的需要开展环境影响评价的规划类型，以及需要编制环境影响报告书或环境影响篇章、说明的规划范畴。

2005 年，国务院出台的《国务院关于落实科学发展观加强环境保护的决定》（国发〔2005〕39 号），强调"必须依照国家规定对各类开发建设规划进行环境影响评价。对环境有重大影响的决策，应当进行环境影响论证"，要求各类开发建设规划必须依据国家规定进行环境影响评价，各级环保部门负责召集有关部门代表和专家对各类开发建设规划的环境影响评价文件进行审查，进一步强化了规划环境影响评价在政府决策中的地位和作用。

2005 年，原国家环境保护总局开始在全国范围内启动典型行政区、重点行业和重要专项规划三种类型的规划环境影响评价试点。典型行政区规划环境影响评价的地区包括内蒙古、山东、广西、新疆、江苏、大连、武汉、临汾等 10 个行政区。

2006 年，原国家环境保护总局颁布了《环境影响评价公众参与暂行办法》，明确了公众参与专项规划环境影响评价的权利、范围和程序，并建议土地利用的有关规划单位，区域、流域、海域的建设、开发利用规划的编制机关开展公众参与活动。

2007 年，原国家环境保护总局启动了《规划环境影响评价技术导则（试行）》的修订工作，同时加快推进 9 个专门领域（煤炭矿区、土地利用、流域建设及开发利用、矿产资源开发等）规划环境影响评价技术导则制定工作，为规划环境影响评价提供技术支持。

2009 年，环境保护部组织开展了五大区域战略环境评价，包括环渤海沿海地区重点产业发展战略环境评价、北部湾经济区沿海重点产业发展战略环境评价、海峡西岸经济区重点产业发展战略环境评价、黄河中上游能源化工区重点产业发展战略环境评价和成渝经济区重点产业发展战略环境评价。拓展了环境保护参与综合决策的深度和广度，探索了破解区域资源环境约束的有效途径。

1.2.2.3 规划环境影响评价快速发展阶段

2009 年，《规划环境影响评价条例》正式实施，条例强化了规划编制、审批机关的责任，明确了程序、内容、依据和形式等，标志着我国规划环境影响评价走向了一个新的台阶。随着条例的实施,各地规划环境影响评价工作得到了进一步的发展,开展环境影响评价的规划数量日益增加,类别也愈加丰富。

规划环境影响评价条例实施后,相关部门加快了各行业规划环境影响评价工作的推进力度。环境保护部先后发布了《关于做好"十二五"时期规划环境影响评价工作的通知》(环发〔2011〕43号)、《关于进一步加强规划环境影响评价工作的通知》(环发〔2011〕99号)、《关于加强产业园区规划环境影响评价有关工作的通知》(环发〔2011〕14号)、《关于加强规划环境影响评价与建设项目环境影响评价联动工作的意见》(环发〔2015〕178号)、《关于开展规划环境影响评价会商的指导意见(试行)》(环发〔2015〕179号)等文件,并联合交通运输部、水利部发布了《关于进一步加强公路水路交通运输规划环境影响评价工作的通知》(环发〔2012〕49号)、《关于进一步加强水利规划环境影响评价工作的通知》(环发〔2014〕43号),联合国土资源部发布了《关于做好矿产资源规划环境影响评价工作的通知》(环发〔2015〕158号)等,以推动规划环境影响评价进一步开展。

为规范和促进规划环境影响评价的开展,环境保护部先后出台了一批规划环境影响评价技术导则规范,如《规划环境影响评价技术导则 煤炭工业矿区总体规划》(HJ 463—2009)、《规划环境影响评价技术导则 总纲》(HJ 130—2014)、《公路网规划环境影响评价技术要点(试行)》,而土地利用规划、城市总体规划、林业规划等规划环境影响评价技术导则尚处于编制和征求意见阶段。

2015年,环境保护部启动了京津冀、长三角、珠三角三大地区战略环境评价工作。通过开展我国经济总量最大的三大地区战略环境评价工作,协同推进区域新型工业化、信息化、城镇化、农业现代化和绿色化,建设资源节约型和环境友好型的世界级城市群,为我国后发地区经济发展和环境保护提供经验借鉴。

1.3 规划环境影响评价的研究进展

1.3.1 研究进展总体情况

《环境影响评价法》实施后,我国研究人员积极开展了大量规划环境影响评价的理论研究工作,并取得了一定的成果。通过对2002～2015年涉及规划环境影响评价领域的1 500余篇主要期刊文献进行统计分析,结果见图1.2和图1.3。

由图1.2可知,《环境影响评价法》实施后,规划环境影响评价领域的研究成果逐年增加,2006～2008年论文数量有大幅度增加。《规划环境影响评价条例》实施后,规划环境影响评价领域的研究成果数量出现一个高峰(2009年),之后一直保持较稳定的研究态势。

由图1.3可知,《环境影响评价法》实施后,基础理论研究最多,主要研究领域包括规划环境影响评价的意义、程序、框架、规划环境影响评价与建设项目环境影响评价的关系等方面。近年来,为更好地推行规划环境影响评价工作的有效开展,规划环境影响评价案例研究的论文数量有所增加,并主要从规划环境影响评价指标体系的构建、评价重点内容的梳理、评价方法的应用、审查执行有效性等方面进行了分析。如孟伟庆等(2009)以天津中新生态城总体规划环境影响评价项目为例进行分析,并对提高规划环

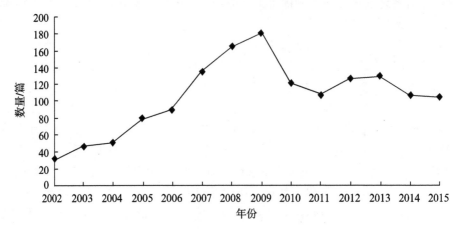

图 1.2 2002～2015 年规划环境影响评价领域期刊文献数量统计图

资料来源：根据 CNKI 中国知网文献检索统计征集

（以"战略环境评价""规划环境影响评价"为检索词）

境影响评价的有效性提出了建议。马蔚纯等（2015）以"上海高桥镇区域规划环境影响评价"（2005 年）和"上海浦东新区国民经济与社会发展规划战略环境评价"（2010 年）为例，进一步研究了空间尺度效应与显著环境因子识别和评价指标体系以及与环境影响预测的关系。

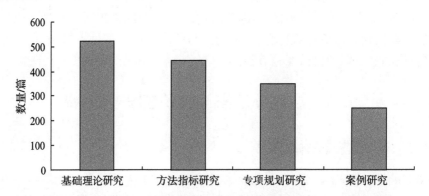

图 1.3 2002～2015 年规划环境影响评价各研究领域期刊文献数量比较图

资料来源：根据 CNKI 中国知网文献检索统计整理

（以"战略环境评价""规划环境影响评价"为检索词）

1.3.2 基础理论研究进展

根据相关文献统计，《环境影响评价法》实施后，规划环境影响评价的基础理论研究比重较大。主要侧重于规划环境影响评价的意义、程序框架、规划环境影响评价与建设项目环境影响评价和可持续发展之间的关联等方面。

李巍（1998）讨论了规划环境影响评价对于可持续发展的作用，认为实现可持续发展的一个首要关键就是要制定可持续发展的战略和政策，要使制定和实施的每一项战略决策都体现可持续性；朱坦和鞠美庭（2003）讨论了在中国开展规划环境影响评价应考虑的一些基本原则，提出了我国开展规划环境影响评价的管理程序和技术路线；毛文锋和张淑娟(2004)对实施规划环境影响评价的意义进行了分析,并提出规划环境影响评价应遵循的原则、方法和基本程序,分析了规划环境影响评价和可持续发展之间的内在联系,重点讨论了以规划环境影响评价实施可持续发展的理论依据和方法;潘岳(2005)认为缺少环境考虑的规划与决策势必会带来深刻的环境教训,战略环境评价的制度必须付诸实践,才能真正贯彻可持续发展战略,并建议现阶段我国战略环境评价的切入点是规划环境影响评价;朱坦和吴婧(2005)讨论了我国规划环境影响评价面临的人才培养和队伍建设、评价理论和实践方面等存在的发展困境,并从规划环境影响评价培训、应用基础理论研究、合作与交流等几个方面提出了相应的对策和建议;王亚男和赵永革(2006)借鉴战略环境评价思路,提出空间规划编制必须从需求导向转向资源环境导向,将可持续发展原则真正融入空间规划编制;舒廷飞等(2006)对规划和规划环境影响评价的关系深入研究,将规划环境影响评价分为融合型和调整型两种,并提出了二者融合的基本框架和思路;蔡春玲(2008)从评价性质、目的和决策作用、评价范围、评价工作的主体、介入时机、评价方法、评价指标体系、评价内容等多个方面对规划环境影响评价和建设项目环境影响评价进行了比较,并讨论了规划环境影响评价改进的一些方法;郑子航和彭荔红(2010)探讨了规划环境影响评价与建设项目环境影响评价之间的区别和联系,并讨论了规划环境影响评价对建设项目环境影响评价的指导作用。

1.3.3　评价方法研究进展

从 20 世纪 90 年代中期开始,我国一些学者就规划环境影响评价的理论方法开始了一系列研究,总结了微观层次上的规划环境影响评价方法。《环境影响评价法》实施后,方法学研究在规划环境影响评价研究领域中仍占有重要的地位,《规划环境影响评价技术导则(试行)》中也推荐了一些规划环境影响评价方法。目前,我国的规划环境影响评价的方法学研究主要基于建设项目环境影响评价方法的提升和改进,以及规划环境影响评价方法应用等方面。

李明光(2003)认为我国规划环境影响评价方法研究的缺陷在于评价思路沿袭建设项目环境影响评价,使得方法复杂化,不利于规划环境影响评价的推广,故其在划分评价层次的基础上,对层次间的相互作用、效益及条件进行了分析,探讨了评价层次与评价方法间的关系;蒋宏国和林朝阳(2004)探讨了规划环境影响评价中的替代方案进行比较的动态方法和原则;张静等(2010)针对当前我国规划及战略环境评价指标体系中缺乏直接反映生态功能指标的问题,提出可通过系统研究区域景观生态结构与景观功能变化间的关系,由斑块面积指数计算生物生产力、由景观香农多样性指数和景观香农均匀度指数反映生态质量,以此表征景观生态功能;聂新艳(2012)在总结国内外主流框架成果、经验及存在问题的基础上,在规划环境影响评价中提出了由风险问题形成、"压力-状态-响应"分析、区域风险综合评价、风险管理四部分组成的适合我国国情的生态风险评价框架;张秀红等(2012)以江苏省宿迁市城市总体规划为研究对象,引入生态承载力评价方法对城市的人口规模、绿化和能源进行预测,通过生态用地分析、碳氧平衡分析和生态足迹等方法进行研究,最终确定规划人口规模是否在生态承载容量范围之内;何璇和包存宽(2013)将情景分析的方法和理念应用到城

市环境规划中,通过假设未来发展情景的方式,应对未来环境变化的不确定性,以《太仓市城市环境规划》(2011~2030)为例,详细探讨了关键不确定因子(人口总量、产业结构、科技水平、政府管制)的筛选过程,提出 4 种典型情景(规划情景、BAU 情景、最坏情景、优化情景),并以水资源为例简要论证其应用的必要性;王海伟和王波(2013)以水利枢纽工程为例,应用推荐的方法进行了累积影响示例研究,最后提出了推进累积环境影响评价和研究的建议;张小平等(2014)研究了高铁区域内进行开发活动对生态环境的累积影响,综合利用了情景分析法、层次分析法等方法定性与定量相结合来评价累积环境影响;李松柏和朱坦(2014)在贯彻可持续能源战略的背景下,针对当前城市规划环境影响评价实践中存在的问题,构建了能源"脱钩"理论融入城市规划环境影响评价的内容框架。

1.3.4　管理机制研究进展

随着《环境影响评价法》的实施,我国规划环境影响评价工作在取得很大进展的同时,不断深化的管理实践也迫切要求对规划环境影响评价的整体定位、法律问题、管理模式和制度、评估标准、公众参与等一系列问题作出明确回答。

王灿发(2004)对规划环境影响评价的法律问题进行研究,涉及适用的对象、范围、规划环境影响评价的责任人和评价单位、规划环境影响评价的审查、违反规划环境影响评价要求的责任追究等问题;潘岳(2004)阐释了环境保护与公众参与之间的关系,并对如何推进环保公众参与提出了建议;包存宽(2004)认为规划环境影响评价的管理模式主要包括内部评价、外部评价、混合评价三种模式,其中,内部评价模式是指由规划编制机关自己承担所编制规划的环境影响评价工作,外部评价模式是指由规划编制机关以外的其他独立机构承担规划环境影响评价工作,混合评价模式是指由规划编制机关与外部的研究或咨询机构承担该专项的规划环境影响评价;汪劲(2007)对欧美战略环境评价法律制度中的主体进行了比较研究,并对战略环境评价的审查、监督以及战略环境评价的保密和透明问题进行了探讨,为我国规划环境影响评价的立法、建立和完善规划环境影响评价制度起到了指导作用;李天威等(2007)对规划环境影响评价与规划管理、战略环境评价、区域环境影响评价和建设项目环境影响评价这四者的关系入手,初步研究了规划环境影响评价在规划管理体系和环境管理体系中的基本定位;宋国军(2008)将规划环境影响评价管理制度划分为信息管理、实施管理、监督管理和资金管理 4 个方面;朱香娥(2008)提出了通过市场调节、公众参与和政府干预的协作,形成"三位一体"的管理模式,加强了各阶层、集团和社群之间的交流和沟通,促进环境合作;徐美玲和包存宽(2010)认为影响规划环境影响评价制度实施有效性的关键在于评价模式、过程监督和问责体系,如果缺乏有效的公众参与机制和严格的法律问责体系,规划环境影响评价的有效性就很难得到提高;黄爱兵和包存宽(2010)对环境影响跟踪评价在国内外的理论成果进行回顾和总结,认为跟踪评价的主要驱动力来自于立法、决策方自身利益和公众压力 3 个方面,提出了加强我国规划环境影响跟踪评价的理论研究、建立相关的跟踪评价制度和开展跟踪评价试点等建议;徐鹤(2012)对我国当前规划环境影响评价有效性评估标准、评估方法和框架进行了分析,总结出 6 种评估标准,包括背景有效性标准、目标有效性标准、执行过程有效性、绩效标准、直接有效性和规划环境影响评价的增量标准。

1.4 广东省规划环境影响评价的实践情况

1.4.1 规划环境影响评价的发展过程

广东省是全国较早开展了规划环境影响评价的省份,主要经历了从区域环境影响评价开始推行逐步延伸到行业专项规划环境影响评价的发展过程。

2002 年,广东省委省政府发布《关于加强珠江综合整治工作的决定》(粤发〔2002〕16号),明确要求重污染行业项目进入基地建设。2003 年,针对重污染行业发展及环境保护要求,广东省出台了《关于印发广东省电镀和化学纸浆行业统一规划定点实施意见的通知》(粤环〔2004〕149 号),率先开展电镀、印染等重污染行业定点基地的规划环境影响评价,推动重污染行业企业统一规划、统一定点基地建设。

2006 年,为促进珠三角地区向粤东西北欠发达地区的产业转移园区建设,广东省出台了《关于加强产业转移中环境保护工作的若干意见》,提出按照科学规划、合理布局、分区控制原则全面实施产业园区环境影响评价文件审查的要求。

2007 年,根据原广东省环境保护局发布的《关于加强开发区环保工作的通知》(粤环〔2008〕46 号),采取有效措施督促较早设立的部分国家级和省级开发区限期完成规划环境影响评价。

2010 年,广东省发布了《关于进一步做好我省规划环境影响评价工作的通知》(粤府函〔2010〕140 号),明确和细化了规划环境影响评价的具体审查程序、审查方式、需开展规划环境影响评价的具体范围等,推动规划环境影响评价在全省的全面开展。

2011 年,广东省出台了《关于贯彻实施国家固体废物进口管理有关规定的意见》(粤环〔2011〕57 号),积极推进进口废塑料的圈区管理工作。对进口废塑料有较大需求的地级以上市可根据本地实际情况,规划建设进口废塑料园区并应纳入当地固体废物污染防治规划。园区的环境影响评价文件由省环境保护厅审批。

2012 年,广东省颁布了《广东省建设项目环境影响评价文件分级审批办法》(粤府〔2012〕143 号),规定"在经审批的重污染行业统一定点基地内建设的印染(设漂染工序)和电镀(含配套电镀工序)项目由地级以上市环保部门负责审批;地级以上市和县环保部门不得审批重污染行业统一定点基地外的化学制浆、电镀(含配套电镀工序)、印染(设漂染工序)、鞣革、危险废物处置等重污染行业项目;纳入专项规划或区域性开发规划的建设项目,在专项规划或区域性开发规划环境影响报告书经有审查权的环保部门审查通过后,其环境影响评价文件的审批权限可适当下放,具体由有审批权的环保部门确定",引导和规范了规划环境影响评价的开展。

2014 年,广东省颁布了《广东省主体功能区规划的配套环保政策》和《广东省实施差别化环保准入促进区域协调发展的指导意见》的通知,要求根据全省各地的资源禀赋、发展需求和环境承载力等因素,结合主体功能区划、生态环境功能区等制定差别化的环保政策,促进区域协调发展,重点做好工业园区布局、总量控制和环境准入。

1.4.2 规划环境影响评价的开展情况

1.4.2.1 规划环境影响评价开展总体情况

根据统计分析,广东省开展环境影响评价的规划类型主要分为两大类:一类是专项规划环境影响评价,主要包括工业、交通、能源、水利、旅游、城市建设和自然资源开发等;另一类是工业项目集群类的区域开发建设规划环境影响评价。

广东省工业项目集群类规划环境影响评价大体有 4 类:① 经济开发区规划环境影响评价。全省共有经国家审核公告的国家级和省级开发区 92 个,其中,完成规划环境影响评价文件审查手续的已有 82 个;② 产业转移工业园规划环境影响评价。产业转移工业园是广东省推进产业转移和劳动力转移政策的载体,大部分工业园依托现有经济开发区建设,涵盖2～3 个主导产业。目前全省范围内共有 51 个产业转移工业园通过了规划环境影响评价文件审查;③ 统一定点基地规划环境影响评价。主要包括电镀、印染、化工、鞣革、危险废物处理、废旧资源再生利用(含废旧塑料)等行业,产业类型较单一,以电镀行业基地为主。目前全省通过规划环境影响评价文件审查的统一定点基地有 31 个;④ 工业集聚区规划环境影响评价。各地通过建设一些经济开发区、基地、示范区的形式,引导产业集聚发展,促进当地经济发展。这一类区域开发规划环境影响评价和产业转移园工业园类似,往往涉及产业类型较多,园区数量较大。

由于资料获取有限,本报告重点统计 2005 年 1 月至 2015 年 12 月以来,各级环保部门组织审查的广东省各类规划环境影响报告书,以及规划环境影响篇章或说明。经统计,上述时间段内广东省共开展规划环境影响评价 437 项(专项规划 236 项、区域开发建设规划 201项),其中,国家环保部组织审查 11 项(专项规划 7 项、区域开发建设规划 4 项),省级环保部门组织审查 184 项(专项规划 59 项、区域开发建设规划 125 项),其余为各级地方环保部门组织审查的规划环境影响评价 242 项(专项规划 170 项、区域开发建设规划 72 项)。

广东省规划环境影响评价开展情况统计详见图 1.4。

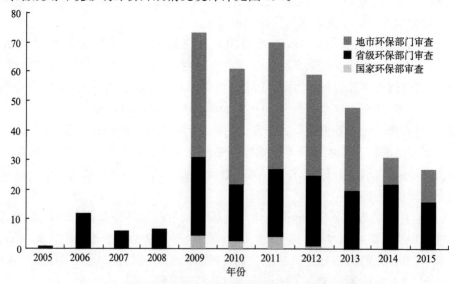

图 1.4　2005 年以来全省规划环境影响评价开展情况统计图

1.4.2.2 专项规划环境影响评价开展情况

近年来,通过推动重点行业规划环境影响评价,带动各项专项规划环境影响评价工作开展,广东省先后主要完成了《广东省水泥工业发展专项规划》《广东省高速公路网规划》《广东省内河航运发展规划》《广东省油气主干管网规划》《广东省石化产业调整和振兴规划》、惠州港、虎门港、潮州港、揭阳港等港口和韶关、江门、茂名国家公路运输枢纽,以及全省 21 个地级市矿产资源规划环境影响评价的审查工作。下面从地域、行业两个方面简要分析广东省专项规划环境影响评价开展情况。

1)地域分布

经统计,到 2015 年,珠三角地区各项行业专项规划环境影响评价工作开展情况较好,经过规划环境影响评价文件审查的专项规划数量达到 140 个,占全省专项规划环境影响评价文件审查总数的 61.4%。粤东、粤西和粤北地区数量分别为 24 个、25 个和 39 个,数量相对较少,所占比例分别为 10.5%、11.0% 和 17.1%。具体开展情况见图 1.5、图 1.6。

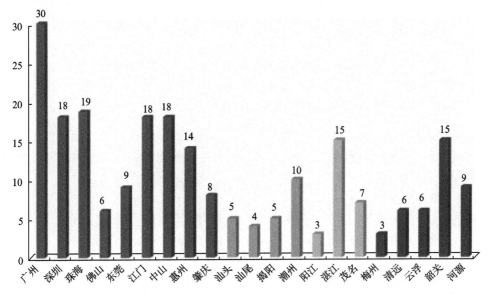

图 1.5 2005 年以来全省各地市行业专项类规划环境影响评价开展情况统计图

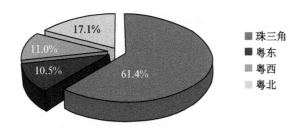

图 1.6 2005 年以来全省各地区专项规划环境影响评价开展比例图

2)行业分布

经统计,2005 年以来,广东省的城市建设、自然资源、交通、旅游和能源等十个专项规划环境影响评价工作开展情况较好,所占比例为 85.2%。又以城市建设、交通、能源、自然资源

开发、工业、旅游等五类专项规划的数量较多,其中,自然资源规划主要为矿产资源的开发利用,能源规划主要为热电联产专项规划。土地利用规划、区域、流域、海域的建设、开发利用规划环境影响评价数量相对较少,仅占14.8%。具体开展情况见图1.7。

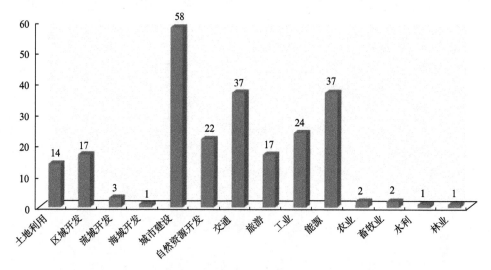

图1.7　2005年以来全省专项规划环境影响评价开展情况统计图

1.4.2.3　工业项目集群类规划环境影响评价开展情况

广东省是工业经济大省,产业较发达,工业园区数量较多,分布较广,因此,工业项目集群类的规划环境影响评价数量也较多,且受到的重视程度也最大。工业项目集群类规划主要包括各类经济开发区、产业转移工业园、统一定点基地和工业集聚区。

1) 类型分布

经统计,2005年以来,广东省各类工业项目集群类规划环境影响评价工作开展良好。其中,经济开发区数量较多,所占比例达到39.7%;产业转移工业园数量次之,所占比例为27.0%;而统一定点基地和工业集聚区的数量相差不大,所占比例分别为15.7%和17.6%;全省92个经国家审核公告的开发区中只有82个完成了相关规划环境影响评价文件审查手续。具体开展情况详见图1.8、图1.9。

2) 地域分布

经统计,珠三角地区工业项目集群类规划环境影响评价的数量最多,占全省的45.2%;粤北其次,为24.5%;粤西地区比例为17.6%;粤东地区比例最小,仅占12.7%。具体详见图1.10。

1.4.2.4　规划环境影响评价实施效果情况

总的来说,广东省规划环境影响评价实施情况体现在几个方面。

(1) 程序执行力较好。规划环境影响评价的程序较好地遵循了相关法规和导则的要求,介入规划的时间大部分相对较早。

(2) 目标有效性较好。规划环境影响评价完善了规划环境保护的内容,修改可能导致不利环境影响的内容,通过优化调整,大部分规划能采纳规划环境影响评价中的结论,与相

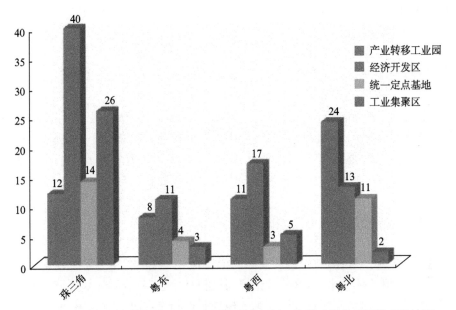

图 1.8 2005 年以来全省各地工业项目集群类规划环境影响评价开展情况统计图

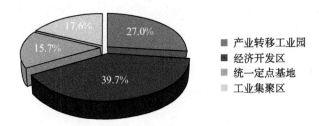

图 1.9 2005 年以来全省工业项目集群类规划环境影响评价分类图

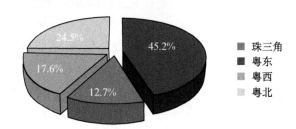

图 1.10 2005 年以来全省各地区工业项目集群类规划环境影响评价分布比例图

关区域发展规划、城市总体规划、土地利用规划和环境保护规划等基本协调。

（3）增量有效性较好。规划环境影响评价的开展一定程度上加强了部门间的合作交流，通过规划环境影响评价的开展，规划人员和政府人员的环保意识有所增加。

但是，目前规划环境影响评价实施率仍然偏低，一些地方政府部门对规划环境影响评价的理解存在局限，规划未经环境影响评价即通过审批的违法现象时有发生。除交通、水利、国土、建设等行业专项规划环境影响评价开展情况较好外，其他行业规划环境影响评价工作尚未全面推进。而且部分规划环境影响评价文件审查存在"走过场"的情况，未真正提出有建设性的规划优化调整建议，规划环境影响评价文件审查意见也缺乏强制法律效力，成为了

"软约束"。因此,必须完善规划环境影响评价的法律体系,强化执行约束力,构建长效监督机制。

1.5　规划环境影响评价存在的主要问题

纵观规划环境影响评价的发展历程和实施情况,可以看出规划环境影响评价在环境保护对经济发展的引导和调控方面起到了积极作用,一定程度上避免单一建设项目的无序建设。但在规划环境影响评价开展过程中仍存在诸多问题,制约了规划环境影响评价工作的开展,削弱了规划环境影响评价对环境保护的作用。主要表现在以下几个方面。

1)规划环境影响评价理论与方法学研究不足

理论学研究方面,尚未形成自身特有的理论体系。尽管已提出各种规划环境影响评价理论,如对不确定性的考虑,将可持续发展理论、循环经济理论、生态系统理论融入规划环境影响评价中等。但总体上来说,这些理论都还是相对分立存在,对规划环境影响评价还停留在指导作用阶段,如何切实将环境因素纳入规划制定和宏观决策过程中并保障其有效性,仍需要进一步研究。

方法学研究方面,仍处于起步和探索阶段。由于过于依赖建设项目环境影响评价的框架,规划环境影响评价的研究多是从单个环境学科领域开展的,缺少从政策学、规划学、系统学的本体理论进行综合评价。现有的一些规划环境影响评价方法研究多是基于环境要素(水、气、生态、噪声等)开展的,过于强调定量方法的使用。缺乏充分融合城市/区域可持续发展的目标、原则、框架与整体性要求的方法,难以适应规划环境影响评价的宏观性、长期性、不确定性等特点与要求。

2)规划环境影响评价方法针对性不强

目前的方法由于主要沿用建设项目环境影响评价的方法,缺乏针对不同层次、不同类别规划的评价方法研究,较少关注结合不同方法的特点将其应用到不同类型规划环境影响评价的探讨,且缺乏应对大尺度空间、不确定分析的方法应用,不能适用于复杂的规划环境影响评价。由于规划环境影响评价方法储备不足,规范化和可操作的评价方法和技术体系没有系统地建立起来,方法的选用具有一定的盲目性和随意性,特别是面对规划类型的多样化,规划方案的系统性及其环境影响的复杂性和不确定性,尚缺乏有效的评价方法体系支撑。

3)规划环境影响评价类别和层次不明

尽管原国家环境保护总局于 2003 年颁布了《编制环境影响报告书的规划的具体范围(试行)》和《编制环境影响篇章或说明的规划的具体范围(试行)》,但是在实际工作中,各级政府及有关部门组织编制的规划层次和种类繁多,再加上此后我国规划编制体系有了很大的变化和发展,地方规划体系也各有特色,造成了规划环境影响评价类别与现有规划编制体系的严重脱节。

我国规划体系的涵盖范围较广,不仅包括"国民经济和社会发展规划""新兴产业振兴规划"等政策型规划,也有"骨架公路网规划""矿产资源开发规划"等行业专项规划,还有面向区域、流域和海域开发的空间规划。因此,很多规划类型无法与前述具体范围——对应,且规划环境影响评价的对象复杂且各有不同,对评价的深度、精度、方法要求也各不相同。因此,哪些规划需要开展何种类别的环境影响评价,尚缺乏明确的要求,往往导致环保部门与规划编制机关对部分规划环境影响评价的形式存在争议,降低了规划环境影响评价工作的有序性。

4)规划环境影响评价监管机制缺失

规划环境影响评价在实施运行过程中涉及了责任机制、监督机制和保障机制。但目前相关机制尚不完善。在责任机制方面,由于相关规章制度的不完善以及主体部门对规划环境影响评价的重视和认识不够,存在规划编制机关、规划环境影响评价机构、环境影响评价文件审查部门和规划审批机关的责任规避和缺失;在监督机制方面,规划环境影响评价的监督仅仅存在于环保部门组成的审查小组对环境影响评价文件的审查环节,缺乏对整个工作的监管力度,导致环境影响评价文件质量普遍不高;在保障机制方面,目前规划环境影响评价大多重事前评价和事中审查,轻事后监管,致使规划环境影响评价文件和审查要求难以对后续的规划实施和建设项目环境影响评价形成有效约束,降低了规划环境影响评价工作的有效性。

5)规划环境影响评价实施作用有限

在规划环境影响评价实施中,监督对象是政府和各相关部门,而现有的监督体系很难对其形成有效的监督。规划环境影响评价文件的审查不是一项行政许可,执法权缺乏保障,因此,在执行力度上与建设项目环境影响评价的审批还存在差距。虽然《规划环境影响评价条例》规定了规划审批机关、规划编制机关、审查小组的召集部门不得干预审查小组工作,但规定规划环境影响评价文件的审查部门可以是环保部门或者政府指定的相关部门。而且环保部门对于规划环境影响评价行使的是"审查权"而非"审批权",环保部门召集相关政府职能部门和专家进行审查后提出意见,最终规划的审批权归地市级以上政府或行业主管部门,这些部门在审批规划时对环境影响评价文件审查意见是否采纳有很大的裁量权。规划环境影响评价工作最终很难得到保障和发挥应有的作用。

由于部分相关部门并未意识到规划环境影响评价的重要性,许多规划环境影响评价成了某些重大项目的"路条",甚至存在"先上车后补票"的情况,导致"建设项目环境影响评价推动规划环境影响评价"的现象屡屡发生。终因规划环境影响评价介入太晚,规划已经定型,降低了规划环境影响评价对规划审批决策的影响力和科学性。此外,由于规划环境影响评价机构与规划编制机关互动不充分,加上环境影响评价文件普遍深度不足、调整建议和减缓措施缺乏针对性,导致规划环境影响评价未能真正很好地指导规划实施,导致规划环境影响评价所起的作用十分有限。

1.6　研究内容和技术路线

1.6.1　研究内容

1)规划环境影响评价发展历程与经验总结

系统回顾总结国内外战略/规划环境影响评价的发展历程,归纳当前规划环境影响评价在基础理论、评价方法和管理机制等方面的研究进展;梳理和分析广东省规划环境影响评价

的发展过程、数量、类型和实施效果等；全面总结规划环境影响评价的实践经验和存在的主要问题，提出本研究的主要内容和技术路线。

2）规划环境影响评价核心理论体系的构建

对我国规划的内涵和规划体系进行深入剖析，研究规划影响环境的机理；探索从目前单纯的技术理性到包括价值理性、技术理性、规范理性的综合价值取向，从单一环境学科到多学科融合的理论研究，从单一的决策类型到面向整个决策体系，从制度化的规划环境影响评价到灵活多样的评价模式等规划环境影响评价的核心理论体系，促进广东省规划环境影响评价理论体系的完善与发展。

3）规划环境影响特征研究

针对规划类型的多样性和规划环境影响的多面性，结合广东省区域发展战略定位，筛选有代表性的典型规划类型，梳理其规划结构和规划内容，选取实用、有效的规划环境影响特征研究方法，识别各类规划对区域资源消耗、环境污染和生态系统等的影响途径和影响方式。同时，结合广东省环境保护战略要求，筛选出受规划影响大、范围广的资源环境要素，从资源利用、环境质量和生态保护等方面，建立各类规划环境影响评价的评价指标体系，为广东省典型规划环境影响评价工作提供参考。

4）规划环境影响评价关键方法应用研究

系统梳理当前已有规划环境影响评价方法的特点和适用范围，结合广东省区域发展和环保战略要求，开展针对不同规划环境影响评价关键方法的应用研究，包括规划分析、资源环境承载力分析和环境影响评价等方法，明确其适用情景和技术要点，提高方法的针对性和结论的科学性，构建广东省规划环境影响评价关键方法学体系。

5）规划环境影响评价管理机制研究

针对不同行业或领域、不同层次规划，完善规划环境影响评价的工作程序、编制内容、多方协同、技术审查和实施监管等机制，创新规划环境影响评价实施和管理模式，为广东省的规划环境影响评价管理提供机制保障。

6）规划环境影响评价案例实证研究

开展广东省代表性规划环境影响评价示范性案例研究，对核心理论、关键方法和管理机制进行适用性检验和经验总结，为广东省重点区域、重点行业的规划环境影响评价工作提供参考和借鉴。

1.6.2　技术路线

本研究遵循科学研究一般思想方法即"理论→方法→应用"，拟在系统回顾、总结国内外规划环境影响评价的发展历程和相关研究基础上，分析广东省规划环境影响评价的实施情况，全面梳理规划环境影响评价存在的主要问题；基于规划的环境影响机理研究，构建符合广东省省情的规划环境影响评价核心理论体系；结合广东省区域发展和环保战略要求，开展针对不同规划的环境影响特征研究，以及规划环境影响评价关键方法的应用研究；从提高规划环境影响评价有效性的角度出发，创新和完善广东省规划环境影响评价实施和管理模式；开展广东省代表性规划环境影响评价示范性案例研究，对核心理论、关键方法和管理机制进行适用性检验和经验总结。本研究的技术路线见图1.11。

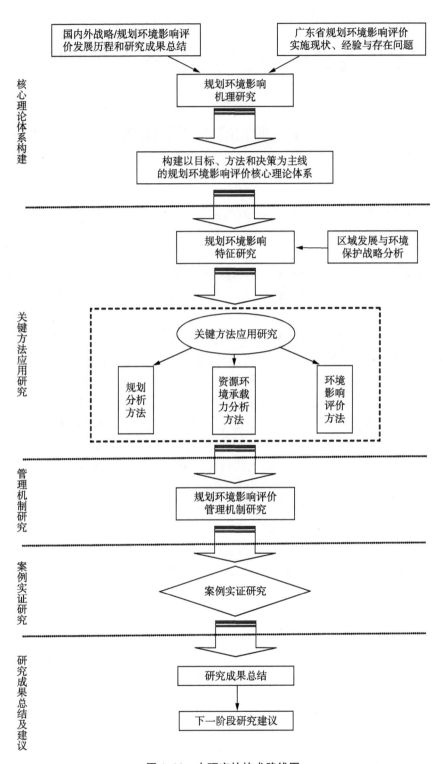

图 1.11　本研究的技术路线图

2 广东省规划环境影响评价核心理论体系构建

2.1 规划的内涵及体系

2.1.1 规划的内涵

规划是对未来整体性、长期性、基本性问题的思考、思量和整套行动方案的谋划设计(樊建民,2014)。根据规划的定义、特征及其发挥的作用,规划主要的内涵包括以下几点(杨永恒,2012)。

(1)前瞻导向性。前瞻导向性是规划最重要的内涵和特点,即规划必须面向未来,是对未来的设想和安排。这种未来导向将人们的关注点引向未来的某个特定时段和未来的某个关键行动,规划就是以未来作为目标趋向,对未来的一种谋划、安排或部署,实现规划所确定的某些目标。规划是澄清未来的发展目标,且要指明为实现未来目标应采取的行动、措施和方案。规划多数情况下并不是直接的行动,而只是行动和实施的指南。

(2)决策属性。实现未来的发展目标,往往存在多种可能的方案和途径。规划中会面临着各种目标和方案的选择,决策在规划中有着十分重要的地位。规划需要在预测基础上,谋划若干可能的情景和方案,在对各种备选方案进行系统、综合评估的基础上选择最佳方案,以尽可能低的代价尽可能地实现未来的目标。所以最后呈现给公众的规划方案实质上是为了实现所确立的目标,进行了多次决策后所确定的方案,而规划的编制过程,本身就是一种决策的过程。

(3)政策属性。公共政策是政府选择做和不做的事情,是一系列具有目标、价值和实践的计划。规划具有公共政策的所有属性,是公共政策的一种,且是关注未来长期发展的战略性公共政策,是运用政府权力对国家资源进行调配。作为政府行政的重要工具,规划本身是政策的直接体现,在规划的各个层面中均体现不同的政策性因素。

(4)资源配置性。规划的实施往往会导致社会、经济和环境的资源在不同的个人与团体之间的再分配。而由于资源的稀缺性或存在资源约束,规划作为调配资源和优化目标的手段,就显得十分重要。因此,规划要求对规划决策影响进行评估,对资源配置效果进行价值判断,对规划的影响因素进行分析。规划的作用是要优化资源的配置方式,更好地实现未来目标。

(5)不确定性。规划的作用在于帮助决策者管理未来的变化,以降低和缓解未来的不确定性。规划所面临的未来不确定性主要来自两个方面:一是规划系统外部产生并演化、规划系统自身无法调节和控制的因素;二是规划系统可调节和控制的内部因素。这两类因素始终存在,并且不能从根本上消除,这就意味着规划的未来不确定性是客观存在的。规划的目的是减少未来发展的不确定性,但无法从根本上消除不确定性。为了适应这种不确定性,规划编制过程中必须更加全面收集和分析资料,使用更为弹性灵活的规划方法,根据情况的变化启动不同的备选规划方案。

2.1.2 规划的体系架构

2.1.2.1 我国现有规划及分类

我国是一个重视规划、注重计划的国家,大多数政府行为和管理都是通过规划来进行管理,并安排各类活动及项目的实施。由于规划对资源有较强的管理和调配作用及功能,各类规划影响着国民经济的方方面面,因此,我国的政府性规划类别很多。我国的规划分类体系可以根据不同主体、性质、内容、层级和时间进行划分,具体划分情况可见表 2.1(樊建民,2014;吴维海,2015)。

表 2.1 我国规划分类表

分类依据	类型	内容和范围
规划主体	总体规划	政府主导编制并实施的规划,属于政府履职范围内的规划,普遍具有战略性、纲领性和综合性的特点,是编制本级和下级专项规划、区域规划以及制定有关政策和年度计划的依据,包括国民经济和社会发展规划、国土功能区规划等
	部门规划	政府各部门或社会团体主导编制并实施的规划,属于部门职责范围内的规划,包括行业发展规划、企业发展规划等
规划性质	经济社会发展规划	包括行业发展规划、区域发展规划、产业布局规划、区域功能规划和重点项目建设规划等,又包括教育、卫生、文化等事业发展规划,社会保障和社会管理规划等
	城乡建设规划	主要包括城乡建设规划、土地利用规划、城市环境卫生建设规划、城市景观规划和城市生态绿化规划等
规划内容	综合规划	对具有全局性的规划对象未来一个时期内发展变化状况的预期展望、谋划和重大部署。如国民经济和社会发展规划、主体功能区规划等
	专项规划	指以国民经济和社会发展的某一特定领域为对象编制的规划,是总体规划在特定领域的细化,也是政府指导该领域发展以及审批、批准重大项目,安排政府投资和制定该领域相关政策的依据。包括各部门规划、行业规划、重点项目建设规划和有特定性质的规划
规划作用	指导规划	主要是在那些市场机制基本可以有效发挥作用,无需政府过多干预的领域。编制这类规划的目的主要是通过对发展环境、市场需求、发展态势的分析预测和展望,阐明政府意图,引导资源配置方向,供市场主体决策参考。大多数竞争性产业规划均属于此类性质
	政府组织落实规划	政府通过编制规划,进行必要的扶持和帮助。编制这类规划的目的是在特定行业或领域,明确政府的责任和义务,克服政府干预的随意性,统筹重大建设项目及布局、资金来源等。其作用既是约束企业,更是约束政府自身行为。公益事业、基础设施、高新技术以及关系全局的关键环节和薄弱领域应编制此类规划。政府组织落实规划可分为两类:一是主要以政府直接动用资源为主加以落实,如防洪设施规划;二是政府只起组织性作用或投入少量资金,采取一定的政策引导等,以保证规划目标的实现,如高速公路发展规划等
规划层级	国家级规划	以国务院和国家各部委等名义颁布的重大综合性规划和产业政策等
	省、自治区、直辖市规划	各省(自治区、直辖市)人民政府或其职能部门出台的经济规划,包括五年发展规划、专项规划等
	市县级规划	由市县一级人民政府或其职能部门组织编制的相关规划
规划期限	长期规划	十年以上规划,如城市总体规划、土地利用规划、主体功能区规划等
	中期规划	五到十年规划,如国民经济和社会发展规划
	行动计划	三年以下规划

2.1.2.2 我国现行规划体系架构

针对我国规划类型繁多、规划编制过程中存在的不规范行为，为推进国民经济和社会发展规划编制工作的规范化、制度化，提高规划的科学性、民主性，更好地发挥规划在宏观调控、政府管理和资源配置中的作用，国务院于 2005 年发布了《关于加强国民经济和社会发展规划编制工作的若干意见》(国发〔2005〕33 号)（以下简称《意见》)，从建立健全规划体系、完善规划编制的协调衔接机制、建立规划编制的社会参与和论证制度、加强规划的审批管理、建立规划的评估调整机制等几个方面对我国规划编制工作及规划体系的建设提出了相关的要求及进行了相关的指导。

根据该《意见》及目前我国规划体系实际建设情况，我国的规划体系总体上可以概括为"三级三类"，即按行政层级分为国家级规划、省（自治区、直辖市）级规划、市县级规划。按对象和功能类别分为总体规划、专项规划、区域规划。

1）总体规划

总体规划是以国民经济和社会发展各领域为对象编制的规划，是统领规划期内经济社会发展各领域的宏伟蓝图和行动纲领，属于宏观层面的规划。是编制本级和下级专项规划、区域规划以及制定有关政策和年度计划的依据，其他规划要符合总体规划的要求。国家总体规划和省（自治区、直辖市）级、市县级总体规划分别由同级人民政府组织编制，并由同级人民政府发展改革部门会同有关部门负责起草。

总体规划包括三类：国民经济和社会发展中长期规划、城市总体规划和国土资源规划、主体功能区规划。如国民经济和社会发展五年计划、城市总体规划、土地利用总体规划、主体功能区规划等。

2）区域规划

区域规划是为实现一定地区范围的开发和建设目标而进行的总体部署，主要是指打破统一行政区域，科学合理配置社会功能、产业布局，以及人口、自然资源可持续利用、生态环境保护等各方面的要素，它依据国民经济规划和主体功能区规划编制，是总体规划和主体功能区规划在制定国土空间的延伸和细化。根据要求，跨省（自治区、直辖市）的区域规划，由国务院发展改革部门组织国务院有关部门和区域内省（自治区、直辖市）人民政府有关部门编制。上一级别的区域规划，如跨省（自治区、直辖市）的区域规划，是编制区域内省（自治区、直辖市）级总体规划、专项规划的依据。

区域规划有两种类型：一类是国家区域规划，是指国家对某特定地区的人口、资源、生态环境和经济社会发展，站在国家整体发展的高度，进行的空间布局和总体部署。包括跨省区区域规划和同一省区内经国务院批准设立的示范区、试验区规划；另一类为地方区域规划，是指地方政府对本行政辖区内特定地区人口资源、生态环境和经济社会发展进行的空间布局和总体安排部署。目的是对本行政区内进行资源整合和优化配置，明确功能定位、发展重点，调整产业结构和产业布局，协调区域间的利益关系，解决区域发展中存在的突出问题。当它上升为国家战略时，也就成为了国家区域规划的有机组成部分。

3）专项规划

专项规划也可称为部门规划或行业规划，是为专门解决国民经济和社会发展中某一领

域和关键环节而制定的规划,是总体规划在特定领域的细化和延伸,由各级人民政府有关职能部门组织编制实施的。该类规划一般专注社会经济发展的某一领域,由政府的各个职能部门,如住建部门、国土部门、发改部门、水利部门、交通部门、旅游部门、环保部门等针对其职能范畴,制定本领域内的规划,如城市建设规划、土地利用规划、矿产资源规划、能源发展规划、流域开发规划、交通运输规划、旅游发展规划、环境保护规划等。

专项规划往往存在分级分层情况,包括上、下不同层级的规划。上层级规划常常以宏观性、指导性内容为主。下层级规划则一般是上层级规划的进一步细化,重点是对上层级规划各项要求及重要举措和项目的具体落实。专项规划是我国数量最多、最常见的规划,直接影响了具体建设项目的建设,发挥着最为直接和实际的功能。

我国三级三类规划体系的构成情况见表 2.2(樊建民,2014)。

表 2.2 我国规划分类及编制、审批级别一览表

层级	规划类型	规划范围	定位	编制单位	审批机关
国家层面规划	国家经济和社会发展总体规划	全国	全国经济社会发展的纲领	国务院	全国人民代表大会
	全国主体功能区规划	全国	全国国土空间开发的依据	国家发展和改革委员会及相关部门	国务院
	国家级专项规划	全国特定领域或产业	全国特定领域或产业发展的依据	国家相关部门	国务院或授权部门
	国家级区域规划	国家确定的相关区域	区域国土空间开发的依据	国家发展和改革委员会及相关部门	国务院
省级层面规划	省级经济和社会发展总体规划	全省(自治区、直辖市)	省域经济社会发展的纲领	省级政府	省级人民代表大会
	省级主体功能区规划	全省(自治区、直辖市)	省域国土空间开发的依据	省级发展和改革委员会及相关部门	省级人民政府
	省级专项规划	全省(自治区、直辖市)特定领域	省域特定领域或产业发展的依据	省级相关部门	省级人民政府或授权部门
	省级区域规划	省级确定的相关区域	区域国土空间开发的依据	省级发展和改革委员会及相关部门	省级人民政府
市县层面规划	市县经济和社会发展总体规划	全市(县)	市县经济社会发展纲领和空间开发依据	市县级人民政府	市县级人民代表大会
	市县专项规划	市县特定领域	市县特定领域或产业发展的依据	市县级相关部门	市县级人民政府

三类规划之间也存在层级关系。一般总体规划是该规划范围内区域规划和专项规划的指引,规划范围内的专项规划和区域规划应以上层的总体规划作为依据进行编制。而特定区域的区域规划,又作为该区域内总体规划、专项规划的编制依据。因此,我国规划体系中各类规划之间的关系如图 2.1 所示(徐东,2008)。

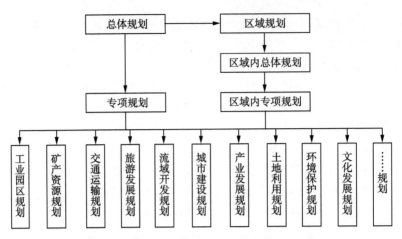

图 2.1 我国现行规划体系的总体框架示意图

2.1.3 规划的相关管理制度

2.1.3.1 规划编制的依据

总体规划、区域规划和专项规划的编制，都必须依据相关法律法规要求开展。

编制国家级和省级国民经济和社会发展规划纲要，主要依据《中华人民共和国宪法》《中共中央关于制定第×××个国民经济和社会发展规划的建议》和省级党委《关于制定第×××个国民经济和社会发展规划的建议》，以及国务院、省级政府关于制定国民经济和社会发展规划的安排意见来制定。一般市县国民经济和社会发展规划纲要，则主要依据上级政府关于制定国民经济社会发展规划的安排部署。

区域规划的编制主要依据国民经济和社会发展规划、主体功能区规划及其他相关的规划。

专项规划的编制主要依据同级政府制定的国民经济和社会发展规划纲要，上级部门制定的规划、指导意见或具体安排来开展。有的部门的专项规划可能有专门的法规、规定来对规划的编制进行明确规定，确保其编制和实施有法律层面的保障。如《中华人民共和国城乡规划法》《中华人民共和国土地管理法》《水利规划管理办法(试行)》《中华人民共和国矿产资源法》《矿产资源规划管理暂行办法》等。

2.1.3.2 规划的管理制度

规划的管理制度主要涉及规划的编制、审批、发布、实施、评估、修订等几个方面，从特征和流程顺序来看，可以大致分为规划编制、规划审批和实施、规划的评估修订三大类管理制度。

1) 规划的编制

一般规划的编制流程包括 3 个阶段，第一阶段为前期准备阶段，第二阶段为规划起草阶段，第三阶段为规划论证阶段。

(1) 前期准备

规划编制应先进行规划的立项。规划立项后，规划组织编制机关委托专门的规划编制

技术机构开展相关编制工作。规划编制技术机构具体组织相关技术人员、专家与规划组织编制机关进行对接,并负责具体的编制工作。包括按照规划要求制定具体的调研和资料搜集计划,系统收集有关社会和经济方面的资料,访谈行业专家、相关领导、主管部门等。

(2)规划起草

规划起草阶段是规划工作的核心。一般先设计规划纲要基本框架,再进行规划草案文本的编制。在规划草案编制过程中,需要加强相关规划的衔接工作。规划编制过程中需要广泛征求各方面的意见,将咨询意见进行分析和筛选,合理有益的意见应反馈到规划草案中来,对规划进行相应的优化和完善。

(3)规划草案论证

规划在送审批之前应进行专家论证。可以委托同级规划咨询委员会论证,也可由规划编制机关自行组织论证,由组织论证的单位提出论证报告。未经论证的规划不得报请批准并公布实施。规划根据论证的结果进行修改完善,准备报审批。

2)规划的审批和实施

(1)规划的审批

规划经论证修改,符合审批要求后,由规划编制机关提出规划草案,报有审批权限的部门进行批准。经审核同意后,由各级政府或有关职能部门签发并颁布。

(2)规划的发布和实施

除了涉及国家秘密的规划外,规划按照程序批准后均需公开发布,并组织实施。国民经济和社会发展规划纲要由同级人民代表大会审议批准后,由同级人民政府公布。跨省(自治区、直辖市)在内的属于国家层面的区域规划均由国务院批准并公布。重点专项规划由同级人民政府或由授权的职能部门批准、发布。其他规划均采取"谁批准、谁公布"的办法。规划发布后,一般是由规划编制机关具体进行实施管理。

3)规划的评估和修订

建立规划评估修订制度是我国完善管理的主要手段之一,目的是为了及时发现规划实施中存在的问题,分析产生的原因,提出有针对性的对策建议,从而最大限度地保障规划确定任务的落实。

(1)规划的评估

一般规划在实施的中期阶段组织进行评估,评估工作即可由编制规划的部门自行承担,也可委托其他机构进行评估。评估结果要形成文字报告,将此作为修订规划的依据。评估结果应报送同级人民政府或有关部门。

(2)规划的修订

经过中期评估或其他原因需要对原有规划进行修订时,规划编制机关应当提出规划修订的方案,按规划的程序报批和对外公布。

2.1.3.3　规划环境影响评价在规划管理制度中的作用

自《环境影响评价法》和《规划环境影响评价条例》实施后,在规划的管理制度中,规划环境影响评价成为规划管理制度中重要的环节,且其作用在不断地强化。

根据《规划环境影响评价条例》,"国务院有关部门、设区的市级以上地方人民政府及其有关部门,对其组织编制的土地利用的有关规划和区域、流域、海域的建设、开发利用规划

（以下称综合性规划），以及工业、农业、畜牧业、林业、能源、水利、交通、城市建设、旅游、自然资源开发的有关专项规划（以下称专项规划），应当进行环境影响评价。""规划编制机关在报送审批综合性规划草案和专项规划中的指导性规划草案时，应当将环境影响篇章或者说明作为规划草案的组成部分一并报送规划审批机关。未编写环境影响篇章或者说明的，规划审批机关应当要求其补充；未补充的，规划审批机关不予审批。规划编制机关在报送审批专项规划草案时，应当将环境影响报告书一并附送规划审批机关审查；未附送环境影响报告书的，规划审批机关应当要求其补充；未补充的，规划审批机关不予审批。""规划审批机关在审批专项规划草案时，应当将环境影响报告书结论以及审查意见作为决策的重要依据。规划审批机关对环境影响报告书结论以及审查意见不予采纳的，应当逐项就不予采纳的理由做出书面说明，并存档备查。""对已经批准的规划在实施范围、适用期限、规模、结构和布局等方面进行重大调整或者修订的，规划编制机关应当依照本条例的规定重新或者补充进行环境影响评价。"

因此，随着《规划环境影响评价条例》的颁布实施，规划环境影响评价已经有机地结合在规划管理的各个环节中。主要体现在：前述所规定的"一地、三域、十专项"规划在草案编制过程中，应开展规划环境影响评价。在规划草案报批阶段，规划环境影响评价文件作为规划审批的必备条件。在规划审批和发布阶段，规划环境影响评价的结论及审查意见作为决策的重要依据。在规划发生重大调整或修订时，需要对规划进行重新或者补充环境影响评价。规划环境影响评价与规划管理制度的关系见图 2.2。

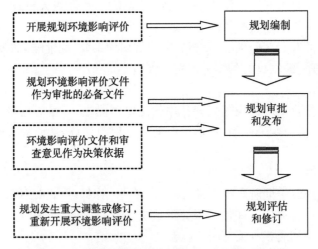

图 2.2　规划环境影响评价与规划过程管理关系图

2.2　规划影响环境的机理分析

2.2.1　规划影响环境的理论基础

2.2.1.1　决策理论

影响环境的主要因素是人类的各种行为活动。人类采用何种行为、实施行为的区域、行

为的方式是什么,是由人类决策行为所决定的,所以人类决策行为直接影响着环境影响的结果。

一般来说,人类社会的决策行为具有层次性。按决策主体形成决策链,一般可以概括为:政策→法规→规划/计划→项目→产品/技术→流通及消费。整个决策行为链代表着从中央到地方,从政府到企业,从集体到个人的不同层次类型。其中,前4项的政策、法律、规划和计划属宏观性战略决策,所对应的决策主体是各级政府及其行政主管部门;项目和生产性的产品、技术分别属于企业的中观性决策,决策主体多为企业或公司老板;生活型产品、技术属于微观决策,决策主体为个人或者消费者。

不同层次的人类决策行为对环境的影响结果具有不同的特征。宏观性的战略决策,即政策、法律、规划和计划,一般不会对环境产生直接的影响,战略决策目标最终是通过下层具体的项目、行为得到落实,故其对环境的影响是间接的,是通过影响其下层的项目、产品、消费等环节来产生环境影响,但该层次的决策行为往往影响面广、影响程度大。属于中观、微观层次的项目、产品、流通及消费等,在其实施过程中会对环境产生直接的影响,而这些行为决策一般受到上层宏观决策行为的约束,在上层战略决策的框架下实施。

因此,在决策行为对环境的影响中,宏观性的战略决策发挥着源头性的、间接的影响,往往对环境的影响更为巨大和不可逆,故上层决策行为较中下层决策行为而言,对环境的影响更大、更深远。

2.2.1.2　系统理论

系统是由相互作用和相互依赖的若干组成部分结合成的具有特定功能的有机整体。系统在不同领域中表现出结构上的相似性或同构性,并将系统普遍性质总结为系统整体性、关联性、动态性、有序性和预决性。系统必须满足3个条件:① 系统必须由两个以上要素(元素、部分或环节)组成;② 要素与要素、要素与整体、整体与环境之间是相互作用、相互依赖的;③ 由于元素间的相互作用,使系统成为一个具有特定功能的整体。就一般系统的共同属性和整体运动规律而言,系统的基本原理包括整体性原理、结构性原理、层次性原理、动态性原理、适应性原理。

人类生态系统是包含了社会系统、经济系统、环境系统的复合系统,该系统内各个方面的不同因素之间并非是割裂的,而是存在着广泛的和多层次的相互联系、相互制约、相互作用。同时这些因素按一定结构进行变化或重新组合,并表现出一定功能变化。规划的决策行为对人类系统的社会、经济、环境等各个系统都将产生作用,并且各系统之间也会产生相互的作用,进而导致人类生态系统状态的整体变化。对环境系统而言,规划决策行为通过对人类生态系统发挥作用,影响整个系统的形态,进而将对环境系统中各个要素,如水环境、大气环境、生态环境等产生影响。

对于某个特定规划来说,其影响的对象一般是一个具有比较明确边界、包含社会、经济和环境的完整的生态系统。在没有输入新的作用因素的情况下,该系统一般保持着相对稳定的初始状态。而当输入新的作用因素后,该系统将对输入进行响应,并导致其状态发生改变,通过系统内部的适应和调整,最终演变成新的系统状态。

系统的输入一般有两类:一类是来自该区域(系统)以外的物质、能量、信息等的输入形式(外部输入);另一类来自该系统内部,包括已建成设施的变化和人们在社会、经济活动中

制定、实施、调整或终止的一些规范、准则、计划、制度来改变系统内生产、消费等社会行为和对环境的影响(内部输入)。因此,研究规划对环境的影响距离,其核心内容就是研究作为系统内部输入方式的规划的制订与实施,对于系统结构、系统规模的改变以及由此产生的系统功能(尤其是环境功能)的改变,并且通过规划的调整来控制系统的功能变化。

规划对人类生态系统的输入以及生态系统的响应和演变关系见图 2.3(包存宽等,2004)。

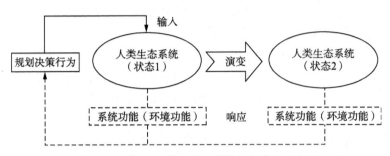

图 2.3　规划与人类生态系统输入和响应示意图

2.2.1.3　结构行为绩效理论

系统理论说明了规划决策行为对人类生态系统所产生的影响及整体的演变情况。而对于系统内部具体的影响方式,则可以借鉴产业组织学的结构行为绩效理论来分析。

麦森(Mason)和贝恩(Bain)等在理论上构造了市场结构(structure)—企业行为(conduct)—经济绩效(performance)分析框架(简称 SCP 框架)。SCP 框架的基本涵义是市场结构决定企业在市场中的行为,而企业行为又决定市场运行的各方面的经济绩效。市场结构、企业行为和经济绩效三者之间存在相互作用的复杂关系,见图 2.4(包存宽等,2004)。

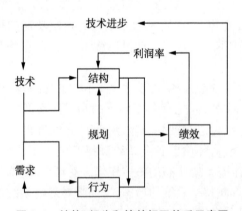

图 2.4　结构、行为和绩效相互关系示意图

结构和行为两者都是由需求条件和技术条件决定的。结构影响行为,反过来行为也影响结构;结构与行为的相互作用又决定着绩效,行为也会影响需求;绩效通过反馈影响技术水平和结构,技术进步推动结构和绩效的改善,利润率通过影响新企业进入市场的吸引力的大小对市场结构产生着动态影响。

规划对结构的调整手段包括:强制性,即允许发展或禁止发展;规范性,规范发展的方

向、规模和速度;引导性,不是直接作用于需要进行调整的对象,而是通过刺激需求、开拓市场等间接形式来引导其发展。所借助的形式包括信贷及税费的优惠、土地、供水供电等。由于结构、行为、绩效的变化必然对社会、经济和环境系统产生影响;这是市场经济条件下规划环境影响发生的重要机制。

将该理论的作用方式扩展到我国各种规划上面,也可以得到规划对系统内部的影响方式。某一领域通过规划的实施,会对该领域的"结构"进行调控,进而确定具体实施的"行为",行为最终将生产绩效,或者说效应,从而对人类生态系统,尤其是其包括的社会、经济和环境系统均产生影响。

如产业规划,产业规划的实施将调整区内产业的规模、布局、构成,即对"结构"产生调控作用,结构确定,将会影响具体的行为,如产业规划中鼓励发展何种产业、限制和禁止发展何种产业,或者包括了具体的建设项目。行为的最终实施,将产生相应的效应,并对社会、经济和环境系统均产生影响。

2.2.2　规划影响环境的发生机理

2.2.2.1　规划影响环境的来源

规划属于战略决策行为,其本身不会直接对环境产生影响,但是通过规划的实施,尤其是其对社会、经济行为的调整以及社会资源的再分配,会对环境产生影响,且处于宏观层面的规划往往会产生明显大于一般建设项目的环境影响。

规划所造成的环境影响可分为"可以避免的"和"不可避免的"两类。

1) 规划缺陷

"可以避免的"环境影响来源于规划缺陷。规划缺陷有规划内容失误、规划过程失真、规划组织失效三种类型。其中,规划内容失误主要表现在规划目标含糊、目标被掩饰、规划方案不是最优、不同规划间缺乏调节导致的规划间相互抵触和干扰;规划过程失真表现为规划表面化、扩大化、缺损和替代;规划组织失效主要有认知缺陷、不同规划主体间的利益差别、集体决策中的"表决悖论"、资源安排过剩和不足等。这类影响可通过降低或解除规划缺陷来预防或控制其发生。

2) 超域效应和外部性

"不可避免的"缺陷是由规划的超域效应和规划外部性导致的。

政府是规划决策主体,规划是政府用来调节各领域利益关系的行为。政府功能分为经济功能、社会功能,规划行为也相应归为经济行为、社会行为和环境行为,用来调节3个不同领域的利益关系。

超域效应指的是由于上述3个领域利益之间存在着相关性,规划效应往往超出它所直接控制的利益关系领域,而对另一个利益关系领域产生的效应。环境经济学中的外部性指的是微观经济单位的经济活动对其他单位所产生的非市场性影响,而规划外部性指的是规划效应在时间上的延续性、空间上的遗传性和作用对象上的扩大化,其根源在于规划本身具有公共物品性。规划超域效应是其所控制的利益关系领域上的外部性;规划外部性是规划效应在时空上的超域效应;超域效应和外部性是由规划的本质特征所决定的,也是不可避免的,由此所造成的环境影响也是不可避免的,但可以通过减缓、补救等规划措施,降低其损失或损害。

2.2.2.2　规划影响环境的发生方式

从我国规划体系及管理实施情况可以看出，我国的规划具有明确的层次性，不同层次包含的内容、发挥的作用也具有不同的特征，上层次的总体规划一般更宏观，主要起着指导作用，下层次的专项规划则一般更具体，落实总体规划的战略目标，往往还包括一些具体建设项目。总的来说，规划最终落实的效果主要的是对各类资源进行调配和管控，并对各种行为方式，包括经济的、社会的和环境的，进行调整和约束。

根据规划环境影响的理论基础，规划通过对社会、经济、环境所组成的复合人类生态系统产生作用，进而导致系统状态的变化，从而演变成新的系统状态，在此过程中，将对环境系统产生各种影响。按照产业组织学的结构行为绩效理论，在规划作用的人类生态系统内部，规划通过调控结构，进而对人类行为产生影响，而结构和行为也决定着最终的绩效，或者说影响的结果。

结合我国规划体系的特点及规划环境影响的理论基础，规划对环境影响的方式和机理可以归纳成图 2.5（包存宽等，2004）和图 2.6（尚金城和包存宽，2003）。

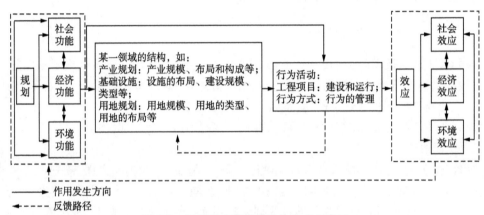

图 2.5　规划影响环境的发生方式示意图

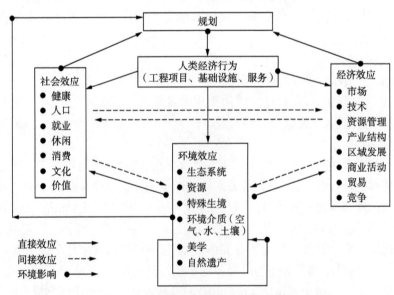

图 2.6　规划影响环境发生机理示意图

规划的实施将对人类生态系统,即社会、经济、环境系统的功能产生影响,尤其是对人类经济活动产生直接的影响,进而影响该规划领域的结构,以及行为活动的方式,并对人类生态系统产生效应,分别产生社会效应、经济效应和环境影响。同时,行为活动也会对规划领域产生影响,最终产生的效应也将对人类生态系统产生反馈作用。

2.3　规划环境影响评价核心理论体系构建

2.3.1　规划环境影响评价的理论架构

2.3.1.1　规划环境影响评价与可持续发展

规划作为上层的战略决策,通过影响人类经济行为活动,进而产生各种社会、经济、环境的效应,从而对人类生态系统产生各种影响,故其对环境的影响较下层的建设项目更为深远,造成的后果更大、更深远,而且往往更加不可逆转。

规划环境影响评价是在规划编制阶段,对规划实施后可能造成的环境影响进行分析、预测和评价,提出预防或者减轻不良环境影响的对策和措施的过程。因此,开展规划环境影响评价,能在人类活动宏观决策层面加入环境保护的理念和需求,约束和优化规划方案,有效减轻和避免在人类决策层面对生态环境可能产生的不利影响,是实现人类社会的可持续发展的一个重要手段。

可持续发展是人类社会追求的发展模式,其核心是社会、经济与环境的协调发展和绿色发展。实现可持续发展是人类社会发展的最终目标,也是规划环境影响评价的主要落脚点。为充分发挥规划环境影响评价在可持续发展过程"以环保优化经济发展、促进发展模式根本转变"的作用,需要借助两大理论基础,一是方法学基础,二是决策学基础。前者是采用合适的方法,确保规划环境影响评价有效开展;后者则是规划环境影响评价影响决策过程,优化可持续发展路径。

2.3.1.2　规划环境影响评价的理论架构思路

随着社会经济的发展和环境保护需求的提高,当前,广东省可持续发展面临的难题是如何实现区域间的协调发展和社会经济的绿色发展。具体表现在:由于资源环境和地理区位的差别,区域间的发展不平衡;经济的快速发展带来的环境问题日益突出,面临产业布局优化、转型升级和环境质量改善的新要求。因此,解决区域发展不平衡以及发展模式不合理带来的生态环境环境问题,走绿色发展之路成为可持续性发展的重点方向。

规划环境影响评价作为实现可持续发展的重要手段,本身还存在方法的缺陷,例如,方法的单一性和过于强调定量方法的使用,特别是面对规划类型的多样化,规划本身的不确定性和环境影响的复杂性,尚缺乏有效的评价方法理论体系支撑。只有构建基于多学科融合和协作型公众参与的方法学理论体系,才能确保规划环境影响评价的有效开展。

规划环境影响评价影响规划决策的过程,需要充分结合区域空间定位、社会经济特征、资源环境禀赋和环境管理要求,促使不同区域按照资源环境禀赋和生态环境功能的特征,走向差异化的发展道路,真正发挥其"以环保优化经济发展"的作用。这就需要构建从空间布

局、总量控制和环境准入等方面优化区域发展模式,实现差别化发展的环境管理理论。

综上,针对广东省发展面临的现实问题和环境保护需求,构建以实现"协调发展、绿色发展"两大主题的可持续发展为目标,以"多学科融合、协作型公众参与"规划环境影响评价模式为手段,以"空间布局、总量控制、环境准入'三位一体'和差别化"环境管理决策为导向的规划环境影响评价核心理论体系,见图2.7。

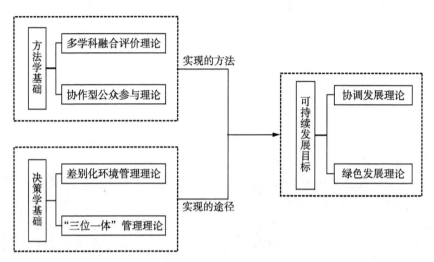

图 2.7 广东省规划环境影响评价核心理论架构图

2.3.2 规划环境影响评价的理论体系

2.3.2.1 协调发展理论

在不同领域,协调发展的概念有所不同,一般常用的是经济学中的概念,即"协调"既可以视为在各种经济力共同作用下,经济系统的均衡状态,也可以视为经济系统在各种经济力的共同作用下,趋向均衡的过程。随着可持续发展理论的兴起,"协调发展"被赋予了新的定义,即协调发展既是发展的手段,又是发展的目标,还是评价发展的标准和尺度,协调和发展是合一的,对协调问题的关注是积极、主动和自觉的;协调发展表现为从基于满足当代人的物质欲望的协调,发展为基于代内公平和代际公平,以人的全面发展为出发点和归属点,即以人为本的协调,协调从物质的、静态的协调,发展为全面的、动态的协调;协调发展还表现为从立足于经济系统内部的协调,扩大到整个人口、社会、经济、科技、环境和资源大系统的协调,协调由封闭型发展为开放型协调。

根据当前协调发展的概念,协调发展理论的主要内涵包括:

(1)各地区的比较优势都能得到有效的发挥,实现区域之间分工合理、优势互补、共同发展。生产要素能够在各地区之间比较顺畅地流动,形成统一、开放的全国市场。各地区之间基于市场经济导向的经济技术合作能够得到很好的实现,形成全面团结和互助合作的新型区域经济关系。

(2)各地区居民在可支配购买力水平上的差距能够限定在合理范围之内。实现公共服务水平的均等化,使各区域的人民都能享受到大致相同的公共服务,分享国家快速发展带来

的成果和实惠。

（3）经济增长与人口资源环境之间实现协调、和谐发展,即自然环境与人类发展的一种平衡,是生态系统与经济系统之间的动态平衡,其总体目标是生态环境趋向良性循环,环境与经济发展基本协调,环境质量达到良好水平,使人与自然和谐发展。可以看出,协调发展理论主要有两个侧重点:一是区域之间的协调发展,二是资源环境与社会经济之间的协调发展。因此,结合协调发展的概念和内涵,协调发展充分体现了可持续发展的理念。

实现协调发展应从3个方面着手。首先,应发挥区域各自的资源、人力等优势特点,即比较优势,通过加强区域间的协作,明确产业链上下游体系中各区域的分工关系,由先发地区带动后发地区、先进地区带动落后地区实现整个地区的协作式发展。其次,缩小甚至打破发达和落后地区、城镇和农村发展不平衡的现象。发达地区应加大对不发达地区的各种扶持,包括经济方面、政策方面和产业方面等,实施类似于财政帮扶、生态补偿、产业转移等政策,协助不发达地区的经济发展;破除城乡二元结构,推进城乡发展一体化,把解放和发展农村社会生产力、改善和提高广大农民群众生活水平作为根本的政策取向,促进新型工业化、信息化、城镇化、农业现代化同步发展,增强薄弱领域的发展后劲,着力形成平衡发展结构,不断增强发展整体性,形成以工促农、以城带乡、工农互惠、城乡一体的工农城乡关系,把广大农村建设成农民幸福生活的美好家园。最后,社会经济发展不走"先破坏、后治理"的老路,严守环境底线、生态底线,基于生态环境保护的要求,制定严格的环境准入条件、排放标准、清洁生产要求等,确定区域的合理发展方式和环境保护要求,避免以牺牲生态环境为代价来实现社会经济的发展,协调社会经济发展和生态环境保护,实现可持续发展的目标。

2.3.2.2 绿色发展理论

绿色发展是指建立在资源承载力与生态环境容量约束条件下,通过"绿色化""生态化"的实践,达到人与自然日趋和谐、绿色资产不断增殖、人的绿色福利不断提升,实现经济、社会、生态协调发展的过程。

从绿色发展的内涵来看,资源承载力与生态环境容量是绿色发展的客观基础;"绿色化""生态化"的实践是绿色发展所面临的现实问题得以解决的途径;人与自然日趋和谐、绿色资产不断增殖是绿色发展在手段论意义上的目标,亦即直接目标;人的绿色福利不断提升是绿色发展在终极论意义上的目标,亦即最终目标;经济、社会、生态协调发展是绿色发展在"经济-社会-生态"复合系统上的结果展现。只有致力于绿色发展,才能通过生态和谐促进人自身的身心和谐、全面发展,以及人与人、人与社会之间的和谐,从而真正做到以人为本,从根本上提高人民的生活质量和幸福指数。

可以看出,绿色发展和生态文明的目标是一致的,均是以尊重和维护生态环境为主旨,以建立可持续的生产方式和消费方式为内涵,以未来人类的继续发展为着眼点,实现人与自然的和谐以及人与人的和谐。同时,绿色发展理论与可持续发展理论也是一脉相承的,两者的实质都在于选择一种对传统发展模式进行根本变革的创新型发展模式,绿色发展即体现了可持续发展的理念。

绿色发展主要通过以下几方面的发展来实现。

（1）绿色经济发展。是指基于可持续发展思想产生的新型经济发展理念,致力于提高人类福利和社会公平,突出绿色惠民、绿色富国、绿色承诺的发展思路。"绿色经济发展"是

"绿色发展"的物质基础,涵盖了两个方面的内容:一方面,任何经济行为都必须以保护环境和生态健康为基本前提,通过合理进行产业结构调整、优化产业经济管理等方面,提高产业的准入门槛,发展高附加值、低污染的产业,促进产业集聚、集约和低碳发展,确保经济发展的同时维护良好的生态环境。另一方面,环保要经济,即从环境保护的活动中获取经济效益,将维系生态健康作为新的经济增长点,实现"从绿掘金"。要求把培育生态文化作为重要支撑,协同推进新型工业化、城镇化、信息化、农业现代化和绿色化,牢固树立"绿水青山就是金山银山"的理念,坚持把节约优先、保护优先、自然恢复作为基本方针,把绿色发展、循环发展、低碳发展作为基本途径。

(2)绿色环境发展。是指通过合理利用自然资源,防止自然环境与人文环境的污染和破坏,保护自然环境和地球生物,改善人类社会环境的生存状态,保持和发展生态平衡,协调人类与自然环境的关系,以保证自然环境与人类社会的共同发展。实现绿色环境发展,应积极探索推进生态文明制度建设,建设美丽"山水林田湖",探索一条符合自然规律、符合国情地情的绿色发展之路。

2.3.2.3 多学科融合评价理论

规划本身就是一个十分复杂的体系,包括了社会、经济、环境等多个方面的内容,影响的是整个人类生态系统,涉及了与人类相关的各个方面,环境影响的来源、环境影响的发生方式及最终造成的影响十分复杂,并具有不确定性。规划环境影响评价必须充分借鉴不同学科的方法,才能有效评估规划实施所带来的环境影响。因此,规划环境影响评价的方法学理论应是以环境科学为基础,注重经济学、系统学、管理学、地理学等多个学科融合。

1) 经济学

经济学是研究价值的生产、流通、分配、消费的规律的理论。经济学的研究对象和自然科学、社会科学的研究对象是同一客观规律。经济与人类社会密切相关,而多数规划与经济领域也存在着十分密切的关系。因此,规划环境影响评价可以充分利用经济学的理论和方法对相关问题进行分析。在规划环境影响评价中,常用的经济学方法包括投入产出分析法、费用效益分析法、博弈论等。

2) 系统学

系统学是提炼系统论、信息论、控制论的共同基础理论而形成的一门学科,是研究系统结构与功能(包括演化、协同和控制)一般规律的科学。具体来说,如果将规划环境影响评价区域内的所有资源看做一个系统,运用系统学有关理论,来研究规划环境影响评价,探索规划可能带给规划区域的环境影响是一种尝试。系统的结构决定系统的功能,规划区域内的所有资源可以看做一个系统,通过合理开发活动,如果这个系统的结构变得合理,可以产生结构正效应,从而促使资源系统功能的增强与效率的提高。在规划环境影响评价中,常用的系统学方法包括系统动力学、系统流图、灰色系统分析法等。

3) 管理学

管理学是一门综合性的交叉学科,是系统研究管理活动的基本规律和一般方法的科学。管理学是适应现代社会化大生产的需要产生的,它的目的是:研究在现有的条件下,如何通过合理的组织和配置人、财、物等因素,提高生产力的水平。在规划环境影响评价中,常用的管理学方法如情景分析法,是解决规划环境影响不确定性的主要方法。

4）地理学

地理学是关于地球及其特征、居民和现象的学问。它是研究地球表层各圈层相互作用关系，及其空间差异与变化过程的学科体系，主要包括自然地理学和人文地理学两大部分。自然地理学调查自然环境及如何造成地形及气候、水、土壤、植被、生命的各种现象及它们的相互关系。人文地理学专注于人类建造的环境和空间是如何被人类制造、看待和管理，以及人类如何影响其占用的空间。在规划环境影响评价中，常用的地理学方法包括遥感、地理信息系统＋叠图法等。

2.3.2.4 协作型公众参与理论

协作是指在目标实施过程中，部门与部门之间、个人与个人之间的协调与配合。协作是多方面的、广泛的，只要是一个部门或一个岗位实现承担的目标所必须得到的外界支援和配合，都应该成为协作的内容。一般包括资源、技术、配合、信息方面的协作。规划环境影响评价中采用协作的模式，是对传统技术评价模式的一种改进和提升。通过各利益方的参与，超越了技术理性的局限，将评价理解为一系列平等、公开对话和学习的过程，通过相关利益各方的平等对话和协商达成共识。规划环境影响评价中引入协作型公众参与理论，让利益各方参与到规划环境影响评价中，是规划环境影响评价有效开展的重要方式。

协作型的规划环境影响评价主要是采用"分析-协商"的评价方法开展，该评价方法强调在决策和评价过程中，参与协商能够充分表达多方的意见和建议，是技术理性与交流理性的契合（包存宽，2015）。协作型的规划环境影响评价在实施过程中，要求评价主体不仅仅是规划的编制机关和环境影响评价机构，而应是公众、利益相关方所组成的评价共同体。强调公众参与的作用，希望公众利益各方参与到规划决策和环境影响评价过程中，采用顺应不同行政层次、不同部门、不同类型的规划模式，以及灵活的、柔性的、多样的、交互式评价模式等，通过不断地协商、交流，达到各方价值观的趋同，以推动规划环境影响评价的实行及其真正发挥作用。

首先，通过公众参与，尤其是让可能会受到决策影响的人能参与决策，该决策才能更加合理，而且更容易实施，只有在决策反映公众信念、价值取向、意识形态时，公众才会支持。包括规划在内的决策本质上都是基于沟通的，决策者、规划师或政策分析师与对策对象之间的沟通，政府部门与利益相关者之间的沟通，政府与咨询服务人员之间的沟通等。整个规划环境影响评价过程也是各方通过沟通、交流、协商达到价值共识的过程，通过公众参与规划环境影响评价，让公众对与规划相关的环境影响、环境问题有一个全面、客观的认识，是取得公众，尤其是受到不良环境影响的公众理解、支持直至积极参与的重要手段。

其次，环境和经济问题与许多社会、政治因素有关，而环境管理普遍缺乏来自公众对于政府机构的制衡力量。社会内部的权力分配和影响是大多数环境与发展挑战的核心。随着公众的环境意识的觉醒和积极投身于各类环保活动，甚至是环保运动，并正在"自下而上"地"倒逼"企业、政府切实采取措施推进环保工作、治理污染、改善环境质量，这股源自公众"自下而上"的力量将和我国从中央到地方、从政府到企业再到公众的"自上而下"的行政力合并成为推动环保工作的持续动力。

再次，"规划环境影响评价"本身作为一项环境管理制度，涉及环境质量这一公共产品的生产、提供与配置，关系人民群众生活、健康、生存等基本的环境权益；作为"规划环境影响评

价"对象的"规划"，都涉及公共产品与资源配置等公共利益。而公共政策的制定与执行须体现公众利益诉求，须有公众参与。

最后，公众参与对于一项具体的规划环境影响评价也具有功能性作用，包括保护公众环境利益，特别是那些被有关决策规划所影响的环境利益，更准确地界定环境问题，增强规划环境影响评价与规划决策透明性。另外，规划环境影响评价中的一些评价方法的应用也离不开公众参与，比如确定环境资源价值的重要方法权变评价法、替代市场法等，用来评价不良环境影响，比如环境污染、生态破坏的损失和环境资源价值进行估算，应用这些方法就需要通过公众参与，了解公众支付意愿或选择愿望，对公共资源、不可分物品和享受性资源进行价值估算。

2.3.2.5 差别化环境管理理论

差别化又称差异化，是相对于"趋同化"和"同质化"的一种发展或者决策方式。这个概念一般应用在企业产品营销和生产中，即为使企业产品、服务、企业形象等与竞争对手有明显的区别，以获得竞争优势而采取的战略。将差别化的理念引入环境管理中，是指根据不同区域资源环境禀赋、主体功能区划、社会经济发展水平和环境影响特征等，制定不同区域、不同产业有差别的环境管理政策和制度，实现精细化的环境管理。

差别化环境管理体现了"分类指导、分级管理、因地制宜、区别对待"的思想，其内涵主要体现在以下4个方面。

（1）区域发展水平差异。不同区域之间往往社会经济发展水平差别很大，导致其现状已有的环境问题或者在发展中可能出现的环境问题将有很大的差异，环境管理必须抓住重点，促进社会经济和环境保护的协调发展。

（2）区域资源环境禀赋差异。不同区域的水资源、矿产资源、土地资源、环境容量、污染扩散条件等千差万别，决定了不同区域其合适的发展道路和发展方式，因此，在环境准入、总量控制、空间管控等方面的环境管理中，必须考虑资源环境禀赋的条件差别化对待。

（3）区域主体功能差异。不同地区有其相应的主体功能，如农产品供应功能、生态环境功能、社会经济发展功能等，为维护各区域不同的主体功能，要求不同区域应实施不同的环境管理制度，方可确保各区域主体功能效益的最大化。

（4）产业环境影响特征差异。不同产业类型及工艺路线的生态环境影响特征差别较大，不同产业类型及工艺路线，应制定有差别的环境管理政策，确保产业发展不会对区域生态环境造成破坏。

为实现差别化的环境管理，规划环境影响评价应以产业布局与生态格局相协调、发展规模与环境条件相适应等为原则，按照"在保护中发展，在发展中保护"的战略思想，根据各区域的资源环境禀赋特征，实施环境分区控制，制定有差别的环境管理对策措施，具体体现在有差别的行业准入条件、总量控制要求、污染排放标准、清洁生产水平等各个方面。

2.3.2.6 "三位一体"管理理论

空间管制常用于城市规划中，即通过划定区域内不同建设发展特性的类型区，制定其分区开发标准和控制引导措施，分为政策性分区和建设性分区。政策性分区指根据区域经济、社会、环境、产业和交通发展的要求，结合行政区划进行次区域政策分区，不同政策分区实施

不同的管制对策。建设性分区为禁止建设区、限制建设区、适宜建设区和已建区。

总量管控一般指总量控制,即以控制一定时段内一定区域内排污单位排放污染物总量为核心的环境管理手段。它包含 3 个方面的内容:一是排放污染物的总量;二是排放污染物总量的地域范围;三是排放污染物的时间跨度。

"准入"一词来自市场准入,指一国允许外国的货物、劳务与资本参与国内市场的程度。引入环境管理中,即指基于环境保护要求、资源环境承载力所制定的行业和(或)区域环境准入条件,以约束区域产业的布局、类型和规模。

"三位一体"的环境管理是强化空间管制、严格总量管控和明确环境准入三者的有机结合。其中,强化空间管制应立足于优先保护生态空间,优化生产和生活空间,推进构建有利于环境保护的国土空间开发格局;严格总量管控应立足于改善环境质量,明确区域及重点行业排放的水、大气污染物总量上限,科学调控区域产业规模和开发强度;明确环境准入应在符合空间管制和总量管控要求的基础上,提出差别化的环境准入条件,推动产业绿色发展。

规划环境影响评价中的"三位一体"环境管理要求如下。

(1)强化空间管制。按照"优先保障生态空间,合理安排生活空间,集约利用生产空间"的原则,做好规划空间布局方案的环境合理性论证和优化调整。划定生态空间、生态保护红线,以及其他对于维持生态系统结构和功能具有重要意义的区域。优化生活空间范围,提出改善人居环境质量的准入条件和管理措施;优化生产空间范围,并提出污染控制、风险防范、资源环境效率等方面的准入要求和管理措施。

(2)严格总量管控。确定污染物总量管控限值、阶段性目标和纳入排放总量准入管控的污染物。针对重点控制污染物,逐一估算每个控制单元内各项污染物的总量管控限值。综合考虑污染排放量、排放强度、特征污染物和规划主导产业等,确定总量管控的重点行业。

(3)明确环境准入。论证区域产业发展方向的环境合理性,提出环境准入负面清单和差别化环境准入条件。资源环境影响偏大、经济社会贡献偏小的行业原则上应列入禁止准入类。限制准入类行业应进一步结合区域环境保护目标和要求、资源环境承载能力、产业现状等确定。明确应限制或禁止的生产工艺或产品清单。对禁止准入的产业、工艺和产品,规划环境影响评价应明确提出不得新、改、扩建的要求,对已经建成或投产的要提出限期淘汰、科学转移等建议。现状环境空气和地表水环境质量超标的区域,规划环境影响评价应在控制新增污染的基础上,根据改善区域环境质量的目标要求,提出更加严格的准入条件。

3 广东省规划环境影响特征研究

3.1 区域发展和环境保护战略分析

3.1.1 区域发展战略分析

3.1.1.1 广东省区域发展现状

1) 全省经济体量庞大,区域发展不均衡问题突出

目前,广东省正迈向工业化的后期阶段。但纵观全省实际经济布局,2014年粤东西北地区GDP为1.545万亿元,仅占珠三角的26.7%,粤东西北地区人均GDP为3.14万元,仅占珠三角人均GDP的34.62%,粤东西北地区万元GDP能耗比珠三角高出45.11%;此外,根据相关数据,广东省GDP最高市(广州)为最低市(云浮)的25.6倍,人均GDP最高市(深圳)为最低市(梅州)的7.3倍。粤东西北地区普遍属于工业化初/中级阶段,具体体现在:城区首位度普遍偏低,中心城市聚集能力不足;土地利用较粗放,产出效益不高;高速公路网密度低,远远落后于珠三角地区。可见,广东省区域发展差距较大,已经超过了全国平均水平,区域发展不均衡问题十分突出。

2) 粗放型产业特征明显,绿色转型升级任重道远

2014年,广东省高新技术制造业占规模以上工业的比重为25.7%,完成增加值占全省规模以上工业增加值的比重为37.1%。制造业的两大主导产业计算机、通信和其他电子设备制造业、电气机械和器材制造业的利润率偏低,基本上处于全球价值链劳动密集型生产环节。全省2.9万家加工贸易企业中70%仍缺乏核心技术和自主品牌,高新技术产品技术达到国际平均水平的仅约占25%,达到国际领先水平的不到6%,产品层次较低、竞争力不强。此外,尽管广东省综合能耗水平处于全国先进行列,但与世界先进水平国家相比仍差距很大,如电力、钢铁、有色、石化、建材、化工、轻工、纺织8个行业主要产品单位能耗均比国际先进水平高20%以上,这种粗放式的经济增长给广东省的能源资源和生态环境带来了很大的压力,产业转型升级和绿色发展任重道远。

3) 产业转移步伐加快,污染转移风险加大

随着珠三角地区产业发展面临着环境紧约束、空间紧约束、劳动力紧约束和资源能源紧约束,在产业发展周期的市场规律作用和政府的引导下,陶瓷、建材、水泥、石化、钢铁等资源密集型重化工业以及纺织、印染、家具、电镀等轻型产业逐渐往粤东西北地区转移。产业转移工业园的建设对欠发达地区的发展起到了较好的促进作用。但是,不少产业转移工业园只是对珠三角地区的产业进行简单的模式复制和位置转移,基本上都是延续传统的园区发展模式,主要依靠土地和投资拉动,难以达到新兴产业的落地要求,容易走向低端产业和低端城市化两个"低端锁定",重蹈传统式工业化和城镇化的覆辙,产城分割的建设模式难以与粤东西北的新型

城镇化进程相融合,同时缺乏对全省产业布局与环境保护的统筹。因此,在产业转移过程中,产业转出地区的环境逐步得到优化,但产业承接地区则面临着日益加剧的污染转移压力。

4) 城镇化水平总体不高,地区发展差异较大

由于全省区域经济发展的不平衡,导致地区间人口城镇化水平发展存在显著差异。改革开放以来,广东省以外向型经济发展为主,外资的引入对区域经济发展起到了积极的推动作用。2014 年,珠三角地区城镇化率为 84.12%,而粤东仅为 59.55%,粤西为 41.03%,粤北为 46.37%,21 个地市中,11 个地市城镇化率低于全国平均水平,14 个地市低于全省水平,城镇化水平较高的地市基本落在珠三角地区,在粤东西北地区中,有 7 个地市城镇化水平低于 50%,占粤东西北地区总数的一半,粤东西北地区城镇化水平低于全国平均水平近 6 个百分点,与全省平均水平相比,则低 19 个百分点。从区域城镇化水平所处的阶段看,珠三角地区已处于高度发达阶段,但粤西地区及粤北地区城镇化水平与全国平均水平相比,仍存在较大差距。

3.1.1.2 区域发展战略梳理

1) 主体功能区规划

根据《广东省主体功能区规划》(表 3.1),到 2020 年,全省形成主体功能定位清晰的国土空间格局,经济布局更加均衡、城乡区域发展更加协调,资源利用更加集约高效,生态系统更加稳定……在战略布局上,着力构建"五大战略格局":构建"核心优化、双轴拓展、多极增长、绿屏保护"的国土开发总体战略格局;构建"一群、三区、六轴"的网络化城市发展战略格局;构建以"四区、两带"为主体的农业战略格局;构建以"两屏、一带、一网"为主体的生态安全战略格局;构建以"三大网络、三大系统"为主体的综合交通战略格局。

表 3.1 广东省主体功能区划分表

功能区分类		范围	
优化开发区	国家级优化开发区	珠三角核心区	
重点开发区域	国家级重点开发区域	海峡西岸经济区粤东部分	粤东地区
		北部湾地区湛江部分	粤西地区
	省级重点开发区域	粤西沿海片区	粤西地区
		粤北山区点状片区	粤北地区
生态发展区域	国家级重点生态功能区	南岭山地森林及生物多样性生态功能区粤北部分	粤北地区
	省级重点生态功能区	北江上游片区	粤北地区
		东江上游片区	粤北地区
		韩江上游片区	粤东北地区
		鉴江上游片区	粤西地区
	国家级农产品主产区	粮食主产区	粤东西北
		甘蔗主产区	粤西地区
		水产品主产区	粤东西地区
分布在优化开发、重点开发、生态发展三类区域的各类禁止开发区域		依法设立的各级自然保护区、风景名胜区、森林公园、地质公园、世界文化自然遗产、湿地公园及重要湿地资源等区域	

2）"一带一路"战略

作为 21 世纪海上丝绸之路的排头兵和主战场，2015 年 6 月，广东省率先公布《广东省参与建设"一带一路"的实施方案》，提出了 9 项重点任务。同时制定《广东省参与"一带一路"建设重点工作方案》（2015～2017 年），共 40 项工作。梳理形成《广东省参与"一带一路"建设实施方案优先推进项目清单》，共有 68 个项目，涵盖了基础设施建设、能源资源、农业、渔业、制造业、服务业 6 个领域。强调建世界级港口群、突出与港澳合作、突出经贸合作三方面特色内容。

3）新型城镇化战略

根据《广东省新型城镇化规划》（2014～2020 年），到 2020 年，全省城镇化水平和质量稳步提升，常住人口城镇化率 73％左右；珠三角地区优化发展，携手港澳建设世界级城市群取得新进展；粤东西北地区加快发展，地级市中心城区扩容提质成效明显；区域协调进一步加强，城镇化格局更加优化；城镇基础设施和公共安全体系更加完善，城镇综合承载能力显著增强；生态文明建设融入城镇化进程，城镇空间品质和城乡人居环境明显改善。

战略布局上实施差异化的城镇化发展策略，以建设环珠江口宜居湾区区域性服务与创新中心为重点，提升珠三角地区的国际化水平；整合环珠三角城市，构建"广佛肇＋清远、云浮""深莞惠＋汕尾、河源""珠中江＋阳江"3 个新型都市区；推进汕潮揭城市群同城化，发展壮大湛江、茂名等粤西滨海城市，形成湛茂阳沿海经济带，加快粤北生态城建设，打造生态型经济区；强化粤东西北地区汕头、湛江和韶关 3 个中心城市的地位和辐射带动作用，推动区域协调发展。

4）海洋经济强省战略

根据《广东省海洋经济综合试验区发展规划》，到 2020 年，全面实现建设海洋经济强省战略目标。海洋经济科学发展水平显著提升，主要海洋产业国际竞争力明显增强，海洋科技贡献率大幅提高，各类海洋功能区环境质量保持优良水平，海洋生态环境明显好转，现代化海洋综合管理体系基本形成。着力建设珠江三角洲海洋经济优化发展区和粤东、粤西海洋经济重点发展区三大海洋经济主体区域，积极构建粤港澳、粤闽、粤桂琼三大海洋经济合作圈，科学统筹海岸带（含海岛地区）、近海海域、深海海域三大海洋保护开发带，推进形成"三区、三圈、三带"的海洋综合发展新格局。

5）珠江三角洲地区发展战略

根据《珠江三角洲地区改革发展规划纲要》（2008～2020 年），到 2020 年，珠三角地区率先基本实现现代化，基本建立完善的社会主义市场经济体制，形成以现代服务业和先进制造业为主的产业结构，形成具有世界先进水平的科技创新能力，形成全体人民和谐相处的局面，形成粤港澳三地分工合作、优势互补、全球最具核心竞争力的大都市圈之一。人均地区生产总值达到 135 000 元，服务业增加值比重达到 60％；城乡居民收入水平比 2012 年翻一番，合理有序的收入分配格局基本形成；城镇化水平达到 85％左右，单位生产总值能耗和环境质量达到或接近世界先进水平。

6）粤东西北地区发展战略

根据《关于进一步促进粤东西北地区振兴发展的决定》，到 2020 年，粤东西北地区与全国同步全面建成小康社会，经济社会全面发展，生态环境优美和谐，基本公共服务健全，人民生活明显改善，实现全省区域协调发展。其中，粤东加快建设汕潮揭城市群；粤西加快建设

湛茂阳临港经济带;粤北加快建设可持续发展生态型新经济区。

根据《关于促进粤西地区振兴发展的指导意见》,到 2020 年,粤西地区经济社会整体发展水平达到全省平均水平。其中,湛江市要发展为全国重要的沿海开放城市、现代化新兴港口工业城市、生态型海湾城市、粤西地区的中心城市和环北部湾重要城市。茂名市要发展为世界级石化基地、全省重要能源物流基地和特色现代农业基地。阳江市要发展为广东新能源基地、重要产业承接地和现代滨海旅游目的地。

根据《关于促进粤北山区跨越发展的指导意见》,到 2020 年,粤北山区与全省同步实现全面建设小康社会的目标,基本实现社会主义现代化。其中,韶关要建成粤北区域中心城市、广东制造业基地及全国生态文明建设示范市;河源要建成现代生态园林城市、环珠三角新兴产业集聚地、粤北赣南区域物流中心;梅州要建成广东绿色崛起先行市、生态文化平安名城、世界客都;清远要建成大广州卫星城市、环珠三角高端产业成长新区、华南休闲宜居名城;云浮要建成全省农村改革发展试验区、循环经济和人居环境建设示范市、广东富庶文明大西关。

7)重要产业发展战略

根据《广东省产业转移区域布局总体规划》(2009~2020),广东省产业转移空间走向是按照点(主要城市与产业园区)、线(铁路、公路、海运线等重要交通轴线)、面(块状经济)的空间格局来展开的,珠三角核心区选择性地转出部分产业,通过"三圈"的涟漪波和"五轴"的地理轨迹有序转移,从而在全省形成五个各具特色、相互联系、具有明显集聚效应的块状经济新格局。通过全省产业转移的推进,经济布局将在之前的珠三角、东西两翼和北部山区的区域划分基础上,依据新的产业转移趋势和布局特征,把原北部山区中距离珠三角核心圈近、交通网络密集、区位及产业优势明显的地区,独立划分出来作为中部板块,从而形成 5 个主要经济块状地带。

根据《广东省智能制造发展规划》(2015~2025 年),至 2025 年,全省制造业全面进入智能化制造阶段,基本建成制造强省。制造业水平显著提升,规模以上工业全员劳动生产率提升至 25 万元/人。自主创新能力明显提升,规模以上工业企业研发投入占主营业务收入的比重达 1.7% 以上,安全可控的智能技术产品配套能力和信息化服务能力明显增强。信息化与工业化深度融合,规模以上工业企业信息技术集成应用达到国内领先水平,制造业质量竞争力指数达到 86.5。骨干企业国际地位凸显,培育一批年主营业务收入超 100 亿元、1 000 亿元的工业企业,涌现一批掌握核心关键技术、拥有自主品牌、开展高层次分工的国际化企业。具有自主知识产权的技术、产品和服务的国际市场份额大幅提高,建成全国智能制造发展示范引领区和具有国际竞争力的智能制造产业集聚区。

同时,梳理广东省矿产资源、能源、旅游等重要行业发展专项规划,具体见表 3.2。

表 3.2　广东省部分行业发展专项规划一览表

序号	规划名称	规划年限	规划范围	目标任务
1	广东省矿产资源总体规划	2008~2015	全省	到 2015 年,新建和生产矿山的矿山地质环境得到全面治理,历史遗留矿山的矿山地质环境恢复治理率达 40%;新建和生产矿山毁损土地全面得到复垦利用,历史遗留矿山废弃土地复垦率达 40%。到 2020 年,矿山地质环境实现根本好转,环境保护与恢复治理实现制度化、规范化,矿产资源开发与环境保护协调发展,矿山地质环境恢复治理率、土地复垦率水平全面提高,矿业开发逐步实现"绿色矿业"目标

（续表）

序号	规划名称	规划年限	规划范围	目标任务
2	广东省能源发展"十二五"规划	2011～2015	全省	到 2015 年，西电东送和省内电力装机容量合计 13 900 万 kW，其中省内电源装机容量为 10 300 万 kW；西电东送最大电力（受端）为 3 600 万 kW。全省原油加工能力达到 10 000 万 t/a，成品油年产量超过 5 000 万 t。全省天然气供应能力 430 亿 m³/a。一次能源消费结构中，煤、油、气、其他能源的比例为 36.2∶24.4∶13.2∶26.2。终端能源结构中，煤、油、气、电、热的比例为 9.0∶24.2∶12.6∶52.8∶1.4。非化石能源消费占能源消费总量比重达 20%。万元 GDP 能耗（2005 年不变价）为 0.544 t 标煤。单位地区生产总值二氧化碳排放强度为 0.9 t/万元
3	广东省旅游发展规划纲要	2011～2020	全省	到 2020 年，旅游服务设施、经营管理和服务水平与国际通行的旅游服务标准全面接轨，旅游产业规模、产业素质、服务品质、综合效益达到世界旅游先进水平，粤港澳形成优势互补、具有全球核心竞争力的国际旅游圈，建成辐射华南、服务全国、影响亚太、国际一流的旅游目的地和游客集散地，全面建成旅游强省。旅游业总收入达到 2 万亿元，年均增长率达到 15%；旅游业增加值占全省 GDP 的比重提高到 7% 左右，占服务业增加值的比重达到 15% 左右。着力构建"一核、两带、三廊、五区"空间布局，加快形成岭南文化凸显、功能结构完整、区域优势互补、资源高效利用的旅游发展大格局

8）重要基础设施发展战略

梳理广东省公路、港口、航运、轨道交通、一体化基础设施建设等重点基础设施规划，见表 3.3。

表 3.3 广东省部分重点综合基础设施发展规划一览表

序号	规划名称	规划年限	规划范围	规划目标
1	广东省高速公路网规划	2004～2030	全省	全省建成规模适当、布局合理、具有较高通达性和较高服务水平的高速公路网络，达到发达国家目前的水平，高速公路网布局总体上呈网格状，在珠江三角洲、东西两翼和区域中心城市周围以环线和放射线加密
2	广东省沿海港口布局规划	2008～2020	全省	形成布局科学、结构合理、层次分明、功能完善的现代化港口体系；港口与城市和环境和谐相处，在临港工业、商贸活动和综合物流中的作用更加突出；港口与铁路、公路、内河、管道等运输方式协调发展；在沿海形成一批具有重要影响的临港工业基地和大型物流园区
3	广东省内河航运发展规划	2010～2020	全省	形成以佛山、肇庆主要港口为骨干，以江门、中山、广州、东莞虎门、云浮、清远、韶关、惠州、河源、梅州、潮州 11 个地区重要港口为基础的层次分明、功能完善、布局合理、与全省航道布局及地区经济社会发展相协调的内河港口体系
4	珠江三角洲地区城际轨道交通网规划	2009～2020	粤港澳地区	形成以广州、深圳、珠海为主要枢纽，覆盖区域内主要城镇，便捷、快速、安全、高效的城际轨道交通网络。实现以广州为中心、主要城市间 1 小时互通，以及珠江三角洲中部、东部和西部都市区内 1 小时互通
5	珠江三角洲基础设施建设一体化规划	2009～2020	粤港澳地区	推进交通基础设施一体化；推进能源基础设施建设一体化；推进水资源基础设施建设一体化；推进信息基础设施建设一体化；推进粤港澳基础设施更加紧密合作

综上可知，广东省的区域发展战略坚持"创新、协调、绿色、开放、共享"的发展理念，围绕"三个定位、两个率先"目标，依托交通物流枢纽的地缘优势，加强与"一带一路"沿线国家合作，以创新驱动发展为核心战略，积极抢占国家海洋开发的战略制高点，推进经济结构战略性调整和产业转型升级，促进珠三角优化发展和粤东西北地区振兴发展，培育具有国际竞争

力的现代产业基地,加快新型城镇化和重要基础设施建设,率先基本实现社会主义现代化。

3.1.2　环境保护战略分析

3.1.2.1　广东省主要环保问题

1) 复合型大气污染日益突出

环境监测数据显示,广东省大气环境污染已经由原来以煤烟为主的一次污染向臭氧浓度升高、细颗粒污染加剧等大气复合型二次污染转变;与此同时,PM$_{2.5}$和臭氧污染近年也在不断加重。新的环境空气质量标准实施以来,珠三角地区和粤东西北地区的首要污染物均主要为PM$_{2.5}$和O$_3$,粤东西北地区的PM$_{2.5}$年均浓度已与珠三角地区基本持平,O$_3$对粤东西北地区空气质量超标的首要污染物贡献也超过30%,接近O$_3$对珠三角地区空气质量超标的影响水平,表明复合型污染已成为全省主要的大气环境问题。

2) 饮用水源面临较大环境风险

经历了30多年的高速发展,广东省进入了环境污染事故高发期,对水环境安全构成了严重威胁。相对分离的供水、排水格局尚未形成,环境预警与应急能力不足,应急备用水源建设滞后,潜在较大的饮用水源安全风险。与此同时,重金属、持久性有机污染物等长期积累的问题开始暴露,水污染呈现出复合型和累积型的复杂特征,防控难度越来越大,水源水质安全不容忽视。东江、北江、西江、韩江等主要河流沿岸和水源保护区附近仍然分布不少造纸、印染、化工、冶炼、电镀等重污染企业。随着城市化的连片发展,下游城市取水口与上游城市排污口犬牙交错的现象比较突出,格局性污染问题不容忽视。随着"双转移"战略深入实施,源头水质保护与生态屏障建设面临严峻挑战。

3) 近岸海域生态健康受损

广东省近岸海域环境质量总体良好,但局部海域污染尚未得到有效控制。珠三角地区沿岸海域接纳的污水量和污染物量都远远高于粤东西地区。近年来,珠三角地区沿海年均发现10起左右赤潮事件,且集中发生在珠江口,以及大鹏湾、大亚湾、深圳湾3个海湾,汕头港、汕尾港、湛江港和硇洲岛附近也是赤潮频发海域,与富营养化海域分布基本一致。受陆源污染和人类频繁的开发活动影响,2006~2009年珠江口生态监控区内生态系统始终处于不健康状态,直至2010年才转变为亚健康状态,日益频繁的海洋经济活动加大了海洋污染事故发生的风险概率,加剧了近岸海域的污染压力。

4) 生态安全格局受到威胁

近30年来,广东省城市化和工业化的快速发展带来了非农建设快速增长,占用了大量耕地、林地和水域等生态用地,海陆之间的生态过渡带、山体边缘过渡带、重要的河流生态廊道等被不合理地人为破坏和截断,导致区域内自然生态空间日趋破碎化。过度的人类活动对区域生态系统造成严重的破坏和干扰,森林生态系统、农田生态系统、海洋生态系统、湿地生态系统及城市生态系统等的生态服务功能逐年下降。至2014年年底,全省森林覆盖率为58.69%,但林种、树种结构单一,地带性树种分布不合理。地区现有林分平均郁闭度仅为0.48,也明显低于全国的平均水平0.60。森林生态系统的生态防护功能及生态调节功能不高。滨海和近海海域大规模开发利用,湿地生态系统受到严重干扰,局部海域功能退化,沿岸海域和河口区的海洋生物数量锐减。

3.1.2.2 区域环保战略梳理

1)《广东省环境保护规划纲要》(2006~2020 年)

为实现绿色广东,要加快实施"三区控制、一线引导、五域推进"的总体战略。三区控制:以优化空间布局为突破口,分类指导、分区控制,将全省划分为严格控制区、有限开发区和集约利用区;一线引导:贯彻发展循环经济的战略主线,调整和优化产业结构,转变经济增长方式,降低资源能源消耗水平和污染物排放强度,促进产业生态化,建设资源节约型社会;五域推进:重点推进生态保护与建设、水污染综合整治、大气污染防治、固体废物处理处置以及核安全管理和辐射环境保护五大领域的建设,全面改善区域环境质量。具体指标见表 3.4。

表 3.4 广东省环境保护目标和指标体系表

序号		指标	2010 年	2020 年
1	环境质量	城市空气质量达二级的天数占全年比例/%	90	95
2		饮用水源水质达标率/%	95(山区 98)	98
3		国控、省控断面水质达标率/%	80(山区 90)	98
4		近岸海域环境功能区监测达标率/%	90	95
5		城市区域环境噪声平均值/(dB(A))	<56	<56
6	污染控制	烟尘控制区覆盖率/%	100	100
7		机动车尾气达标率/%	90	95
8		工业废水排放达标率/%	90	100
9		工业用水重复利用率/%	65	80
10		放射性废源、废物收储率/%	100	100
11		SO_2 排放总量/(万 t/a)	≤120	≤100
12		COD 排放总量/(万 t/a)	≤90	≤80
13	环境建设	城镇生活污水处理率/%	60(山区 50)	80(山区 70)
14		城镇生活垃圾无害化处理率/%	80(山区 60)	90(山区 70)
15		工业固体废物综合利用率/%	85	90
16		危险废物处理处置率/%	100	100
17	生态环境	城镇人均公共绿地面积/m²	12	14
18		建成区绿化覆盖率/%	35	40
19		森林覆盖率/%	58(山区 68)	60(山区 70)
20		陆域自然保护区占全省陆地面积比例/%	8(山区 10)	10(山区 14)
21		近岸海域自然保护区占全省近岸海域面积比例/%	5	6
22	其他	环境保护投资占 GDP 的比例/%	3	3
23		环境保护综合指数	86	90

2)《南粤水更清行动计划》(2013~2020 年)

至 2020 年年底,城市集中式饮用水源水质高标准稳定达标,农村饮用水源水质基本得到保障。主要地表水体水质达到环境功能要求,90%以上的省控断面水质按环境功能达标,

优良水质断面比例达80%以上,跨市河流交接断面水质达标率达90%以上,全省基本消除劣Ⅴ类水体(指已划定地表水环境功能区划的水体),佛山—广州跨界水体达标交接;广州珠江河段丰水期水质达到Ⅲ类。工业废水全面达标排放。维系流域健康的生态屏障与水源涵养体系基本形成,生态公益林占林业用地面积的比例达到45%以上,重要湿地得到有效保护,水体的物理、化学和生物完整性明显提升,水生态功能基本得到修复。

3)《广东省水污染防治行动计划实施方案》

到2020年,地级以上城市集中式饮用水水源和县级集中式饮用水水源水质全部达到或优于Ⅲ类,农村饮用水水源水质安全基本得到保障;全省地表水水质优良(达到或优于Ⅲ类)比例达84.5%;对于划定地表水环境功能区划的水体断面,珠三角区域消除劣Ⅴ类,全省基本消除劣Ⅴ类;地级以上城市建成区黑臭水体均控制在10%以内;地下水质量维持稳定,极差的比例控制在10%以内;近岸海域水质维持稳定,水质优良(Ⅰ、Ⅱ类)比例保持70%以上。

到2030年,全省地表水水质优良(达到或优于Ⅲ类)比例进一步提升,城市建成区黑臭水体总体得到消除;地级以上城市集中式饮用水水源和县级集中式饮用水水源高标准稳定达标,农村饮用水水源水质得到保障。

4)《广东省珠江三角洲清洁空气行动计划》

以严格环境准入为前提,以改善能源结构为根本,以多污染物联合减排为主线,以机动车污染控制为突破口,全面推进大气污染综合防治。探索一条具有广东特色的区域大气污染防治新路子,构建世界先进的典型城市群大气复合污染综合防治体系,实现“一年打好基础,三年初见成效,十年明显改善”区域空气治理目标,使珠三角地区空气环境质量得到明显改善。

5)《广东省大气污染防治行动方案》(2014~2017年)

到2017年,力争珠三角区域细颗粒物年均浓度在全国重点控制区域率先达标,全省空气质量明显好转,重污染天气大幅度减少,优良天数逐年提高,全省可吸入颗粒物年均浓度比2012年下降10%,珠三角区域各城市二氧化硫、二氧化氮和可吸入颗粒物年均浓度达标;珠三角区域细颗粒物年均浓度比2012年下降了15%左右,臭氧污染形势有所改善;与2012年细颗粒物年均浓度相比,广州、佛山(含顺德区)、东莞下降20%,深圳、中山、江门、肇庆下降15%;珠海、惠州市细颗粒物年均浓度不超过35 μg/m³;珠三角地区以外的城市环境空气质量达到国家标准要求,可吸入颗粒物年均浓度不超过60 μg/m³、细颗粒物年均浓度不超过35 μg/m³。

6)《广东省实施差别化环保准入促进区域协调发展的指导意见》

按照珠三角、粤东粤西和粤北三大分区,结合广东省主体功能区规划,从产业布局、园区开发、项目建设3个层次,强化清洁生产、污染物排放标准等环境指标的约束,突出重点区域、重点流域、重点行业的污染控制,形成“保底线、优布局、调结构、严标准”四位一体的差别化环保准入指导意见。

珠三角地区要通过提高环保准入门槛,促进产业转型升级,不断改善环境质量,逐步水清气净,以环境调控促转型升级,优化发展;粤东粤西地区要坚持“在发展中保护”,科学利用环境容量,有序发展,维持环境质量总体稳定,留住碧水蓝天;粤北地区是广东省主要的生态发展区域,区域总体生态环境较好,是广东省重要的生态安全屏障和水源涵养地。要坚持

"在保护中发展"，实行从严从紧的环保准入，确保生态环境安全。

7)《珠江三角洲环境保护规划纲要》(2004～2020年)

到2020年，生态环境安全格局基本形成，循环经济体系逐步完善，生态环境良性循环，所有城市达到生态市要求，建成生态城市群。珠江三角洲现代化建设过程中，要完成"红线调控、绿线提升、蓝线建设"三大战略任务。具体指标见表3.5。

表3.5 珠江三角洲环境保护目标和指标体系表

序号	指标	规划目标	
		2010年	2020年
1	生活污水排放量/亿t	58.4	65.0
2	工业废水排放总量/亿t	28.0	38.0
3	工业生活COD排放总量/万t	87.4	69.6
4	SO_2排放总量/万t	39.8	35.8
5	NO_x排放总量/万t	41.8	39.5
6	PM_{10}排放总量/万t	28.4	27.0
7	集中式饮用水源水质达标率/%	95.0	100
8	城市水环境功能区水质达标率/%	90.0	100
9	跨界水体水质达标率/%	80	100
10	近岸海域水环境质量达标率/%	90	100
11	达到二级空气质量以上天数/(d/a)	355	355
12	酸雨频率/%	40	30
13	烟尘控制区覆盖率/%	100	100
14	森林覆盖率/%	42.5	45.0
15	建成区绿化覆盖率/%	40	45
16	城镇人均公共绿地面积/m^2	12.0	15.0
17	自然保护区覆盖率/%	6.3	6.8
18	环境保护投资占GDP比例/%	3.5	3.0
19	单位GDP用水量/(t/万元)	43.8	27.4
20	单位GDP能耗/(t标煤/万元)	0.5	0.2
21	单位GDP COD排放强度/(kg/万元)	3.5	1.4
22	单位GDP SO_2排放强度/(kg/万元)	1.6	0.7
23	工业用水重复率/%	50.0	70.0
24	城镇生活污水集中处理率/%	70.0	85.0
25	规模化畜禽养殖场粪便综合利用率/%	80	95
26	机动车尾气达标率/%	90	95
27	生活垃圾达标处理率/%	60	90

（续表）

序号	指标	规划目标	
		2010年	2020年
28	工业固体废物处置利用率/%	95	98
29	危险废物安全处置率/%	100	100
30	水土流失治理率/%	90	95

8)《关于加强环境保护促进粤东西北地区振兴发展的意见》

围绕"实现东西北地区跨越发展、转型发展、绿色发展"的核心,坚持"东西两翼在发展中保护、粤北山区保护与发展并重"的原则,坚守生态保护底线,加强环境调控,强化污染防治,严格环境监管,提升区域环境质量,构建区域生态安全格局,为实现粤东西北地区可持续发展提供坚实的环境支撑和生态保障。

9)《粤北山区环境保护规划》(2011～2020年)

按照建设生态文明的要求,以保障饮用水源水质为核心,以推进重金属污染防治为关键,以构筑生态屏障为重点,以加强产业引导和环境综合治理为手段,以提升环境监管能力为支撑,提高粤北山区环境保护水平,确保环境和生态安全,把粤北山区建设成为生态型可持续发展新经济区、环境优美宜居宜业家园和南粤最重要的生态屏障。到2020年,环境质量保持稳定,生态安全格局日趋成熟,污染物排放强度大幅降低,污染治理水平和环境监管能力大幅提高,可持续发展能力明显提升,环境优美的宜居城乡基本建成,环保理念深入人心,资源节约型、环境友好型社会基本形成。具体指标见表3.6。

表3.6 粤北山区环境保护目标和指标体系表

序号	指标	规划目标	
		2015年	2020年
1	城市空气质量达二级的天数占全年比例/%	≥95	≥95
2	饮用水源水质达标率/%	100	100
3	国控省控断面水质达标率/%	100	100
4	城镇生活污水处理率/%	≥65	≥70
5	城镇生活垃圾无害化处理率/%	≥75	≥80
6	重点工业源污染物排放稳定达标率/%	≥90	≥90
7	二氧化硫排放量/万 t	省控指标以内	
8	化学需氧量排放量/万 t	省控指标以内	
9	氮氧化物排放量/万 t	省控指标以内	
10	氨氮排放量/万 t	省控指标以内	
11	危险废物安全处置率/%	100	100
12	森林覆盖率/%	≥68	≥68
13	自然保护区占陆地面积比例/%	≥10	≥10
14	县级环境监测站标准化建设达标率/%	≥60	≥80
15	县级环境监察机构标准化建设达标率/%	≥50	≥70

10)《粤西地区环境保护规划》(2011~2020年)

到2020年,主要污染物排放总量明显下降,污染综合防治水平和环境监管能力明显提升,城乡生态环境明显改善,粤西地区形成经济持续发展、社会和谐进步、生态环境优美的良好格局。具体指标见表3.7。

表3.7 粤西地区环境保护目标和指标体系表

序号	指标	规划目标	
		2015年	2020年
1	城市空气质量达二级的天数占全年比例/%	≥95	≥95
2	城市集中式饮用水源地水质达标率/%	≥95	≥95
3	省控断面水质达标率/%	≥85	≥90
4	近岸海域环境功能区水质达标率/%	≥95	≥95
5	城镇生活污水处理率/%	≥80	≥90
6	城镇生活垃圾无害化处理率/%	≥75	≥80
7	工业废水排放达标率/%	≥90	≥95
8	重点监管单位危险废物安全处置率/%	100	100
9	二氧化硫排放量/万t	省下达指标以内	
10	化学需氧量排放量/万t	省下达指标以内	
11	氮氧化物排放量/万t	省下达指标以内	
12	氨氮排放量/万t	省下达指标以内	
13	县级环境监测机构标准化建设硬件达标率/%	≥80	100
14	县级环境监察机构标准化建设硬件达标率/%	≥60	100

综上可知,广东省的环境环保战略坚持走"珠三角优化发展、东西两翼在发展中保护、粤北山区保护中发展"的差别化环境管理道路,加快实施"三区控制、一线引导、五域推进"的总体战略,围绕"实现粤东西北地区跨越发展、转型发展、绿色发展"的核心,贯彻发展循环经济的战略主线,依托重点区域、重点流域、重点行业的污染控制,重点推进生态保护与建设、水污染综合整治、大气污染防治、固体废物处理处置等领域的建设,积极构建成为我国重要的水源涵养区,沿海红树林生物多样性保护区、人居环境安全保障重点区和国家重点水产品提供区,形成"天蓝、地绿、山青、水秀"的环境格局。

3.2 规划环境影响特征分析

3.2.1 规划环境影响特征分析方法

规划环境影响特征分析主要是通过识别规划实施可能影响的资源与环境要素,建立规划要素与资源、环境要素之间的关系,初步判断影响的性质、范围和程度,进而建立评价指标体系。矩阵法、网络法和压力-状态-响应分析法可以用于环境影响识别与评价指标的建立。以下分别介绍这三种方法。

3.2.1.1 矩阵法

1）矩阵法的概述

矩阵是一种用来反映人类的活动和环境资源或相关生态系统之间的交互作用的二维核查表。它本来用于评估一个项目和行动与环境资源之间相互作用的大小和重要性，现已被扩展到用于考察一个规划或多项行动对环境的影响。矩阵法可以将矩阵（经过矩阵代数）中每个元素的数值，与对各环境资源、生态系统和人类社区的各种行动产生的累积效应的评估很好地联系起来。可将规划要素（即主体）与环境要素（即受体）作为矩阵的列与行，并在相对应位置用符号、数字或文字表示两者之间的因果关系。矩阵法有简单矩阵、Leopold 矩阵、Phillip-Defillipi 改进矩阵、Welch-Lewis 三维矩阵等。

2）矩阵法的特点

矩阵法的优点是可直观地表示主体与受体之间的因果关系，表征和处理那些由模型、图形叠置和主观评估方法取得的量化结果，可将矩阵中资源与环境各个要素，与人类各种活动产生的累积效应很好地联系起来。缺点是较少体现主体对受体产生影响的机理，不能表示影响作用是即时发生的还是延后的、长期的还是短期的，难以处理间接影响和反映不同层次规划在复杂时空关系上的相互影响。

3）矩阵法的应用

矩阵法主要用于规划环境影响识别与评价指标的建立，也可以用于规划分析和累积影响评价。矩阵法方法步骤为：① 梳理规划要素，识别可能对环境产生影响的项目和行为作为矩阵的列；② 识别可能受影响的主要环境要素，指项目实施后可能产生的各种环境影响作为矩阵的行；③ 确定①与②之间的关系，项目对环境的影响程度划定级别，在矩阵中标出规划项目对环境的影响程度。

输入矩阵的数据可以是以一种影响的有或无（如二进制数"0"与"1"），也可以选择基于诸如大小、重要性、持续性、发生概率或可否减小等因子数值的大小来评判影响。输入的数据可以反映一些可度量值，也可以反映一些影响的等级。

4）矩阵法的示例

表 3.8 是某新区基础设施规划对环境要素的环境影响识别矩阵表。

具体过程为：梳理规划要素分析规划内容，把规划内容拆分成小的规划要素；识别可能受影响的主要环境要素，将规划对环境产生的影响分为环境质量、生态环境、资源能源、社会经济 4 个方面，并进一步细化环境要素；依据资料查阅、专家咨询和经验判断等方法确定规划内容对环境要素的影响程度。

3.2.1.2 网络法

1）网络法的概述

网络法（networks）可表示规划造成的环境影响及其与各种影响间的因果关系，尤其是由直接影响所引起的二次、三次或更多次影响，通过多次影响逐步展开，形成树枝状的结构图，因此，又称为影响树法。它是以原因-结果关系树或关系网来表示环境影响链，特别适合反映次级影响（间接影响或累积影响），识别结果的使用者可以通过网络法的链接关系找出影响的根本原因和最终结果。目前，网络法主要有因果网络法和影响网络法两种应用形式。

表3.8 某新区基础设施规划环境影响识别矩阵表

规划内容	环境质量							生态环境				资源能源			社会经济				
	环境空气质量	地表水文和水质	地下水文和水质	土壤侵蚀和污染	环境噪声	固体废物	电磁辐射	陆域生态	景观绿地	水生生态	环境风险	土地资源	水资源	能源	经济结构	交通运输	城市化水平	就业率	人居环境
城市规模 人口规模增加	-2s	-2r	-1r	-1r	-2s	-2r	○	-3r	○	-1r	○	○	-2r	-2s	+1s	+1s	+2s	○	±1s
城市规模 建设用地规模增加	±2s	±2s	-1r	○	-2s	-2r	○	-2r	+2r	○	○	-2s	○	-2s	+1s	+1s	+2s	+1s	±1s
综合交通规划 区域交通系统规划 客运、货运枢纽	-1r	○	○	○	-3s	-1s	○	-2s	+2s	○	○	-1s	○	○	+1s	+3s	+1s	+1s	+1s
综合交通规划 区域交通系统规划 铁路建设	-1s	-1s	○	-1s	-3s	-1s	○	-2r	+2s	○	○	-1s	○	+2s	+1s	+3s	+1s	+1s	+1s
综合交通规划 区域交通系统规划 高速公路建设	-2s	-2s	○	-2s	-2s	-1s	○	-1r	±1s	○	○	-1s	○	+1s	+1s	+2s	+1s	+1s	+1s
综合交通规划 内部交通系统规划 道路系统完善	-1s	-1s	○	○	-2s	○	○	-2r	±1r	○	○	-1s	○	+2s	+1s	+2s	+1s	+1s	+1s
综合交通规划 内部交通系统规划 城市轨道交通建设	○	-1s	○	○	-2s	○	○	○	±1s	○	-1r	-1s	○	○	+1s	+2s	+1s	+1s	+1s
综合交通规划 内部交通系统规划 公交网络建设	+2r	○	○	○	+1s	○	○	○	○	○	○	○	+1s	○	○	+2s	+1s	○	+1s
综合交通规划 内部交通系统规划 停车场站建设	+1r	-1r	-1r	-1r	-1s	○	○	-1s	-1s	○	-1r	-1s	○	○	○	+2s	+1s	+1s	+1s
市政设施规划 给水工程规划 净水厂建设	○	+1r	○	○	○	○	○	○	○	○	○	○	○	○	+1s	○	+1s	+1s	+1s
市政设施规划 给水工程规划 供水管网完善	○	+1r	○	○	○	○	○	○	○	○	○	○	○	○	+1s	○	+1s	+1s	+1s
市政设施规划 排水工程规划 污水处理厂建设	-2s	+2r	+1r	○	○	-2s	○	○	○	-1r	○	○	○	○	+1s	○	+1s	+1s	+1s
市政设施规划 排水工程规划 雨污分流	○	+1r	+1r	○	○	○	○	○	○	+1r	○	○	○	○	+1s	○	+1s	+1s	+1s
市政设施规划 能源工程规划 新增电源	○	○	○	○	-1s	-2s	-2s	○	○	○	-1r	○	○	+2r	+1s	○	+1s	+1s	+1s
市政设施规划 能源工程规划 输配电系统建设	○	○	○	○	○	○	-2s	○	-2s	○	-1r	○	○	+2r	○	○	○	+1s	○
市政设施规划 通信工程规划 通信设施建设	○	○	○	○	○	○	-1s	○	○	○	○	○	○	○	+1s	○	+1s	+1s	+1s
市政设施规划 环卫工程规划 垃圾处理 填埋	○	-1s	-1r	-1s	○	+3s	○	-2s	-2s	○	-1r	○	○	○	○	○	○	○	+1s
市政设施规划 环卫工程规划 垃圾处理 焚烧	-2s	○	○	-2s	○	+3s	○	○	○	○	○	○	○	+1s	○	○	○	○	+1s
市政设施规划 环卫工程规划 环卫设施建设	○	○	○	○	-1s	+2s	○	○	○	○	○	○	○	○	+1s	○	+1s	+1s	+1s
市政设施规划 管线综合规划 工程管线建设	○	-1r	-1r	-1s	○	○	○	-1r	○	○	-1r	-1r	○	+1s	○	+1s	+1s	+1s	+1s

注："+"表示有利影响，"—"表示不利影响；"r"表示不可逆或长期影响，"s"表示可逆或短期影响；3、2、1分别表示强、中、弱影响，"○"表示影响不明显。

(1) 因果网络法,实质是一个包含有规划及其所包含的建设项目、建设项目与受影响环境因子以及各因子之间联系的网络图。优点是可以识别环境影响发生途径,可依据其因果联系设计减缓和补救措施。缺点是如果分析得过细,在网络中出现了可能不太重要或不太可能发生的影响;如果分析得过于笼统,又可能遗漏一些重要的影响。

(2) 影响网络法,是把影响矩阵中的关于规划要素与可能受影响的环境要素进行分类,并对影响进行描述,最后形成一个包含所有评价因子(即各规划要素、环境要素及影响或效应)的联系网络。

2) 网络法的特点

网络法的优点是方法简单,易于理解,能明确地表述环境要素间的关联性和复杂性,能够有效识别次级影响和累积效应;可以分辨直接影响和间接影响;可识别实施战略行为的制约因素。缺点是无法进行定量分析,不能反映具有时间和空间跨度的环境影响及其变化趋势,表达结果非常复杂;难以建立可比性单位,无法定量描述影响程度。

3) 网络法的应用

网络法普遍适用于各类规划的环境影响评价,主要用于环境影响识别与评价指标确定。网络法的应用重点是可表示规划要素与可能受影响的环境要素间的因果关系,尤其是直接影响所引起的间接影响,网络法应用的主要步骤如下:① 识别出规划要素,包含规划及其所包含的建设项目;② 找出可能受影响的环境要素,包括受影响环境因子和其他因子;③ 分析规划要素与环境要素之间的影响关系,对影响进行描述,并根据影响联系设计减缓及补救措施。

4) 网络法的示例

图 3.1 是某港口规划环境影响因果关系概念模型图。这个因果网络图显示出与港口开发相关的各种原因、干扰因素、初级影响和次级影响。具体步骤为:识别出港口规划相关的各种活动,进而分析各种活动带来的直接影响,并追踪那些由直接影响所引起的初级影响和次级影响,最终通过网络法的链接关系找出影响的根本原因和最终结果。

3.2.1.3　压力-状态-响应分析法

1) 压力-状态-响应分析法的概述

压力-状态-响应分析法(pressure-state-response analysis,PSR)由三大类指标构成,即压力、状态和响应指标。其中,压力指标则表述规划实施将产生的环境压力或导致的环境问题,如由于过度开发导致的资源耗竭,污染物无序或超标排放导致环境质量恶化等;状态指标用来衡量环境质量及其变化;响应指标是指为减缓环境污染、生态退化和资源过度消耗,而需要调整的规划内容、制订的政策措施等。

具体来说,压力指标表征人类的经济和社会活动对环境的作用,如资源索取、物质消费以及各种产业运作过程所产生的物质排放等对环境造成的破坏和扰动,与生产消费模式紧密相关,包括直接压力指标(如资源利用、环境污染)和间接压力指标(如人类活动、自然事件),它能反映"状态"形成的原因,同时也是政策"响应"的结果;状态指标表征特定时间阶段的环境状态和环境变化情况,包括生态系统与自然环境现状,人类的生活质量和健康状况等,它反映了特定"压力"下环境结构和要素的变化结果,同时也是政策"响应"的最终目的;响应指标包括社会和个人如何行动来减轻、阻止、恢复和预防人类活动对环境的负面影响,以及对已经发生的不利于人类生存发展的生态环境变化进行补救的措施,如法规、教育、市

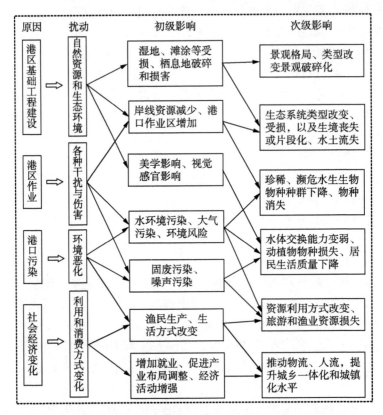

图 3.1 某港口规划环境影响因果网络识别示意图

场机制和技术变革等,它反映了社会对环境"状态"或环境变化的反应程度,同时也为人类活动提供政策指导。

PSR框架指标体系能较好地反映人类活动、环境问题和政策之间的联系,该框架体系倾向于认为人类活动和生态环境之间的相互作用是呈线性关系的。该体系以环境生态资源面的"状态"来呈现环境恶化或改善的程度,经济与社会面的"压力"来探讨对环境施压的社会结构与经济活动,政策与制度面的"响应"来反映制度响应环境生态现况与社会经济压力的情形。

2) 压力-状态-响应分析法的特点

压力-状态-响应分析法构建的指标体系反映了指标之间的因果关系和层次结构。该方法具有以下优点:① 将压力指标放在指标体系的首位,突出了压力指标的重要性,强调了规划实施可能造成环境与生态系统的改变;② 涵盖面广,综合性强。

3) 压力-状态-响应分析法的应用

PSR结构模型是规划环境影响识别与评价指标建立常用的方法之一。PSR结构模型的应用重点是区分三种类型指标,即环境压力指标、环境状态指标和社会响应指标,主要步骤如下:① 识别出压力指标,找出规划实施将产生的环境压力或导致的环境问题;② 依据识别出的压力指标,找出衡量环境质量及其变化的状态指标,表征特定时间阶段的环境状态和环境变化情况;③ 根据前面识别的压力指标和状态指标,给出响应指标,提出社会和个人如何行动来减轻、阻止、恢复和预防人类活动对环境的负面影响,以及对已经发生的不利于人类生存发展的生态环境变化进行补救的措施。

4）压力-状态-响应分析法的示例

运用 PSR 开展某工业园规划环境影响识别与评价指标体系建立,见图 3.2。具体步骤为:识别出工业园规划实施产生的环境压力,如园区建设占用土地、产业发展排放污染物、工业利用消耗能源等可能造成的压力,建立压力指标;根据产生的资源环境压力找出衡量环境质量及其变化的状态状况,如资源利用、生态环境质量变化状况等,建立状态指标;最后提出响应指标,针对可能发生的不利于人类生存发展的生态环境变化提出减缓措施。

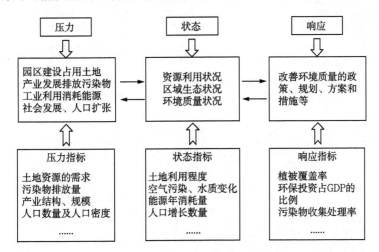

图 3.2 基于 PSR 的某工业园规划环境影响识别与指标体系建立示意图

3.2.2 典型规划环境影响特征分析

根据广东省区域发展和环境保护战略分析结果,以及历年来规划环境影响评价的开展情况,筛选出工业项目集群类、矿产资源类、交通类、旅游类、能源类、水利水电类和城市建设类七大类典型规划,分别采取矩阵法、网络法和压力-状态-响应分析法识别各类规划的环境影响特征,进而建立各类规划的环境评价指标体系。现分述如下。

3.2.2.1 工业项目集群类规划

1）规划概述

（1）规划分类

目前,广东省常见的工业项目集群类规划主要包括经济开发区、产业转移工业园、统一定点基地及其他工业集聚区的规划等,其规划分类和层级见图 3.3。

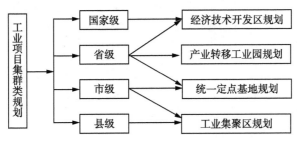

图 3.3 广东省工业项目集群类规划分类图

（2）规划内容

工业项目集群类规划一般包括工业园区性质和规模、用地结构与布局等11部分内容，具体见表3.9。

表3.9 工业项目集群类规划内容一览表

序号	规划结构	规划内容
1	园区性质和规模	发展定位、发展目标、产业类型、用地规模、人口规模、四至范围
2	用地结构与布局	规划结构、用地布局（生活、生产、生态空间布局）
3	土地利用规划	各种用地规模，包含居住用地、工业用地、公共管理与公共服务用地、道路与交通设施用地、绿地等类型
4	公共设施规划	各类设施布局，包括行政办公设施、教育设施、商业服务设施、体育设施、医疗用地设施等
5	道路交通规划	道路系统结构、道路等级、道路交通设施等
6	绿地景观规划	规划结构、绿地系统规划、景观结构等
7	市政工程规划	给水工程规划、雨水工程规划、排水工程规划、电力工程规划、电信工程规划、燃气工程规划、管线综合工程规划、能源工程规划、集中供热工程规划
8	综合防灾规划	消防规划、人防规划、防震减灾规划
9	环卫规划	环卫设施（公共厕所、垃圾收集处理）
10	近期建设规划	近期重点建设工程
11	规划实施建议和措施	规划分期实施建议和保障措施

2）环境影响特征识别

工业项目集群类规划通常用地规模和污染物排放量较大，规划实施可能造成区内及周边环境污染，故该类型规划应重点从园区发展定位、产业类型、用地布局、污染物排放等方面进行环境影响识别，具体见表3.10。

表3.10 工业项目集群类规划主要环境影响识别表

规划类型	规划实施引起的开发行为	影响途径	环境影响方式
产业规划	发展定位、产业类型和规模	资源消耗、环境污染、生态系统	1. 资源能源：资源能源类型、利用形式和效率可能带来污染物种类、产生和排放量的增减。 2. 大气环境：大气污染物排放对区域大气环境和周边环境敏感目标可能造成的影响。 3. 水环境：水污染物排放对地表水、地下水和近岸海域水质和水生生态产生影响。 4. 声环境：工业噪声及交通噪声可能对周边敏感点造成影响。 5. 固体废物：固体废弃物可能对周边土壤、地表水和地下水环境等造成污染。 6. 生态系统：规划实施将改变下垫面条件，对生态敏感区的生态安全造成威胁
土地利用规划	用地类型、规模和布局	资源消耗、生态系统、环境污染	1. 土地资源：规划实施将占用耕地、林地、草地等土地资源。 2. 生态系统：规划实施将改变原有用地生态系统功能、生物多样性。 3. 环境污染：生产空间布局可能对生态敏感区和居住区等环境敏感目标产生影响
公共设施规划	办公、教育、商业、体育、医疗设施等	资源消耗、环境污染	1. 资源消耗：人口增加将加大水资源和能源供给压力，设施建设占用土地资源。 2. 环境污染：人口增加带来的生活污染源增加

规划类型	规划实施引起的开发行为	影响途径	环境影响方式
道路交通规划	道路系统、交通设施等	生态系统、环境污染	1. 生态系统：改变下垫面和生态空间布局。 2. 噪声污染：物流和人流带来道路交通噪声，对区内和周边环境敏感目标造成影响
绿地景观规划	绿地系统、景观结构等	生态系统	重塑生态系统结构、功能，改变原有天然生物多样性，变为单一或复合人工生态系统
市政工程规划	给水工程	资源消耗	规划实施加大水资源的利用程度，带来供水压力
	雨水工程	环境污染	分流制雨水工程将降低初期雨水对水环境污染风险，合流制雨水工程将加大污水处理系统的负荷
	排水工程	环境污染	污水收集和处理系统可降低区域水污染负荷和水环境污染风险；尾水排放对地表水、地下水和近岸海域水质产生影响；重金属、持久性有机污染物等排放对水生物的累积环境影响
	电力工程、电信工程	环境污染	规划实施产生的电磁辐射对周边环境敏感目标造成的影响
	能源工程、集中供热工程	资源消耗、环境污染	1. 资源消耗：规划实施将增大资源消耗用量，能源类型选择将优化能源供给系统；集中供热可替代分散供热锅炉，提高能源利用效率；能源火灾、爆炸等对区域大气、水环境污染风险。 2. 大气污染：能源利用过程中大气污染物排放对区域大气环境和周边环境敏感目标可能造成影响；长期低浓度排放对人群健康的累积影响
环卫规划	公共厕所、垃圾收集处理	环境污染	环卫设施运营产生的废气、噪声可能对周边居住区等环境敏感目标产生影响

3）环境影响评价指标体系

在工业项目集群类规划环境影响识别的基础上，从资源能源利用、环境要素、清洁生产、总量控制和环境管理等方面建立该类规划环境影响评价指标体系，具体见表 3.11。

表 3.11 工业项目集群类规划环境影响评价指标体系表

要素	环境目标	推荐评价指标
土地资源	合理开发利用土地资源，确保耕地保有量	土地资源量/km²
		土地资源开发利用程度/%
		耕地占用量/km²
水资源	维持水资源供补平衡，促进水资源可持续利用	流域及分区水资源量/亿 m³
		地表水资源开发利用程度/%
		地下水资源开采量/亿 m³
		地下水资源允许开采量/亿 m³
能源	优化能源结构，提高能源利用效率	清洁能源使用比例/%
		万元 GDP 能耗/吨标准煤
		主要产品（原料）能耗/[吨标准煤/单位产品（原料）]
水环境	保证水环境质量符合环境功能区划要求	废水收集处理率/%
		工业用水重复利用率/%
		纳污水体水质达标率/%

（续表）

要素	环境目标	推荐评价指标
大气环境	保证空气环境质量符合环境功能区划要求	大气污染影响范围/km²
		环境空气达标范围/km²
		区域大气环境质量达标率/%
生态环境	保护生态系统功能，维护生态平衡	生物量/(t/km²)
		植被覆盖率/%
		人均公共绿地面积/m²
声环境	控制环境噪声水平，保障声环境质量	工业区昼夜噪声值/[dB(A)]
		声环境质量达标范围/km²
		噪声超标范围比例/%
固体废物	有效处置固废，提高固废综合利用率	固废处理处置率/%
		工业固废综合利用率/%
清洁生产	节能、降耗、减排、增效	单位工业增加值综合能耗/(吨标准煤/万元)
		单位工业增加值水耗/(m³/万元)
		单位工业增加值主要大气污染物排放量/(kg/万元)
		单位工业增加值水污染物排放量/(kg/万元)
		单位工业增加值固废产生量/(t/万元)
		中水回用率/%
		能源回收利用率/%
总量控制	在环境承载力范围内	废气主要污染物排放量/(t/a)
		废水主要污染物排放量/(t/a)
环境管理	严格环境管理，保障环境安全	环境管理机构标准化建设达标率/%
		环境保护投资占 GDP 比例/%

3.2.2.2 矿产资源类规划

1）规划概述

（1）规划分类

根据第一、第二轮省市级矿产资源规划和正在进行的第三轮矿产资源规划编制工作部署，广东省矿产资源类规划分类如图 3.4 所示。在空间上，矿产资源规划可划分为省、市、县三级。在类型上，矿产资源规划可划分为总体规划和专项规划。总体规划有省、市和县级矿产资源总体规划。专项规划有矿产资源开发利用专项规划、重点矿种专项规划和重点矿产地开发利用规划等。

矿产资源总体规划主要是对区域地质勘查、矿产资源开发利用和保护进行战略性总体布局和统筹安排；矿产资源专项规划是对地质勘查、矿产资源开发利用和保护、矿山地质环境保护与治理恢复、矿区土地复垦等特定领域，或者重要矿种、重点区域的地质勘查、矿产资源开发利用和保护及其相关活动作出具体部署。

（2）规划内容

矿产资源类规划主要内容见表 3.12。

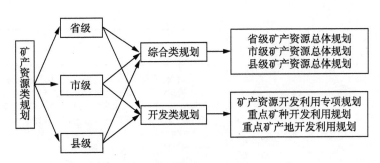

图 3.4 广东省矿产资源类规划分类图

表 3.12 矿产资源类规划主要内容一览表

规划类型	序号	规划结构	规划内容
矿产资源总体规划	1	地质勘查、矿产资源开发和保护主要目标与指标	分为总体目标和阶段目标,主要包括:控制矿山数量,调控开采总量,矿山布局结构调整目标,资源利用效率目标,矿山生态环境治理目标,矿业权市场建设目标,整顿和规范矿产资源开发秩序目标等
	2	矿产资源勘查开发区域布局	鼓励勘查区、限制勘查区、重点勘查区、机制勘查区
	3	矿产资源调查评价与勘查	矿产资源勘查规划分区,矿产资源勘查规划区块,公益性基础地质调查,矿产资源调查评价与矿产前期勘查
	4	矿产资源开发利用与保护	(1)矿产资源开发利用总量调控:鼓励、限制和禁止开采矿种,开发利用总量调控指标; (2)矿产资源开发利用布局:开发利用规划分区,矿业经济区,矿产资源储备保护区,开采规划区划与采矿权投放,矿产资源开发利用结构; (3)矿山企业准入条件; (4)矿产资源节约与综合利用:综合勘查及开发利用,提高矿产资源综合利用水平,矿山资源储量动态管理,矿产品进出口管理
	5	矿山地质环境保护与恢复治理	矿山环境地质影响,矿山环境保护与恢复治理分区,矿山环境保护与恢复治理规划指标,矿山环境保护与恢复治理政策措施
矿产资源专项规划	1	目标与任务	涉及矿产资源调查与勘查,开发规模和布局,开发利用水平,矿山地质环境治理恢复等
	2	矿产资源勘查开发与保护布局	区域布局,规划分区(重点勘查规划区块、重点开采规划区块、储备区块、保护区块)
	3	矿业权设置方案	探矿权设置,采矿权设置,矿业权设置方案合理性论证
	4	矿山地质环境保护与恢复治理	矿产资源开发环境准入门槛,矿山地质环境监管,矿山地质环境治理,生态环境保护和恢复治理

2)环境影响特征识别

矿产资源类规划的实施主要是对生态环境的影响,取决于矿产资源勘查、矿产资源开发利用和保护、矿山地质环境保护与治理恢复、矿区土地复垦等活动,见表 3.13。

表 3.13 矿产资源类规划主要环境影响识别表

规划类型	规划实施引起的开发行为	影响途径	环境影响方式
矿产资源勘查规划	矿产调查,勘查区	生态系统	1. 生态系统:钻探、槽探、坑探等探矿活动短期局部临时占地,对植被产生一定破坏,造成土体侵蚀等

（续表）

规划类型	规划实施引起的开发行为	影响途径	环境影响方式
开发利用与保护规划	采矿选矿（露天采场、地下采场）	资源消耗、环境污染、生态系统	1. 土地资源：矿区开采会占用一定面积的耕地或林地资源。 2. 水环境：矿井水、矿区生活污水和选矿废水排放对纳污水体水质造成影响；矿坑疏干排水导致地下水位下降；废水下渗可能产生地下水污染；尾矿库垮塌可能导致水环境风险。 3. 大气环境：钻孔、爆破、铲装、破碎、运输等过程产生的扬尘，车辆尾气等对周边环境空气质量产生影响。 4. 固体废物：弃土、弃渣、废石、尾砂和员工生活垃圾等对环境的影响。 5. 声环境：基建期进行的打眼、凿岩、挖掘等作业工程，设备噪声，运输车辆噪声对周边环境敏感点的影响。 6. 生态环境：矿产资源开发可能改变地形地貌，破坏森林植被，引发滑坡等地质灾害，长期会影响区域的景观演替及生物群落多样性，引发生态风险
矿山生态环境保护与恢复治理规划	闭坑矿山土地复垦、植被恢复；地质灾害防护；"三废"处理	环境污染、生态系统	对环境保护和生态修复起到正面影响，无负面影响

3）环境影响评价指标体系

在矿产资源类规划环境影响识别的基础上，从资源利用、生态保护、环境要素、地质环境、清洁生产等方面构建该类规划环境影响评价指标体系，见表 3.14。

表 3.14　矿产资源类规划环境影响评价指标体系表

要素	环境目标	推荐评价指标
土地资源	合理利用土地资源，减少对耕地和林地的占用	土地利用类型比例/%
		占用耕地或林地面积/km²
生态环境	减缓对生态敏感区的影响，保护生态系统功能	开采区与生态敏感区的邻近度
		植被覆盖率变化/%
		植被群落生物量/(t/km²)
		土壤侵蚀模数/[t/(km²·a)]
		生物多样性指数
		景观连通度与破碎化指数
水环境	保证水环境质量符合环境功能区划要求	矿山生活污水和生产废水收集处理率/%
		纳污水体水质达标率/%
大气环境	保证环境空气质量符合环境功能区划要求	开采区与大气一类区的邻近度
		区域大气环境质量达标率/%
固体废物	有效处置固废，提高固废综合利用率	固废处理处置率/%
		工业固废综合利用率/%
地质环境	减少地质灾害的发生，修复和保护地质环境	地质灾害发生概率/%
		矿山地质环境治理率/%
		矿山开采破坏土地复垦率/%
清洁生产	提高资源利用率，促进清洁生产和循环经济	主要矿种采矿回采率/%
		采选回收率/%
		共伴生矿产综合利用率/%
		矿坑涌水、选矿废水重复利用率/%

3.2.2.3 交通类规划

1) 规划概述

(1) 规划分类

交通类规划属于基础设施建设领域。根据对公路、铁路、港口、航运、轨道交通、城市交通基础设施建设等重点交通类基础设施建设规划的梳理,广东省交通类规划主要分为陆域和水域两大类。其中,陆域交通类规划可进一步细分为城市综合交通体系规划、城市轨道交通规划、公路/铁路网规划、公路运输枢纽规划等;水域交通运输规划主要包括港口规划和航道建设规划。广东省交通类规划体系见图3.5。

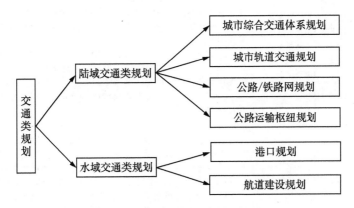

图3.5 广东省交通类规划分类图

(2) 规划内容

交通类规划的主要内容见表3.15。其中,城市综合交通体系规划相关内容见3.2.2.7节。

表3.15 交通类规划主要内容一览表

规划类型	序号	规划结构	规划内容
陆域交通规划	1	城市轨道交通建设规划	(1)线网规划内容包括规划范围、规划年限、线路的功能层次(骨架线和辅助线)、线网组成与布局(含线网远景规划、近期线网规划)、车辆站场设置、线路敷设方式和控制中心设置、线网规划实施计划、系统制式。 (2)建设规划内容包括规划范围与年限、规划目标、线路布局方案、建设时序、车辆场段设置、规划的车辆、线路、轨道及站台等相关技术标准(如车辆规格、最高运行速度、轨距、钢轨、扣件、道床等)、运营方案、系统制式、结构与施工方法和投资估算及资金来源等
	2	公路/铁路网规划	发展目标,功能定位,路网规模,布局方案(节点布局、路线布局),建设安排,资金与用地匡算
	3	公路运输枢纽规划	功能定位(战略定位、市场需求、枢纽功能),布局规划(需求预测、客运枢纽站场布局方案、货运枢纽站场布局方案、集装箱运输网络布局方案),信息系统规划,实施方案及近期建设重点
水域交通类规划	1	港口规划	港口吞吐量和船型发展预测,港口性质与功能,港口岸线利用规划,港口总体布局规划(港区区分、港区布置规划、水域布置规划),港口配套设施规划(集疏运规划、供电规划、给排水规划等),环境保护规划
	2	航道建设规划	发展要求和水运需求,建设目标和建设方案,投资匡算和资金筹措

2）环境影响特征识别

交通类规划对环境的影响主要表现为交通设施建设、运营等活动对资源消耗、环境污染和生态破坏等。交通类规划的主要环境影响识别见表3.16。

表 3.16　交通类规划环境影响识别表

规划类型	规划实施引起的开发行为	影响途径	环境影响方式
陆域交通类规划	城市综合交通体系规划、城市轨道交通建设规划、公路/铁路网规划	资源消耗、生态系统、环境污染	1. 土地资源：路网建设对沿线耕地、林地等土地的长期或永久性的占用。 2. 生态环境：土地功能改变导致部分生态服务功能丧失；路网建设对原有生境切割和生境岛屿化导致生物多样性下降；景观破碎化程度加强，改变生态系统连通性，阻隔动物通道。 3. 水环境：道路初期雨水、站场生活污水排放对水环境造成影响；危险化学货品运输过程存在事故性泄漏风险，造成环境污染；隧道开挖对地下水环境造成影响。 4. 大气环境：交通尾气和道路扬尘等会对周边大气环境产生不利影响。 5. 声和振动环境：交通噪声可能对沿线环境敏感点造成影响。铁路、城市轨道线路运营对环境敏感区的振动影响和二次结构噪声影响。 6. 电磁环境：电动车组在高架线段、车辆段、停车场出入段（场）线运行产生电磁影响
	公路运输枢纽规划	资源消耗、环境污染	1. 土地资源：站场建设对沿线耕地、林地等土地的长期或永久性的占用。 2. 声环境：站场人员社会噪声和车辆运行噪声会对周边的声环境产生影响。 3. 大气环境：车辆尾气排放会对周边大气环境产生不利影响。 4. 水环境：站场洗车废水、生活污水排放会对纳污水体水质产生影响。 5. 固体废物：人员生活垃圾、货运产生的固体废物，机修过程产生的含油危险废物会对周边土壤、地表水和地下水环境造成污染。 6. 环境风险：危险化学货品、易燃易爆货品的储运过程存在泄露、火灾、爆炸，对周围环境产生二次污染
水域交通类规划	港口规划	资源消耗、环境污染、生态系统	1. 资源能源：港区建设占用土地资源和岸线资源。 2. 大气环境：港区及作业区粉尘、油品及化学品码头挥发烃类气体、船舶机车辆废气等大气污染物排放对周边大气环境产生不利影响。 3. 水环境：港区生活污水、机修含油污水、集装箱洗箱水和作业区初期雨水，船舶污水等排放对纳污水体水质造成影响；溢油、废水事故性排放等对水环境的影响。 4. 固体废物：员工的生活垃圾、货运产生的固体废物，机修过程产生的含油危险废物会对周边土壤、地表水和地下水环境造成污染。 5. 声环境：各种装卸机械（包括吊卸船、皮带机、起重机等）、港区集疏运车辆交通噪声和到港船舶噪声对声环境的影响。 6. 生态环境：港池、锚地疏浚，运营期排水、船舶活动，风险事故等对水生态环境产生长期性累积影响
	航道建设规划	资源消耗、环境污染、生态系统	1. 资源能源：航道建设占用土地资源和岸线资源。 2. 水环境：疏浚挖槽、整治工程、清礁工程、码头工程及水下抛泥区疏浚物倾倒时对水体悬浮物浓度增加的影响；通航船舶生活污水、含油污水及船舶垃圾排放对水环境的影响；对河道水文情势变化的影响；溢油、废水事故性排放等对水环境的影响。 3. 大气环境：通航船舶燃油尾气排放对周边大气环境产生不利影响。 4. 声环境：通航船舶行驶噪声对周围声环境的影响。 5. 生态环境：疏浚挖槽、整治工程、清礁工程、码头工程造成水体混浊，对水生生物产生一定影响；通航船舶舱底油污水和生活污水事故排放、溢油风险事故对水生态的影响

3）环境影响评价指标体系

在交通运输类规划环境影响识别的基础上，从能源资源利用、生态保护、环境质量、环境

风险等方面建立该类规划环境影响评价指标体系,见表 3.17。

表 3.17 交通类规划环境影响评价指标体系表

规划类型	要素	环境目标	推荐评价指标
陆域交通运输规划	土地资源	最大限度减少对耕地、林地等占用	土地类型面积比例/%
			规划交通设施占用耕地面积/km²
			土地退化治理率/%
	生态环境	最大限度减少对生态敏感区的影响,保护生态系统功能	规划交通设施与生态敏感区的邻近度
			规划交通设施与生态敏感区交界面的长度/km
			规划路网两侧 300 m 范围内生态敏感区面积/km²
			生物生产力损失量/(万 t/a)
			景观连通度指数
			景观破碎化指数
	大气环境	保证空气环境质量符合环境功能区划要求	区域环境空气质量达标率/%
			大气污染影响范围/km²
			SO₂、NO₂、NMVOCₛ 年排放量/(t/a)
			运输车辆燃料消耗量/(L/100 km)
	水环境	保证水环境质量符合环境功能区划要求	涉及饮用水源保护区数量/个
			路网穿越饮用水源保护区长度/km
			服务区污水处理率和利用率/%
			纳污水体水质达标率/%
	声环境和振动环境	控制噪声和振动,保障声环境质量和振动水平	城市化地区噪声达标区覆盖率/%
			暴露于超标区人口及占区域总人口的比例/%
			典型路段营运噪声达标最大距离/m
			环境振动:铅垂向 Z 振级/dB
	电磁环境	电磁环境质量达标	工频电场强度/(kv/m)
			工频磁感应强度/mT
水域交通运输规划	土地资源	集约化利用土地资源、岸线资源	单位岸线吞吐量/(万 TEU/m)
			港口岸线占总岸线的比例/%
			单位吞吐量占地面积/(m²/万 TEU)
	生态环境	减少对生态敏感区、渔业资源、自然生态系统造成的危害,保护区域生态环境	规划港区与生态敏感目标邻近度
			生态价值损失/(万元/a)
			初级生产力损失/[g(干重)/(m²·a)]
			生物量损失/[t(干重)/(m²·a)]
			渔业损失估算/(t/a)
			生态景观指数变化
			植被覆盖率/%

（续表）

规划类型	要素	环境目标	推荐评价指标
	水环境	保证水环境质量符合环境功能区划要求	单位吞吐量主要水污染物排放量/[t/(万 t·a)]
			污水处理和达标排放率/%
			纳污水体水质达标率/%
			水质超标面积/km²
			赤潮、水华发生概率/%
	大气环境	保证空气环境质量符合环境功能区划要求	单位吞吐量主要大气污染物排放量/[t/(万 t·a)]
			运输车辆燃料消耗量/(L/100 km)
			港界年平均 TSP 达标率/%
			油品码头油气综合治理率/%
			区域大气环境质量达标率/%
			大气污染影响范围/km²
			船舶液化天然气(LNG)燃料动力使用率/%
			岸电设施配套率/%
	声环境	控制环境噪声水平，保障声环境质量	港界昼夜噪声值/[dB(A)]
			疏港道路昼夜噪声值/[dB(A)]
			港区噪声达标率/%
			疏港道路噪声达标率/%
			噪声超标范围比例/%
	固体废物	有效处置固废，提高固废综合利用率	万吨吞吐量固废产生量/[t/(万 t·a)]
			港口固废处理处置率/%
			船舶垃圾收集处理率/%
			工业固废综合利用率/%
	环境风险	控制环境风险，避免对生态环境造成破坏	环境风险事故概率/%
			风险事故最大可信事故规模/t
			易爆品储罐爆炸安全距离/m
			典型事故条件下溢油扫海面积/km²
			污染事故应急能力

3.2.2.4　旅游类规划

1）规划概述

（1）规划分类

《广东省旅游发展规划纲要》（2011～2020）提出，要把旅游业发展成为广东省国民经济的重要支柱产业和惠及全民的幸福导向型产业，着力构建"一核、两带、三廊、五区"空间布局，建设旅游强省和全国旅游综合改革示范区。由于广东省地理位置独特，文化底蕴深厚，旅游产品多样，包括岭南文化旅游、生态旅游、滨海旅游、温泉旅游、都市旅游和红色旅游等。

广东省旅游类规划分类如图 3.6 所示。其中,旅游发展规划可分为区域旅游发展规划和地方旅游发展规划;地方旅游发展规划又可分为省级、市级和县级旅游发展规划等;旅游区规划可分为总体规划和控制性详细规划。

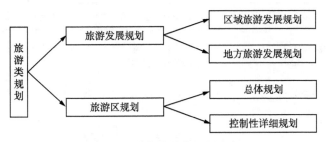

图 3.6　广东省旅游类规划分类图

（2）规划内容

旅游类规划主要内容见表 3.18。

表 3.18　旅游类规划主要内容一览表

规划类型	序号	规划结构	规划内容
旅游发展规划	1	发展战略	战略目标,战略定位,战略布局,发展思路
	2	旅游产品品牌规划	旅游产品体系包括观光旅游产品、休闲度假旅游产品、乡村旅游产品、滨海产品、城市旅游产品、商务会议旅游产品、文化旅游产品、生态旅游产品、节庆旅游产品等
	3	旅游线路规划	精品旅游线路规划,主题旅游线路规划,节点式线路规划
	4	旅游市场开发规划	旅游市场分析,旅游市场定位,市场规模预测,旅游形象整合,旅游营销策略整合
	5	旅游服务系统规划	旅游住宿设施规划,旅游购物发展规划,餐饮业发展规划,交通建设规划,旅游人力资源规划
旅游区总体规划	1	旅游市场预测	游客规模预测,旅游市场定位
	2	旅游产品开发与营销规划	旅游产品类型及其开发方向,旅游形象定位,旅游市场营销规划
	3	旅游空间布局与旅游线路组织规划	旅游空间总体布局,旅游功能分区,旅游线路组织
	4	旅游业支撑体系规划	旅游交通规划、给排水工程规划、旅游住宿设施规划、餐饮服务设施规划、娱乐设施规划、商业服务设施规划等
旅游区控制性详细规划	1	旅游发展规划	旅游容量测算,旅游形象定位和产品策划,用地布局规划,旅游线路规划,旅游和社区配套
	2	控制性指标	（1）规定建筑高度、建筑密度、容积率、绿地率等控制指标 （2）规定交通出入口方位、停车泊位、建筑后退红线、建筑间距的要求 （3）确定各级道路的红线位置、控制点坐标和标高

2）环境影响特征识别

旅游类规划环境影响识别不仅包括具体的旅游设施建设、交通道路建设及公共服务设施建设对环境的影响。同时,由于旅游业的高度综合性和关联性,旅游规划的实施将带动相关行业的发展,这些行业的发展都有可能带来一系列的生态环境问题。因此,从旅游发展规模、旅游空间布局、旅游产品规划及旅游服务系统规划等方面识别旅游类规划的环境影响,见表 3.19。

表 3.19 旅游类规划环境影响特征识别表

规划活动	规划实施引起的开发行为	影响途径	环境影响方式
旅游发展规模	旅游容量	资源消耗	资源消耗：旅游开发会增加区域土地资源、水资源和能源的消耗
旅游空间布局与旅游线路组织规划	旅游空间布局、旅游线路组织	生态系统	生态系统：旅游空间布局规划会造成景观破碎化，对生态格局和风景结构的整体性、统一性造成影响
旅游产品规划	观光旅游、滨海旅游、生态旅游、休闲度假旅游等旅游产品	环境污染、生态系统	1. 环境污染：旅客生活污水和垃圾、交通尾气和噪声等可能对规划区环境质量造成影响。 2. 生态系统：旅游活动可能对土壤、植被、动物产生直接影响，引起旅游区生态系统和生物多样性变化，可能引发生态累积影响
旅游服务系统规划	旅游住宿设施规划、餐饮服务设施规划、旅游交通规划等	环境污染、生态系统	1. 大气环境：饮食业废气、进出机动车尾气、游船发动机尾气、垃圾收集站和污水站恶臭等对区域大气环境产生影响。 2. 水环境：饮食业及游客生活污水排入周边水体对纳污水体水质产生影响。 3. 固体废物：游客和工作人员的生活垃圾、园林绿化垃圾、餐饮垃圾可能对周边土壤、地表水和地下水环境等造成污染。 4. 声环境：交通噪声、社会生活噪声、娱乐设施噪声会对周边的声环境产生影响。 5. 生态环境：土地利用方式改变，造成景观格局和类型改变，生态系统质量受损

3）环境影响评价指标体系

在旅游规划环境影响识别的基础上，从生态保护、环境质量、环境管理等方面建立该类规划环境影响评价指标体系，见表 3.20。

表 3.20 旅游类规划环境影响评价指标体系表

要素	环境目标	推荐评价指标
生态环境	避免对生态敏感区的破坏，保护生态系统功能，维持较高的景观质量	土地资源开发利用程度/%
		旅游区与生态敏感区的邻近度
		生态系统服务功能价值损失/万元
		植被覆盖率/%
		生物多样性指数
		景观格局指数
		可视范围扩大或缩小率/%
		可渗透地面面积比例/%
		非人类控制区域（距离道路 500 m 区域）面积比例/%
水环境	保证水环境质量符合环境功能区划要求	COD、NH$_3$-N 年排放量/(t/a)
		污水收集处理率/%
		纳污水体水质达标率/%
		完全自然水域面积或长度比例/%

(续表)

要素	环境目标	推荐评价指标
大气环境	保证空气环境质量 符合环境功能区划要求	SO_2、PM_{10}、NO_x、CO、C_mH_n排放量/(kg/a)
		区域大气环境质量达标率/%
		新能源与清洁能源车辆比例/%
声环境	控制环境噪声水平, 保障声环境质量	规划区噪声平均值/[dB(A)](昼/夜)
		各类设施噪声控制达标率/%
		噪声超标范围比例/%
固体废物	有效处置固废, 提高固废处置率	人均生活垃圾产生量/[kg/(人·d)]
		园林绿化、生活垃圾产生量/(t/a)
		固体废物处理处置率/%
环境管理	严格环境管理, 保障环境安全	环境保护投资占GDP比例/%
		游客环境保护宣传教育普及率/%
		游客规模占旅游资源承载力的比例/%

3.2.2.5 能源类规划

1) 规划概述

(1) 规划分类

能源类规划是依据一定时期的国民经济和社会发展规划,预测相应的能源需求,对能源的结构、开发、生产、转换、使用和分配等各个环节做出的统筹安排。根据《广东省能源发展"十二五"规划》提出的能源发展目标、发展布局和广东省能源发展现状,能源类规划可划分为能源发展规划、能源重点专项规划和重点专项建设规划。广东省能源类规划分类具体见图3.7。

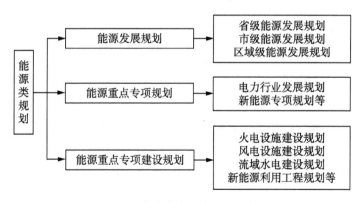

图3.7 广东省能源类规划分类图

(2) 规划内容

能源类规划结构及内容见表3.21。其中,流域水电建设规划相关内容见3.2.2.6节。

表 3.21　能源类规划主要内容一览表

规划类型	序号	规划结构	规划内容
能源发展规划	1	能源发展指导思想和发展目标	分为指导思想和发展目标,发展目标包括:能源生产供应能力、能源消费结构、能源储运设施、能源节约和环境保护等
	2	能源发展布局	电力生产、原油加工、能源接收和储运、能源装备产业、电网、天然气主干管网、成品油主干管网、海风电带等能源发展格局
	3	能源发展主要任务和重点项目	能源供应设施建设(电源建设、电网建设、天然气利用、原油加工与油品供应、煤炭运输、新能源开发等);节能减排和能源消费总量控制;能源产业发展和科技创新;能源重点项目
电力行业发展规划	1	电力需求预测	需电量和电力负荷预测(包括各年需电量、最大负荷);一、二、三产业和居民生活需电量;分部门、分行业需电量;经济区域、行政区域或供电区需电量;负荷特性和参数等
	2	能源与资源	水资源、煤炭、油气资源、风能等能源开采利用前景;铁路、航运、港口码头吞吐能力等输送能力
	3	电力供需平衡	区域电力市场需求水平和特性,电力供需平衡分析
	4	电源规划	区域电源布局、电源结构、发电装机总容量、供电范围等
	5	电网规划	电压级别、输电方式、供电规模、电网结构等
新能源专项规划	1	发展思路与目标	新能源发展思路、基本原则和发展目标
	2	主要任务	太阳能、核能、生物质能(含生活垃圾焚烧发电)开发利用等
火电设施建设(含集中供热)规划	1	燃料运输规划	燃料运输规划原则、规划目标、规划方式、运输线路布局、燃料供给管网布局、技术原则等
	2	电源规划	电力平衡分析、供热平衡分析、电源(含热电)机组布局、选型、参数指标等
	3	电网(管网)规划	输配电网和供热管网规划目标、建设原则、电网(管网)布局、技术原则等
风电设施建设规划	1	电源规划	电力平衡分析、电源机组单机容量、布局、选型、参数指标等
	2	电网规划	输配电网规划目标、规划原则、电网布局、技术原则等

2) 环境影响特征识别

针对各能源类规划对环境影响程度的高低,筛选出对环境影响较大的火电设施建设(包括集中供热)规划、流域水电建设规划、风电设施建设规划、生活垃圾焚烧发电设施规划。火电发展规划和生活垃圾焚烧发电设施规划主要来自项目的运营过程,表现在环境污染、生态系统等方面的影响;而风电发展规划主要来自项目的选址和开发建设过程,表现在对生态环境方面的影响;流域水电建设规划相关内容见 3.2.2.6 节。能源类规划的主要环境影响识别见表 3.22。

表 3.22　能源类规划主要环境影响识别表

规划类型	规划实施引起的开发行为	影响途径	环境影响方式
火电设施建设(包括集中供热)规划	电源(含热电)机组布局、电网(管网)布局	资源消耗、环境污染、生态系统	1. 资源消耗:火电设施运行导致煤炭、天然气、燃料油等燃料和用水量增加,设施占用一定的土地资源,加大区域资源供给压力。 2. 大气环境:燃料燃烧废气、物料堆存转运扬尘、脱硝装置氨气逸散等排放可能对周边环境空气和敏感点产生不利影响;大气污染物低浓度长期释放对区域内的人体健康可能产生影响;液氨储罐存在泄露风险。

规划类型	规划实施引起的开发行为	影响途径	环境影响方式
火电设施建设（包括集中供热）规划	电源（含热电）机组布局、电网（管网）布局	资源消耗、环境污染、生态系统	3. 水环境：火电设施产生的化学酸碱废水、含油污水、脱硫废水、锅炉排水、冷却系统温排水等对水环境造成影响；灰场运营对地下水造成影响；废水治理设施存在事故排放风险。 4. 声环境：各类火电运行设备产生的噪声对周围环境造成影响。 5. 固体废物：火电设施产生的灰渣等一般固废和脱硝废催化剂等危险废物可能造成周边土壤、地表水和地下水环境污染。 6. 生态环境：火电厂、电网（管网）、灰场建设会对局部生态系统造成一定的影响，使原有的植被生态系统遭到破坏；含重金属烟尘和酸性气体排放和可能对周边区域土壤产生累积性影响
风电设施建设规划	电源机组布局、电网布局	生态系统、环境污染	1. 生态环境：风电场风机和升压站、塔基和线路走廊建设会扰动地表，造成植被和生物栖息地的破坏，引发水土流失问题；风力机安装在鸟类飞行通道上可能对鸟类飞行产生影响。 2. 电磁环境：风电项目产生工频电场、工频磁场影响。 3. 声环境：风机运转和电磁作用产生的低频噪声对生物栖息地声环境造成影响。 4. 固体废物：变电站产生废变压器油等危险废物，可能存在环境风险
生活垃圾焚烧发电设施规划	焚烧发电装置布局、电网布局	资源消耗、环境污染、生态系统	1. 资源消耗：焚烧发电设施运行导致用水量增加，同时设施占用一定的土地资源，加大区域资源供给压力。 2. 大气环境：生活垃圾焚烧烟气（颗粒物、酸性污染物、重金属、二噁英类等）、垃圾在运输、倾卸、储存过程中和垃圾渗滤液收集、处理过程中无组织恶臭等排放可能对周边环境空气和敏感点产生不利影响；大气污染物低浓度长期释放对区域内的人体健康可能产生影响；焚烧系统或者烟气净化系统出现故障，导致烟气污染物的事故性排放。 3. 水环境：垃圾渗滤液、冲洗废水、脱盐水废水、反冲水、锅炉排水、初期雨水等外排对纳污水体造成影响；垃圾渗滤液渗漏对地下水环境产生影响；废水治理设施事故排放风险。 4. 声环境：焚烧发电运行设备产生的噪声对周围环境造成影响。 5. 固体废物：垃圾焚烧过程产生炉渣、飞灰，污水处理站污泥等可能造成周边土壤、地表水和地下水环境污染。 6. 生态环境：垃圾焚烧厂、电网等建设会对局部生态系统造成一定的影响，使原有的植被生态系统遭到破坏；焚烧烟气中重金属、二噁英类排放可能对周边土壤产生累积性影响

3）环境影响评价指标体系

由于各类能源规划环境影响特点不同，其环境影响评价指标体系也不同，主要从资源和环境两个方面进行构建，具体见表 3.23。

表 3.23　能源类规划环境影响评价指标体系表

规划类型	要素	环境目标	推荐评价指标
火电设施建设（包括集中供热）规划、生活垃圾焚烧发电设施规划	土地资源	合理开发利用土地资源，确保耕地保有量	土地资源量/km²
			土地资源开发利用程度/%
			占用耕地或林地面积/km²
	水资源	维持水资源供补平衡，促进水资源可持续利用	用水量/m³
			地表水资源开发利用程度/%
			地下水资源允许开采量/亿 m³

（续表）

规划类型	要素	环境目标	推荐评价指标
	大气环境	保证空气环境质量符合环境功能区划要求	区域 SO_2、NO_x、PM_{10} 浓度贡献率/%
			酸性物质、重金属、二噁英类等特征污染物排放浓度/(mg/m³)
			对周边地区造成的硫、重金属、二噁英类等的沉降量/万 t
			大气污染影响范围/km²
			区域大气环境质量达标率/%
	水环境	保证水环境质量符合环境功能区划要求	废水收集和处理率/%
			工业用水重复利用率/%
			纳污水体水质达标率/%
	固体废物	有效处置固废，提高固废综合利用率	固废处理处置率/%
			工业固废综合利用率/%
	生态环境	保护生态系统功能，维护生态平衡	生物量/(t/km²)
			植被覆盖率/%
	声环境	控制环境噪声水平，保障声环境质量	噪声值/[dB(A)]
			声环境质量达标范围/km²
			噪声超标范围比例/%
	清洁生产	节能、降耗、减排、增效	清洁能源使用比例/%
			发(供)电标准煤耗/[g/(kW·h)]
			单位发电量用水量/[m³/(kW·h)]
			发电设备平均利用小时数/h
			单位发电量 SO_2、NO_x、PM_{10} 排放量/[g/(kW·h)]
			单位发电量废水排放量/[t/(kW·h)]
			单位发电量固废产生量/[kg/(kW·h)]
			中水回用率/%
			年平均热电比/%
	总量控制	在环境承载力范围内	废气主要污染物排放量/(t/a)
			废水主要污染物排放量/(t/a)
风电设施建设规划	电磁环境	电磁环境满足国家标准限值要求	工频电场强度/(kV/m)
			工频磁感应强度/mT
	声环境	保证声环境质量符合环境功能区划要求	环境噪声/[dB(A)]
			声环境质量达标范围/km²
			噪声超标范围比例/%
	生态环境	减少规划实施对生态系统的影响，维护生态平衡	生物量/(t/km²)
			植被覆盖率/%
			占用各土地类型的面积/hm²
			受影响环境敏感区数量与面积/(个/km²)
	固体废物	有效处置固废，提高固废综合利用率	固废处理处置率/%
			工业固废综合利用率/%

3.2.2.6　水利水电类规划

1）规划概述

（1）规划分类

水利水电类规划是对流（区）域范围内的水资源开发利用、资源环境保护等方面进行全局性布局和具体部署。广东省水资源较为丰富，为指导全省水利事业长远发展，各级水行政主管部门和相关部门先后编制了上百项不同类型、不同专业的水利规划。根据规划不同作用，可将水利水电类规划分为综合类、开发利用类和流域整治类三大类。其中，综合类规划主要指流（区）域范围内的水资源综合规划，开发利用类规划主要包括跨流域调水、供水、水力发电，以及农业灌溉等水资源开发利用方面的规划，而流域整治类规划可分为防洪治涝以及河道整治两类。广东省水利水电类规划分类见图3.8。

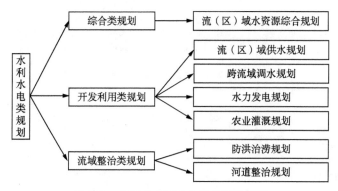

图3.8　广东省水利水电类规划分类图

（2）规划内容

水利水电类规划主要内容见表3.24。

表3.24　水利水电类规划内容一览表

规划类型	序号	规划结构	规划内容
综合类规划	1	流（区）域水资源综合规划	流域概况、规划任务、水体功能区划、防洪（潮）治涝、岸线利用与管理、城乡供水能力与安全、农业灌溉、水力发电、航运体系、水土保持、水资源与水生态环境保护、流域综合管理体系等
开发利用类规划	1	跨流域调水规划	流域水资源与水文特征、水环境质量状况、地质与地形条件、调水目标及任务、调水水源及供水范围、调水量预测及调水工程规模论证、工程布局规划、调水方案选择、调水工程分期实施计划、管理运行方案及制度等
开发利用类规划	2	流（区）域供水规划	流域水资源概况、供水目标及任务、水资源供需平衡分析、水源地水文特征、水环境质量状况、饮用水源地选择、供水能力、取水方式、净水方案设计、输配水管网和加压泵站布设、水源地防护措施等
开发利用类规划	3	水力发电规划	流域水文特征、地质与地形条件、开发目标及任务、开发方案拟订及选择、各梯级建设条件及主要经济指标、移民安置规划方案等
开发利用类规划	4	农业灌溉规划	灌溉水利建设现状与存在问题、规划目标与任务、水土资源利用现状、灌溉需求预测、水土资源供需平衡分析、灌区总体布局及分区发展重点、灌区供水工程建设方案等
流域整治类规划	1	防洪治涝规划	防洪治涝工程现状、能力和标准、规划目标及任务、设计洪水计算、设计高潮位计算、治涝水位计算、规划工程方案等
流域整治类规划	2	河道整治规划	河道水文情势以及水环境状况、治理现状及存在问题、规划目标及任务、疏浚整治工程、水系沟通工程、清障工程、岸坡整治工程、堤防加固工程等布置方案等

2）环境影响特征识别

水利水电类规划具有规模大、影响范围广等特点,规划实施可能对周边环境造成污染和生态破坏。根据水利水电类规划的分类,结合各类型规划实施规模与对周边环境的影响程度的初步判断,重点对跨流域调水规划、流(区)域供水规划、水力发电规划和河道整治规划,从水资源调配与输送、闸坝建设、岸线修整以及各项配套水利工程建设等方面进行环境影响识别,具体见表 3.25。

表 3.25　水利水电规划建设的环境影响识别表

规划类型	规划实施引起的开发行为	影响途径	环境影响方式
跨流域调水规划	水资源调配与输送	资源消耗、环境污染、生态系统	1. 资源消耗:调水对水资源进行重新分配,导致调出区域水资源减少,调入区域水资源增多,造成调入、调出地水文情势的变化。 2. 水环境:调水规划影响水文情势,导致调出区下游水量减少,水环境容量变小,间接对水环境造成影响;影响泥沙情势,可能导致局部淤积和冲刷;调入区域水量变大,水环境容量增大。 3. 生态系统:水资源大幅空间重新调配,可能引起调水沿线局部气温、湿度、降水等气候变化;规划实施改变调水和受水区域的水资源结构,将影响原有地的生态系统功能、植被覆盖率、水景观和生物多样性
流(区)域供水规划	供水管道、净水厂、加压泵站等建设	资源消耗、环境污染、生态系统	1. 资源消耗:规划实施将导致供水流域水资源量减少,间接对水环境和水生态造成影响;供水管道、净水厂等净(输)水设施建设将占用土地与岸线资源。 2. 水环境:规划实施导致供水区水资源量减少,水环境容量变小,间接对水环境造成影响。 3. 生态系统:供水管道、净水厂等净(输)水设施建设将造成局部生态破坏;供水流域水资源量减少,将影响原有地生态系统功能、植被覆盖率、水景观和生物多样性
水力发电规划	电站闸坝、配套输变电站建设	环境污染、生态系统	1. 资源消耗:规划实施建设和移民安置工程将占用土地与岸线资源。 2. 水环境:闸坝建设改变原有水文情势,库区上游水位抬升,下游水位下降,流速受到人工调控的影响;进一步影响泥沙情势,可能导致局部淤积和冲刷;闸坝上下游水位改变,影响区域地下水水位;闸坝附近河段水流减缓,削弱污染物降解稀释能力,污染物易滞留于库区,可能引起富营养化问题;电站办公区和移民安置区生活污水排放纳污水体造成影响。 3. 固体废物:电站人员生活垃圾、机修过程产生的含油危险废物、库区工程拦渣可能对周边土壤、地表水和地下水环境等造成污染。 4. 生态系统:闸坝等工程建设造成植被和生态景观破坏,加重水土流失;上游库区可能形成水温分层,库区下泄低温水对下游水生生物栖息地造成影响;库区上下游水位的变化,以及引起地下水水位的变化,将影响原有地生态系统功能、植被覆盖率、水景观和生物多样性;大型闸坝建设改变区域地表水和地下水循环结构,可能造成岸线失稳,带来崩塌、滑坡、泥石流等地质灾害,同时可能引发土地盐泽化和沼泽化等问题
河道整治规划	清淤工程、岸线修整	资源消耗、环境污染、生态系统	1. 土地资源:堤防、人工护坡等工程占用土地与岸线资源。 2. 水环境:清淤工程扰动底泥,污染物重新回到水体中,对水环境造成影响。 3. 固体废物:临时抛泥可能对周边土壤、地表水和地下水环境等造成污染。 4. 生态系统:清淤疏浚造成水体混浊,对水生生物,特别是底栖动物生境造成影响;河道改道、裁弯取直等工程破坏植被绿化和生态景观,降低水源涵养能力;堤防等工程降低岸线植被覆盖率,同时对岸线景观造成影响

3）环境影响评价指标体系

根据水利水电类规划对周边环境要素的作用方式，从资源能源利用、环境要素、地质环境等方面构建相应的评价指标体系，见表 3.26。

表 3.26　水利水电类规划环境影响评价指标体系表

要素	环境目标	推荐评价指标
水资源	合理分配水资源量，保障流域用水需求，促进水资源可持续利用	水资源调配量/(m³/a)
		生产、生活、灌溉及生态用水保证率/%
		流域水资源利用效率/%
土地及岸线资源	合理利用土地及岸线资源，减少对耕地和林地的占用	耕地或林地占用面积/%
		土地淹没面积/km²
		岸线占用比例/%
水环境	维护水资源系统平衡，控制废水排放，保证水环境质量符合环境功能区划要求	水域面积/m²、河道径流量/(m³/s)、含沙量/(kg/m³)、地下水水位/m 等水文情势变化量
		地下水水位变化率/(m、%)
		水环境容量变化率/(t/a、%)
		废水收集处理率/%
		水环境质量达标率/%
生态环境	避免对生态敏感区的破坏，保护珍稀鱼类资源，防止水土流失，维护生态系统功能	流域气温/℃、湿度/%、降水量/mm 变化量
		植被覆盖率变化/%
		生物多样性指数
		景观破碎化指数
		洄游及特有鱼类变化(种、尾)
		受影响生态敏感区数量与面积/(个/km²)
		水土流失治理度/%
		林草植被恢复率/%
固体废物	有效处置固废，提高固废综合利用率	生活垃圾、机修废物、拦渣等固废产生量/(t/a)
		固废处理处置率/%
		固废综合利用率/%
地质环境	减少发生地质灾害的可能性	崩岸、滑坡、泥石流、土地盐渍化和沼泽化等地质灾害发生概率/%
		地质灾害治理率/%

3.2.2.7　城市建设类规划

1）规划概述

（1）规划分类

城市建设类规划是为了合理利用城市土地，协调城市空间布局和各项建设的综合部署和具体安排。为稳步推进城镇化、建立区域协调发展机制以及规范各项建设活动，广东省从上而下编制了城镇体系规划、城市总体规划、控制性详细规划以及各类城市建设专项规划等，规划分类见图 3.9。城镇体系规划主要着眼于城镇化发展、城镇空间布局等战略性布局；城市总体规划是对城镇体系规划的进一步细化和补充；城市控制性详细规划规定了城市建设中的控制性约束条件；各类城市建设专项规划则是针对某一特定领域进行的具体布局和安排。

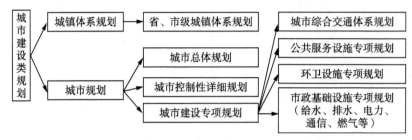

图 3.9　广东省城市建设类规划分类图

（2）规划内容

城市建设类规划的主要内容具体见表 3.27。

表 3.27　城市建设类规划内容一览表

规划类型	序号	规划结构		规划内容
城镇体系规划	1	省、市级城镇体系规划		城镇化发展战略、城镇空间布局和规模控制、区域综合交通体系、水资源优化配置体系、防洪工程体系、能源供应体系、信息化发展体系、环境设施建设体系、社会公共服务设施体系、区域协调与可持续发展、区域空间管治、实施计划与措施等
总体规划	1	市、县级城市总体规划		发展背景与定位、发展战略与目标、城市性质与规模、中心城区用地总布局、居住用地规划、公共服务设施规划、绿地系统规划、水系规划、旅游与景观系统规划、综合交通系统规划、市政基础设施规划、综合防灾规划、资源与环保规划、用地控制要求、近期与远景发展规划
控制性详细规划	1	控制性指标具体部署		控制区范围用地类型、用地规模、用地布局、公共用地和保留用地、各类土地使用的适用性、兼容性和排斥性范围、建筑密度与高度、容积率、交通出入口方位、建筑间距、基础设施等的控制性约束条件与具体部署
城市建设专项规划	1	城市综合交通体系规划		规划目标与任务、交通发展战略、对外交通规划、道路网络规划、公共交通规划、慢行交通规划、客运枢纽规划、城市停车规划、货运系统规划、交通管理规划、近期建设规划等
	2	公共服务设施专项规划		公共服务设施布局结构、行政办公、商业金融、文化娱乐、体育、医疗卫生、教育科研公共服务设施用地规划
	3	环卫设施专项规划		生活废弃物收集方式、堆放及处理处置方案、消纳场所规模及布局、公共厕所数量与位置布局等
	4	市政基础设施专项规划	给水工程	水资源供需平衡分析、水源地选择、供水能力、取水方式、净水方案设计、输配水管网和加压泵站布设、水源地防护措施等
			排水工程	排水体制、排水区域划分与污水量计算、排水管网和泵站规划布局、污水处理厂布局、规模、处理等级以及综合利用措施等
			电力工程	供电电源选择、输变电站等级和容量等参数设计、位置布局、供热区域划分、热电厂与热力网系统布局等
			通信工程	电话、电视台、无线电台等通信设施的标准和发展规模、邮政设施标准、服务范围及主要局所网点布置、通信设施及线路的布置、用地范围和敷设方式等
			燃气工程	燃气输配系统供应规模、供应方式、管网压力等级、管网系统设置，以及调压站、灌瓶站等工程设施布局等

2) 环境影响特征识别

城市建设类规划通常涉及用地范围较广,污染源类型较复杂,其规划实施对环境的影响主要表现为各类基础设施建设以及运营等活动对资源消耗、环境污染和生态破坏。城市建设类规划环境影响识别具体见表3.28。

表 3.28 城市建设类规划实施的环境影响识别表

规划类型		规划实施引起的开发行为	影响途径	环境影响方式
城市综合交通体系规划		城市公路、轨道交通路网、内河港口及内河航道、近岸码头工程建设	资源消耗、环境污染、生态系统	1. 土地资源:路网和交通枢纽等工程永久占用土地资源。 2. 大气环境:车辆、船舶等交通工具运行排放尾气,港口货物装卸和堆存过程产生粉尘,可能对周边环境敏感目标造成影响。 3. 水环境:运输枢纽、货物堆场地面冲洗水等可能对周边水环境造成影响。 4. 声环境:车辆、船舶运行产生噪声,轨道列车产生振动,可能对周边敏感点造成影响。 5. 固体废物:运输枢纽产生生活垃圾、货物碎屑、机械废渣等可能对周边土壤、地表水和地下水环境等造成污染。 6. 生态系统:交通运输工程建设将改变下垫面条件,可能造成冲、淤、涝、渍等局部水文和生态环境影响;地下铁路建设影响地下水循环
公共服务设施专项规划		商业金融、医疗卫生、文化娱乐、科研教育、体育等社会性设施建设	资源消耗、环境污染	1. 土地资源:大量公共服务设施建设将永久占用土地资源。 2. 水环境:社会活动(住宿、办公、就医等)产生生活污水,可能对周边水环境造成影响。 3. 固体废物:办公生活垃圾、餐厨垃圾、医疗废物等可能对周边土壤、地表水和地下水环境等造成污染
环卫设施专项规划		城市垃圾收集与处理工程建设	环境污染	1. 大气环境:垃圾集中堆放点以及垃圾运输过程中产生恶臭,可能对周边敏感点造成影响。 2. 水环境:垃圾收集、运输和处置过程中的渗滤液泄漏可能对周边地表水、地下水造成影响。 3. 声环境:垃圾储运过程中的机械噪声可能对周边敏感点造成影响
市政基础设施规划	给水工程	供水管道、净水厂、加压泵站等建设	资源消耗、生态系统	1. 土地资源:供水管道、净水厂等净(输)水设施建设将占用土地与岸线资源。 2. 生态系统:供水管道、净水厂等净(输)水设施建设将造成局部水土流失和生态破坏
	排水工程	排水管道、污水处理厂、加压泵站等建设	资源消耗、环境污染、生态系统	1. 土地资源:排水管道、污水处理厂等污(输)水设施建设将占用土地与岸线资源。 2. 水环境:城市污水处理厂尾水排放对纳污水体水质造成污染。处理系统和排水系统事故性排放或泄露对土壤、地表水和地下水环境构成污染风险。 3. 大气环境:污水处理和污泥处置系统运行产生恶臭,可能对周边环境敏感目标造成影响。 4. 固体废物:污水处理系统产生的污泥可能对土壤、地表水和地下水环境造成影响。 5. 生态系统:排水管道、污水处理厂等污(输)水设施建设将造成局部水土流失和生态破坏
	电力工程	电力管线和变配电系统建设	资源消耗、环境污染	1. 土地资源:变电站和输电线路建设占用土地资源。 2. 电磁环境:变电站和输电线路产生工频电场、工频磁场影响。 3. 固体废物:变电站产生废变压器油等危险废物,可能存在环境风险

（续表）

规划类型		规划实施引起的开发行为	影响途径	环境影响方式
	通信工程	移动基站、网络设施建设	环境污染	大型移动信号收发站产生电磁辐射,可能对周边人群身体健康造成影响
	燃气工程	燃气管道和气站系统建设	环境污染	煤气、天然气管道及储罐区存在泄漏、爆炸等风险,可能对周边人群健康造成影响

3）环境影响评价指标体系

针对城市建设类规划中各个专项建设实施过程的环境影响识别,从环境要素、环境管理等方面构建城市建设类规划环境影响评价指标体系,具体见表3.29。

表3.29　城市建设类规划环境影响评价指标体系表

要素	环境目标	推荐评价指标
水环境	控制水污染物排放,保证水环境质量符合环境功能区划要求	人均生活用水量/[L/(人·d)]
		万元 GDP 工业废水排放量(/m³/万元)
		主要水污染物排放量/(t/a)
		废水处理率及达标排放率/%
		主要废水排放口与环境敏感区的邻近度/m
		城市水功能区水质达标率/%
		集中式饮用水源地水质达标率/%
		城市建成区黑臭水体比例/%
大气环境	控制大气污染物排放,保证空气环境符合环境功能区划要求	万元工业净产值工业废气年排放量/(m³/万元)
		城市空气质量指数(API)
		城市烟尘控制区覆盖率/%
		路检汽车尾气达标率/%
		清洁能源、新能源使用比例/%
		规划工业区与居民区的邻近度/m
		区域主要空气污染物平均浓度/(mg/m³)
		暴露于超标环境中人口数及占总人口比例/%
声环境	控制环境噪声水平,保证声环境符合环境功能区划要求	区域环境噪声平均值/[dB(A)]
		城市交通干线两侧噪声平均值/[dB(A)]
		城市化地区噪声达标区覆盖率/%
		规划中的居民区环境噪声预测值/[dB(A)]
		暴露于超标声环境中人口数及占总人口比例/%
电磁环境	电磁环境满足国家标准限值要求	工频电场强度/(kV/m)
		工频磁感应强度/mT
固体废物	控制固体废物污染排放,提高固体废物"三化率"	人均生活垃圾年产生量/[kg/(人·a)]
		万元 GDP 工业固废产生量/(t/万元)
		固废无害化处理与处置率/%

（续表）

要素	环境目标	推荐评价指标
		工业固废的综合利用率/%
		生活垃圾分类收集与资源化利用率/%
		固废处理处置设施与环境敏感区的邻近度/m
生态环境	优化城市生态系统结构，提高生态系统服务功能	生物多样性指数
		人均绿地及人均公共绿地面积/(m²/人)
		城市绿化覆盖率/%
		水域面积占区域总面积比例/%
环境管理	加大环境保护投资，强化城市环境管理	环境保护投资占总 GDP 的比例/%
		公众对城市环境的满意率/%
		城市环境综合整治考核

4 广东省规划环境影响评价关键方法应用研究

4.1 规划环境影响评价关键方法筛选

规划环境影响评价方法是各个评价阶段可选用的一系列方法的集合。本次研究参照《规划环境影响评价技术导则总纲》(HJ 130—2014),结合广东省规划环境影响评价实际经验,总结了规划环境影响评价中的常用方法,见表4.1。

表 4.1 规划环境影响评价常用方法一览表

评价环节	可采用的主要方式和方法
规划分析	核查表、地理信息系统＋叠图分析、矩阵分析、专家咨询(如智暴法、德尔斐法等)、情景分析、类比分析、系统动力学法、博弈论
环境影响识别与评价指标确定	核查表、矩阵分析、网络分析、系统流图、叠图分析、灰色系统分析法、层次分析、情景分析、专家咨询、类比分析、压力-状态-响应分析
环境要素影响预测与评价	类比分析、对比分析、负荷分析(估算单位国内生产总值物耗、能耗和污染物排放量等)、弹性系数法、趋势分析、系统动力学法、投入产出分析、供需平衡分析、数值模拟、环境经济学分析(影子价格、支付意愿、费用效益分析等)、综合指数法、生态学分析法、灰色系统分析法、叠图分析、情景分析、相关性分析
环境风险评价	灰色系统分析法、模糊数学法、数值模拟、风险概率统计、事件树分析、生态学分析法、类比分析、剂量-反应关系评价
累积影响评价	矩阵分析、网络分析、系统流图、叠图分析、情景分析、数值模拟、生态学分析法、灰色系统分析法、类比分析
资源环境承载力分析	情景分析、层次分析法、灰色系统分析法、总量指标分析法、类比分析、供需平衡分析、系统动力学法、生态学分析法

可见,由于规划本身的复杂本质,包括了社会、经济、环境等多个方面的内容,环境影响的来源、方式和程度十分复杂。因此,规划环境影响评价必须以环境科学为基础,充分借鉴包括经济学、系统科学、生态学、地理学等多个学科融合的评价方法体系,才能有效评估规划实施所带来的环境影响。针对第3章梳理的典型规划分类及环境影响特征,基于以下4点原则,筛选适合规划环境影响评价的关键方法。

(1)科学性:优先选用在本学科或国际上通用的方法,方法应具备有效性、必要的灵敏度、可信度和可重复性。

(2)综合性:能够放映多个评价因子和环境影响的相互作用和因果关系,可分析空间、时间的环境扰动和累积效应,适用于不同空间尺度和复杂程度的规划。

(3)层次性:方法应尽量适合各类规划的属性和层级,并能依据不同属性和层级要求,得出相适应的评价结果。

(4)实用性:方法实用,可操作性强,定量与定性(或半定量)相结合,评价结果表达效果好。

按照上述原则,筛选广东省规划环境影响评价关键方法,见表4.2。

表 4.2　规划环境影响评价关键方法筛选一览表

评价环节	关键方法	方法特点
规划分析	地理信息系统＋叠图、情景分析、系统动力学	地理信息系统＋叠图分析:能够直观、形象、简明地反映规划实施的空间分布,适用于各类规划环境影响评价。 情景分析:可反映不同规划方案、不同情景下的开发强度和相应的环境影响,减小规划不确定性影响,适用于各类规划。 系统动力学:能够定性或定量描述规划的环境影响,可协调各影响要素间的联系和反馈机制,评价可信度较高,反映灵敏度高,对空间尺度大、系统复杂的规划环境影响评价具有较好的操作性
环境影响识别与评价指标确定 (见第3章3.2.1节)	矩阵分析、网络分析、压力-状态-响应分析	矩阵分析:可以直观地表示主体与受体之间的因果关系,表征和处理由模型、图形叠置和主观评估方法取得的量化结果,可将各要素有机结合,适用于各类规划环境影响评价。 网络分析:方法简单,可较好地反映环境要素间的关联性和复杂性,能够有效解决规划实施的支撑条件和制约因素,适用于各类规划环境影响评价。 压力-状态-响应分析:突出了压力指标的重要性,强调了规划实施可能造成的环境与生态系统的改变,涵盖面广,综合性强。适用于各类规划
环境要素影响预测与评价	类比分析、数值模拟、生态学分析	类比分析:方法简单、易行,适用于各类规划环境影响评价。 数值模拟:能够定量描述多个环境因子和环境影响的相互作用及因果关系,充分反映环境扰动的空间位置和密度,可分析空间、时间的累积效应,对各类规划的定量表达效果较好。 生态学分析:能够综合反映生态系统和生物种的历史变迁、现状、存在问题和未来的发展趋势,是最常用的生态评价方法
环境风险评价	数值模拟、剂量-反应关系评价	数值模拟:同上。 剂量-反应关系评价:方法简单,适用于各类风险评价模型,评价结果能够反映风险条件下对人居、生态系统的影响程度
累积影响评价	数值模拟、生态学分析	数值模拟:同上。 生态学分析:同上
资源环境承载力分析	供需平衡分析、总量指标分析、生态学分析	供需平衡分析:方法简单,评价结果直观反映资源、环境压力情况,可信度高,适用于各类规划环境影响评价。 总量指标分析:方法简单,可操作性强,可信度高,适用于各类规划环境影响评价。 生态学分析:同上

4.2　规划分析方法

　　规划分析包括规划方案分析、规划的协调性分析和不确定性分析等。通过对多个规划方案具体内容的解析和初步评估,从规划与资源节约、环境保护等各项要求相协调的角度,筛选出备选的规划方案,并对其进行不确定性分析,给出可能导致环境影响预测结果和评价结论发生变化的不同情景,为后续的环境影响分析、预测与评价提供基础。

　　常用的规划分析方法有:情景分析法、系统动力学法和地理信息系统＋叠图法等。地理信息系统＋叠图法主要用来分析规划布局与相关区划和规划的协调性;采用情景分析法来分析和预测不同情景下的规划实施的环境影响程度,降低规划的不确定性分析带来的影响,为推荐环境可行的规划方案提供依据;系统动力学法主要用于辅助预测不同情景下的规

划实施效果和环境影响。

4.2.1 情景分析法

4.2.1.1 情景分析法概述

情景分析法是通过对规划方案在不同时间和资源环境条件下的相关因素进行分析,设计出多种可能的情景,并评价每一情景下可能产生的资源、环境、生态影响的方法。情景分析法可反映出不同规划方案、不同规划实施情景下的开发强度及其相应的环境影响等一系列的主要变化过程。

情景分析法首先要识别未来发展的驱动因素,在对各种未来事件进行假设的基础上,分析各个因子间的因果关系,构成未来一段时间内事件沿不同路径发展的过程,并经过详细和严密的推理来描述多种未来情况、不同的情景为决策者提供参考依据,使决策者能发现未来变化的某些趋势,避免过高或过低估计未来的变化及其影响造成的决策错误。

4.2.1.2 情景分析法的特点

未来是不确定的,所以存在多种可能的未来。情景的作用正是向人们展示一系列可能的、看似合理的未来图景。因此,情景代表的并不是未来本身,而是一种预见未来的途径。情景分析法在未来预测中的特点体现在以下几个方面:第一,该方法承认未来的发展是多样化的,有多种可能的发展趋势,因此,其结果也是多维的;第二,该方法承认人在未来发展中的"能动作用",充分利用参加人员的知识经验,发挥其想象力。由于人超强的想象和联想能力,由参加者勾绘出来的未来情景可能包括很多计算机、数学模型无法预见的事件及其之间的联系,其结果是相对全面的;第三,情景分析法是一种对未来进行研究的思维方法,具有很强的包容性。它不仅包括对未来情况的定性描述,还可以为各种定性、定量的预测提供基础。定性的情景描述与定量预测结合起来构成了完整的情景分析,其预测结果是定性-定量相结合的。

4.2.1.3 情景分析法的应用

情景分析法在规划分析中主要用于规划方案的不确定分析,分析和预测不同情景下的环境影响程度和环境目标的可达性,为推荐环境可行的规划方案提供依据。情景分析法应用步骤如下。

1) 不确定因子识别

预测规划可能产生的环境影响时,必须解决规划内容本身存在的不确定性。规划通过指导、调整社会经济活动和改变内部自然环境,使得规划朝着预期的方向变化。然而,决策是在大空间尺度下统筹安排中长期的人类活动,不可能对未来的活动做出详细、具体的计划。因此,规划系统本身的变化存在高度的不确定性。同时,外界因素,如外部政策、社会经济条件以及该区域所隶属大系统中的自然环境等,都是区域发展的驱动因子。

2) 情景设计及其参数设定

识别出不确定性因子是情景分析法的关键驱动因素。识别驱动因子后,在把握其历史和现状的基础上利用类比分析等方法预测因子的发展路径,构建情景。对于预测资源、环境

等问题还需要开展定量预测,因此,还应当在定性情景下设定相应的定量参数,为后续的定量预测和评价做好准备。

(1) 情景构筑方法

预测规划可能产生的影响时,按照以下基本步骤建立情景:① 预测驱动因子的发展路径。构筑情景的关键是基于历史情况和现状,利用类比分析、头脑风暴、咨询调查等方法大胆预测驱动因子所有可能的、看似合理的发展路径;② 筛选驱动因子。情景分析不可能包罗万象,应当关注对规划区域未来发展的重点领域,对预测后的驱动因子进行筛选;③ 驱动因子聚类。筛选后按照驱动因子的发展路径及其在预测时间点所呈现的状态,采用因果链或因果网络等分析因子间的逻辑关系,对其进行聚类;④ 选样主题、撰写情景。根据每类因子的特征选择情景主题,完善情景的"故事情节",构成多个情景。

(2) 情景参数定量方法

情景分析最终要落脚到定量预测上。由于复杂性和不确定性的存在,一般可在回顾分析的基础上联合专家咨询、头脑风暴、横向类比和参考国际数据等方法确定不同情景下参数的取值。

(3) 基于情景的影响分析与评价

设计完成后的情景,还应当将情景分析与数学模型、系统动力学模型、GIS 技术等传统的方法相结合,对各类资源环境影响展开预测,作出评价,并提出预防和减缓的对策和措施。

4.2.1.4 情景分析法的示例

图 4.1 为某城市发展规划应用情景分析法进行城市发展不确定性分析的示意图。城市系统本身的发展变化存在高度的不确定性,如城市的社会、经济活动等因素,同时外部因素,如外部政策、社会经济条件、技术进步因素,以及该城市系统所隶属大系统中的自然环境等,都是城市发展的驱动因子,在内外驱动因素的驱动下,城市系统未来可能沿着不同的路径发展,在不同的时间点呈现不同的状态。城市发展规划通过指导、调整社会经济活动和改变内部自然环境,使得规划朝着预期的方向变化。最后,根据情景分析的结果对规划方案提出优化调整建议、对策措施。

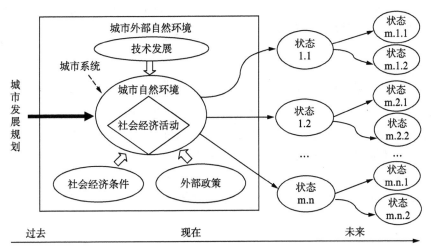

图 4.1 某城市发展规划情景分析示意图

4.2.2　系统动力学法

4.2.2.1　系统动力学概述

系统动力学法是一种定性与定量相结合的方法，以计算机仿真技术为辅助手段，通过建立系统动力学模型进行系统模拟，研究复杂社会经济系统的定量分析方法。系统动力学以现实存在的系统为前提，从系统的微观结构入手建模，构造系统的基本结构和信息反馈机制，进而模拟与分析系统的动态行为，可以分析研究信息反馈结构、功能与行为之间动态的辩证对立统一关系，是一种从结构机制上认识与理解动态系统的科学思维方法。

4.2.2.2　系统动力学的特点

系统动力学可以从定性和定量两方面综合地研究系统整体运行状况，通过分析各要素之间的联系和反馈机制，综合协调各要素，从而为制定有利于区域可持续发展的规划方案提供指导。在规划环境影响评价中使用系统动力学方法，评价结果可信度高，对于规划要素的调整反应灵敏。不足是对于较复杂的系统进行模拟时，需要参数多且难以准确设定，从而可能导致预测结果失真。

4.2.2.3　系统动力学的应用

系统动力学法主要用于辅助预测不同情景下的规划实施效果和环境影响，使用情景分析法对规划方案设置不同的情景后，系统动力学确定不同情景下的系统参数，并运用计算机仿真模拟出结果，进而来判断设置情景的优劣，筛选出合理的规划方案。系统动力学建模及解决问题的步骤可分为以下5个步骤。

1）系统分析

系统分析是用系统动力学解决问题的第一步，其主要任务在于明确研究的对象，确定系统的目标和边界。其主要内容包括：调查收集有关系统的情况与统计数据；了解用户提出的要求、目的，明确所要解决的问题；分析系统的基本问题与主要问题、基本矛盾与主要矛盾、基本变量与主要变量；初步确定系统的界限并确定内生变量、外生变量、输入量；确定系统行为的参考模式。

2）系统结构分析

根据系统内部各因素之间的关系设计系统流图，目的是反映各因素因果关系、不同变量的性质和特点。流图中一般包含两种重要变量：状态变量和变化率。这一步的主要任务是处理系统信息，分析系统中的主要变量及其有关因素间的反馈机制，主要包括：分析系统总体与局部的反馈机制；划分系统的层次与子块；分析系统的变量和变量间的关系，定义变量（包括常数），确定变量的种类和主要变量；确定回路和回路间的反馈耦合关系；初步确定系统的主回路及其性质；分析主回路随时间转移的可能性。

3）构建数学模型

根据环境承载能力及系统要素之间的反馈关系，建立描述各类变量的数学方程，通常包括状态方程、常数方程、速率方程、表函数、辅助方程等，估计或确定方程参数。

4）模型仿真计算和模型修改调整

将各规划方案确定的不同输入变量利用计算机仿真模拟软件对所建立的模型进行模拟仿真,得出不同规划方案下的环境承载力、国内生产总值、人口数、资源条件、环境质量等指标,将仿真运行结果进行解释,同时将结果与实际情况进行对比检验,并对模型结构及相关参数进行调整和修改,使之尽量符合实际系统的行为特点,然后重新运行模拟仿真,重复数次直至模型行为基本符合实际系统,满足目标要求。

5）规划分析与反馈

使用检验好的模型,针对相关规划实施后,系统目标问题所产生的变化和影响做出仿真模拟预测,并根据仿真结果对规划提出修改建议。

4.2.2.4 系统动力学的示例

某城市发展规划运用系统动力学法设计的系统总图见图4.2。城市发展规划的环境影响系统分为土地子系统、人口子系统、经济子系统、能源子系统、交通子系统和环境子系统。

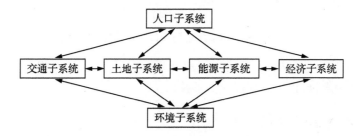

图4.2 某城市发展规划各系统总图

城市人口规模是城市发展规划的重要内容之一。城市人口构成城市的社会整体,是城市经济发展的动力和建设的参与者,又是城市服务的对象。这里以人口为例,进一步说明系统动力学方法的应用过程。

城市人口由常住人口、流动人口和死亡人口组成。城市发展规划中相关人口的要素包括:常住人口数量、出生率、死亡率、城市化率、迁入率、迁出率。人口子系统模型如图4.3所示。

主要方程为:

常住人口＝INTEG(出生人口＋迁入人口－迁出人口－死亡人口,初始值)

出生人口＝常住人口×出生率

死亡人口＝常住人口×死亡率

非农业人口＝常住人口×城市化率

城市化率＝0.38＋STEP(模拟年份的年平均增长率)

迁入人口＝常住人口×迁入率

迁出人口＝常住人口×迁出率

列出方程后进行模型检验,确定误差在合理范围内,用模型仿真计算出结果。将运行的人口输出结果与规划预期相比,为人口规模控制提供依据。

采用同样的方法可以建立土地资源系统和水资源系统等模型,根据运行结果,考察人均

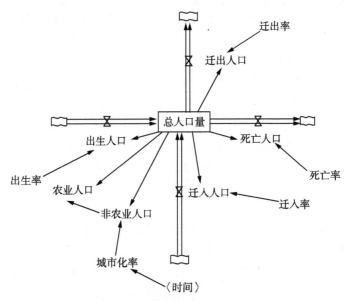

图 4.3　某城市发展规划人口子系统模型示意图

建设用地面积、人均绿地面积、人均居住用地面积、人均工业用地面积、人均耕地面积、市内交通用地面积和需水量,提出规划优化调整建议。

4.2.3　地理信息系统十叠图法

4.2.3.1　地理信息系统的概述

1) 地理信息系统的概念

地理信息系统(GIS)是在计算机硬件系统与软件系统支持下,以采集、存储、管理、检索、分析和描述空间物体的定位分布及与之相关的属性数据,并回答用户问题等为主要任务的计算机系统,是一门集合计算机科学、地理学、测绘学、环境科学、城市科学、空间科学、信息科学和管理科学等学科而迅速发展起来的新兴边缘学科。

一个完整的地理信息系统应包括 4 个基本组成部分:计算机硬件系统、软件系统、地理数据库系统(DBS)和应用人员与组织机构。

2) 地理信息系统的功能

(1) 空间分析功能。这是 GIS 的核心功能,也是它与其他计算机系统的根本区别。GIS 的空间分析功能有 3 个不同的层次。第一是空间检索,包括从空间位置检索空间物体及其属性和从属性检索空间物体;第二是空间拓扑叠加分析,空间拓扑叠加实现了输入特征的属性合并以及特征属性在空间上的连接,其本质是空间意义上的布尔运算;第三则是空间模拟分析,该层次的应用和研究可分为三类,即 GIS 外部的空间模型分析、GIS 内部的空间模型分析和混合型的空间模型分析。作为空间信息自动处理与分析系统,GIS 的功能遍及"数据采集—分析—决策应用"的全过程。

(2) 数据采集、检验与编辑功能。这是 GIS 的基本功能之一,主要用于获取数据,保持其数据库中的数据在内容与空间上的完整性、数据值逻辑一致、无错等。

（3）数据操作功能，包括数据格式化、转换和概化。数据格式化是指不同数据结构的数据间的转换。数据转换包括数据格式转化、数据比例尺的变换等。数据概化包括数据平滑、特征集结等。

（4）数据的存储与组织功能。这是建立 GIS 数据库的关键步骤，包括空间数据和属性数据的组织。栅格模型、矢量模型或栅格/矢量混合模型是常用的空间数据组织方法。目前属性数据的组织方式有层次结构、网状结构和关系型数据库管理系统（RDBMS）等，其中，RDBMS 是目前最为广泛应用的数据库管理系统。

（5）分析、查询、检索、统计和计算功能。模型分析是 GIS 应用深化的重要标志，如图形、图像叠合和分离功能、缓冲区功能、数据提炼功能及分析功能等。利用 GIS 可以方便地进行有用信息的检索和查询（通过菜单或命令），通过模型数据库可以方便地进行统计和计算。

（6）空间显示功能。GIS 具有良好的用户界面，二维和三维的动态显示功能，直观和方便的显示方式对辅助决策极为有用，具有鲜明特点的显示功能。

4.2.3.2　地理信息系统的特点

GIS 具有以下 3 个方面的特征：

（1）具有空间性和动态性，并且能采集、管理、分析和输出多种地理信息。

（2）由于 GIS 对空间地理数据管理的支持，可以基于地理对象的位置和形态特征，使用空间数据分析技术，从空间数据中提取和传输空间信息，最终可以完成人类难以完成的任务。

（3）GIS 的重要特征是计算机系统的支持，使地理信息系统能精确、快速、综合地对复杂的地理系统进行过程动态分析和空间定位。

4.2.3.3　地理信息系统的应用

叠图法是将自然环境条件（如水系等）、生态条件（如重点生态功能区等）等一系列能够反映区域特征的专题图件叠放在一起，并将规划实施的范围、产生的环境影响预测结果等在图件上表示出来，形成一张能综合反映规划环境影响空间特征的地图。叠图法借助地理信息系统，主要以规划方案和图件为依据，采用 GIS 的显示、查询、空间分析等功能辅助叠图法对规划方案进行分析。将规划图件导入 GIS 的空间数据库，结合基础地理数据、环境保护目标和生态敏感点图层、生态功能区、环境功能区划和环境现状分析，以空间分析对比规划布局与区域主体功能区规划、生态功能区划、环境功能区划和环境敏感区之间的关系，分析规划的协调性。

4.2.3.4　地理信息系统的示例

某公路网规划环境影响评价应用 GIS＋叠图法的综合结果见图 4.4。应用 GIS 叠加公路网规划生态环境敏感点具体步骤为：将公路网中待建路段以规划图中的位置为基线，向两侧建立一定宽度的缓冲区，将其视为路线布设时可以摆动的交通走廊带。缓冲区的宽度可以通过专家咨询法确定。将路段交通走廊带与包含自然保护区、森林公园、地址遗迹保护地、矿产资源分布地、旅游资源分布地等信息的图层进行叠加，统计出在交通走廊带内的生态环境敏感点

分布情况。对于识别出在交通走廊带内的生态环境敏感点，及时反馈给公路网规划人员及下一阶段的路线设计人员在设计时加以考虑，尽量避让。

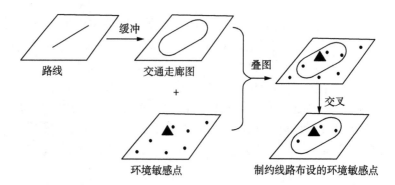

图 4.4　某公路网规划环境影响评价 GIS＋叠图法应用示意图

4.3　资源环境承载力分析方法

4.3.1　水资源承载力分析

4.3.1.1　水资源承载力的概念

水资源承载力是指一个流域或者区域在一定的社会发展水平和科学技术条件下，区域水资源可持续支持的合理人口数量及其相应的社会经济规模。水资源承载力分析就是在规划的流（区）域空间范围和时间尺度、可预见的技术生产水平和科技管理水平下，以维护生态环境良性循环为基本条件，针对规划各时段的社会经济水平，动态分析一个流（区）域可再生利用水资源量对规划人口规模、社会经济发展规模、产业结构和生产力布局的支撑能力。

水资源承载力与自然资源条件以及资源开发配置紧密相关，反映了社会经济活动与自然资源禀赋的相互影响与互动。水资源承载力分析的核心目标就是在比较可供水资源量与实际用水需求的基础上，通过采取水资源合理配置、节约用水、非常规水资源开发以及相关基础设施建设等多方面措施，将经济活动强度及其影响控制在水资源系统承载能力范围之内，从而确保社会经济系统与水资源系统的可持续发展。

4.3.1.2　水资源承载力分析方法

水资源承载力评价的方法较多，有总量指标分析法、供需平衡法、层次分析法和灰色系统分析法等。根据各种方法的使用频率和复杂程度，本研究重点介绍总量指标分析法和供需平衡法。

1）供需平衡法

供需平衡法是评价水资源承载力最传统，也是最常用和最为直观的方法。供需平衡法分析的关键是确定规划年的可供水量和需水量，在规划环境影响评价中，可供水量通常通过查询与供水相关的专项规划（如供水规划、水利发展规划等）获得，需水量通过对规划研究区域的工业、人口、农业和生态等各用水要素的用水量进行预测得到。将不同规划情景下的需

水量与供水量进行比较,即可确定在该规划情景下的水资源供需平衡是否能够实现。供需平衡法的技术路线见图4.5。

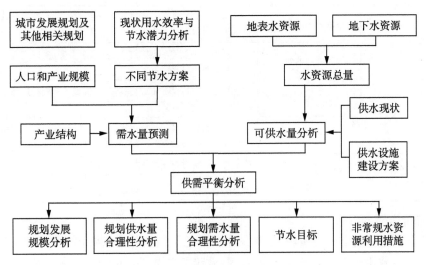

图4.5　供需平衡法技术路线图

供需平衡法可使用供需平衡指数进行量化表达:

$$\mathrm{SDCI} = \frac{W_S}{W_D}$$

式中,SDCI为供需平衡指数;W_S为区域水资源可供水量;W_D为区域水资源总需水量。SDCI值>1.0且越大,表示区域水资源承载能力未饱和,SDCI值<1.0且越小,表示区域水资源承载能力已经过饱和,区域需水量存在缺口,需开发新的供水来源,如新建供水工程、进行跨流域调水、开发非常规水资源,或实行更严格的水资源利用制度(如2012年1月,国务院发布了《关于实行最严格水资源管理制度的意见》),构建节水型社会,满足水资源供需平衡。

水资源供需平衡分析所包含的各要素及量化方法见表4.3。

表4.3　水资源供需平衡分析各指标要素及其量化方法一览表

项目	指标	要素	量化方法
供水分析	区域水资源条件	水资源总量	包括地表水、地下水及非常规水资源(城市污水再生、海水利用、雨洪利用)、跨流域调水等水资源量。地表水时空变化可使用径流深等值线图法描述,地下水资源量可使用单位面积可开采量表征,非常规水资源和跨流域调水水资源量应结合相关政策和设计方案进行确定
		可利用水资源量	将不同水平年水资源总量扣除河道内生态环境需水以及汛期难以控制利用的洪水量,得到不同水平年的可利用水资源量
	可供水量	供水工程现状	调查收集规划范围内各类蓄水、引水、提水和跨流域调水等供水资料确定
		供水工程规划情况	调查收集规划范围内的供水工程规划资料确定
		非常规水资源利用	可供水量预测应考虑非常规水资源利用,如城市污水再生利用、海水利用及雨洪利用等

（续表）

项目	指标	要素	量化方法
需水分析	需水量	农业需水量	农业需水量包括农田灌溉需水和牲畜养殖需水,预测计算采用用水定额法进行计算
		工业需水量	结合规划产业类型、规模、工艺、技术水平等,采用万元工业增加值定额法进行预测计算
		生活污水量	结合规划人口规模和市政公共设施等,城镇和农村居民生活用水采用用水定额法预测计算
		生态需水量	生态需水量包括城镇绿化用水和河道环境用水,可采用用水定额法预测计算,也可直接调查收集相关规划确定
	用水结构及节水水平	产业清洁生产水平、节水潜力等	需水量预测应考虑用水规划产业清洁生产水平(生产工艺设备、技术水平及产品结构、用水现状水平和节水潜力等),同时考虑农业、生活需水的节水潜力进行综合确定

2) 总量指标分析法

所谓水资源总量指标分析法,就是从水资源总量控制和用水效率控制等管理层面,收集和分析流(区)域用水总量控制的相关管理、政策控制文件,如流(区)域供水规划、水资源综合规划、城市总体规划等,确定规划目标在流(区)域或城市建设中的定位与水资源的供需关系,分析规划可分配指标与规划各单位需水的匹配程度,同时结合水环境质量现状,分析规划需水与供水的水量和水质可行性,并给出满足用水要求的相关建议(如区域性调水工程、拦水工程、再生水利用工程、用水效率控制措施等)。

4.3.1.3　广东省水资源承载力分析运用

1) 广东省水资源分布特征

(1) 水资源量及分布情况

广东省水资源总量充沛。2014 年全省水资源总量为 1 718.46 亿 m^3,占全国水资源总量的 6.3%。主要以地表水资源为主。其中,地表水资源量为 1 709.02 亿 m^3,地下水资源量为 420.52 亿 m^3,地表与地下水资源重复计算量为 411.08 亿 m^3。水资源集中在珠三角和粤北地区,粤东和粤西地区相对较少,空间分布表现出中部多、两翼少,山区多、平原少的特征。广东省水资源量分布见表 4.4 及图 4.6。

表 4.4　广东省水资源量分布及用水情况表　　　　　　　　(单位: 亿 m^3)

分区	水资源量			用水总量	用水总量控制指标	用水总量/水资源总量	用水总量/用水总量控制指标
	地表水资源量	地下水资源量	水资源总量				
珠三角	553.15	130.76	557.25	229.67	249.80	0.41	0.92
粤东	170.54	39.61	173.89	46.80	50.80	0.27	0.92
粤西	264.52	71.38	266.49	68.15	72.80	0.26	0.94
粤北	720.81	178.77	720.83	97.92	104.10	0.14	0.94
合计	1 709.02	420.52	1 718.46	442.54	477.50	0.26	0.93

注:用水总量控制指标引自《印发广东省实行最严格水资源管理制度考核暂行办法的通知》(粤办函〔2012〕52 号)。

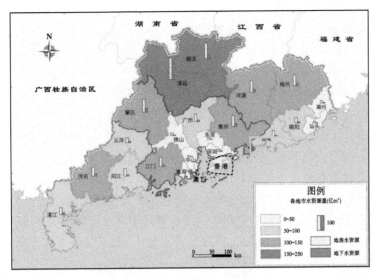

图 4.6　广东省 2014 年水资源量分布图

（2）供水量及供水方式

2014 年全省年供水量为 442.54 亿 m³。其中,珠三角地区供水量最大(229.67 亿 m³),占全省供水总量的 51.90%,其次为粤北地区,占总供水量的 22.13%,粤东和粤西地区供水量相对较少,仅占总供水量的 10.57% 和 15.40%。就供水结构而言,全省供水量主要包括蓄水量、引水量、提水量、调水量、地下水和其他供水量。2014 年蓄水量、引水量和提水量占了供水量的主要部分,分别为 135.5 亿 m³、108.67 亿 m³ 和 167.82 亿 m³。调水量和地下水及其他供水量相应比较小。珠三角、粤东、粤西和粤北地区均呈现相同的供水结构。从用水总量控制指标来看,珠三角、粤东、粤西、粤北地区的用水总量均在总量控制限值内。广东省各区域用水量和用水总量控制指标见表 4.4 和图 4.7。

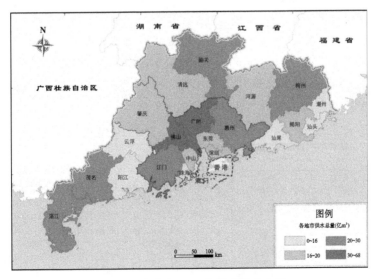

图 4.7　广东省 2014 年供水量分布图

（3）水资源供需制约因素

广东省水资源总量丰沛，占全国水资源总量的6.3%，但人均水资源量为1 608 m³，仅为全国人均水资源量的80%。同时，广东省水资源开发程度总体较高（2014年为26%），但水资源开发格局不均衡。东江流域水资源开发利用率高达29.1%，西江流域仅为1.3%，北江流域也不到10%，开发格局加重了广东省，尤其是珠三角地区水资源供需的矛盾。此外，珠三角地区水资源存在资源型和水质型缺水的双重问题。粤东地区用水总量最小，用水量仅占全省用水总量的10.58%，螺河、韩江等河道干流水质优良，区域供需水较为稳定。粤西地区供水流域主要为漠阳江和鉴江流域。其中，漠阳江流域水量充足，区域需水量相对较小，水资源供需关系稳定。鉴江干流流经茂名和湛江两市，两地用水量均较大，位于全省前列。茂名市主要供水水源为鉴江干流和高州水库。湛江市资源型缺水问题较突出，该地区通过大量开采地下水进行补充，占总供水量的24%。粤北地区水资源量为广东省之最，占全省的41.95%，该区域水资源调蓄能力较强，需水量相对较小，水资源尚未充分利用。

2）广东省水资源承载力分析要点

结合各类规划环境影响评价的特点和要求，以及广东省水资源禀赋和开发利用情况，可分别选取定量（供需平衡法）或者半定量（总量指标分析法）的方法对水资源承载力进行分析。

（1）供需平衡法

采用供需平衡法时，需要结合广东省的水资源禀赋、水资源分布情况，选取计算分析所需的参数。在进行区域需水量计算时，应着重考虑所在区域的水资源供需制约因素。珠三角地区人口稠密，水资源较为紧张，且水资源开发不足（西江和北江），在供水量计算时应考虑增大西江和北江的开发，同时，该地区经济发达，在需水量计算时，应着重考虑科技进步因素，如用水系数、中水回用等，而不限于广东省用水定额；又如粤西地区，对于茂名市，供水量计算时应着重考虑高州水库的调水工程。对于湛江市水资源缺乏的状况，应考虑新的供水来源，如跨流域调水、新建水库等。

（2）总量指标分析法

采用总量指标分析法时，应严格按照广东省实行最严格水资源管理制度的考核指标。2014年，深圳、韶关、河源、惠州、阳江、肇庆等市的用水总量已接近"十二五"用水总量控制指标上限，需进一步提高节水力度，降低用水量。

水资源承载力分析方法应用条件见表4.5。

表4.5 水资源承载力分析方法应用条件一览表

序号	方法名称	方法特点	适用规划环境影响评价类型	技术要点
1	供需平衡法	优点：能够明确规划年的可供水量和需水量，且综合考虑完整流域单元或地理控制单元内所有单位，同时考虑多种发展情景，计算分析准确性较高。 缺点：要求搜集资料较为复杂和全面，在实际工作当中往往存在较大的困难，且工作耗时较长	该方法适用于涉及范围较广、区域内涉及需水单位类型广泛、数量多且用水不确定较大（居民生活、农业灌溉、生态、工业生产及公共基础设施用水等均有涉及），或者规划本身对于流（区）域水资源的影响较大的流（区）域性质的大型规划，如城市建设类和水利水电类规划环境影响评价	该方法在收集评价区域及周边水资源相关规划等资料基础上，需对规划区域的水资源量、需水量等进行计算与分析，并充分考虑广东省水资源供需制约因素。计算所需的相关参数（如居民生活用水系数、灌溉用水系数等）应针对不同区域要求进行选取，如《广东省用水定额》(DB 44/T 1461—2014)

序号	方法名称	方法特点	适用规划环境影响评价类型	技术要点
2	总量指标分析法	优点：操作相对简易，资料较易于搜集，且严格符合流(区)域用水总量控制的相关管理要求。缺点：缺乏定量的计算过程，仅结合相关资料分析得出"是或否"的结论	该方法适用于规划范围较小，或者需水单位类型少、用水较为确定或对流(区)域水资源无明显影响的规划，如工业项目集群类、矿产资源类、交通类、旅游类和能源类规划环境影响评价	该方法需要调查收集评价区域水资源总量控制相关规划及政策文件，如流域和区域(省、市级)水资源综合规划、供水规划、最严格水资源管理考核指标等，重点分析规划可分配指标与规划各单位需水的匹配程度

4.3.2　土地资源承载力分析

4.3.2.1　土地资源承载力的概念

土地资源承载力是指在一定时期，在可预期的经济、技术和社会发展水平下，以土地资源的可持续利用、土地生态系统不被破坏为原则，一个地区的土地所能支持人口、环境和社会经济协调发展的能力或限度。

4.3.2.2　土地资源承载力分析方法

土地资源系统是具有社会性、开放性、动态性的复杂系统。土地资源承载力计算方法可归纳为：土地资源人口承载力模型、基于土地生产潜力模型、生态足迹法模型、基于土地生态敏感性限制的研究方法，以及多维度的综合性资源承载力研究。在规划环境影响评价中，常用的方法主要为土地资源人口承载力模型、生态足迹模型法、基于生态敏感性的方法等。其中，生态足迹模型法具体应用见 4.3.7 节。

1）土地资源人口承载力模型

土地资源人口承载力模型是基于"人口-土地-经济"结构计算土地资源承载力，该方法中，土地资源承载力能反映区域人口与粮食的关系，土地资源承载指数揭示了区域现实人口与土地资源承载力的关系，从而以粮食和人口两种数据来评价土地资源承载力。

土地资源人口承载力模型中，土地资源承载力能反映区域人口与粮食的关系，土地资源承载指数揭示了区域现实人口与土地资源承载力的关系，从而以粮食和人口两种数据来评价土地资源承载力。

（1）土地资源承载力

$$LCC = G/G_{pc}$$

式中，LCC 为土地资源承载力（人）；G 为粮食总产量（kg）；G_{pc} 为人均粮食消费标准（kg/cap）。根据联合国粮食和农业组织公布的人均营养热值标准，结合中国国情计算出中国人均粮食消费 400 kg/a 可达到营养安全的要求。

土地资源承载力计算公式中，粮食总产量也可用土地生产潜力替代。土地生产潜力是理想生产条件下农作物所能达到的最高理论产量，可揭示区域土地资源的利用程度、产量形成的限制因子和粮食增产的前景以及人口承载条件。基于土地生产潜力计算土地资源承载力中的数据来源于相关的统计年鉴和植被生长遥感数据。在模型基础上运用逐年遥感技术

数据分析和对比得出相应的变化来作出相应评价。"潜力递减法"是应用最为广泛的土地生产潜力研究方法，它考虑光、温、水、土等自然生态因子，从作物光合作用入手，依据作物能量过程，逐步"衰减"来估算土地生产潜力，计算公式为

$$YL = Q \times f(Q) \times f(T) \times f(W) \times f(S) = YQ \times f(T) \times f(W) \times f(S)$$
$$= YT \times f(W) \times f(S) = YW \times f(S)$$

式中，YL 为土地生产潜力；Q 为太阳总辐射；$f(Q)$ 为光合有效系数；YQ 为光合生产潜力；$f(T)$ 为温度有效系数；YT 为光温生产潜力；$f(W)$ 为水分供应能力有效系数；YW 为气候生产潜力；$f(S)$ 为土壤有效系数。

（2）土地资源承载力指数

$$LCCI = P_a / LCC$$

式中，LCCI 为土地资源承载指数；LCC 为土地资源承载力（人）；P_a 为现实人口数量（人）。

根据 LCCI 大小，将不同地区土地资源承载力划分为表 4.6 中的三种类型。

表 4.6　LCCI 体系下地区评价指标表

类型	LCCI 范围	评价
粮食盈余地区	LCCI≤0.875	粮食平衡有余，具有一定的发展空间
人粮平衡地区	0.875<LCCI<1.125	人粮关系基本平衡，发展潜力有限
人口超载地区	LCCI≥1.125	粮食缺口较大，人口超载严重

2）基于生态敏感性的土地资源承载力分析

生态敏感性是指生态系统对人类活动反应的敏感程度，用来表征产生生态失衡与生态环境问题的可能性大小。基于生态敏感性的土地承载力评估方法主要是从区域生态安全视角出发，分析和确定对区域土地因开发和利用可能会带来较大负面影响，或使其受到约束的关键性的生态要素（或称为生态因子），研究区域内部综合生态敏感性的差异，确定建设用地发展方向和开发规模，用于评估用地布局中发展二、三产业的工业用地、商业用地、建设用地可行性。该方法研究框架见图 4.8。主要步骤如下：

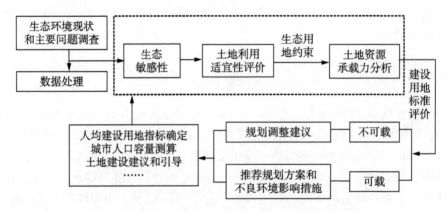

图 4-8　基于生态敏感性的土地承载力分析技术路线图

（1）调查规划区域生态环境现状和主要生态环境问题。

（2）确定生态敏感性评价因子和权重，进行生态敏感性单因子和综合评价。

（3）结合规划用地类型和生态敏感性评价结果，进行土地利用适宜性分类和评价，见表4.7。

表4.7 土地利用生态适宜性分类表

敏感区类别	适宜用地类型	有条件适宜用地类型	不适宜用地类型
高度敏感区	生态用地	适量农业和居住用地	建设用地
中度敏感区	生态和农业用地	适量居住和建设用地	—
一般敏感区	生态、农业地和居住用地	建设用地	—
非敏感区	生态、农业、居住和建设用地	—	—

注：生态用地指区域中以提供生态系统服务为主的土地利用类型，即能够直接或间接改良区域生态环境、改善区域人地关系（如维护生物多样性、保护和改善环境质量及调节气候等）的地类，主要包括林地、园地、水域、绿地、城市缓冲用地和休养与休闲用地等。

（4）以生态用地为约束，对比相关建设用地标准进行土地资源承载力分析，提出规划推荐方案，调整建议和不良环境影响的减缓措施，为建设用地方向选择和发展规模的确定提供较为宏观的科学依据。

生态敏感性评价及土地利用适宜性评价中的指标选取是该方法的核心，具体方法应用参见4.4.4.2、4.4.4.3节中的相关内容。根据生态敏感性评价结果进行土地利用生态适宜性分类，根据区域生态特点，分析在预留一定数量生态用地的前提下，区域可以提供土地资源的规模，结合建设用地标准，评价区域土地资源是否可以满足规划用地规模需求。

4.3.2.3 广东省土地资源承载力分析运用

1）广东省土地资源概况

广东省土地资源具有南粤地域特点。全省农用地主要包括耕地、园地、林地、牧草地、其他农用地5种类型，面积为1 434.72万hm²，占土地总面积的79.87%。建设用地由城镇工矿用地、交通水利及其他用地组成，面积为329.98万hm²，占土地总面积的18.37%。未利用地31.73万hm²，占土地总面积的1.78%。

珠三角地区是全省城市和工业发展的主要地区，根据广东省第二次土地调查数据，2009年珠三角地区建设用地面积约157.37万hm²，以城镇工矿用地为主，占全省建设用地面积的47.69%；农用地面积约为382.13万hm²，占全省农用地面积的26.63%；未利用地7.26万hm²，占全省未利用地面积的22.88%。粤东地区是广东省人口最稠密的地区，建设用地面积36.75万hm²，占全省建设用地面积的11.14%；农用地面积115.99万hm²，占全省农用地面积的8.08%。粤西地区和粤北地区是全省重要的农业生产空间，农业用地占全省的65.28%。粤西地区建设用地面积70.44万hm²，占全省建设用地面积的21.35%；农用地面积247.04万hm²，占全省农用地面积的17.22%。粤北地区建设用地面积65.42万hm²，占全省建设用地面积的19.83%；农用地面积689.57万hm²，占全省农用地面积的48.06%。具体见表4.8。

表4.8　广东省2009年土地利用现状　　　　　　　　（单位：万 hm²）

分区		农用地	建设用地	未利用地	总计
珠三角地区	面积	382.13	157.37	7.26	546.76
	占省比例/%	26.63	47.69	22.88	30.44
粤东地区	面积	115.99	36.75	2.43	155.17
	占省比例/%	8.08	11.14	7.66	8.64
粤西地区	面积	247.04	70.44	8.68	326.16
	占省比例/%	17.22	21.35	27.36	18.16
粤北地区	面积	689.57	65.42	13.36	768.35
	占省比例/%	48.06	19.83	42.11	42.77
总计		1434.72	329.98	31.73	1796.43

广东省高速城镇化侵占了大量森林、农田和湿地等生态用地。生态用地年均减少 265.5 km²,农田面积年均减少 209.8 km²;城镇建设用地年均增加了 299.5 km²。其中,珠三角地区生态系统变化最剧烈,城镇增加面积占全省的 61.0%,农田减少面积占全省的 57.9%。随着区域人口总量持续增长,人均土地资源占有量不断下降,2014 年广东省人均土地资源占有量仅为 1 675 m²,远低于全国平均水平。全省建设用地面积为 18 485 km²,开发强度为 10.29%,其中,珠三角地区的深圳、东莞、中山、佛山的国土开发强度已超过国际警戒线(30%)。具体见图 4.9 和图 4.10。

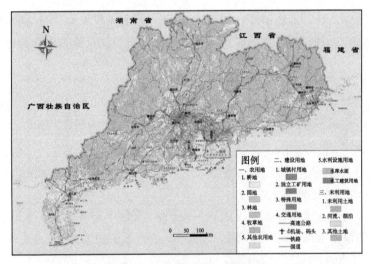

图 4.9　广东省土地利用现状图

2) 广东省土地资源承载力分析要点

结合广东省土地资源概况,以及各类规划环境影响评价的特点和要求,土地资源承载力分析方法应用条件见表 4.9。对于涉及大尺度规划范围内大规模土地资源开发类规划,尤其在建设用地侵占农村用地特征突出的粤东、粤北地区,应优先采用生态足迹法进行土地资源承载力分析,重点关注林地、农用地、水域用地及化石燃料用地的承载能力,并根据各地区差异性,采用"均衡因子""产量因子"对不同生态生产力地区和不同类型的生态生产性土地类

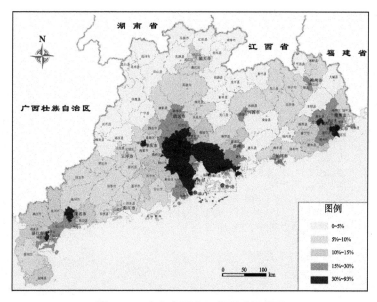

图 4.10 广东省国土开发强度评价图

型进行修正;对于珠三角地区、部分粤东西北地区城镇化和工业化发达地区,区域生态环境相对脆弱,应以提升建设用地集约利用程度和优化建设用地空间扩展边界为重点,宜从生态敏感性角度,对区域生态系统整体性、稳定性造成的影响等方面构建土地生态敏感性指标;对于粤西北地区等重要农业生产空间以及粤东人口稠密地区,区域土地资源人口承载力特征明显,应关注不同地区人口承载力受经济发展、人口发展速度、农业生产用地数量、质量及土地利用方式等多种因素的影响。

表 4.9 土地资源承载力分析方法应用条件一览表

序号	方法名称	方法特点	适用规划环境影响评价类型	技术要点
1	土地资源人口承载力模型	优点:简单易算,且计算结果直接与具体年份对应。可有效反映土地生产力对一定生活水平下人口增长的限制目标。 缺点:过于强调空间限制性而忽略其开放性(如国际贸易对粮食流通作用、人口流动等),评价结果仅能用于对区域人口的调控	适用于大空间尺度、人地关系矛盾突出的城市建设类规划环境影响评价	该方法主要从人粮关系角度,以耕地承载的人口规模为落脚点,评价规划区土地生产力对一定生活水平下人口增长的限制目标。需确定所涉及规划区域的土地生产能力、人均粮食消费标准,具体参数可采用规划所在区域统计资料中的耕地作物产量、人均食物消费水平等数据。此外,还应考虑不同地区人口增长率、经济发展水平等差异性,以提高综合调控的可操作性
2	基于生态敏感性的土地资源承载力分析方法	优点:能合理确定并划分各类生态敏感性区域,调控建设用地规模与空间发展方向。 缺点:对基础数据要求高,评价因子影响权重带有一定的主观性。仅考虑空间生态因子,没有考虑资源环境的限制性,以及社会经济发展和政策引导的综合影响	适用于有明确用地范围和布局的工业集群类、矿产资源类、能源类、水利水电类、城市建设类规划环境影响评价	该方法评价指标体系的确定应根据规划区域的生态环境特征,梳理约束土地开发的关键性生态要素,如坡度、重要水体控制范围、生态敏感区分布、具有重要生态功能林地、基本农田等因子。其次,对于各因子权重可采用专家打分法、层次分析法等,权重大小需重点考虑"生态优先"原则

（续表）

序号	方法名称	方法特点	适用规划环境影响评价类型	技术要点
3	生态足迹法	优点：直接建立消费与资源的定量化关系，计算具有很强的可操作性，基础数据易得。对于涉及大尺度空间内土地开发强度大、建设用地侵占农林用地特征突出的区域,适用性强。 缺点：采用全球平均生产力，计算结果具有一定的相对性；属于静态方法，难以判别变化趋势；假设土地"空间互斥性"，没有考虑土地功能的多重性	适用于大空间尺度的矿产资源类、交通类、旅游类、能源类规划环境影响评价	该方法从生产端衡量区域供给生产性空间的能力。重点在于确定规划区域消费项目类型和生产性空间类型。消费项目包括生物资源消费和能源消费，根据规划经济发展特征，生物资源消费可选取农产品、林产品、畜产品和水产品等生物资源，能源消费可计算煤、焦炭、燃料油、原油、汽油、柴油和电力等能源的足迹，数据可从规划区域统计资料中获取；生产性空间面积应结合特征对耕地、草地、林地、建成地、化石燃料用地和水域进一步细化，数据可从国土部门统计资料或借助GIS对高分辨率遥感数据解译获取，产量标准可采用规划区域的真实生产力。均衡因子可根据规划区域土地功能重要性修正

4.3.3 岸线资源承载力分析

4.3.3.1 岸线资源承载力的概念

岸线资源是一种特殊的自然资源和国土资源，它是占用一定范围陆上和水域空间的自然结合体，兼具两者的双重重要性。岸线生态系统，作为生态交错带和脆弱带，发挥着重要的生态系统功能。岸线资源承载力分析评价是港口类规划环境影响评价的主要内容之一。

岸线资源承载力分析是基于资源环境承载与开发强度空间均衡的视角，依据岸段生产、生活和生态适宜性的匹配状况，按照因地制宜、开发与保护并重和集中集聚的基本原则，对比岸线的利用现状，分析港口与工业发展、城镇生活和生态保护等功能类型的岸段分布，分析各岸段未来的发展方向，为开展岸线利用空间管制、提高综合利用效益提供引导。

4.3.3.2 岸线资源承载力分析方法

现有岸线资源承载力分析方法主要采用适宜性评价方法。岸线资源适宜性评价是针对岸线资源多用途目的，建立在岸线自然、生态、社会经济等属性分类的评价基础上，根据岸段生产、生活和生态适宜性匹配特点及岸线的利用现状，划分岸段的适宜功能类型，以确定岸线对未来某种用途的适宜程度评价。

1）岸线资源分类

岸线资源适宜性评价的首要工作是岸线分类。综合考虑岸线的自然、社会和生态等属性，一般可将岸线资源分为：生态岸线、生活岸线（居住、休闲度假及游憩等）、生产岸线（港口建设、修造船以及海工装备等临水制造等）、其他岸线。其中，由于目前尚未形成对生态岸线的明确定义，研究认为生态岸线包括重要生态保护区（自然保护区、风景名胜区、森林公园、地质公园等）、重要水源地、重要渔业水域（鱼类产卵场、索饵场、越冬场等）所处的岸线。

2）评价指标选择

评价指标主要选择相对不变、对各类用途影响较大的因子，重点考虑岸线自然条件，具体见表4.10。

表4.10 岸线资源适宜性评价指标体系表

目标	指标	意义	指标计算	分等依据	等级-赋值	分析方法
生产适宜性	岸前水深（a_1）	反映深水航道离岸远近程度	10 m 等深线离岸距离	−10 m 等深线＜500 m	Ⅰ-1	缓冲区与坡度分析
				500 m＜−10 m 等深线＜1 000 m	Ⅱ-2	
				−10 m 等深线＞1 000 m	Ⅲ-3	
	航道水域宽度（a_2）	表征可通行、停靠、掉头船舶的吨位大小	航道水域宽度	−10 m 航道宽度＞426 m	Ⅰ-1	缓冲区分析
				324 m＜−10 m 航道宽度＜426 m	Ⅱ-2	
				−10 m 航道宽度＜324 m	Ⅲ-3	
	岸线稳定性（a_3）	反映港口工程建设与维护的成本高低	岸线冲淤状况	岸线基本稳定或微冲	Ⅰ-1	分级赋值
				冲刷但一般性护岸可防或微淤	Ⅱ-2	
				大冲大淤	Ⅲ-3	
	陆域可开发纵深（a_4）	表征后方纵深开发的空间大小	后方陆域坡度、开发空间大小	坡度小于2.5°，区域＞1 000 m	Ⅰ-1	缓冲区与坡度分析
				坡度小于2.5°，500 m＜区域＜1 000 m	Ⅱ-2	
				坡度小于2.5°，区域＜500 m	Ⅲ-3	
	潮差（a_5）	描述潮流及潮汐变化对船舶靠港作业的限制程度	平均潮差	潮差＜3 m	Ⅰ-1	分级赋值
				3 m＜潮差＜4 m	Ⅱ-2	
				潮差＞4 m	Ⅲ-3	
生活适宜性	环境质量（a_6）	反映环境质量状况的优劣	水质现状等级	海洋水质等级≤三类	Ⅰ-1	分级赋值
				海洋水质等级四类	Ⅱ-2	
				海洋水质等级劣四类	Ⅲ-3	
	生态功能区邻近度（a_7）	表征生态地区的可接近性	与生态功能区及风景旅游区的距离	距生态功能区及风景区＜5 000 m	Ⅰ-1	缓冲区分析
				5 000 m＜距生态功能区及风景区＜10 000 m	Ⅱ-2	
				距生态功能区及风景区＞10 000 m	Ⅲ-3	
	城镇邻近度（a_8）	表征城镇的可接近性	与附近城镇的距离、区域交通通达程度	距城镇＜5 000 m	Ⅰ-1	缓冲区分析
				5 000 m＜距城镇＜10 000 m	Ⅱ-2	
				距城镇＞10 000 m	Ⅲ-3	
生态适宜性	生态服务功能重要性（a_9）	反映在生物多样性维护、珍稀物种保护、水源涵养方面的重要性	自然保护区、滨海湿地、渔业种质资源保护区等重要性等级	渔业种质资源保护区、海洋及海岸自然生态保护区、生物物种保护区、自然遗迹及非生物资源保护区、滨海湿地	Ⅰ-1	分级赋值
				风景旅游区、旅游度假区	Ⅱ-2	
				其他	Ⅲ-3	
	海洋环境容量（a_{10}）	表征特定目标下海洋水体的纳污能力	水质目标等级	水质标准一类	Ⅰ-1	分级赋值
				水质标准二类	Ⅱ-2	
				水质标准三、四类	Ⅲ-3	
	地质灾害风险（a_{11}）	反映发生地质灾害的可能性及损失大小	崩塌、滑坡等灾害叠合	坡度＞30°，且植被覆盖率较低	Ⅰ-1	叠置与坡度分析
				20°＜坡度＜30°，且植被覆盖率一般	Ⅱ-2	
				坡度＜20°，且植被覆盖率较高	Ⅲ-3	

3）评价指标量化

岸前水深、水域宽度的量化，建立岸前水下地形网格模型，进行水深分级；以岸线为轴形成缓冲区，进行距离分级；通过两者组合评判岸前水深和水域宽度等级。后方陆域宽度的量化，利用DEM进行岸线后方坡度分级，叠合距离分级和坡度分级图件，划分岸线后方陆域宽度等级。岸线稳定性、潮差因子等级主要通过统计资料分析和实地调查相结合的方法评判。生态功能区邻近度和城镇邻近度指标按照中心点与岸段之间的距离进行分级。水环境质量和环境容量指标依据岸线近海水环境质量现状与目标等级赋值。地质灾害风险通过叠置崩塌、滑坡、坡度等致灾因子综合评判。

4）各单元评价方法

根据评价指标得分组合特征，综合专家调查情况，评判岸段的生产、生活和生态适宜性等级。其中，对于岸线资源的生产、生活和生态3个评价单元的适宜性评价，采用如下公式：

$$S_i = \int_{j=1}^{n} f_{ij}$$

式中，S_i 为第 i（生产、生活或生态）个评价单元的总得分；f_{ij} 为第 i 个评价单元中第 j 个评价指标的得分；n 为第 i 个评价单元的总指标个数。

运用上式将每个评价单元内的岸段均划分为4个等级，具体划分方式见表4.11。

表 4.11 岸线资源生产、生活、生态适宜性等级划分表

类别	分等依据	分值	等级-赋值
生产适宜性	4项为Ⅰ级，1项为Ⅰ级或Ⅱ级	S＝5或6	Ⅰ-1
	至多1项为Ⅲ级，其余为Ⅰ级或Ⅱ级	7≤S≤11（至多1项为Ⅲ级）	Ⅱ-2
	2项为Ⅲ级	9≤S≤12（2项为Ⅲ级）	Ⅲ-3
	3项或3项以上为Ⅲ级	11≤S≤15（至少3项为Ⅲ级）	Ⅳ-4
生活适宜性	2项为Ⅰ级，1项为Ⅰ级或Ⅱ级	2项为Ⅰ级，1项为Ⅰ级或Ⅱ级	Ⅰ-1
	1项为Ⅰ级，2项为Ⅰ级或Ⅱ级	1项为Ⅰ级，2项为Ⅰ级或Ⅱ级	Ⅱ-2
	1项为Ⅲ级，2项为Ⅰ级或Ⅱ级	1项为Ⅲ级，2项为Ⅰ级或Ⅱ级	Ⅲ-3
	有2项为Ⅲ级	有2项为Ⅲ级	Ⅳ-4
生态适宜性	生态服务功能重要性为Ⅰ级	$A_9=1$	Ⅰ-1
	有1项指标为Ⅰ级（除生态服务功能）	$a_{10}=1$ 或 $a_{11}=1$（$a_9 \neq 1$）	Ⅱ-2
	至少有1项指标为Ⅱ级	6≤S≤8	Ⅲ-3
	各项指标均为Ⅱ级	S＝9	Ⅳ-4

5）综合评价方法

在具体的岸线资源适宜性综合评价过程中，主要根据各岸段的生产、生活、生态适宜性等级的得分组合情况，构造立体三维坐标图的方法进行评价。首先，以生产适宜性作为 x 轴，生活适宜性作为 y 轴，生态适宜性作为 z 轴，建立三维坐标系。其次，分别从原点沿 x、y、z 轴向外等间距延伸4段，分别代表生产、生活和生态适宜性的4个级别，得到 4×4 的立

方体矩阵模型。据此,可将每个岸段的生产、生活及生态适宜性等级用(x,y,z)三维坐标表示,并对应到坐标轴相应位置。最后,根据各岸段的坐标,同时结合专家调查意见和实地考察情况,对各岸段进行适宜性功能类型的划分(表4.12)。

表 4.12　三维坐标图与岸段适宜功能类型对应关系表

岸线适宜类型	三维坐标图中相应坐标值(x,y,z)
生产有限开发岸线	(1,2,4)(1,3,3)(1,3,4)(1,4,3)(1,4,4)(2,3,4)(2,4,3)(2,4,4)
生产适度开发岸线	(1,1,3)(1,1,4)(1,2,2)(1,2,3)(1,3,2)(1,4,2)(2,3,2)(2,3,3)(2,4,2)
生活旅游岸线	(1,1,2)(2,1,2)(2,1,3)(2,1,4)(2,2,2)(2,2,3)(2,2,4)(3,1,2)(3,1,3)(3,1,4)(3,2,2) (3,2,3)(3,2,4)(4,1,2)(4,1,3)(4,1,4)(4,2,2)(4,2,3)(4,3,3)(4,3,4)
生态保护岸线	(1,1,1)(1,2,1)(1,3,1)(1,4,1)(2,1,1)(2,2,1)(2,3,1)(2,4,1) (3,1,1)(3,2,1)(3,3,1)(3,4,1)(4,1,1)(4,2,1)(4,3,1)(4,4,1)
储备岸线	(3,3,2)(3,3,3)(3,3,4)(3,4,2)(3,4,3)(3,4,4)(4,4,2)(4,4,3)(4,4,4)

该方法通过对生产开发岸线、生活旅游岸线、生态保护岸线储备岸线等划分,以保护岸线资源为前提,对其相应适宜岸线规模进行测算,评价规划实施的岸线资源承载力,可就具体的岸线资源开发与利用提出合理性结论和建议。

4.3.3.3　广东省岸线资源承载力分析应用

1)广东省岸线资源概况

广东省海域辽阔,海岸线长,滩涂广布,陆架宽广。大陆海岸线长约4 960 km,居全国首位。海岛1 431个、海湾510多个、滩涂面积为20.42万 hm²。海岸线分为珠三角、粤东、粤西三大段,以粤西最长。平均岸线系数(即海洋线长度与相应临海地级市土地面积比)比值为1.00∶0.65∶0.64,以珠三角最高。全省沿海14个地级市岸线系数排序分析表明,珠海市的数值最高,接近全省平均值的7倍;最低为中山市,约为全省平均值的1/4。珠海、深圳、江门、汕头、湛江5个市高于全省平均值,其余9个市均低于全省平均值。此外,泊位密度方面,以广州、东莞、中山3个地级市的泊位密度最高。具体见表4.13和图4.11。

表 4.13　广东省沿海地区海岸线资源分布表

分区	海岸线长/km	比例/%	岸线系数/(km/km²)	泊位密度/(个/km)
珠三角地区	2 033	40.9	0.099	1.76
粤东地区	809	16.3	0.064	0.23
粤西地区	2 118	42.7	0.063	0.07
合计	4 960	100	0.059	—

广东省内河航运发展条件十分优越。有通航河流1 265条,内河航道通航里程为11 843 km,位居全国第二,其中三级及以上航道里程为793 km。内河航道总体上可分为高等级航道、地区重要航道和其他航道3个层次。其中,高等级航道主要为西江干线和珠江三

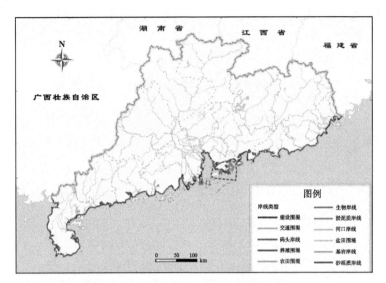

图 4.11　广东省 2014 年岸线类型分布图

角洲"三纵三横三线"的高等级航道网；地区重要航道主要包括以沟通粤北、粤东的北江干流、东江干流、韩江(含汀江)、梅江和榕江以及珠江三角洲的泥湾门鸡啼门水道、鸡鸦水道、东莞水道、顺德支流、倒运海水道、下横沥(含枕箱水道和龙穴南水道)、甘竹溪等 12 条地区重要航道；其他航道主要是除高等级航道、地区重要航道以外的其他通航河流，包括贺江、连江、绥江等支流，以及鉴江、漠阳江、那扶河等独立入海的中小河流。内河港口划分为主要港口和地区重要港口两个层次。其中，内河主要港口为佛山港、肇庆港；地区重要港口包括江门、中山、广州、东莞虎门、云浮、清远、韶关、惠州、河源、梅州、潮州 11 个港口。具体见图4.12。

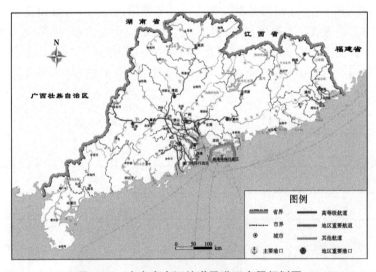

图 4.12　广东省内河航道及港口布局规划图

　　广东省海岸线开发类型以养殖围堤、基岩岸线、建设围堤和沙砾岩岸线为主，土地利用类型以建设用地、湿地、耕地、林地为主，其他土地类型所占比例很小。大量海岸线被人工岸

线所取代,改变了很多地区岸线自然形态。内河航运发展导致部分地区岸线资源和环境资源的承载力越发沉重,尤其是珠三角地区为保持适度高速的经济发展扩大航运建设规模,需要占用岸线土地和增加船舶交通污染等。

2) 广东省岸线资源承载力分析要点

岸线资源承载力分析主要适用于水域交通类(港口、航道建设)、城市建设类规划环境影响评价,对规划岸线的合理性和适宜性进行评价并提出建议。该方法重点在于建立生产、生活和生态保护为导向的岸线资源适宜性评价指标体系,指标选取时应结合规划区域特征,充分考虑评价指标的易得性、可比性和易量化性等。

对于广东省海岸带资源开发利用,在进行岸线适宜性评价时,应重点关注近海海域污染、码头、港头等利用率和集约化程度、重要湿地及海洋生物资源保护等,尤其是对于珠江河口、环大亚湾、茂名港、湛江港等区域人工岸线比例较大,污染物排放对近岸海域水环境压力较大,适宜性指标选取时应适当增加海洋环境容量、海洋及海岸自然生态保护区、生物物种保护区等为限制性指标,并以集中布局产业和基础设施、集约利用岸线资源为目标,调整和整合现状不合理利用的岸线资源,考虑再开发利用新的岸线资源。对于粤东、粤西部分地区海岸土地利用类型中林地、湿地所占比重较大,且工业开发强度不大,对于该类岸线资源适宜性评价应重点考虑城镇邻近度、生态功能区邻近度和其他自然岸线指标,并以优先保护不适宜港口开发的岸段、更好发挥岸线的生态和旅游景观功能为目的。

对于内河航运岸线资源开发利用,广东省内河流岸线功能包括了港口、供水、旅游景观、城市形象、自然生态保护等功能。众多河流岸线上分布有城市集中式饮用水水源保护区,特别是西江、北江、东江、韩江和珠江三角洲河网,这些岸线利用适宜性评价时应重点明确饮用水源保护区、生物物种保护区等为不适宜港口开发岸段。珠三角地区高速的经济发展对内河航运建设需求较大,岸线适宜性评价应以集中布局产业和基础设施、集约利用岸线资源为主要目的,通过基于防洪安全、航运通畅、河势稳定等方面构建指标,优先依据岸线自然条件合理设置港口,同时应考虑生态功能区邻近度、城镇邻近度、生态隔离、环境空气质量等,发挥高强度开发地区岸线的生态和旅游景观功能。粤东、粤西及粤北地区航运相对不发达,大部分自然岸线生态功能重要,如岸线缓冲带内水源涵养、生物多样性维护等功能,多与基本农田的分布吻合,应重点关注岸线的生态、生活功能,并通过岸线深度、陆域可开发纵深等生产适宜性指标合理确定岸线开发布局,避免对岸线资源和环境质量造成压力。

4.3.4　旅游资源承载力分析

4.3.4.1　旅游资源承载力的概念

旅游资源承载力是一个综合概念,主要包含两层基本涵义:一是生态系统的自我调节能力和旅游资源环境子系统的供容能力,为生态旅游承载力的支持部分;二是生态系统内与旅游相关的社会经济子系统的发展能力,为生态旅游承载力的压力部分。旅游资源承载力取决于根据不同的旅游环境要素内容划分的各承载分量值的大小。旅游资源承载力的系统构成如图 4.13 所示(熊鹰,2013)。

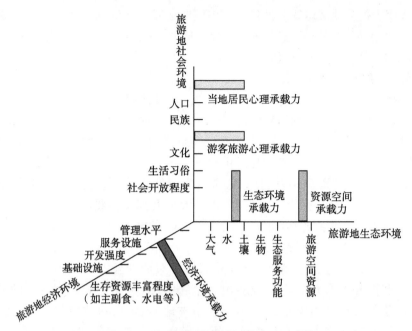

图 4.13　旅游资源承载力系统组成示意图

4.3.4.2　旅游资源承载力分析方法

1）资源空间承载力（RECC）

由于旅游者对旅游资源的欣赏具有时间、空间占有的要求而形成的某一时段内（如一天）的游客承载数量，称为资源空间承载力。其计算公式根据旅游区内的景点分布特征区别对待。

（1）总量模型

$$D_m = S/d \times D_a = D_m \times (T/t)$$

式中，D_m 为瞬时客流容量（人）；D_a 为日客流容量（人）；S 为景区游览面积；d 为旅游者游览活动最佳密度（m^2/人）；t 为旅游者游览一次平均所需的时间（h）；T 为景区每日的开放时间（h）。

（2）流量-流速模型

$$D_m = L/d' \times D_a = (V \times T)/D'$$

式中，D_m 为瞬时客流容量（人）；D_a 为日客流容量（人）；L 为游览区内游览线路总长度（m）；d' 为游览线路上游览者的合理间距（m/人）；V 为游客的平均游览速度。

由于景区通常由若干个分景区构成，且游览者具有流动性，在景区总体资源空间承载力的计算中，通常不能做简单的加和处理，而需由各景区的最小承载量来决定。其日承载力计算模型为

$$RBCC = \min\left(\frac{D_{a1}}{X_1} \times \frac{D_{a2}}{X_2} \times \frac{D_{a3}}{X_3} \times \cdots\cdots \frac{D_{ai}}{X_i}\right)$$

式中，RBCC 为资源空间承载力（人）；D_{ai} 为第 i 个景区的时段容量值；X_i 为第 i 个景区的游

览几率;i 为景区数量。

2) 生态环境承载力(EECC)

生态环境承载力是指生态环境不被破坏条件下所允许的游客数量。其函数关系式可表现为

$$EECC = min(WEC \times AEC \times SEC)$$

式中,EECC 为生态环境承载力(人);WEC 为水环境承载力(人);AEC 为大气环境承载力(人);SEC 为产生固体废弃物的承载力(人)。

由于生态环境承载力测算必须立足于维持当地原有的自然生态环境质量,包括因旅游造成的对生态环境的直接消极影响的承受,即自然环境有自我恢复净化能力。其计算公式为

$$EECC = min\{(N_i \times S \times H_i) / P_i\}$$

式中,EECC 为生态环境承载力(人);N_i 为每天单位面积对第 i 种污染物的净化能力;S 为旅游区面积;H_i 为每天人工对第 i 种污染的处理能力;P_i 为每位游客一天产生的第 i 种污染物的数量。

3) 经济环境承载力(DECC)

某一旅游地综合承载能力大小取决于旅游经济条件,即满足游客的衣、食、住、行等基本生活条件。根据研究实践,经济承载力一般取宾馆床位、供水能力、交通运输能力等要素。通常景区的交通设施和供水设施是限制性因素较大的分量。具体计算公式如下。

(1) 交通设施承载力

$$S_t = \frac{T}{t} \times \sum_{i}^{n} (M \times N)$$

式中,S_t 为交通设施承载力(人);M 为风景区投放的各类交通工具总数;N 为该交通工具可乘人数;T 为平均工作服务时间;t 为往返所需时间。

(2) 供水设施承载力

$$S_w = \frac{W \times T}{L}$$

式中,S_w 为供水设施承载力(人);W 为供水设施总容量;T 为某时间段;L 为人均用水标准。

(3) 住宿设施承载力

$$S_t = \frac{B \times T}{T}$$

式中,S_t 为住宿设施承载力(人);B 为风景区的床位总数;T 为某时段(一年或一个月)游客平均住宿天数。

4) 心理承载力(PECC)

(1) 居民心理承载力

居民心理承载力是指旅游目的地居民从心理感知上所能接受的旅游者数量(人/天)。游客过度密集导致的当地居民排斥心理,主要来源于由此引起的交通拥挤、物价指数上涨过

快、商品供给不足、环境污染等。其计算公式为

$$PECC_1 = A_r \times P_a$$

式中，$PECC_1$ 为居民心理承载力（人）；A_r 为旅游地的居民点面积（hm^2），也可以是该地的居民人口数量（百人）；P_a 为当地居民不产生反感的游客密度最大值（人/hm^2 或人/百名居民）。若居民点在旅游区内，则 P_a 值较大，若居民点与旅游区分离但作为依托区，则 P_a 值较小，若居民点与旅游区不关联，则 P_a 无穷大。

（2）旅游者心理承载力

旅游者心理承载力极限值的产生与两方面有关，一是由于旅游者人数过多、旅游人群过度拥挤导致的视觉干扰和感应气氛破坏；二是由于自然风景区开发程度过高、人工建筑过于密集而导致的景观美感度的损害。通常旅游者心理承载力取决于人群敏感度阈值，其计算公式为

$$PECC_2 = \frac{A_1}{P_a}$$

式中，$PECC_2$ 为旅游者心理承载力（人）；A_1 为风景区的游览面积或线路；P_a 为旅游者不产生反感的游客密度最大值。

5）旅游环境承载力综合值

旅游环境承载力是一个综合性概念，其综合值的计算应遵循"木桶原理"或"短板理论"，即由资源空间承载力、生态环境承载力、经济环境承载力和心理承载力中的最小值决定。计算公式如下：

$$TECC = \min(RECC, EECC, DECC, PECC)$$

式中，$TECC$ 为旅游环境承载力综合值（人）；$RECC$ 为资源空间承载力（人）；$EECC$ 为生态环境承载力（人）；$DECC$ 为经济环境承载力（人）；$PECC$ 为心理承载力（人）。

4.3.4.3　广东省旅游资源承载力分析应用

1）广东省旅游资源概况

广东省旅游资源丰富、多样。旅游产品类型以岭南文化体验旅游产品、滨海旅游产品、山地森林、江河湖泊生态旅游产品、温泉旅游产品、都市旅游产品、红色旅游产品等为主，按"一带五区"的格局发展。其中：

（1）广东滨海旅游产业带：以海岸线和海岛链为轴线，依托滨海旅游度假、岛屿休闲度假、红树林观光休闲、疍家文化、海上渔业、大型港口、滨海城市等，开发渔家乐项目，发展高端滨海旅游，建设海洋综合旅游区。主要包括环珠江口组团、川岛—广海湾组团、海陵岛—月亮湾组团、水东湾—放鸡岛组团、环湛江湾组团、大亚湾—稔平半岛组团、红海湾—品清湖组团、南澳岛—汕头湾组团。

（2）珠三角广府大都会旅游区：珠三角地区主要依托现有良好的产业基础，主要开发方向为大都市旅游（会展、商务、购物、都市观光、主题公园等）、广府文化体验（革命历史文化、工商文化、武术文化、华侨文化、名人文化等）、休闲度假（绿道休闲、滨海旅游、温泉旅游、邮轮游艇与高尔夫旅游等），并不断完善旅游休闲配套设施，实现旅游业的现代化。

（3）粤东潮汕海洋文化旅游区：以潮汕文化为核心，重点开发以古城古村、美食、功夫

茶、潮汕工艺、潮商文化、宗教信仰、华侨之乡等为代表的潮汕文化体验旅游,以海岛旅游、大型滨海度假区、邮轮旅游、海上体育运动、滨海高尔夫等为特色的滨海旅游,以森林度假、湿地观光、乡村体验为特色的生态旅游。

（4）粤西亚热带滨海旅游区:主要以滨海和南亚热带风光为特色,海上丝路文化、雷祖文化、冼太文化、禅宗文化、西江文化、山地生态、边关风情和南亚热带风光为资源基础,重点开发滨海休闲度假、田园果乡游、禅宗文化旅游、百越民俗旅游、山地休闲度假。

（5）粤北生态主体功能旅游区:一方面,主要是依托南岭绿色屏障,重点开发以世界自然遗产丹霞山、广东大峡谷为代表的名山大川观光旅游,以禅宗祖庭南华寺为代表的宗教文化旅游,以温泉、漂流、中医药文化养生为代表的康体休闲旅游,以壮瑶风情为特色的民俗文化旅游,以南岭和车八岭为代表的森林度假旅游。另一方面,以客家文化为纽带,重点开发山水休闲、山地与庄园度假、温泉养生、红色旅游等旅游产品,特别是以围龙屋、客家菜、客家山歌、客家精神等为代表的客家文化体验旅游产品。

2）广东省旅游资源承载力分析要点

旅游承载力分析主要适用于旅游类规划环境影响评价,通过分析旅游区资源空间承载力、生态环境承载力、经济环境承载力和心理承载力,并以最小承载量为限制因子确定旅游区旅游活动的承载阈值,可对规划旅游方向、强度和容量提出建议。对于每类承载力,针对广东省不同旅游产品类型,具体应用要点见表 4.14。

表 4.14　旅游资源承载力分析方法应用条件一览表

序号	方法名称	方法特点	技术要点
1	资源空间承载力	用于评估旅游资源空间所能容纳的最大游客数量,与旅游地类型及用地状况相关	对于以滨海旅游、山地森林、江河湖泊、温泉等为主要旅游产品,应从旅游区用地、游览空间两方面关注资源空间承载力,如通过游憩用地面积、旅游景区、景点的空间面积、人均占路长度、游客密度等估算
2	生态环境承载力	取决于旅游地自然生态环境净化和吸收污染物能力,以及游客产生的污染物数量	对于滨海旅游、江河湖泊等为主要旅游产品,应从环境纳污承载量角度分析,重点关注规划区内分布的重要水体(如供水通道)、饮用水源保护区、近岸海域一类、二类水体、水生生物保护区等;对于以山地森林为主要旅游产品,应从生态承载量角度分析生物多样性保护、水源涵养、水土保持等功能维护;滨海地区应着重于重要湿地、红树林保护、近岸海域生态系统维护等
3	经济环境承载力	用于评估旅游地基础设施和服务设施所能支撑的游客数量	应从交通运载能力和便捷度、供水能力、电力供给、住宿接待能力、对旅游活动的组织协调能力、旅游各行业产值比率等方面考虑,其中,粤北地区山地森林、文化旅游等应重点关注交通运载;对于水资源缺乏地区,应重点关注供水能力;对于温泉旅游产品应重点关注住宿接待能力等
4	心理承载力	取决于旅游地居民心理上所能接受的游客数量和游客所能接受的拥挤程度	对于岭南文化体验旅游产品、红色旅游产品,应重点关注当地居民感知承载力和旅游者心理承载力。对于粤北壮瑶民俗文化、滨海疍家文化、潮汕文化、客家文化等特色文化旅游,应充分考虑当地居民心理开放程度、文化习俗、民族文化多样性、宗教文化

4.3.5　水环境承载力分析

4.3.5.1　水环境承载力的概念

水环境承载力是指在维持水体环境系统结构和系统功能不发生根本性、不可逆转的质

态改变的条件下,水体对于社会经济系统发展的承载能力,其实质为水体对于社会经济发展排污的承受能力,即通常意义上的水环境纳污能力。

水环境容量是水环境承载力的发生基础,它以量化形式直观表述了水体环境的耐受能力。在规划环境影响评价中,水环境承载力分析就是在计算水体汇流区域内的污染排放总量的基础上,通过预测规划年污染物产生量和排放总量,分析规划方案和污染控制措施能否将进入水体的水污染物总量控制在水体环境容量范围之内,进而从水环境承载力角度对规划方案的科学性和有效性进行评估。

4.3.5.2 水环境承载力分析方法

水环境承载力分析方法主要有两类。一类是定量分析方法,这种方法采用数学模型准确的计算,确定出区域水环境所能承载的污染物最大排放量,以及相应情况下的社会经济发展规模;另一类是半定量的分析方法,即总量指标分析法,是从区域污染物排放总量管理的角度,调查收集区域相关环境保护规划及政策,对水环境承载力是否超载进行定性评价。水环境承载力分析技术路线见图4.14。

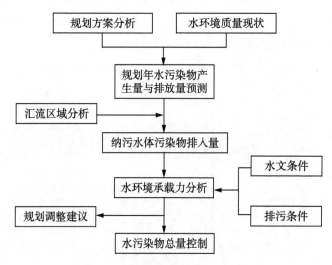

图4.14 水环境承载力分析技术路线图

1)数学模型法

水环境承载力的核心和基础是分析计算区域纳污水体的水环境容量,水环境容量评估计算一般采用数学模型法。在开展水环境承载力分析时,应根据规划所在的流域、海域、区域和排污口所处不同的水体类型,有针对性地选取相应的数学模式进行计算。

(1)小型河流

对于计算水体为小型河流,由于来水量较小,污染物进入后在河流横截断面可以较快地完全混合,因此,水环境容量计算时一般将小型河流概化为一维稳态模式进行计算,采用一维稳态模式反算上游排污口的最大允许排放量(即为环境容量),表达公式为

$$W = \left\{ (Q_0 + q) \cdot C_S \cdot \text{Exp}\left(\frac{K \cdot x}{86\,400u}\right) - C_0 Q_0 \right\} \cdot 86.4$$

式中,W 为水环境容量(kg/d);C_s 为计算水体功能标准值(mg/L);q 为排污口废水量(m³/s);C_0、Q_0 为上游河水浓度(mg/L)、流量(m³/s);K 为水质降解系数(1/d);x 为距排污口的距离(m);u 为流速(m/s)。

(2) 大中型河流

对于大中型河流,由于河流水量较大,河面宽阔,污染物在河流横截断面上分布不均匀,水环境容量计算时宜采用二维稳态模式进行反算,表达公式为

$$W = 8.64 \cdot 3.65 \cdot [c(x,y) - c_0] H \sqrt{u\pi x E_y} \exp\left(\frac{y^2 u}{4 E_y x} + K \frac{x}{86\,400u}\right)$$

式中,W 为水环境容量(t/a);$c(x,y)$ 为计算水体水环境功能区水质标准(mg/L);c_0 为排污口上边界污染物浓度(mg/L);K 为污染物综合降解系数(1/d);H 为设计流量下污染带起始断面平均水深;x 为沿河道方向变量(m);y 为沿河宽方向变量(m);u 为设计流量下污染带内的纵向平均流速;E_y 为横向混合系数(m²/s);计算公式:$E_y = (0.058H + 0.006\,5B)$ SQRT(gHI);g 为重力加速度(m/s²);I 为水力坡降(m/m)。

(3) 湖泊(水库)

湖泊(水库)纳污形式一般为沿湖河流注入,其纳污具有污染汇入受点多、分布广、水流条件复杂(大型湖泊或水库一般都伴有风生流等)且与外界水力交换相对缓慢等特点,根据其特点,水环境容量一般采用总体达标法进行计算。总体达标计算法采用零维模型作为基础,当污染物进入湖泊(水库)中时,湖泊的浓度值可表达为

$$C = \frac{W + C_0 Q_0}{KV + Q_0}$$

式中,C 为湖泊(水库)水污染物浓度(mg/L);W 为汇入污染物排放量(t/a);C_0 为计算水体的背景浓度(mg/L);Q_0 为流入湖库的流量(m³/s);K 为污染物综合降解系数(1/d);V 为湖库水体的容积(m²)。

当湖泊(水库)水污染物浓度为 C_S 时,W 即代表环境容量:

$$W = \{86.4 \cdot Q_0(C_S - C_0) + 0.001 \cdot KVC_S\}$$

式中,C_S 为湖泊(水库)水污染物浓度(mg/L);其余符号代表意义同上。

总体达标法计算简便易操作,但是计算结果值偏大,需进行不均匀系数值的修订。修订方法如下:

$$W_{修订} = \alpha W$$

式中,α 为不均匀系数,α 为界于 0 和 1 之间的一个数。

(4) 近岸海域与河口

近岸海域与河口环境容量可以称为海洋环境容量。海洋环境容量一般定义为:在维持目标海域特定海洋学、生态学等功能所要求的国家海水质量标准条件下,一定时间范围内所允许的化学污染物最大排海数量。海洋环境容量的概念是根据环境质量管理的实际需要而提出的,其大小不仅取决于自然客观属性(如海湾和河口的大小、位置、潮流、水温等水文条件),而且也同时取决于人为主观属性(指人们对目标海域指定的环境功能,如海水环境质量标准)。

海洋环境容量在数值上等于标准自净容量与相应海水中污染物蓄存量之和,其关键在于污染物标准自净容量计算,而自净容量计算的关键在于迁移—转化过程的"数值模拟再现"。因此,计算海洋环境容量的前提和基础是建立化学污染物在多介质海洋环境中的迁移—转化模型,通过模型建立污染排放—水质浓度的污染响应关系,混合区边界海水水质浓度达到海水功能标准时,此时的污染物排放量就是计算海域剩余的环境容量。

基于化学污染物在海洋环境中的迁移—转化模型一般分为两个模块,分别为水动力模块和水质模块,水动力模块分别由连续性方程和运动方程(动量方程)构成,而所有的水质模型都是基于质量守恒原理推导得来的。其方程的解法一般有有限差分、有限体积等方法,使用计算机语言编写程序进行求解。具体的求解一般借助现有的成型的大型环境模拟计算软件进行建模计算。目前水环境模拟研究开展得非常普遍,已经形成了众多的成熟的软件包,运用较多、较成熟的动态水环境数学模型主要有 POM、FVCOM、MIKE 和 EFDC。模型基本方程以及各数学模型特点及适用性见 4.4.1 小节的地表水环境影响评价方法。

2）总量指标分析法

使用总量指标分析法对水环境承载力进行分析,就是从区域污染物总量控制的角度,调查收集区域污染物总量控制相关规划和政策,如区域的环境保护规划、污染物总量控制和削减方案等文件,辨识规划污染物排放和区域总量控制要求的相互关系,分析规划可分配污染物总量指标与规划排污的目标可达性,并给出规划的优化调整建议。

4.3.5.3 广东省水环境承载力分析运用

1）广东省水系与水环境特征

（1）水系分布特征

广东省河流众多,大部分处于珠江流域下游,珠江流域的西江、北江、东江在境内汇合,经珠江三角洲注入南海;除珠江流域的河流水系外,尚有韩江流域及粤东沿海、粤西沿海诸小河河流水系;全省集水面积在 100 km² 以上的各级干支流共 542 条,集水面积 1 000 km² 以上的 62 条,其中,独流入海河流 52 条。珠三角地区河网纵横,河网水道总长 1 600 km,是世界上最为复杂多变的河网区之一。且珠三角河网区为入海河口区域,感潮现象十分明显。目前,全省共有 168 个水文(水位)站,其中,粤北地区与珠三角地区分布最多,分别占总数目的 41%（69 个）、33%（56 个）,粤西地区占比为 19%（32 个）,粤东地区分布最少,仅占 7%（11 个）。

广东省沿海潮汐类型复杂,主要有不正规半日潮、不正规全日潮和正规全日潮。沿海潮流多为往复流,强弱分明,夏季盛行北向东的漂流,冬季盛行南向西的漂流。海域冬季盛行东北向风浪,春季最多浪向为东向,夏季盛行南向和西南向,秋季盛行东北向。表层水温的水平分布随季节而异,水温梯度变化明显,冬季变化最大,年平均海水温度为 16～29℃。海域潮汐强度较弱,潮差以夏季最大、冬季最小。珠三角沿岸为不规则半日潮,雷州半岛两侧及琼州海峡为规则全日潮流。南海 M_2 分潮流普遍较小,中部更小,大部分海区各分潮的潮流均很小。南海的潮差比较小,潮汐特征见表 4.15。

表 4.15 南海潮汐特征值一览表

站名	潮型系数/A	平均潮差/m	最大潮差/m	站名	潮型系数/A	平均潮差/m	最大潮差/m
汕头	1.33	1.04	3.99	烽火角	1.33	1.15	2.25
海门	2.26	0.78	2.60	闸坡	1.15	1.57	3.92
汕尾	2.14	0.94	2.58	水东	0.99	1.74	3.19
大亚湾	1.95	0.83	2.34	湛江	0.85	2.16	5.13
珠江口	1.15	1.60	3.36	雷州湾	0.88	2.38	6.10

（2）水环境功能区划

根据《广东省地表水水环境功能区划》（粤环[2011]14 号），广东省共划定 1 343 个地表水环境功能区，其中，河流功能区 870 个，水库湖泊功能区 473 个。全省地表水功能区划主要以Ⅱ类和Ⅲ类为主，占总功能区数的 95%（Ⅱ类 903 个，占比 67%；Ⅲ类 373 个，占比 28%），Ⅰ和Ⅳ共占比 5%，Ⅴ类水体全省只有一个，为练江。地表水环境功能区划见表 4.16 和图 4.15。

表 4.16 广东省地表水环境功能区划类别统计表 （单位：个）

分区	水体类别	环境功能					
		Ⅰ类	Ⅱ类	Ⅲ类	Ⅳ类	Ⅴ类	小计
珠三角地区	河流	3	149	140	28	0	320
	湖库	3	178	6	1	0	188
粤东地区	河流	0	32	25	2	1	60
	湖库	0	78	6	0	0	84
粤西地区	河流	2	64	80	7	0	153
	湖库	0	110	6	0	0	116
粤北地区	河流	7	218	104	8	0	337
	湖库	5	74	6	0	0	85
合计	河流	12	463	349	45	1	870
	湖库	8	440	24	1	0	473

珠三角区域供水通道主要有珠江西江片区、东江片区和北江片区，排水通道主要有珠江三角洲河网河口区；粤东地区供水通道主要有韩江流域、榕江流域上游，排水通道主要有榕江流域下游和练江流域；粤西地区供水通道主要有漠阳江流域、鉴江流域、南渡河流域等，排水通道主要有小东江流域下游、九洲江流域下游；粤北地区为广东省重要的水源地和生态屏障，均布置为供水通道。广东省主要供排水通道见图 4.16。

（3）水环境制约因素

2014 年，广东省仍有 15.3% 水质断面达不到水环境功能区划要求，7.2% 的省控断面受重度污染，约有两成跨市交接断面达不到水质要求。深圳河、龙岗河、坪山河、观澜河、练江、枫江、小东江等河流水质改善任重道远。广东省水资源时空分布不均，75%～85% 的径流量

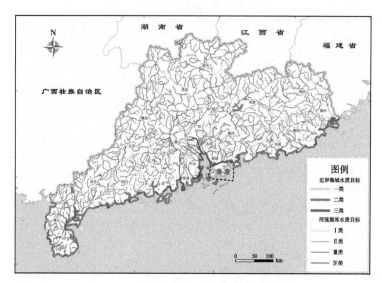

图 4.15　广东省水环境功能区划图

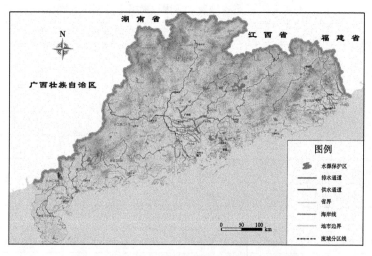

图 4.16　广东省供排水通道及水源地分布图

集中在 4~9 月,枯水期所占比例较少,导致水环境容量分布不均。广东省水源结构较为简单,除了湛江市外,其他 20 个地级市主要以地表水为主,珠江三角洲河网水源地分布较多,且多为河流型饮用水源,存在一定风险。部分优质水源取水量过大,大部分水源取水工程效率低。76 个开展监测的饮用水源中,一级保护区水质稳定达到地表水 Ⅰ~Ⅱ类标准的比例仅为 25.0%。27 个水库型水源中,88.9% 的水库营养状况呈中营养。随着珠三角地区产业大规模向中上游转移,对饮用水安全构成了潜在威胁。

2) 广东省水环境承载力分析要点

水环境承载力分析方法亦应针对规划的不同类型以及广东省水环境特征,分别选取定量(数学模型法)和半定量(总量指标分析法)分析方法进行评价。水环境承载力分析方法应用条件见表 4.17。

表 4.17　水环境承载力分析方法应用条件一览表

序号	方法名称	方法特点	适用规划环境影响评价类型	技术要点
1	数学模型法	优点：量化程度高，计算较为准确，可根据不同纳污水体性质进行计算分析，给出确定的计算结果，能充分反映纳污水体实际水质特征。 缺点：计算精度依赖于搜集的资料的准确程度（尤其是水文资料），且计算条件需经二次处理调整，以保证准确性，需较强的专业能力，工作量亦较大	该方法适用于规划范围较大、污染源类型及数量较多，或排水量较大，对周边水环境造成污染较大等性质的规划环境影响评价，如城市建设类、工业项目集群类以及能源类规划环境影响评价	该方法是根据不同的纳污水体类型，分别选取相应尺度的数学模型进行水环境承载力分析，如东江、西江、北江等大中型河流应采用二维计算模式，小型支流可采用一维计算模式，珠三角河网区和近岸海域应采用二维或三维计算模式。同时，应根据不同流域的水文、水生态和水质现状等因素综合确定水质降解系数，可参考表 4.18
2	总量指标分析法	优点：操作相对简易，工作量较小，对相关专业技术要求较低，且与流（区）域污染物总量控制相关管理要求切合性较好。 缺点：缺乏精确量化过程，仅结合相关管理要求分析得出"是或否"的结论，与纳污水体的实际水环境容量存在差异	该方法适用于规划范围内污染源类型较少，或者排水量较小，不以环境污染为主要环境影响方式的规划环境影响评价当中，如矿产资源类、交通类、旅游类、水利水电类等规划环境影响评价	该方法应调查收集规划区域水污染物排放总量控制相关规划及政策文件，如省、市级环境保护规划、污染物总量控制及削减方案等文件，从区域污染物控制指标的角度，提出规划开发强度的约束条件

（1）数学模型法

采用数学模型法时，需结合广东省的水系分布和水环境质量情况，选取计算分析所需的参数。珠三角地区水系众多，水体类型复杂，可针对地表径流控制的单向流、感潮河网区域、近岸海域及河口，分别采用稳态和动态数学模式问题进行求解计算。对于主要供水通道，如西江等，进行环境容量计算时应调高标准，设定更为严格的达标约束条件（混合区范围、混合区边界控制浓度），慎重利用水环境容量。对于深圳河、练江等重污染河流，现状已无环境容量，应结合区域削减进行分析。对于水环境容量计算降解系数的选取，应根据广东省不同流域的水体水文情势和水环境质量状况进行选取，可参考近年来部分科研机构在各流域测算的 COD、氨氮降解系数经验值，见表 4.18。

表 4.18　广东省重点流域污染物降解系数研究成果一览表　（单位：1/d）

成果来源	承担单位	COD	氨氮
珠江三角洲水环境容量与水质规划	环境保护部华南环境科学研究所	0.08～0.45	0.07～0.15
珠江流域水环境管理对策研究		0.07～0.60	0.03～0.30
西江流域水质保护规划		0.10	0.07
北江流域水质保护规划		0.08～0.1	0.10～0.15
东江流域水污染综合防治研究		0.1～0.4	0.06～0.2
韩江流域水质保护规划		0.15	0.10
练江流域水质保护规划	广东省环境监测中心	0.3～0.55	0.1～0.35

（续表）

成果来源	承担单位	COD	氨氮
榕江流域水质保护规划		0.2	0.12
鉴江水质保护规划	中山大学	0.2	0.1
漠阳江水质保护规划		0.2	0.1

（2）总量指标分析法

采用总量指标分析法时，应着重考虑广东省水环境质量现状，以及地方水污染物总量控制指标分配情况，当评价区域水体已经超标时，应该结合区域水环境整治进行分析，并且优先考虑增产不增污的排放模式。

4.3.6 大气环境承载力分析

4.3.6.1 大气环境承载力的概念

大气环境承载力是在维持大气环境质量不发生质的改变，大气环境功能不朝恶化方向转变的前提下，大气环境所能承受的城市社会经济活动强度的能力，即大气系统在人类干扰的前提下，维持自身稳态的阈值。在一定程度上，大气环境容量是环境承载力的一种简单、直接的表征。

4.3.6.2 大气环境承载力分析方法

大气环境承载力分析方法主要包括区域空气资源评价方法、环境容量核算方法和总量指标分析法等。其中，空气资源作为评价规划空间布局和规模合理性、确定大气环境总量的基本要素，是大气环境承载力分析的发展方向。大气环境承载力分析技术路线见图4.17。

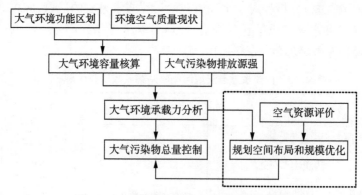

图4.17 大气环境承载力分析技术路线图

1）区域空气资源评价方法

空气资源是在不考虑大气污染物排放的情况下，对一个地区大气扩散、稀释、清除等综合能力的度量。空气资源仅仅取决于一个地区大气运动的规律和气象要素的时空分布，与是否存在源排放无关，无须考虑污染源的状况而可以独立进行分析，特别是在一个很大的区域内，即使不能明确给出未来源排放的布局和规模方案，若能提供该区域空气资源的分布，

仍能为环境规划提供有价值的决策依据。

（1）空气资源指标体系

影响一个地区的空气资源量可以用气象要素和污染气象特征量的组合来加以度量，称为"空气资源指标体系"。所构建的指标体系将直接影响空气资源评估的科学性和合理性。主要通过对气象台站观测资料、污染气象观测资料的分析，了解区域污染气候特征和各种特殊污染气象过程的规律，通过数值模拟区域气象要素场及大气边界层湍流特征参数作为空气资源的评价指标。

筛选出的空气资源指标分成两类，一类是中尺度气象模式（MM5、WRF等）直接模拟的气象要素场，另一类则通过对模拟结果的计算分析并结合污染气象观测和大气边界层综合观测试验资料来求取。影响空气资源的因素十分复杂，同时还需针对部分特殊地形地貌和源排放条件对空气资源等级进行调整。

（2）空气资源计算模型

首先对研究地区气候特征和该区域不同典型地区的污染气象特征进行分析，深入了解该地区污染气候特征和各种特殊污染气象过程的规律、频率和对空气资源的制约，形成针对部分特殊地形地貌和源排放条件对空气资源等级的调整方案。分析的资料包括气象台站资料及各典型地区的污染气象观测和大气边界层综合观测试验资料。

采用中尺度气象模式（MM5、WRF、GRAPES等，见表4.19）模拟研究地区年平均、季节代表月平均的地表及各高度层的流场、温度场和降水分布，计算边界层特征参数。通过上述对气象场的模拟及边界层特征参数的计算与分析，选取其中影响区域空气资源的特征量（如年均地面风速、日最大混合层高度、混合层内平均风速、稳定度、年均降水量、地面风向日标准差、500 m与50 m之间风向风速切变及SO_2和PM_{10}的干沉降速度等）作为主要因子，选择特征量主要考虑它们对大气扩散、稀释和清除能力的相对重要性。

表 4.19 主要气象预测模型和特点一览表

序号	模型	特点
1	MM5	美国国家大气研究中心（NCAR）和宾夕法尼亚大学（PSU）合作发展的一个适合有限区域的中尺度气象模式，具有数值天气预报和天气过程机理研究功能。MM5模式同时具有静力和非静力两种动力框架，同时具有单向和双向多重嵌套能力，对水汽相变、长波短波辐射、行星边界层和陆面过程等物理过程提供了多种参数化方案，具有四维资料同化功能，对不同尺度天气现象间的相互作用有较好的模拟分辨能力，例如，中尺度对流系统、锋面、海陆风、山谷风、城市热岛效应、雾、降雪等
2	WRF	由美国国家大气研究中心（NCAR）、美国国家环境预报中心（NCEP）、美国预报系统实验室（FSL）和俄克拉荷马大学（OU）联合开发。WRF由C和Fortran语言编写，支持一系列的硬件平台。WRF拥有ARW和NMM两个动力核心框架结构。ARW和NMM都使用欧拉大气动力核心框架结构，基于地形追随坐系系。WRF模式是一个完全可压缩的非静力模式，控制方程组为通量形式。WRF模式支持多重双向移动网格的嵌套，提供了完整的物理过程参数化方案（包括陆面、边界层，大气与地面辐射、微物理和积云对流等）
3	GRAPES	由中国气象局组织，中国科学家自主研究发展的新一代数值预报系统。采用全可压、非静力平衡动力方程组，也可以选用静力平衡近似，系统程序主要包括预处理、标准初始化、同化预报和后处理四大模块。模式预报部分包含了理想试验初值生成、模式动力框架和物理过程，陆面、边界层、辐射（大气和地表）、微物理、对流，每类物理过程参数化方案有多种选择。该模型可应用范围很广，包括理想试验、理想模拟、物理过程研究、资料同化研究等

统一将特征量进行归一化处理，为分析一个地区的空气资源分布，并且考虑到各影响因

子的典型性与代表性,选取特征量归一化因子作为评分的依据。首先,将特征量因子按其对大气扩散、稀释和清除能力的重要性分为三级(如年平均地面风速、混合层内平均风速和混合层高度为一级因子;稳定度参数、降水、风向日变化、风向切变和风速切变为二级因子;SO_2和PM_{10}的干沉降速度为三级因子)。每个影响因子按重要性有不同的权重系数。在获得各影响因子归一化分布的基础上,根据归一化值在该地区大气中出现的量级和变化范围,对其进行分档(如n档),并根据各因子所在的档位给分,最后将各因子的总分相加得到空气资源分数P,具体可由下式计算:

$$P = \sum_{i=1}^{m} A_i \times W_i$$

式中,A为第i个影响因子的得分;W为第i个影响因子的权重系数。

(3) 空气资源评价标准

进一步统计该地区出现的最大和最小空气资源分数P_{max}和P_{min},给定间距$\Delta P = (P_{max} - P_{min})/16$,按照上述分档划分空气资源等级,将空气资源分数划分为n个等级,其中,1级表示空气资源最好,n级最差。一个地区空气资源(量)的等级(表4.20),是空气资源指标体系中各个单项指标及该地区发生特殊污染气象过程的频率和影响程度的综合结果,即形成综合评估模型,从而判定整个评价区的空气资源等级分布,体现该地区空气资源量空间差异和相对大小。

表4.20 空气资源等级划分标准表(以$n=6$为例)

等级	标准	等级	标准
1	$P \geqslant P_{min} + 9.0\Delta P$	4	$P_{min} + 7.5\Delta P \leqslant P < P_{min} + 8.0\Delta P$
2	$P_{min} + 8.5\Delta P \leqslant P < P_{min} + 9.0\Delta P$	5	$P_{min} + 7.0\Delta P \leqslant P < P_{min} + 7.5\Delta P$
3	$P_{min} + 8.0\Delta P \leqslant P < P_{min} + 8.5\Delta P$	6	$P < P_{min} + 7.0\Delta P$

2) 环境容量核算方法

大气环境容量核算主要内容包括：选择总量控制指标;根据区域大气环境功能区划,确定各功能区环境空气质量目标;根据环境质量现状,分析不同功能区环境质量达标情况;结合当地地形和气象条件,选择适当的方法确定开发区域大气环境容量;结合规划分析和污染控制措施,提出区域大气环境容量和污染物排放总量控制指标。目前,大气环境容量核算方法主要包括 A-P 值法、模拟法和线性规划法。

(1) A-P 值法

A-P 值法的基本假定为计算区域外无大的污染源对本区域影响,区域内环境空气质量的优劣主要取决于区域内部大气污染源的排放贡献,一般适用于 SO_2 和 NO_2 等大气污染物。A-P 值法的计算方法如下。

总量控制区污染物排放总量的限值:

$$Q_{ak} = \sum_{i=1}^{n} Q_{aki}$$

式中,Q_{ak}为总量控制区某种污染物年允许排放总量限值(10^4 t);Q_{aki}为第i功能区某种污染

物年允许排放总量限值(10^4 t);n 为功能区总数;i 为总量控制区内各功能分区的编号;a 为总量下标;k 为某种污染物下标。

各功能区污染物排放总量限值计算:

$$Q_{aki} = A_{ki}\frac{S_i}{\sqrt{S}}$$

$$S = \sum_{i=1}^{n} S_i$$

式中,Q_{aki} 为第 i 功能区某种污染物年允许排放总量限值(10^4 t);S 为总量控制区总面积(km^2);S_i 为第 i 功能区面积(km^2);A_{ki} 为第 i 功能区某种污染物排放总量控制系数(10^4 t/(a·km))。

各类功能区内某种污染物排放总量控制系数计算:

$$A_{ki} = AC_{ki}$$

式中,A_{ki} 为第 i 功能区某种污染物排放总量控制系数(10^4 t/(a·km));C_{ki} 为 GB 3095 等国家和地方有关大气环境质量标准所规定的与第 i 功能区类别相应的年日平均浓度限值(mg/m^3);A 为地理区域性总量控制系数(10^4·km^2/a)。查《制定地方大气污染物排放标准的技术方法》(GB/T 3840—91)中的表 1《我国各地区总量控制系数 A、低源分担率 a、点源控制系数 P 值表》。A 值的取值根据 SO_2、NO_x、PM_{10} 日均浓度全年达标率目标来确定,一般全年达标率目标为 90%,采用公式:$A = A_{min} + (A_{max} - A_{min}) \times (1 - 达标率)$,计算得到 $A = 3.64$。

低架源(几何高度低于 30 m 的排气筒排放或无组织排放源)的污染物排放总量计算:

$$Q_{bk} = \sum_{i=1}^{n} Q_{bki}$$

式中,Q_{bk} 为总量控制区内某种污染物低架源年允许排放总量限值(10^4 t);b 为低架源排放总量下标;Q_{bki} 为第 i 功能区低架源某种污染物年允许排放总量限值(10^4 t)。

第 i 功能区低架源某种污染物年允许排放总量限值计算:

$$Q_{bki} = \alpha Q_{aki}$$

式中,α 为低架源排放分担率,可以查《制定地方大气污染物排放标准的技术方法》(GB/T 3840—91)中的表 1《我国各地区总量控制系数 A、低源分担率 α、点源控制系数 P 值表》。

(2) 模拟法

模拟法是一种基于大气扩散模式对区域的污染物扩散进行计算的方法,利用环境空气质量模型模拟开发活动所排放的污染物引起的环境质量变化是否会导致环境空气质量超标。如果超标可按等比例或按对环境质量的贡献率对相关污染源的排放量进行削减,以最终满足环境质量标准的要求。满足这个充分必要条件所对应的所有污染源排放量之和便可视为区域的大气环境容量。

模拟法计算方式较为简单,模拟法大气环境容量计算公式如下:

$$Q_a = \frac{(C_0 - C_s - C_{关心点}) \times Q_{预测}}{C_{关心点}} + Q_{预测}$$

式中，Q_a 为大气环境容量(t/a)；C_0 为空气质量二级标准中年平均浓度(mg/m³)；C_s 为当地大气污染物背景值(mg/m³)；$C_{关心点}$ 为预测关心点年平均浓度值(mg/m³)；$Q_{预测}$ 为规划区内拟定项目源强(t/a)。

目前常用的大气环境预测模式有 ADMS、AERMOD、CALPUFF 等，具体见表 4.21。

表 4.21 主要大气预测模型和方法一览表

序号	模型	特点
1	ADMS-Urban	包含点源、线源、面源、体源和网格源模型，基于 Monin-obukhov 长度和边界层高度描述边界层结构参数的最新物理知识使得预测结果通常是更精确、更可信的；可以作为一个独立的系统使用，也可以与地理信息系统 GIS 联合使用
2	AEREMOD	模拟大气主要污染物和有毒物质及危险废弃污染物质的连续排放；能处理多重来源，包括点、立体、线、面和露天矿等各类源；污染源的源强可按年、季、月、小时等根据需要选取设定；可以计算点源排放时由于附近建筑造成的空气动力学气流下洗的影响；可以使用实时气象数据来计算影响模拟地区的空气污染分布的大气条件
3	CALPUFF	模拟在时空变化的气象条件下对污染物输送、转化和清除的影响。CALPUFF 适用于几十至几百千米范围的评价。包括计算次层网格区域的影响(如地形影响)和长距离输送的影响(如由于干湿沉降导致的污染物清除、化学转变和颗粒物浓度对能见度的影响)

(3) 线性规划法

线性规划法是在考虑多源叠加的基础上，根据线性规划理论计算大气环境容量。该方法以不同功能区的环境质量标准为约束条件，以区域污染物排放量(即区域大气环境容量)极大化为目标函数。该方法根据评价区域所执行的环境质量标准限制，确定控制点(包括环境敏感点和网格点)的浓度限值，以现状污染源排放量的总和最大作为控制目标，建立大气环境容量线性规划数学测算模型，如下：

目标函数：$f(Q) = D^{\mathrm{T}}Q$

约束条件：$AQ \leqslant C_s - C_a$；$Q \geqslant 0$

其中：$Q = (q_1, q_2, \cdots, q_i)^{\mathrm{T}}$，$C_s = (C_{s_1}, C_{s_2}, \cdots, C_{s_j})^{\mathrm{T}}$，$C_a = (C_{a_1}, C_{a_2}, \cdots, C_{a_j})^{\mathrm{T}}$，$D = (d_1, d_2, \cdots, d_i)^{\mathrm{T}}$，$A = \begin{bmatrix} a_{11} & \cdots & a_{1j} \\ \vdots & \ddots & \vdots \\ a_{i1} & \cdots & a_{ij} \end{bmatrix}$

式中，q_i 为第 i 个污染源的排放量(t/a)；C_{s_j} 为第 j 个环境质量控制点的标准(mg/m³)；C_{a_j} 为第 j 个环境质量控制点的现状浓度(mg/m³)；a_{ij} 为第 i 个污染源排放单位污染物对第 j 个环境质量控制点的浓度贡献；d_i 为第 i 个污染源的价值(权重)系数。

浓度贡献系数矩阵 A 中各项，可采用《环境影响评价技术导则 大气环境》(HJ2.2—2008)中推荐的扩散模式(ADMS、AERMOD 等)计算。价值系数矩阵 D 中各项，在没有特殊要求时可取 1。线性规划模型可用单纯形法或改进单纯形法求解，需由计算机辅助完成。

3) 总量指标分析法

总量指标分析法作为大气环境承载力分析的半定量方法，即从区域大气污染物总量控制的角度，调查收集区域大气污染物总量控制相关规划及政策，如区域的环境保护规划、污染物总量控制及削减方案等文件，辨识规划污染物排放(如 SO_2、NO_2 等)和区域总量控制要

求的相互关系,分析规划可分配大气污染物总量指标与规划排污的目标可达性,并给出规划的优化调整建议。

4.3.6.3　广东省大气环境承载力分析应用

1) 广东省区域地形和气象特征

(1) 区域地形特征

我省地貌类型复杂多样,山多,平地少。山地、丘陵、台地和平原面积分别占全省土地总面积的 33.7%、24.9%、14.2% 和 21.7%。地势总体北高南低,北部多为山地和高丘陵,粤北的山脉多为向南拱出的弧形山脉,此外,粤东和粤西有少量北西—南东走向的山脉。平原以珠江三角洲平原最大,潮汕平原次之,此外,还有高要、清远、杨村和惠阳等冲积平原。南部则为平原和台地,台地以雷州半岛—电白—阳江一带和海丰—潮阳一带分布较多。广东省地形特点见图 4.18。

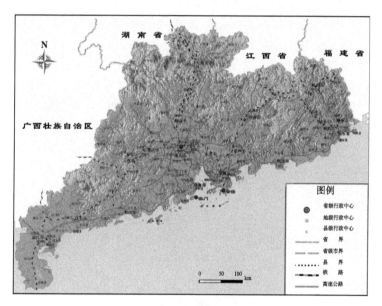

图 4.18　广东省地形分布图

(2) 区域气候特征

广东省属于东亚季风区,从北向南分别为中亚热带、南亚热带和热带气候。1~3 月和 10~12 月主要受冬季风的影响,盛行东北风为主,4 月和 8~9 月为过渡季节,4 月以偏东风为主,是冬季风向夏季风过渡的时期,8~9 月流场较为凌乱,5~7 月为夏季风盛行时期,以偏南风为主要特征,从污染气象对空气质量影响的角度看,全省受季风影响,北面、东面和西面山脉在一定程度上阻挡了北方干冷空气深入广东省,南面广阔的水域为来自海洋的偏南暖湿气流深入广东省提供了条件,夏秋季南海和西太平洋热带气旋的下沉气流和外围风场也会影响广东省,甚至直接登陆广东省。复杂的下垫面条件会形成局地的海陆风环流、城市热岛环流、山谷风环流,影响大气边界层结构,使大气污染物扩散、输送变得非常复杂。目前,全省共有国家基准气候站 6 个,国家基本气象站 31 个,国家一般气象站 49 个,高空气象探测站 4 个(汕头、河源、阳江、清远)。

广东省区域地形和气候特征见表4.22。

表 4.22 广东省各区域主要地形下垫面和气候特征表

分区	主要地形特征	主要下垫面特征	气候特征	
			主要局地特征	中尺度特征
珠三角地区	平原	大城市、林地、耕地等	城市热岛环流	受冬季风的影响,盛行东北风,夏季风盛行时期,以偏南风为主要特征
粤北地区	山地、丘陵	城镇、林地、耕地等	山谷风环流	
粤东地区、粤西地区	平原、台地	中小城市、耕地、林地、水域等	海陆风环流	

(3) 区域大气环境特征

受全省复杂地形条件和气候特征影响,区域大气环境特征如下: ① 局部区域常规污染有所改善,区域污染"跷跷板"现象初见端倪。2013～2014 年,全省 NO_2、PM_{10} 平均浓度基本持平,珠三角地区污染物浓度平均值显著下降,而粤东西北地区则呈明显的上升趋势;② 细颗粒物污染形势严峻,污染连片特征明显。2014 全省细颗粒物($PM_{2.5}$)年均浓度超过国家空气质量二级标准 17%,其中,珠三角地区超标 20%,粤东西北地区超标 14%。其中,珠三角地区核心区、粤东地区的揭阳、潮州和粤北地区的韶关、清远呈现出明显的连片特征;③ 区域性臭氧问题突出,复合污染扩展至粤东西北。珠三角地区和粤东西北地区的首要污染物均主要为 $PM_{2.5}$ 和 O_3,粤东西北地区的 $PM_{2.5}$ 年均浓度已与珠三角地区基本持平,O_3 对粤东西北地区空气质量超标的首要污染物贡献也超过 30%,表明复合污染特征或已由珠三角地区扩展到全省其他地区。

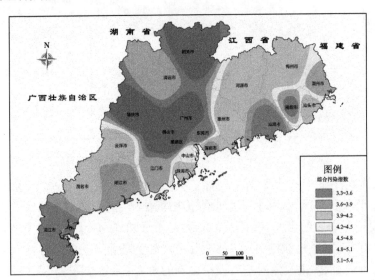

图 4.19 广东省 2014 年空气质量综合指数图

2) 广东省大气环境承载力分析要点

针对规划的不同类型,需结合广东省的地形分布、气象特征、大气环境质量情况及规划所在地理位置、评价范围等具体因素,对计算分析采用的模型、相关地形气象等参数进行选取。可以分别选取定量和半定量分析的方法进行大气环境承载力分析评价。大气环境承载力分析方法应用条件见表4.23。

表 4.23 大气环境承载力分析方法应用条件一览表

序号	方法名称	方法特点	适用规划环境影响评价类型	技术要点
1	A-P 值法	优点：该方法假定大气环境容量与区域面积呈正比关系，可操作性强；所要求的基础数据搜集较为简单，易于搜集。缺点：计算精度较差，其产生的误差相对较大，并且其随着区域的大小会有较大变化。一般适用于 SO_2 和 NO_2 等大气污染物，不适用于二次污染物	工业项目集群类、城市建设类以及具体源和受体明确的专项规划环境影响评价(如能源类规划环境影响评价)	该方法主要针对一次污染物(如 SO_2、NO_2 等)，同时规划区域外无大的污染源对本区域影响。需确定所涉及规划区域的环境功能区划及环境空气质量目标、环境质量现状、控制区总面积等，涉及的相关参数包括区域性总量控制系数 A(广东省取值 3.64)，低源分担率 α(广东省取值 0.25)
2	模拟法	优点：基于排放量与污染物浓度响应之间在空间上呈正比关系，模拟结果直观，可量化，便于大气污染物总量控制和排放源的布局优化。缺点：该方法的假定条件比较多，如对大气扩散模式中的各个参数和污染源位置的确定，对关心点的选择等。规划环境影响评价使用此方法的往往会遇到污染源的位置和特性不确定等因素，使得计算结果会有偏差	工业项目集群类、城市建设类以及具体源和受体明确的专项规划环境影响评价(如能源类规划环境影响评价)	该方法可针对一次污染物(如 SO_2、NO_2、PM_{10} 等)和二次污染物(如 $PM_{2.5}$、O_3)，需要确定大气扩散模式中的各个参数、污染源位置、关心点等。针对广东省规划区域的不同地形特点(如山地、平原、城市、沿海等)和下垫面特征，选取模式及所需相关参数(如地形数据、地表粗糙度、反射率等)
3	线性规划法	优点：考虑了区域外污染源的影响，适合于位置相对来说较为确定的多个污染源的叠加评价，另外，把大气环境容量直接"优化分配"到各大气污染源上，这种"源解析"的方法使得大气环境容量直接与大气污染物总量控制结合起来，能实现评价区域内污染源的布局优化。缺点：模型依赖的因素繁多，不易操作。特别是在暂时没有污染源或污染源信息不详尽时，很难得出区域内的容许排放总量，难度和工作量都较大	工业项目集群类、城市建设类以及具体源和受体明确的专项规划环境影响评价(如能源类规划环境影响评价)	该方法可针对一次污染物(如 SO_2、NO_2、PM_{10} 等)和二次污染物(如 $PM_{2.5}$、O_3 等)，将大气扩散模式与运筹学原理相结合，计算满足功能区达标对应的区域污染物极大排放量。需要搜集规划区域气象资料，评价范围内的污染源分布和污染物排放情况。针对广东省规划区域的不同地形特点(如山地、平原、城市、沿海等)和下垫面特征，选取模式及所需相关参数(如地形数据、地表粗糙度、反射率等)
4	总量指标分析法	优点：操作相对简易，工作量较小，对相关专业技术要求较低，且与区域污染物总量控制管理要求切合性较好。缺点：缺乏精确量化过程，仅结合相关管理要求分析得出"是或否"的结论，与区域实际大气环境容量存在差异	矿产资源类、交通类、旅游类、水利水电类等规划环境影响评价	该方法应调查搜集规划区域大气污染物排放总量控制相关规划及政策文件，如广东省省、市级环境保护规划、污染物总量控制及削减方案等文件，从区域污染物控制指标的角度，提出规划开发强度约束条件

（1）A-P 值法

采用 A-P 值法时，假定大气环境容量与区域面积呈正比关系，与区域地形条件和气象条件无关，只需掌握所涉及规划区域的城市建设用地面积及相关参数等。其中，广东省区域性总量控制系数 A 取 3.64，低源分担率 α 取 0.25。

（2）模拟法和线性规划法

采用模拟法和线性规划法时，可选择 ADMS、AERMOD、CALPUFF 模型。在重点考虑珠三角地区 $PM_{2.5}$、O_3 等区域复合污染及城市热岛复杂流场对大气环境影响的情况下，推荐 CALPUFF 模型。根据规划区域所在地的土地利用类型特征，选取模型所需输入的土地利用类型数据和地形数据。同时需要模拟区域内至少 3 个气象站点连续 1 年常规地面气象观

测资料和至少一个高空探测数据。也可使用中尺度气象模式（MM5等）模拟规划区域气象场；在重点考虑粤北地区山谷风复杂流场对大气环境的影响时，推荐ADMS模型。根据粤北地区规划区域的下垫面特征，选取模型中的地表类型参数，同时需要距离规划区较近的一个气象站点至少连续1年常规地面气象观测资料；粤东、粤西地区下垫面类型多样，沿海地区易形成海陆风环流，内陆地区则多为均匀流场，可能存在城市热岛环流和山谷风环流。在评价范围小于50 km前提下，内陆地区可采用ADMS模型和AERMOD模型，评价范围大于50 km的沿海地区建议采用CALPUFF模型。其中，AERMOD模型根据粤东、粤西地区规划区域的下垫面特征选取下垫面参数（反照率、波文率、表面粗糙度等），复杂地形条件下污染物扩散模拟需输入地形数据。另外，需要距离规划区较近的一个气象站点至少连续1年常规地面气象观测资料和高空探测资料。

（3）总量指标分析法

采用总量指标分析法时，应着重考虑广东省大气环境质量现状以及地方环境容量分配情况，当评价区域大气污染物已经超标时，应该结合区域大气环境整治进行分析，并且优先考虑增产不增污的排放模式。

4.3.7 生态承载力分析

4.3.7.1 生态承载力的概念

生态承载力包括两层含义：一是指生态区域内各种生态系统的自我维持与自我调节能力，及其所含资源与环境子系统的供容能力，为区域生态承载力的支持部分；二是指区域内经济社会子系统的发展能力，为区域生态承载力的压力部分。其中，生态系统的自我维持与自我调节能力是指生态系统的弹性大小，资源与环境子系统的供容能力是指资源和环境的承载能力大小。而经济社会子系统的发展能力是指生态区域内经济社会的可发展规模，以及可支撑的有一定生活水平的人口数量。由于资源、环境、文化及其经济发展水平的差异，生态承载力表现出明显的区域性。

4.3.7.2 生态承载力分析方法

生态承载力的量化方法主要包括生态足迹法、自然植被净第一性生产力测算法、供需平衡法、状态空间法、模型预估法（如承载力指数法、系统动力学模型、模糊目标规划模型、门槛分析模型、层次分析模型）等。目前，在规划环境影响评价中，常用的方法主要为生态足迹法和承载力指数法。

1）生态足迹法

生态足迹是指能够持续地向一定人口提供他们所消耗的所有资源和吸纳他们所产生的所有废物的土地和水体的总面积，它从具体的生物物理量角度研究自然资本消费的空间。生态足迹模型主要通过构造土地利用消费矩阵来解释人类消费活动与赖以生存的土地资源之间的关系，按照生产力大小的差异将地球表面的土地分为六大类：耕地、草地、林地、建成地、化石燃料用地和水域，总称为生态生产性土地，各类生态生产性土地在空间上是互斥的，一块地不可能同时是森林、可耕地、牧草地等，使得人们能够对各类生态生产性土地进行加总。

生态承载力表达了区域范围内实际所能提供的各类生态生产性土地总面积，并通过与生态

足迹比较,计算生态盈亏来衡量区域可持续发展状况。当一个地区的生态承载力小于生态足迹时,即出现"生态赤字"。当其大于生态足迹时,则产生"生态盈余"。生态赤字表明该地区的环境负荷超过了其生态承载力,要满足现有水平的消费需求,该地区或是从地区之外进口所欠缺的资源以平衡生态足迹,或是通过消耗自身的自然资本来弥补供给流量的不足。计算模型如下:

$$EF = \sum_{j=1}^{6}\left(r_j \times \sum_{i=1}^{n} aa_i\right) = \sum_{j=1}^{6}\left(r_j \times \sum_{i=1}^{n}(c_i / p_i)\right) = N \times ef$$

$$BC = \sum_{j=1}^{6}(a_j \times r_j \times y_j) = N \times bc$$

式中,EF 为总生态足迹;i 为消费品和投入的类型;p_i 为第 i 种消费品的平均生产能力;c_i 为第 i 种消费品的消费量;aa_i 为第 i 种交易商品折算的生物生产地域面积;j 为生物生产性土地类型;N 为人口;ef 为人均生态足迹;r_j 为等量因子;BC 为生态承载力;a_j 为 j 种土地类型的实际面积;y_j 为产量因子;bc 为人均承载力。其中,等量因子是指使各生态生产性土地类型转换为具有同一量纲从而具有可比性的转换系数,现在采用的等量因子分别为:耕地、建筑用地为 2.8,森林、化石燃料土地为 1.1,草地为 0.5,海洋为 0.2。等量因子为 2.8 表明生物生产面积的生物生产力是全球生态系统平均生产力的 2.8 倍,取后者为 1。产量因子为区域粮食产量与世界平均产量的比值。

2)承载力指数法

生态承载力包括生态弹性能力、资源承载能力和环境承载能力,可以用承载指数表达其大小,分别称为生态弹性指数、资源承载指数和环境承载指数。

(1)生态弹性指数

生态弹性取决于生态系数的特征要素。生态弹性指数可表达为

$$CSI^{eco} = \sum_{i=1}^{n} S_i^{eco} \cdot W_i^{eco}$$

式中,S_i^{eco} 为生态系统特征要素(地形地貌、土壤、地物覆盖、气候和水文等);W_i^{eco} 为要素 i 相对应的权重值。

(2)资源承载指数

通常情况下,影响一个地区发展的主要资源包括土地资源、水资源和旅游资源等。资源承载指数可表达为

$$CSI^{res} = \sum_{i=1}^{n} S_i^{res} \cdot W_i^{res}$$

式中,S_i^{res} 为资源组成要素;W_i^{res} 为要素 i 的相应权重值;$n=1,2,3,4$,分别代表土地资源、水资源、旅游资源和矿产资源。

(3)环境承载指数

环境承载力包括水环境、大气环境和土壤环境三部分。环境承载指数可表达为

$$CSI^{env} = \sum_{i=1}^{n} S_i^{env} \cdot W_i^{env}$$

式中,S_i^{env} 为环境组成要素;W_i^{env} 为要素 i 的相应权重值;$n=1,2,3$,分别代表水环境、大气环

境、土壤环境。

（4）生态系统压力指数

生态系统的最终承载对象是具有一定生活质量的人口数量，所以人口数量越多，压力越大；生活质量要求越高，压力越大。压力指数可表达为

$$CPI^{pop} = \sum_{i=1}^{n} P_i^{pop} \cdot W_i^{pop}$$

式中，CPI^{pop} 为以人口表示的压力指数；P_i^{pop} 为不同类群人口数量；W_i^{pop} 为相应类群人口的生活质量权重值。

（5）生态系统承载压力度

承载压力度的基本表达式为

$$CCPS = CCP/CCS$$

式中，CCS 和 CCP 分别为生态中支持要素的支持能力大小和相应压力要素的压力大小。实际计算中，上式可根据具体情况进行转化，以资源承压度为例，资源承载压力度可转化为

$$CCPS_{res} = P_t \times (Q_t^{res} / Q_s^{res})^{-1}$$

当以承载饱和度表示时，则为

$$CCF^{res} = 1 - (Q_t^{res} / Q_s^{res}) / P_t^{-1}$$

式中，$CCPS$ 为以人口表示的 R 资源压力度；Q_t^{res} 为 R 资源实有量；Q_s^{res} 为标准人均 R 资源占有量；CCF^{res} 为承载饱和度；P_t 为区域实际人口数。

当 CCF^{res} 为零时，表明 R 资源承载压力度达到平衡，人口数量适中；当 CCF^{res} 为正数时，表明人口压力大于资源承载能力，CCF^{res} 越大，压力度越大；相反，当 CCF^{res} 为负数时，表明资源承载能力大于人口压力，CCF^{res} 越小，压力度越小。

4.3.7.3　广东省生态承载力分析运用

1）广东省生态环境概况

（1）区域生态系统格局

广东省自然生态系统包括森林、湿地、灌丛和草地，占国土面积的 68％以上，其中，以森林生态系统所占国土面积比例最高，超过 60％。自然生态系统占国土面积的比例为：粤北地区＞珠三角地区＞粤东地区＞粤西地区。森林生态系统分布格局与自然生态系统的趋势相一致。随着城镇化活动对自然生态系统的扰动作用增强，森林、农田、湿地、灌丛、草地和裸地等生态系统持续向城镇生态系统转变，并且转变趋势在增强。在城镇化水平较高且经济发展较好的珠三角地区的城镇，开发侵蚀自然生态系统的速度显著高于粤东、粤西和粤北地区。城镇生态系统面积上升幅度为：珠三角地区＞粤东地区＞粤西地区＞粤北地区。

在区域生态安全方面，广东省重点构建以"两屏、一带、一网"为主体的生态安全战略格局。"两屏"，一是广东北部环形生态屏障。由粤北南岭山区、粤东凤凰—莲花山区、粤西云雾山区构成，具有重要的水源涵养功能，是保障全省生态安全的重要屏障。二是珠三角地区外围生态屏障。由珠三角地区东北部、北部和西北部连绵山地森林构成，对于涵养水源、保

护区域生态环境具有重要作用;"一带"指蓝色海岸带。是广东省东南部广阔的近海水域和海岸带,包括大亚湾—稔平半岛区、珠江口河口区、红海湾、广海湾—镇海湾、北津港—英罗港、韩江出海口—南澳岛区等区域,是重要的"蓝色国土";"一网"是指以西江、北江、东江、韩江、鉴江以及区域绿道网为主体的生态廊道网络体系。具体见图4.20。

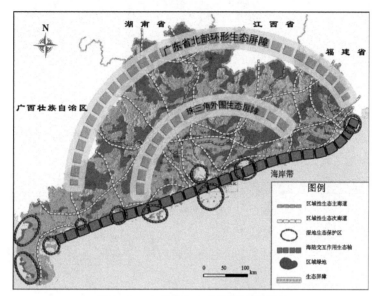

图 4.20　广东省生态安全战略格局图

（2）区域生态功能区划

广东省结合生态保护和资源合理开发利用的需要,把全省陆域和沿海划分为6个生态区、23个生态亚区和51个生态功能区。其中,南岭西北部山地、韶关—阳山河谷、北江中游山地、南岭东部山地属于中亚热带常绿阔叶林生物多样性保护与水源涵养生态区;广东中西部山地、珠三角西部丘陵、珠三角北部山地、莲花山脉、梅州河谷等广东中部山地属于南亚热带季风常绿阔叶林水土保持生态区;潮汕平原、海陆丰—惠来热带平原等粤东南沿海平原丘陵属于农业—城市经济生态区;珠江三角洲平原属于农业—都市经济生态区;雷州半岛丘陵台地、粤西滨海台地平原、鉴江上游丘陵漠阳江流域等粤西地区属于热带雨林气候平原丘陵农业—城市经济生态区。具体见图4.21。

（3）区域生态系统现状

广东省森林生态系统质量以低和较低等级为主,草地、农田和湿地生态系统质量较好。森林生态系统相对生物量密度以低等级和较低等级为主,面积比例约占80%;森林生态系统年均叶面积指数(LAI)构成主要以低、较低等级为主,平均值为2.74;草地生态系统质量整体水平较高,生态系统植被覆盖度指数平均值为80.8%,等级以较高、高等级为主,面积比例约占90%;农田生态系统质量较好,初级生产力高,年际变化较小,年均净初级生产力平均值为27.02 gC/m²;湿地生态系统质量较好且保持稳定,年均净初级生产力平均值为17.27 gC/m²,各等级面积主要分布相对均匀。

广东省生态功能区以自然生态系统为主体,生态系统结构较为稳定,景观格局变化较小,各省级重点功能区生物多样性维持、水源涵养、土壤保持等主导生态系统服务功能得到较好维护,生态系统服务功能保持稳中有升的态势。

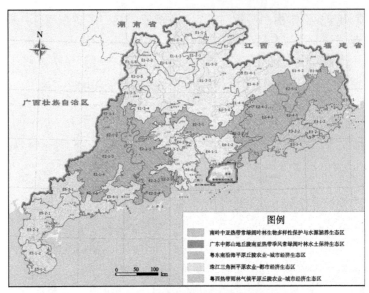

图 4.21　广东省生态功能区划图

2) 广东省生态承载力评价方法要点

结合各类规划环境影响评价的特点和要求,以及广东省区域生态环境特征,生态承载力分析方法应用条件见表 4.24。

表 4.24　生态承载力分析方法应用条件一览表

序号	方法名称	方法特点	适用规划环境影响评价类型	技术要点
1	生态足迹法	优点:应用范围广、方法简单,具有综合性和可比性,可分析规划区域生态可持续性,评价结果形象,易接受。 缺点:属于静态方法,难以判别变化趋势。只注重区域生态可持续性,缺乏对经济社会和技术方面的考量,如缺少由于水资源所造成的附加生态足迹面积,计算结果偏小	适用于大空间尺度的工业项目集群类、矿产资源类、交通类、旅游类、能源类规划环境影响评价	该方法中土地空间面积和生物资源、能源消耗等数据可从规划区域统计年鉴中获得。应用中需注意:① 从时间序列上分析长期发展情景下区域生态可持续性状态连续变化;② 对于工业项目集群类规划,应引入投入产出法,分析不同生产与消费部门之间的生态联系及其完全生态空间需求;③ 对于旅游类、矿产资源类规划,应建立土地干扰度的生态足迹模型,以分析规划活动系统偏离自然原生状态的幅度和长期累积效应
2	承载力指数法	优点:可找出对生态系统产生重大影响的瓶颈要素,方法直观、科学性强;采用分级评价方法,评价结果明了,针对性强。 缺点:资料需求量大,数据处理要求高,分值和权重确定有一定主观性。未考虑生态系统要素间的联系	适用于大区域尺度的工业项目集群类、交通类、旅游类、水利水电类、城市建设类规划环境影响评价	该方法把生态承载力分为生态系统的弹性力、资源与环境系统的供容能力以及具有一定生活水平的人口数三个层面,建立综合判定模式与评价方法。重点在于构建三级评价指标体系,生态系统弹性度指标应选取可以衡量区域生态系统自然潜在承载力变化因子,如地形地貌、植被、水文、土壤等因子;生态压力指标选取应能反映规划区域客观能力大小并,考虑压力因素与承载对象之间关系,如人口规模、产业规模、水资源开采量、矿产资源开发、旅游容量等;承载指数主要选取表征资源和环境单要素承载能力的因子,如水资源、土地资源、林业资源、矿产资源、环境容量(水、气)等。选取相关指标应充分考虑可获性,指标定量处理时宜采用极差法进行归一化处理

广东省典型规划实施对生态系统的影响总体上可概括为生态系统空间侵占、生态系统质

量退化和功能受损 3 个方面。对于大尺度空间范围内涉及自然生态系统空间侵占的规划,应优先采用生态足迹法进行生态承载力分析,同时针对广东省不同地区生态系统类型差异性及其生态功能重要性,对该方法中生态生产性土地类型的"均衡因子""产量因子"进行修正。其中,南岭山区森林生态系统的生物多样性保护和水源涵养功能重要,则应从供给和需求方面重点估算林地的生态足迹;对于省内的农业—城市经济生态区,经济相对发达,区域生态系统食物热量提供功能重要,则应重视农用地、建设用地的生态足迹;对于土壤保持功能区、碳汇功能重要地区,则用重视林草地、可耕地的生态足迹,并分析矿产资源开发等化石能源地的生态需求。对于广东省经济相对发达、自然生态空间侵占强度大的区域,如珠江三角洲都市经济圈、粤北韶关、梅州都市经济区、潮汕平原经济圈等以及其他范围较大的产业集聚区等,其生态承载力分析可从关注经济、社会、技术可持续性的角度采用综合承载力指数法。分析应根据不同规划区域的社会、经济与生态环境特点,从人口分布、土地利用格局、产业结构与布局、环保基础设施配套以及绿地系统等方面构建承载力指标体系,并估算承载力指数。

4.4　环境影响评价方法

4.4.1　地表水环境影响评价

4.4.1.1　地表水环境影响评价的概念

规划环境影响评价中的地表水环境影响评价就是使用一定的方法,预测和评估拟定规划的不同排污方案对周边纳污水体的影响,给出影响范围、持续时间、规划实施前后水质变化强度等预测结果,以及不同排污方案的优化比选,提出最优方案,为规划的水环境可行性提供强有力的技术支撑。

4.4.1.2　地表水环境影响评价方法

根据预测方法性质及预测结果的准确程度,常用的地表水环境影响的预测方法包括类比分析法和数学模型法等。

1) 类比分析法

使用类比分析法对规划实施的水环境影响进行预测,就是根据预测对象的排污特点,首先从排放源和纳污水体两方面考虑,选取合适的类比调查对象;再从排放强度、污染物因子种类、排放方式等方面对排放源进行类比;最后根据排放源强类比结果,对预测影响进行类比分析,并进行必要的检验,得出结论。

对于由于评价时间短、无法取得足够的数据,不能利用数学模型法预测规划的环境影响时,可采用此方法。此外,规划实施中对地表水环境的某些影响,如感官性状、有害物质在底泥中的累积和释放等,目前尚无实用的定量预测方法,这种情况可以采用类比分析法进行预测分析。预测对象与类比调查对象之间应满足如下要求:① 两者地表水环境的水力、水文条件和水质状况类似;② 两者的某种环境影响来源具有相同性质,其强度比较接近或成比例关系。

2) 数学模型法

数学模型法是将水体的水动力特征和污染物在水环境中的迁移转化规律概化为数学模

式计算的方法，具有较高的操作性和精确度，普遍运用于水利和环境模拟。数学模型法采取数学公式的形式描述水质污染的过程，方法输出结果精确性较高，使用起来有较大的灵活性，可适用于多种空间范围，但对基础数据要求较高。针对不同水体类别，应分别选取相应的水环境模式进行计算。

（1）小型河流

当计算河流为小型河流时，将其概化为一维稳态模式，表达公式为

$$c = c_0 \exp\left(-K_1 \frac{x}{86\,400u}\right)$$

排污口汇入处采用完全混合模式：

$$c_0 = \frac{c_p Q_p + c_h Q_h}{Q_p + Q_h}$$

式中，c 为预测点处污染物的浓度（mg/L）；c_0 为初始点污染物浓度（mg/L）；K_1 为河流中污染物降解系数（1/d）；x 为预测点离排放点的距离（m）；u 为河流流速（m/s）；c_p 为污染物排放浓度（mg/L）；c_h 为河流上游污染物浓度（mg/L）；Q_p 为废水排放量（m³/s）；Q_h 为河流流量（m³/s）。

（2）大中型河流

对于大中型河流，由于河流水量较大，河面宽阔，污染物在河流横截断面上分布不均匀，水质预测计算时宜采用二维稳态模式进行计算，具体又可根据污染物在纳污河流下游的迁移变化规律，将纳污河段分为混合过程段与充分混合段：

A. 混合过程段预测模式

平直河流采用二维稳态混合衰减模式：

$$c(x,y) = \exp\left(-K_1 \frac{x}{86\,400u}\right)\left\{c_h + \frac{c_p Q_p}{H\sqrt{\pi M_y x u}}\left[\exp\left(-\frac{u y^2}{4 M_y x}\right) + \exp\left(-\frac{u(2B-y)^2}{4 M_y x}\right)\right]\right\}$$

当计算河段弯曲系数＞1.3时，按弯曲河流考虑，此时采用二维稳态混合累积流量模式：

$$c(x,q) = \exp\left(-K_1 \frac{x}{86\,400u}\right)\left\{c_h + \frac{c_p Q_p}{\sqrt{\pi M_q x}}\left[\exp\left(-\frac{q^2}{4 M_q x}\right) + \exp\left(-\frac{(2Q_h-q)^2}{4 M_q x}\right)\right]\right\}$$

其中：

$$q = Huy$$
$$M_q = H^2 u M_y$$

M_y 为混合系数，使用泰勒（Taylor）法进行求取，泰勒经验公式为

$$M_y = (0.058H + 0.006\,5B)(gHI)^{1/2}$$

式中，x 为预测点离排放点的距离（m）；y 为预测点离排放口的横向距离（不是离岸距离）（m）；K_1 为河流中污染物降解系数（1/d）；c 为预测点 (x,y) 处污染物的浓度（mg/L）；a 为污水排放口离河岸距离（$0 \leqslant a \leqslant B$）（m）；$c_p$ 为污水中污染物的浓度（mg/L）；Q_p 为污水流量（m³/s）；c_h 为河流上游污染物的浓度（本底浓度）（mg/L）；H 为河流平均水深（m）；M_y 为河流横向混合（弥散）系数（m²/s）；u 为河流流速（m/s）；Q_h 为河流流量（m³/s）；π 为圆周率。

B. 混合过程段长度计算模式

根据《环境影响评价技术导则　地面水环境》(HJ/T 2.3—93)，混合过程段的长度按下式估算：

$$l = \frac{(0.4B - 0.6a)Bu}{(0.058H + 0.006\ 5B)(gHI)^{1/2}}$$

式中，l 为混合过程长度(m)；a 为排放口到岸边的距离(m)；I 为河流底坡或者地面坡度(m/m)；其余符号意义同预测模式。

C. 充分混合段预测模式

当预测因子为非持久性污染物时，充分混合段预测模式采用一维衰减模式，同前述的小型河流计算模式；当预测因子为重金属等持久性污染物时，充分混合段预测采用完全混合模式，同前述的小型河流起始浓度计算模式。

(3) 近岸海域与河口

对于近岸海域、入海河口和河网，由于其水动力主要受海洋潮汐动力控制，水流动力形态特征为往复，因此，一般采取动态的平面二维或立体三维数学模式构建水动力水质模型。

A. 动态潮流模式(水动力)

动态潮流模式如下：

$$\frac{\partial z}{\partial t} + \frac{\partial}{\partial x}\big[(h+z)u\big] + \frac{\partial}{\partial y}\big[(h+z)v\big] = 0$$

$$\frac{\partial u}{\partial t} + u\frac{\partial u}{\partial x} + v\frac{\partial u}{\partial y} - fv + g\frac{\partial z}{\partial x} + g\frac{u(u^2+v^2)^{1/2}}{C_z^2(h+z)} - \frac{\tau_{sx}}{\rho(h+z)} = \varepsilon_x\left(\frac{\partial^2 u}{\partial x^2} + \frac{\partial^2 u}{\partial y^2}\right)$$

$$\frac{\partial v}{\partial t} + u\frac{\partial v}{\partial x} + v\frac{\partial v}{\partial y} + fu + g\frac{\partial z}{\partial y} + g\frac{v(u^2+v^2)^{1/2}}{C_z^2(h+z)} - \frac{\tau_{sy}}{\rho(h+z)} = \varepsilon_y\left(\frac{\partial^2 v}{\partial x^2} + \frac{\partial^2 v}{\partial y^2}\right)$$

式中，u 为垂线平均 x、y 方向的流速；z 为基准面以上的潮位；h 为水深(基准面以下)；g 为重力加速度；τ_{sx}、τ_{sy} 为风应力分量；ε_x、ε_y 为水平紊动黏性系数；ρ 为水密度；C_z 为海底阻力系数(谢才系数)：

$$C_z = \frac{1}{n}(h+z)^{1/6}$$

式中，n 为海底 Manning 系数。

B. 污染物扩散模式(水质)

污染物扩散模式如下：

$$\frac{\partial h\bar{C}}{\partial t} + \frac{\partial h\bar{u}\,\bar{C}}{\partial x} + \frac{\partial h\bar{v}\,\bar{C}}{\partial y} = h\left[\frac{\partial}{\partial x}\left(E_x\frac{\partial}{\partial x}\right) + \frac{\partial}{\partial y}\left(E_y\frac{\partial}{\partial y}\right)\right]\bar{C} + S$$

式中，$\bar{C}$ 为水深平均污染物的浓度(mg/L)；$\bar{u}$、$\bar{v}$ 为沿 x、y 方向的流速分量(m/s)；E_x、E_y 为 x、y 方向的扩散系数(m²/s)；S 为源(汇)项(g/(m²·s))。

C. 模型求解计算

动态一维～三维数学模型一般使用成型的大型计算软件进行建模计算，目前水环境模拟研究进展迅速，已经形成了众多通用的软件包，运用较多、较成熟的非稳态模型软件主要有 POM、FVCOM、MIKE 和 EFDC 等。各模型特点及适用性见表 4.25。

表 4.25　各类水环境数学模型特点一览表

特点	POM	FVCOM	EFDC	MIKE
水体复杂程度	三维	三维	二维、三维	一维河网、二维、三维
求解格式	有限差分	有限体积	有限差分	有限差分
网格可生成类型	矩形正交	无结构三角形网格	矩形正交、曲线正交(接驳Delft3D实现)	无结构三角形网格、矩形正交等
应用水体范围	河口、海洋	湖泊、河口、海洋	河流、河口、海洋、湖泊等多个模块	河流、河口、海洋、湖泊等多个模块
模块功能	水动力,不能模拟水质	水动力、水质、泥沙、水体营养化过程	水动力、水质、泥沙、水体营养化过程等	流域水文过程模拟、水动力、水质、泥沙、水体营养化过程等
源代码	公开	公开	公开	不公开
优缺点	经典海洋环流模式,包含完整热力学过程;只包含水动力模块,且只适用于河口和海洋	运行效率非常高,采用非结构网格,贴合岸线,方便局部加密;但需要非常高的计算能力	功能全面而强大;网格单一,不能很好地贴合岸线形状,且概化费时费力,局部加密受限较大	模型功能开发程度最高,最为强大,几乎囊括所有水文—水质—生态过程的模拟,单价较为昂贵

（4）湖泊（水库）

湖泊（水库）一般面积较大,水流动力受风场、入湖径流、水下地形等多方面的影响,水流条件复杂,一般采用动态的数学模式进行计算和预测。当计算湖泊表面积较大而水深较浅时,采用二维模式。当水深较深时,水流条件和污染物浓度的分布在垂直方向上的分布均有较大的差异,此时适宜采用三维模式进行计算。

其计算方法与近岸海域与河口相同,一般采用成型的大型计算软件进行建模计算,如 FVCOM、MIKE 和 EFDC 等模型,模型基础公式及特点介绍见上节内容。特别的,对于狭长形湖库,除可以使用上述模型进行计算之外,还可概化为稳态进行求解,狭长湖库模式如下：

$$c = \frac{c_0 Q_p}{Q_h} \exp\left(-K \frac{V}{86\,400\,Q_h}\right) + c_h$$

式中,c 为湖库出口污染物预测浓度（mg/L）;c_0 为入库口污染物浓度（mg/L）;V 为湖库的有效库容（m³）;K 为降解系数（1/d）;Q_p 为上游入库流量（m³/s）;Q_h 为水库出水流量（m³/s）;c_h 为湖库污染物背景浓度（mg/L）。

（5）温排水预测模式

A. 温排水数学模式

$$\frac{\partial H \Delta T}{\partial t} + \frac{\partial u H \Delta T}{\partial x} + \frac{\partial v H \Delta T}{\partial y} = \frac{\partial}{\partial x}\left(D_x H \frac{\partial \Delta T}{\partial x}\right) + \frac{\partial}{\partial y}\left(D_y H \frac{\partial \Delta T}{\partial y}\right) - \frac{K_s \Delta T}{\rho C_p} + Q$$

式中,ΔT 为温升值;K_s 为包括水面蒸发、对流和热辐射在内的水面综合散热系数;C_p 为水的等压比热;Q 为源强,$Q = qDT$;D_x、D_y 为 x、y 方向的紊流热扩散系数。

B. 开边界水体热量回归处理模式

流出单元的温升：$\dfrac{\partial \Delta T}{\partial n} = 0$

流入单元的温升：$\Delta T_i^{n+1} = \Delta T_i^n - U \Delta T_i^n \Delta t / H - K_s \Delta T_i^n \Delta t / \rho C_p H$

式中，ΔT_i^{n+1}、ΔT_i^n 为 $n+1$、n 时刻边界单元上的温升值；U 为边界单元的合成流速。当计算范围较大时，开边界上温升值较小，边界回归的热量对计算结果影响已很小，可忽略不计。

4.4.1.3 广东省地表水环境影响评价方法应用

结合各类规划环境影响评价的特点和要求，以及纳污水体特征，可分别选取定量（数学模型法）和半定量（类比分析法）的方法进行地表水环境影响评价。与水环境承载力分析相对应，采用数学模型法对区域水环境影响进行预测评价时，应结合广东省水体特征分别选取相应的数学模式和计算参数进行求解。具体见 4.3.5 水环境承载力分析章节。地表水环境影响评价方法应用条件见表 4.26。

表 4.26 地表水环境影响评价方法应用条件一览表

序号	方法名称	方法特点	适用规划环境影响评价类型	技术要点
1	类比分析法	优点：操作较为简易，专业需求度较低，分析结果有一定的定量性。 缺点：评价结果依赖于与类比对象的相似度和类比对象本身数据的准确度，可靠性有限	适用于水污染排放量和水环境影响较小，或者评价尚无成熟定量预测方法的因子时，或者环境影响主要表现为暂时性的规划，如矿产资源类、交通类、旅游类、能源类（风电设施建设）规划环境影响评价	应选取与评价对象同类型、排污特征、纳污水体水文条件与水质状况等具有可比性的规划作为类比对象，且需对类比对象本身的数据资料的合理性加以核实
2	数学模型法	优点：输出结果准确性较高，可根据不同水体进行模式选择，适用范围广，量化程度高。 缺点：要求基础资料较多；且模型计算需较强的专业能力	适用于水污染排放量和水环境影响较大，或者所处区域水环境敏感的规划，如工业集群类、水域交通类、水利水电类、能源类（火电设施建设）、城市建设类规划环境影响评价	应根据纳污水体的不同类型，分别选取相应的计算模型。如大中型河流计算应采用二维模式；小型支流计算可采用一维模式；河网区和近岸海域计算应采用二维或三维模式；同时，水质降解系数的确定应综合考虑纳污水体的水文、水生态以及水环境质量现状等因素

4.4.2 地下水环境影响评价

4.4.2.1 地下水环境影响评价的概念

地下水环境影响评价是在查清规划区域地下水环境现状与问题的基础上，采用定性、定量的评价方法分析、预测和评估规划实施可能对地下水环境影响的程度，以及地下水环境的发展态势，进而提出有效的规划用地布局优化调整建议和地下水环境防治对策。规划的地下水环境影响评价从区域地下水环境安全的角度，评估规划建设实施的地下水环境安全可行性，通过地下水环境现状识别、影响预测结果，分析规划实施可能对地下水环境产生的影响类型、影响程度，从而为规划目标、规模、选址选线设定优化等提供技术支撑。

4.4.2.2 地下水环境影响评价方法

规划的地下水环境评价方法主要包括地下水污染运移预测评价方法和地下水脆弱性（风险）评价方法两类。地下水污染运移预测评价方法主要针对规划中有确定性地下水污染源分布的情形，研究污染源所在区域地下水污染物渗入地下水后随时间、空间的变化情况，以及对规划区及周边地下水环境造成的影响，常用的方法包括类比分析法、解析法、数值法等。地下水脆弱性（风险）评价是基于规划区域地质、水文地质、环境条件等综合条件，根据各种污染源、水文地质因子的组合，评价规划区域地下水受污染的难易程度，提出规划布局优化建议和风险源防治措施，从规划源头降低地下水污染风险，其中，DRASTIC方法为当今应用范围最广、最灵活的评价方法。

1）地下水污染运移预测评价方法

（1）类比分析法

类比分析法是根据已经研究清楚、有环境水文地质资料且已实施多年的规划，估算与其相似规划的地下水环境可行性，该方法只能概略评价规划实施过程中对地下水环境的部分影响。利用类比分析法时，须满足以下几个条件：① 类比与被类比的两个规划区域的水文地质条件基本一致，并选取最有代表性的水文地质参数作为比拟指标。② 类比规划与被类比规划在规划目标、规模、产业布局等方面有较强的一致性。

对于被类比规划未出现地下水环境污染的情况，如类比规划规模与被类比规划规模相似，可给出可行的地下水环境影响评价结论；对于被类比规划已出现地下水环境污染的情况，应找出被类比规划可能的地下水污染源，并在本次规划中采取可行的地下水污染防护措施，或对规划规模、布局等进行优化调整。

（2）解析法

常用的地下水溶质运移计算解析公式见表4.27。

表4.27 常用地下水污染运移解析模型一览表

序号	类别	公式	符号含义	适用条件
1	半无限含水层一维连续点源	$c(x,t)=\dfrac{c_0}{2}\left[\operatorname{erfc}\left(\dfrac{x-V_t}{2\sqrt{D_L t}}\right)+\exp\left(\dfrac{V_x}{D_L}\right)\operatorname{erfc}\left(\dfrac{x+V_t}{2\sqrt{D_L t}}\right)\right]$	x为距渗入点x方向的距离；V为水流速度；D_L为纵向弥散系数；t为时间；$\operatorname{erfc}()$为余误差函数	1. 污染物稳定渗入； 2. 含水层初始污染浓度处处为零； 3. 渗流为稳定均匀流； 4. 弥散为一维； 5. 无源汇项
2	半无限含水层一维瞬时点源	$\dfrac{c}{c_0}=\dfrac{1}{2}\operatorname{erfc}\left(\dfrac{x-V_t}{2\sqrt{D_L t}}\right)+\dfrac{1}{2}\exp\left(\dfrac{V_x}{D_L}\right)\operatorname{erfc}\left(\dfrac{x+V_t}{2\sqrt{D_L t}}\right)$	c_0为污染物初始浓度，其余同上	1. 污染物瞬时渗入，且瞬间混合均匀； 2. 含水层初始污染浓度处处为零； 3. 渗流为稳定均匀流； 4. 弥散为一维； 5. 无源汇项
3	瞬时点状注入污染物二维弥散	$c(x,y,t)=\dfrac{m/n}{4\pi t\sqrt{D_L D_T}}\exp\left[-\dfrac{(x-V_t)^2}{4D_L t}-\dfrac{y^2}{4D_T t}\right]$	y为距渗入点y方向的距离；n为有效孔隙度；D_T为横向弥散系数；π为圆周率；其余同上	1. 平面无界均质等厚各向同性含水层； 2. 污染物瞬时注入，且浓度瞬间均匀； 3. 含水层初始污染浓度处处为零； 4. 渗流为稳定均匀流； 5. 弥散为二维； 6. 无源汇项

序号	类别	公式	符号含义	适用条件
4	连续点状注入污染物二维弥散	$c(x,y,t)=\dfrac{m/n}{4\pi M \sqrt{D_L D_T}}$ $\exp\left(\dfrac{Vx}{2D_L}\right)\left[2K_0(\beta)-W\left(\dfrac{V^2 t}{4D_T},\beta\right)\right]$ $\beta=\sqrt{\dfrac{V^2 x^2}{4D_L^2}+\dfrac{V^2 y^2}{4D_L D_T}}$	M 为承压含水层厚度；$K_0(\beta)$ 为第二类零阶修正贝塞尔函数；$W\left(\dfrac{V^2 t}{4D_T},\beta\right)$ 为第一类越流系统井函数	1. 平面无界均质等厚各向同性含水层； 2. 污染物连续注入，且浓度不变； 3. 含水层初始污染浓度处处为零； 4. 渗流为稳定均匀流； 5. 弥散为二维； 6. 无源汇项

地下水解析公式是依据渗流理论，在理想的介质条件、边界条件下建立起来的。在理论上是严密的，只要符合公式假定条件，计算结果可以反映基本情况，但是，由于水文地质条件的复杂性，如客观存在的含水层介质的非均质性、边界条件非规则性等，常产生较大误差。解析法的计算过程通常包含四部分：① 建立水文地质概念模型：一般是根据水文地质概念模型选用公式，也常根据公式的应用条件建立水文地质概念模型，两者相互依存，相互制约。② 选择计算公式：应考虑以下几个问题，一是补给条件和计算的目的、要求，选用稳定流公式还是非稳定流公式；二是根据地下水类型确定选择承压水还是潜水井流公式；三是考虑边界的形态、水力性质，含水介质的均质程度。③ 确定水文地质参数：包含渗透系数、导水系数、给水度、弹性释水系数、弥散系数等。④ 计算评价：根据水文地质概念模型，拟订方案，确定计算公式进行计算。

（3）数值法

数值法将计算机快速计算的能力用于求解地下水数值模型上，具有仿真度高、方便灵活的特点，能够处理介质的非均质性、边界条件不规则等解析法难以处理的问题，该方法已成为现在求解复杂条件下地下水污染问题的主要手段，可用来解决大区域规划地下水环境影响评价问题。地下水数值模拟过程通常包括水文地质概念模型建立、数学模型、数值模型、模型设计、模型识别校正、灵敏度分析6个程序，具体步骤如图4.22所示。

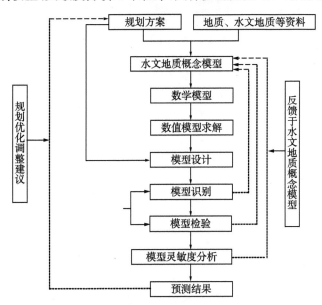

图 4.22　地下水数值模拟技术路线图

在地下水环境影响评价过程中,污染运移模型通常须建立在地下水流数学模型的基础上进行模拟,故数学模型的选择上包含了地下水流数学模型和地下水溶质运移数学模型两部分,具体介绍如下。

A. 地下水流模型

控制方程:

$$\frac{\partial}{\partial x}\left(K_x \frac{\partial H}{\partial x}\right)+\frac{\partial}{\partial y}\left(K_y \frac{\partial H}{\partial y}\right)+\frac{\partial}{\partial z}\left(K_z \frac{\partial H}{\partial z}\right)+q=\mu_s \frac{\partial H}{\partial t}$$

边界条件:

一类边界条件:

$$H \mid_{\Gamma_1} = H(x,y,z,t)$$

二类边界条件:

$$K\frac{\partial H}{\partial n}\bigg|_{\Gamma_2} = q(x,y,z,t)$$

初始条件:

$$H \mid_{t_0} = H_0(x,y,z,t)$$

式中,H 为含水层水位函数;$H_0(x,y,z)$ 为含水层初始水位函数;t 为时间;K 为渗透系数;μ_s 为给水度;q 为源汇项;Γ_1 为一类边界;Γ_2 为二类边界;n 为边界 Γ_2 的外法线方向。

B. 溶质运移模型

控制方程:

$$R\frac{\partial C}{\partial t}=\frac{\partial C}{\partial x_i}\left(D_{ij}\frac{\partial C}{\partial x_j}\right)-\frac{\partial}{\partial x_i}(v_i C)+\frac{q_s}{\theta}C_s-\lambda\left(C+\frac{\rho_b}{\theta}\overline{C}\right)$$

边界条件:

初始条件:区域(Ω)上所有点在某一初始时刻 $t=0$ 时的浓度分布

$$C(x,y,z,t) \mid_{t=0} = C_0(x,y,z)$$

第一类边界条件,边界上浓度是已知的

$$C(x,y,z,t) \mid_{\Gamma_1} = f_1(x,y,z,t)$$

第二类边界条件,边界上弥散通量是已知

$$-D_{ij}\frac{\partial C}{\partial x_j}\bigg|_{\Gamma_2} = f_2(x,y,z,t)$$

第三类边界条件,边界上溶质通量是已知

$$\left(Cv_i - D_{ij}\frac{\partial C}{\partial x_i}\right)n \bigg|_{\Gamma_3} = f_3(x,y,z,t)$$

式中,C 为溶解于水中的污染物的浓度;R 为阻滞因子;t 为时间;x_i 为空间坐标;D_{ij} 为水动力弥散系数张量;v_i 为地下水渗流速度;q_s 为源(正值)或汇(负值)的单位流量;C_s 为源或汇的浓

度;θ 为孔隙度,无量纲;λ 为一阶反应速率常数;ρ_b 为多孔介质的比重;$\overline{C}$ 为吸附在介质上的污染物浓度;Γ_3 为三类边界;n 为边界 Γ_3 的外法线方向。

须注意的是,在地下水数学模拟过程中,通常水文地质概念模型的建立、数值模型的再现和求解是模型预测结果准确的关键,而在模型建立后,通过已有资料对模型进行识别、检验则是模型建立过程中不可或缺的一部分,识别、验证和灵敏度分析构成了地下水数值模拟真实度的关键检视步骤。此外,模型后续使用过程中,应不断通过收集新的野外数据以确定预测结果是否正确,如果模拟结果精确,则该模型对该模拟区来说是有效的。

常用的地下水评价预测模拟软件有 ModFlow 家族(包括 GMS、Visual Modflow 等)、Feflow 等,具体见表 4.28。

表 4.28 常用的地下水数值模拟软件及其特点一览表

软件名称	功能特点
MODFLOW	1. 是现阶段使用最广泛的三维地下水水流模型; 2. 可以模拟水井、河流、溪流、排泄、水平水障、蒸散和补给对非均质和复杂边界条件的水流系统的影响; 3. DOS 界面,不易操作,源文件修改需较强的编程能力
MT3DMS	1. 首屈一指的溶质运移模拟软件; 2. 提供了 MODFLOW 接口,可在 MODFLOW 地下水流模拟基础上进行溶质运移模拟; 3. DOS 界面,不易操作,源文件修改需较强的编程能力
Visual MODFLOW	1. 三维地下水流和溶质运移模拟评价的标准可视化专业软件系统; 2. 以 MODFLOW、MT3DMS 等模块为基础,可进行三维水流模拟、溶质运移模拟和反应运移模拟; 3. 界面友好,可操作性较强
FEFLOW	1. 三维地下水流和溶质运移模拟评价的标准可视化专业软件系统; 2. 可进行三维水流模拟、溶质运移模拟和反应运移模拟,可解决复杂的地下水模拟问题; 3. 界面友好,可操作性较强,但采用有限元法要求有较高的地质和数学功底
GMS	1. 三维地下水流和溶质运移模拟评价的标准可视化专业软件系统; 2. 可进行三维地质建模、地下水流模拟、溶质运移模拟和反应运移模拟; 3. 界面友好,可操作性较强

2) 地下水脆弱性(风险)评价方法

地下水环境脆弱性,也就是地下水的易污染性,它反映了地下水环境的自我防护能力。地下水环境脆弱性评价可以从地下水环境保护的角度,对规划选址、选线或布局方案进行优化、调整。

DRASTIC 评价模型是现阶段应用最为普遍、最为成熟的地下水脆弱性评价方法,采用地下水埋深(depth to groundwater)、净补给量(recharge)、含水层介质(aquifer media)、土壤介质(soil media)、地形坡度(topography)、包气带影响介质(impact of the vadose zone media)、含水层水力传导系数(hydraulic conductivity of the aquifer)7 个影响和控制污染物运移的指标,来定量分析区域地下水脆弱性程度。DRASTIC 评价模型评价因子特征见表 4.29。

表 4.29 DRASTIC 评价模型涉及的影响因子一览表

序号	因子	特征
1	地下水埋深(D)	地下水位埋深决定了污染物到达含水层之前所经过的距离及与周围介质接触的时间。通常来说,地下水位埋深越大,污染物运移的时间越长,污染物衰减的机会越多,污染物被氧化的几率越大,地下水脆弱性就越弱;反之,地下水脆弱性就越强
2	补给量(R)	补给量指的是单位面积内渗入地表并到达含水层的水量,它也是反映含水层脆弱性的指标。一般含水层补给量越大,脆弱性越强,补给量越小,脆弱性越弱

(续表)

序号	因子	特征
3	含水层介质(A)	含水层不是一个统一的单元,而是一个复杂的系统,它的脆弱性在空间上发生变化。一般来说,含水层介质岩性中,裂隙越发育越易污染;固结越好越不易污染;颗粒越大并较易冲刷越易污染;颗粒含量减少且分选性越好越易污染
4	土壤介质(S)	土壤介质通常为地表层(岩石风化带)岩性,其平均厚度为2 m或<2 m。土壤介质对地下水脆弱性有明显的影响,如黏土类型、黏土的胀缩性能以及土壤中颗粒的大小等,一般来说,黏土的胀缩性和颗粒越小,地下水易污染的可能性越小。另外,土壤介质主要影响污染物的生化反应、吸附和渗透效果。土壤层越厚,有机物百分含量越大,透水性越差,则地下水环境脆弱性越弱,反之,则地下水环境脆弱性越强
5	地形(T)	地形包括地形坡度变化和土地的覆盖与使用类型。通常坡度越大,含水层脆弱性越弱,反之,坡度越大,脆弱性越强
6	包气带影响介质(I)	包气带是污染物进入含水层之前所进行的稀释作用、生物降解作用、中和作用和化学反应的主要场所,其厚度、岩性在很大程度上决定着地下水的脆弱性。非饱和带的特征和它的潜在降解能力对确定地下水脆弱性程度起决定性作用。评价中涉及的主要参数为厚度、岩性和垂直渗透性。非饱和带的厚度取决于不稳定的和常常波动的地下水水位位置。因此,评价脆弱性应当包括地下水水位波动性分析。非饱和带厚度最小是在地下水水位最高的时候。另外的参数可能是非饱和带上部的风化程度
7	含水层水力传导系数(C)	水动力条件决定了污染物在地下水中运移的速度,从而影响着污染物在进入含水层之前在包气带中滞留的时间和污染物在含水层中对流—弥散的速度。反映水动力条件的要素主要为地下水水力坡度,水力坡度越小,则地下水环境脆弱性越弱

DRASTIC方法评价主要包括评价区域剖分、因子赋值、加权求和、等级确定、结果成图、反馈等5个步骤。具体步骤如图4.23所示。

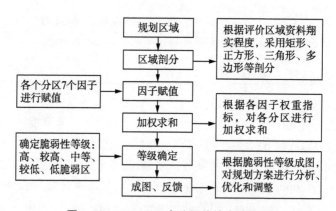

图4.23　DRASTIC方法评价技术路线图

(1) 区域剖分

根据评价区域资料翔实程度,采用矩形、正方形、三角形、多边形等剖分,剖分精度尽量与资料翔实程度一致,资料较多的区域,建议适当密集剖分,资料欠缺的区域,建议适当增加剖分间距或面积。

(2) 因子赋值

根据评价区域水文地质资料,对各个选取评价因子进行赋值,并将赋值大小对应到各剖分区域。按照对地下水脆弱性影响程度,可将每项指标划分为10个等级区间,影响最小的赋值为1,最大的赋值为10。具体评分标准见表4.30。

表4.30 DRASTIC评价指标的范围和评分表

地下水埋深		净补给量		含水层介质		地形坡度		土壤介质		包气带介质		水力传导系数	
范围/m	评分	范围/mm	评分	类别	评分	类别范围/%	评分	类别	评分	类别	评分	范围/(m/d)	评分
>30	1	0~50	1	块状页岩	1~3	>18	1	非涨缩性黏土	1	承压层	1	<4.1	1
30~22.5	2	50~100	3	变质岩/火成岩	2~5	18~12	3	腐质土	2	粉砂岩/黏土/页岩	2~6	4.1~12.2	2
22.5~15	3	100~175	6	风华变质岩/火成岩	3~5	12~6	5	黏壤土	3	变质岩/火成岩	2~8	12.2~28.5	4
15~9	5	175~250	8	冰碛岩	4~6	6~2	9	粉砂壤土	4	砂岩	4~8	28.5~40.7	6
9~4.5	7	>250	9	层状砂岩,灰岩,页岩	5~9	2~0	10	壤土	5	灰岩	2~7	40.7~81.5	8
4.5~1.5	9	—	—	块状砂岩	4~9	—	—	砂质壤土	6	层状砂岩/灰岩	4~8	>81.5	10
1.5~0	10	—	—	块状灰岩	4~9	—	—	胀缩性黏土	7	砂,砾岩与粉土,黏土交互层	4~8	—	—
—	—	—	—	砂砾岩	4~9	—	—	泥炭层	8	砂,砾石	6~9	—	—
—	—	—	—	玄武岩	2~10	—	—	砂层	9	玄武岩	2~10	—	—
—	—	—	—	岩溶灰岩	9~10	—	—	薄层或无/砾石	10	岩溶灰岩	8~10	—	—

 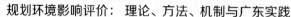

（3）加权求和

根据评价区域水文地质条件,对各个因子进行权重确定,权重值的选取根据其对地下水脆弱性影响的大小来确定,范围为1～5,最具影响性的指标赋值为5,影响最小的赋值为1,见表4.31。根据各个评价因子在各个剖分区域的赋值大小,按照约定权重大小对各个剖分区域进行加权求和,得出每个剖分区域的最终和值大小,具体计算公式如下：

$$DRASTIC = 5D + 4R + 3A + 2S + 1T + 5I + 3C$$

式中,DRASTIC为区域地下水脆弱性指数;D为地下水埋深评分值;R为净补给量评分值;A为含水层介质评分值;S为土壤介质评分值;T为地形坡度评分值;I为包气带影响介质评分值;C为水力传导系数评分值。

表4.31 DRASTIC评价指标的权重体系一览表

评价指标	权重	评价指标	权重	评价指标	权重
地下水埋深(D)	5	水力传导系数(C)	3	包气带影响介质(I)	5
含水层介质(A)	3	净补给量(R)	4	—	
地形坡度(T)	1	土壤介质(S)	2		

（4）等级确定

根据各个剖分区域加权求和值,对区域进行等级判定。可将区内地下水脆弱性划分为高脆弱性区、较高脆弱性区等5个等级,见表4.32。

表4.32 地下水脆弱性分区表

脆弱性分区		脆弱性综合指数	脆弱性分区		脆弱性综合指数
I	低	＜20	IV	较高	60～80
II	较低	20～40	V	高	80～100
III	中等	40～60			

4.4.2.3 广东省地下水环境影响评价方法应用

1) 广东省地下水赋存情况

（1）区域地下水分布特征

按照地下水的埋藏条件,广东省地下水含水层类型可分为粤东西北山地丘陵含水岩组及珠三角、潮汕平原区松散岩类孔隙水含水岩组。

A. 山地丘陵区含水岩组

山地丘陵区主要分布于粤北、粤东和粤西等地,大部分为一般山丘区,粤北等地分布有岩溶山丘区,地下水类型属基岩裂隙水以及构造裂隙水为主,仅在山间盆地、河流两岸等局部分布着松散岩类孔隙水。地下水类型可分为第四系松散岩类孔隙水、碎屑岩类裂隙水、侵入岩和变质岩类裂隙水及碳酸盐岩类岩溶水等4种类型。第四系松散岩类孔隙水主要分布于山间盆地、河流两岸,如北江、西江等大河的主流、支流两岸河谷平原等处,其沉积厚度各

地不一,一般由数米至数十米,个别较厚,含水层岩性主要为砂层,以孔隙潜水为主,局部存在承压水,大部分地区钻孔单孔涌水量小于 1 L/(s·m);碎屑岩类含水层岩性多为上古生代的泥盆系和石炭系、中生代的白垩系和新生代的第三系,主要分布于广东省的中、新生代盆地,如三水盆地、茂名盆地等,岩性以砂岩、砂砾岩为主,一般来说,这些岩石裂隙不发育,钻孔单孔涌水量多小于 0.1 L/(s·m),多属贫乏含水岩组;侵入岩和变质岩类裂隙水含水岩组分布面积较广,如粤东的莲花山,由于岩石结构致密、透水性差,一般属贫乏含水岩组,钻孔单孔涌水量多在 0.1 L/(s·m)左右;岩溶水含水岩组岩性为碳酸盐岩,生成年代主要为晚古生代泥盆系和石炭系,集中分布于粤北地区,其他地区零星分布,含水层富水性整体上较丰富,但受岩溶发育程度的影响,水量变化大,单孔涌水量从 0.014 L/(s·m)至 24.552 L/(s·m)不等。按照埋藏条件,可分为裸露型岩溶水、覆盖型岩溶水、埋藏型岩溶水三种类型。

B. 平原区含水岩组

广东省平原区主要有珠江三角洲、韩江三角洲和一些滨海平原等。平原区地形起伏小,岩性组成主要是第四系松散沉积物,地下水类型属松散岩类孔隙水,含水层岩性主要为砂层和亚砂土,含水层富水性多受岩性控制,富水性变化较大。在部分平台地区(如湛江市),其高程相对平原要高一些,地下水类型多属玄武岩裸露区孔洞裂隙水,地下水富水性一般中等～丰富。具体分布如图 4.24 所示。

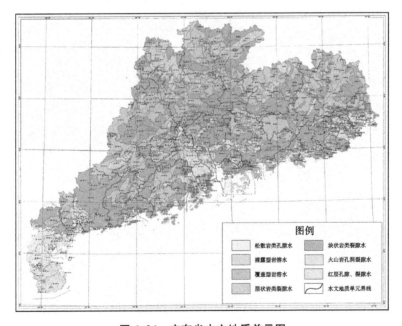

图 4.24　广东省水文地质单元图

(2) 地下水功能区划

根据《广东省地下水功能区划》(粤办函〔2009〕459 号),广东省共划分地下水功能区 236 个,其中,浅层地下水功能区 228 个,深层地下水功能区 8 个。地下水功能区共划分 68 个开发区,124 个保护区,44 个保留区。地下水功能区划情况见表 4.33 和图 4.25。

规划环境影响评价：理论、方法、机制与广东实践

表 4.33　广东省地下水功能区划统计表

名称	个数	名称	浅层地下水功能区		深层地下水功能区	
			个数	面积/km²	个数	面积/km²
开发区	68	集中式供水水源区			5	8 787
		分散式开发利用区	62	26 955.49	1	618
保护区	124	生态脆弱区	1	245.20		
		地质灾害易发区	31	14 033.04		
		地下水水源涵养区	90	124 795.92	2	3 066
保留区	44	不宜开采区	20	6 912.29		
		储备区	13	2 072.22		
		应急水源区	11	2 564.84		
合计	236	合计	228	177 579	8	12 471

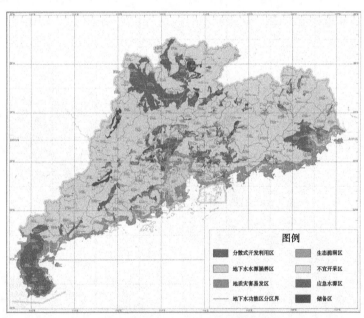

图 4.25　广东省地下水功能区划图

（3）区域地下水环境特征

广东省 16 个重点地区地下水水质常规监测成果显示,调查区域地下水水质以较差为主。480 个监测点位监测结果中,优良级占 6.0%,良好级占 25.6%,较好级占 6.0%,较差级占 53.6%,极差级占 8.8%。其中,广州、佛山、肇庆、深圳、惠州、江门 6 市地下水中主要污染组分为 pH、铍、锰、硝酸盐、亚硝酸盐和氨氮等;粤北地区(韶关、清远)地下水中主要污染组分为汞、挥发性酚、硝酸盐、亚硝酸盐和氨氮等;粤西地区(阳江、湛江、茂名)地下水中主要污染组分为 pH、汞、锰、六价铬、硝酸盐、亚硝酸盐和氨氮等;粤东地区(梅州、河源)及粤东

沿海（潮州、揭阳）地下水中主要污染组分为 pH、锰、钡、氟化物、硝酸盐、亚硝酸盐和氨氮等。从地下水水质变化趋势看,部分测区水质呈明显的恶化趋势。如广州测区(广花盆地)地下水水质监测结果水质较差、极差级点数占全部监测点数的比例由 2003 年的 31.8% 升高到 2014 年的 55.6%。肇庆测区地下水水质监测结果水质较差、极差级点数占比由 2003 年的 60% 升高到 2014 年的 100%。茂名测区地下水水质监测结果水质较差、极差级点数占比由 2003 年的 63.2% 升高到 2014 年的 78.9%,水质恶化趋势明显。

2) 广东省地下水环境影响评价要点

结合各类规划环境影响评价的特点和要求,以及广东省区域水文地质特征,可分别选取定量(解析法、数值法)和半定量(类比分析法、DRASTIC 法)的方法进行地下水环境影响评价。其中,根据广东省地下水赋存分区特征,粤东西北地区山地丘陵区及珠三角、潮汕平原等平原区含水岩组,地下水环境影响评价过程中参数选取也各有侧重点。地下水环境影响评价方法应用条件具体见表 4.34。

表 4.34 地下水环境影响评价方法应用条件一览表

序号	方法名称	方法特点	适用规划环境影响评价类型	技术要点
1	类比分析法	优点:方法简单,通用性较好。缺点:评价结果依赖于与类比对象的相似度和类比对象本身数据的准确度,可靠性有限	适用于地下水污染源位置和规模不确定,或者对地下水影响较小的规划,如交通类、旅游类、能源类(风电设施建设)、水利水电类规划环境影响评价	应选取与评价对象同类型、排污特征、水文地质特征等具有可比性的规划作为类比对象,且需对类比对象本身的数据资料的合理性加以核实
2	解析法	优点:方法相对简单、直观;所需资料和计算参数较少。缺点:对含水层概化度较高,局地可能失真,适合可概化为点源的定量预测	适用于地下水污染源位置和规模明确,或者对地下水影响较大的规划,如工业项目集群类、矿产资源类、能源类(火电设施建设)、城市建设类规划环境影响评价	对松散岩类孔隙水含水层具有较好的适用性。方法所需等效含水层厚度、有效孔隙度等可取自规划区内岩土勘察报告或区域水文地质勘察报告(如 1:200 000 以上);等效渗透系数、弥散系数等可取自实际野外试验、已有文献资料或区域水文地质勘察报告(如 1:200 000 以上)
3	数值法	优点:方法灵活,适用性强,可以模拟复杂水文地质条件,较好地反映区域污染物时空变化规律。缺点:所需水文地质资料多而繁,专业知识要求高,不适用于岩溶管道或巨大裂隙含水层的模拟	适用于地下水污染源位置和规模明确,或者对地下水影响大的规划,如工业项目集群类规划、矿产资源类、能源类(火电设施建设)、城市建设类规划环境影响评价	规划区域地形地貌、地质、水文地质和环境地质条件可取自地质、水文地质勘察报告(如 1:50 000 以上);常规水文地质参数(如渗透系数、给水度等)可取自精度较高的区域水文地质勘察报告(如 1:50 000 以上),并结合规划区内岩土勘察报告综合确定;污染水文地质参数(如弥散系数、降解系数等)可取自实际试验结果或已有资料
4	DRASTIC 法	优点:方法适用性强,可直观地反映区域地下水防污性能,指导规划选址和用地布局。缺点:对地质、水文地质条件等资料要求较高,评价结果的精度受限于有代表性点位的选取和参数权重的确定	适用于有明确规划用地范围,且对地下水环境影响较大的规划,如工业项目集群类、能源类(火电设施建设)、城市建设类规划环境影响评价	应满足地下水污染源存在于地表、污染物通过降雨渗入地下且随地下水迁移、规划区域一般较大的假设。地下水位埋深、净补给量数据可野外实际测定计算或取自精度较高的区域水文地质勘察报告(如 1:50 000 以上);含水层介质、土壤介质、包气带介质可根据勘探报告、岩土工程勘察报告、区域已有地质、水文地质勘察报告(如 1:200 000 以上);水力传导系数可取自室内外实验数据或区域已有地质、水文地质勘察报告(如 1:200 000 以上)

（1）山地丘陵区含水层

A. 松散岩类孔隙水

对于粤东西北地区沿河狭长松散层沉积区,应重点调查含水层所在阶地、漫滩等地层、岩性、岩相结构及厚度变化情况,明确水文地质参数的代表性及空间变异性,判断类比分析法、解析法的实用性及准确性。常见渗透系数、给水度经验值见表4.35。

表4.35　不同岩性地层渗透系数、给水度经验值表

岩性名称	主要颗粒粒径/mm	渗透系数/(m/d)	给水度变化区间	岩性名称	主要颗粒粒径/mm	渗透系数/(m/d)	给水度变化区间
轻亚黏土		0.05～0.1		粗砂	0.5～1.0	25～50	0.20～0.35
亚黏土		0.1～0.25	0.03～0.12	粒砂	1.0～2.0	50～100	0.20～0.35
粉土质砂		0.5～1.0		圆砾		75～150	
粉砂	0.05～0.1	1.0～1.5	0.05～0.19	卵石		100～200	
细砂	0.1～0.25	5.0～10	0.10～0.28	块石		200～500	
中砂	0.25～0.5	10.0～25	0.15～0.32	漂石		500～1 000	

B. 碳酸盐岩类岩溶水

对粤北清远、韶关等地岩溶水系统,应重点调查地表各种岩溶形态的特点和空间分布规律,地下岩溶管道、裂隙和洞穴的类型、结构、空间形态特征及分布规律,地下河系、蓄水构造、表层岩溶带的分布与发育特征,岩溶发育的不均匀性,区域岩溶形态组合类型,岩溶发育与地下水分布的关系。根据地下水径流速度、方向及所在层位关系,判定采用地下水溶质运移计算解析法、数值法的实用性。对于形成地下暗河的岩溶水系统,可采用地表水相关预测方法进行评价,对于未形成地下暗河的岩溶水系统,可参照其他类型含水岩组地下水运移计算方法进行评价。

C. 其他类型含水层

对于广东省普遍分布的侵入岩类裂隙水等含水层,应根据基岩风化程度及下部岩脉的岩性、产状、规模、穿插关系,并结合含水层水文地质参数的各向异性特征,有针对性地选取解析法或数值法进行运算评价。对于上部全、强风化层,裂隙及其发育,可采用各向同性系统进行预测评价,对于中、微风化层,尽量考虑含水岩组的各向异性特征,尽量选用能够考虑含水层各向异性的计算方法,如数值法。

（2）平原区含水层

广东省平原区含水层主要分布于珠江三角洲、潮汕平原等地,除可按照山丘区松散岩类孔隙水含水层内容进行评价外,应重点分析区内河网水位变化对地下水流场的影响情况,必要时可分时、分段进行预测评价。

4.4.3　大气环境影响评价

4.4.3.1　大气环境影响评价的概念

大气环境影响评价是系统分析规划实施全过程对大气环境的影响类型和途径,按照规划不确定性分析给出的不同发展情景,进行同等深度的影响预测与评价,明确给出规划实施对评价区域大气环境的影响性质、程度和范围,为提出推荐环境可行的规划方案和优化调整建议提供支撑。

4.4.3.2 大气环境影响评价方法

大气环境影响评价应充分考虑规划的层级和属性,依据不同层级和属性规划的决策需求,主要评价方法包括类比分析法和数值模拟法等。

1) 类比分析法

类比分析法是根据一类规划所具有的某种属性,推测分析对象也具有这种属性的方法,以找出其中的规律或得出符合客观实际的结论。

采用类比分析法进行大气环境影响评价,需选择同类型、主要特征类似、已实施(所产生的影响已基本全部显现)等具有可比性的规划作为类比对象,并考虑拟实施规划与类比规划的差异,根据类比规划对大气环境产生的影响来分析或预测得出拟实施规划可能产生的大气环境影响。

2) 数值模拟法

环境数学模型主要包括大气导则中推荐的大气预测模式,分别为 AERMOD 模式、ADMS 模式和 CALPUFF 模式。通过上述模型来模拟各类气象条件和地形条件下的污染物在大气中输送、扩散、转化和清除等物理、化学机制。根据预测结果分析该规划对评价区域及其周围环境可能造成的影响范围和影响程度。

(1) AERMOD 模式

AERMOD 预测模式包括 3 个模块,分别是扩散模块 AERMOD、地形预处理模块 AERMAP 和气象预处理模块 AERMET,AERMOD 适用于稳定场的烟羽模型,与其他模式的不同之处包括对垂直非均匀的边界层的特殊处理,不对称或不规则尺寸的面源的处理,对流层的三维尺度烟羽模型,在稳定边界层中垂直混合的局限性和对地面反射的处理,在复杂地形上的扩散处理和建筑物下洗的处理。AERMET 是 AERMOD 的气象预处理模型,输入数据包括每小时云量、地面气象观测资料和一天两次的探空资料,输出文件包括地面气象观测数据和一些大气参数的垂直分布数据。AERMAP 是 AERMOD 的地形预处理模型,仅需输入标准的地形数据。将两者得到的数据输入 AERMOD 扩散模式,利用不同条件下的扩散公式计算出污染物浓度。具体评价步骤见图 4.26。

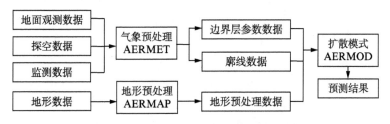

图 4.26 AERMOD 模型评价技术路线图

AERMOD 模型在不同条件下的扩散公式如下:

A. 一般扩散公式(考虑地形影响)

$$p_T(x,y,z) = f \cdot p(x,y,z) + (1-f) \cdot p(x,y,z_a)$$

$$p(x,y,z) = \frac{Q}{U} \cdot p(y,x) \cdot p(z,x)$$

$$f = 0.5 \cdot (1 + \varphi)$$

$$\varphi = \frac{\displaystyle\int_0^H p(x, y, z) \, \mathrm{d}_z}{\displaystyle\int_0^\infty p(x, y, z) \, \mathrm{d}_z}$$

$$z_a = z - z_i$$

式中，$p_T(x, y, z)$ 为总浓度；$p(x, y, z_a)$ 为沿地形抬升的烟羽浓度；φ 为烟羽质量与总烟羽质量的比值；Q 为源的泄放速率；U 为有效风速值；$p(y, x)$、$p(z, x)$ 为水平方向、垂直方向浓度分布的概率密度函数；f 为权函数；z_a 为有效高度；z_i 为该点地形的高度值。

B. 对流边界层扩散公式

$$p(x, y, z) = p_d(x, y, z) + p_r(x, y, z) + p_p(x, y, z)$$

$$p_d(x, y, z) = \frac{Q}{2\pi U \sigma_y} \cdot \exp\left[-\frac{y^2}{2 \sigma_y^2}\right] \cdot \sum_{j=1}^2 \sum_{m=0}^\infty \frac{\lambda_j}{2 \sigma_j} \cdot$$

$$\left\{ \exp\left[-\frac{(z - h_j - 2m z_j)^2}{2 \sigma_j^2}\right] + \exp\left[-\frac{(z + h_j + 2m z_j)^2}{2 \sigma_j^2}\right] \right\}$$

式中，$p(x, y, z)$ 为烟羽总浓度；$p_d(x, y, z)$ 为污染源直接排放浓度；$p_r(x, y, z)$ 为虚拟源排放浓度，其计算公式与 $p_d(x, y, z)$ 相似，不再列出；$p_p(x, y, z)$ 为夹卷源排放浓度，其计算公式为简单的高斯扩散公式，在此不再列出；λ_j 为高斯分布的权系数。λ_1 为上升气流，λ_2 为下降气流；h_j 为有效源高；σ_j 为垂直扩散系数。

C. 稳定边界层扩散公式

$$p(x, y, z) = \frac{Q}{U} \cdot F_z \cdot F_y$$

$$F_z = \frac{1}{\sqrt{2\pi} \sigma_z} \cdot \sum_{n=-\infty}^\infty \left\{ \exp\left[-\frac{(z - h_p + 2n h_z)^2}{2 \sigma_z^2}\right] + \exp\left[-\frac{(z + h_p + 2n h_z)^2}{2 \sigma_z^2}\right] \right\}$$

$$F_y = \frac{1}{\sqrt{2\pi} \sigma_y} \cdot \exp\left[-\frac{y^2}{2 \sigma_y^2}\right]$$

式中，$p(x, y, z)$ 为烟羽总浓度；F_z 为烟羽的稀释，使用边界层有效参数进行计算；F_y 为烟羽的散布，使用边界层有效参数进行计算；h_p 为烟羽高度；h_z 为垂直混合层的极限高度；σ_y、σ_z 为烟羽在水平方向、垂直方向上的扩散参数。

（2）ADMS 模式

ADMS 大气扩散模型的模拟范围为中小尺度范围，不超过 50 km。ADMS 模式可以模拟点源、面源、线源、体源和网格点源的大气污染源污染物扩散，模式可以模拟单个点源、面源和线源的污染物扩散，也可以模拟多个污染源的大气污染物扩散，适用于工业污染源、道路交通源。ADMS 模式可以作为一个独立的预测模式进行模拟计算，同时也可以和地理信息系统进行串联使用。具体评价步骤见图 4.27。

ADMS 模式模型与其他大气扩散模型的一个明显的区别是使用了莫宁奥布霍夫长度和边界结构的最新理论知识，精确地定义边界层结构特征参数。大气稳定度采用连续分类方法，将大气边界层分为稳定、近中性和不稳定三大类；同时采用连续性普适函数或无量纲表达式的形式，采用 PDF 模式及小风对流模式。

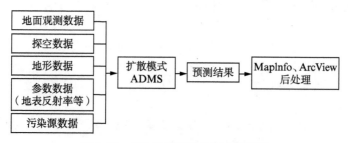

图 4.27　ADMS 模型评价技术路线图

A. PDF 模式

在不稳定条件下,对低浮力烟羽采用 Weil(1984)的 PDF 模式计算地面浓度,即

$$C = \frac{C_y}{\sqrt{2\pi}\,\sigma_y}\exp\left[-\frac{1}{2}\left(\frac{Y-Y_F}{\sigma_v}\right)^2\right]$$

式中,C 为污染源下风向任一点(x,y,z)的污染物浓度$(\mathrm{mg/m^3})$;σ_y 为 Y 方向的扩散系数 (m);σ_v 为垂直方向扩散参数(m);Y 为预测点 Y 轴方向的距离(m);Y_F 为烟羽中线水平宽度 (m);C_y 为地面横风向积分浓度$(\mathrm{mg/m^3})$。σ_y 和 C_y 由下式确定:

$$\sigma_y = \begin{cases} (\sigma_v X_M/u)\left[1+\frac{0.5\,X_m}{u\,T_{xr}}\right]^{\frac{1}{2}} & (F_m < 0.1) \\[2mm] 1.6\,F_m^{1/3}\,X_m^{2/3}\,Z_i & \left(F_m > 0.1,\frac{u}{W^*}\geqslant 2\right) \\[2mm] 0.8\,F_m^{\frac{1}{3}}\,X_m^{\frac{2}{3}}\,Z_i & \left(F_m > 0.1,\frac{u}{W^*} < 2\right) \end{cases}$$

$$\frac{C_Y uh}{Q} = \frac{2f_1}{\sqrt{2\pi}\sigma_{Z_1}}\exp\left(-\frac{h_1^2}{2\sigma_{Z_1}^2}\right)+\frac{2f_2}{\sqrt{2\pi}\sigma_{Z_2}^2}\exp\left(-\frac{h_2^2}{2\sigma_{Z_2}^2}\right)$$

式中,X_m 为下风向距离(m);F_m 为垂直动能通量$(\mathrm{W/m^2})$;w 为地面摩擦速度$(\mathrm{m/s})$;u 为烟气速度$(\mathrm{m/s})$;T_{xr} 为计算 X 方向扩散的采样时间(h);Z_i 为地面粗糙度(m);f_1 和 f_2 为上升和下沉气流所对应的权重系数,$f_1+f_2=1$;h_1 和 h_2 为上升和下沉气流的扩散速度和平均扩散速度差$(\mathrm{m/s})$;h 为烟羽高度(m);σ_{Z_1} 和 σ_{Z_2} 为上升和下沉气流所对应的垂直速度标准差;Q 为源强$(\mathrm{g/s})$。

B. 小风对流模式

在不稳定条件下,对高浮力烟羽采用 Briggs(1985)的小风对流模式,即

a. 当 $x < 10F/w^3$

$$C = 0.021Qw_3 \times x^{\frac{1}{3}}(F^{\frac{4}{3}}Z_i)\exp\left[-\frac{1}{2}\left(\frac{Y-Y_F}{\sigma_y}\right)^2\right]$$

$$\sigma_y = 1.6\,F^{1/3}\times X^{2/3}Z_i$$

b. 当 $x \geqslant 10F/w_*^3$

$$C = [Q/w \times xh]\exp\left[-\left(\frac{7F}{Z_i\,w_*^3}\right)^{3/2}\right]\exp\left[-\frac{1}{2}\left(\frac{Y-Y_F}{\sigma_y}\right)^2\right]$$

$$\sigma_y = 0.6xZ_i$$

式中，F 为总热通量（W/m^2）；F^* 为垂直浮力通量（W/m^2）；其他含义同上。

C. Loft 模式

对近中性条件下的高浮力烟羽，采用 Weil（1991）的 Loft 模式，即

$$C = \frac{Q}{\sqrt{2\pi}\, Z_i \sigma_y u}\left[1 - \mathrm{erf}(\varnothing)\right]\exp\left[-\frac{1}{2}\left(\frac{Y - Y_F}{\sigma_y}\right)^2\right]$$

$$\sigma_y = \begin{cases} 1.6\, F^{1/3} X^{\frac{2}{3u}-1} & \left(L > 0 \text{ 或 } L < 0 \text{ 且 } \dfrac{u}{w_*} \geqslant 2\right) \\[2mm] 0.8\, F^{\frac{1}{3}} X^{\frac{2}{3u}-1} & \left(L > 0 \text{ 且 } \dfrac{u}{w_*} < 2\right) \end{cases}$$

式中，L 为 M-O 长度（m）；$\varnothing$ 为误差函数积分下限；其他含义同上。

（3）CALPUFF 模式

CALPUFF 模式系统由边界层气象处理模式 CALMET、污染物扩散模式 CALPUFF 和结果后处理软件 CALPOST 三大部分组成。CALPUFF 模式主要包括污染物的扩散、平流输送、干湿沉降和污染物的物理与化学过程。CALMET 利用质量守恒定理对模式预测范围内的风场进行诊断分析，CALMET 的分析内容包括客观场分析、地形阻塞效应参数化、地形动力效应、斜坡流、差分最小化和一个用于处理陆面和水面边界条件的微尺度气象模型。

CALPUFF 模式可以处理复杂地形效应、海陆效应、水面过程、污染物干、湿沉降、建筑物下洗和简单化学转换的非静态拉格朗日微粒传输、扩散、沉积和高斯烟团扩散模型，模拟在时空变化的气象条件下对污染物输送、清除和转化的过程，适用于几十至几百公里范围的大气污染物扩散模拟计算。CALPUFF 具有自身的优势和特点：能模拟从几十米到几百公里中等尺度范围；能模拟一些非稳态的情况（静小风、熏烟、环流、地形和海岸效应）；也能评估二次污染颗粒的浓度。具体评价步骤见图 4.28。

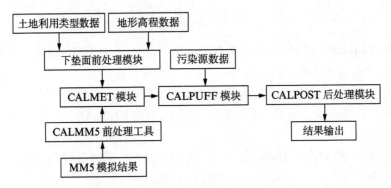

图 4.28 CALPUFF 模型评价技术路线图

CALPUFF 采用非稳态三维拉格朗日烟团输送模型，在烟团模式中，大量污染物离散气团构成连续烟羽，采样方法为 CALPUFF 积分烟团方法和 Slug 方法。

A. CALPUFF 积分烟团方法

在 CALPUFF 烟羽扩散模型中，单个烟团在某个接受点的基本浓度方程为

$$C = \frac{Q(s)}{2\pi\,\sigma_x \sigma_y}\, g \exp\left[-\frac{d}{(2\sigma_x{}^2)}\right]\exp\left[-\frac{d}{2\sigma_y{}^2}\right]$$

$$g = \frac{2}{\sigma_z \sqrt{2\pi}} \sum_{n=-\infty}^{\infty} \exp[-(\mathrm{He} + 2nh)^2 / (2\sigma_z^2)]$$

式中,C 为地面浓度($\mathrm{g/m^2}$);Q 为源强;σ_x、σ_y、σ_z 为扩散系数;d 为顺风距离;He 为有效高度;h 为混合层高度;g 为高斯方程垂直项,解决混合层和地面之间多次反射的问题。

B. Slug 方法

Slug 方法用来处理局地尺度大气污染,将烟团拉伸,可以更好地体现污染源对近场的影响。Slug 可以被看成一组分隔距离很小的重叠烟团,利用 Slug 模式处理时,污染物被均匀分散到 Slug 里。一个 Slug 的浓度可以表示为

$$C(t) = \frac{Fq}{\sqrt{2\pi}u/\sigma_y} g \exp\left[-\frac{d_c^2}{2\alpha_y^2} \times \frac{u^2}{u'^{1/2}}\right]$$

$$F = \frac{1}{2}\left[\mathrm{erf}\left(\frac{d_{a2}}{\sqrt{2}\sigma_{y2}}\right) - \mathrm{erf}\left(\frac{d_{a1}}{\sqrt{2}\sigma_{y1}}\right)\right]$$

$$u' = (u^2 + \sigma_v^2)^{1/2}$$

式中,u 为平均风速矢量($\mathrm{m/s}$);u' 为风速标量;σ_v 为风速方差;q 为污染源排放速率($\mathrm{g/s}$);F 为因果函数;g 为高斯方程垂直项。

C. 扩散作用

在 CALPUFF 扩散模型中,需要考虑水平方向和垂直方向的高斯扩散系数,扩散过程中扩散系数计算公式如下:

$$\sigma_{yn}^2(\Delta\varepsilon_y) = \sigma_{y1}^2(\varepsilon_{yn} + \Delta\varepsilon_y) + \sigma_{ys}^2 + \sigma_{yb}^2$$

$$\sigma_{zn}^2(\Delta\varepsilon_z) = \sigma_{z1}^2(\varepsilon_{zn} + \Delta\varepsilon_z) + \sigma_{zb}^2$$

式中,ε_{yn}、ε_{zn} 为 $\Delta\varepsilon = 0$ 时的虚拟源参数;σ_{yn}、σ_{zn} 为扩散过程中某指定位置的水平和垂直扩散系数;σ_{y1}、σ_{z1} 为大气湍流作用形成的扩散系数 σ_y 和 σ_z;σ_{yb}、σ_{zb} 为扩散过程中浮力抬升产生的 σ_y 和 σ_z 分量;σ_{ys} 为面源侧向扩散产生的水平扩散系数分量。

4.4.3.3 广东省大气环境影响评价方法应用

结合各类规划环境影响评价的特点和要求,以及区域地形和气象特征,可分别选取定量(数学模型法)和半定量(类比分析法)的方法进行大气环境影响评价。与大气环境承载力分析相对应,采用数学模型法进行大气环境影响预测评价时,应结合广东省不同区域地形和气象特征,选取合适的模型和相关地形气象等参数。具体见 4.3.6 大气环境承载力分析章节。大气环境影响评价方法应用条件见表 4.36。

表 4.36　大气环境影响评价方法应用条件一览表

方法	方法特点	适用规划环境 影响评价类型	技术要点
类比分析法	优点:操作较为简易,专业需求度较低,分析结果有一定的定量性。 缺点:评价结果依赖于与类比对象的相似度和类比对象本身数据的准确度,可靠性有限	矿产资源类、旅游类、水利水电类规划环境影响评价	应选取与评价对象同类型、排污特征、区域气象条件与环境空气质量状况等具有可比性的规划作为类比对象,且需对类比对象本身的数据资料的合理性加以核实

（续表）

方法		方法特点	适用规划环境影响评价类型	技术要点
数值模拟法	AERMOD模型	优点：考虑了烟羽下洗作用，适用于简单和复杂的农村及城市地形，可以模拟小时到年平均浓度的污染物连续排放产生的浓度分布。操作简单，模拟时间较快。 缺点：不适用于二次污染物，并且假定条件比较多，计算结果有偏差，同时不适合道路源和大尺度的模拟	工业项目集群类、具体源和受体明确的各专项规划（如能源类规划）环境影响评价	评价范围直径或边长在50 km以内，不考虑二次污染转换。需要确定模型中的各个参数、污染源位置、关心点、气象数据等。针对广东省规划区域的不同下垫面特征（如山地、平原、城市、沿海等）选取模式所需相关参数（如反照率、波文率、表面粗糙度等），输入所需气象数据。其中，复杂地形条件下需要输入地形数据
	ADMS模型	优点：可以模拟建筑物下洗、湿沉降、重力沉降和干沉降和化学反应，能够计算NO、NO_2和O_3之间的反应，考虑了地形及下垫面对湍流的影响，还可以模拟污染源瞬间排放的浓度分布，估算因突发或事故情况下的大气环境影响。 缺点：受污染源位置和特性不确定等影响，计算结果会有偏差，并且受体数、面源的形状等均受限制，后处理过程需 GIS 或 Surfer 等工具辅助	工业项目集群类、具体源和受体明确各专项规划（如交通类、能源类规划）环境影响评价	评价范围直径或边长在50 km以内，可以模拟建筑物下洗、湿沉降、重力沉降和干沉降和化学反应。针对广东省规划区域的不同下垫面特征（如山地、平原、城市、沿海等）选取模式所需相关参数（如地表反射率、Priestly-Taylor 参数、粗糙度、最小 Monin-Obukhov 长度等），同时输入地形数据和所需气象数据
	CALPUFF模型	优点：可以计算建筑物下洗、烟羽抬升、部分烟羽穿透、次层网格尺度的地形和海陆的相互影响，具有长距离模拟计算功能，如干、湿沉降的污染物清除、化学转化、垂直风切变效应、跨越水面的传输、熏烟效应以及颗粒物浓度对能见度的影响。 缺点：模型要求基础资料较多，参数设置繁琐，不易操作，运行时间较长，且需较强的专业能力	工业项目集群类、具体源和受体明确各专项规划（如交通类、能源类、城市建设类规划）环境影响评价	评价范围直径或边长大于等于50 km，可使用中尺度气象模式模拟规划区域气象资料，针对广东省规划区域的不同土地利用类型（如城市、建筑用地、农田、森林、流域等），选取地表类型参数（如地表粗糙度、反射率、Bowen 比、土壤热通量等），同时输入地形数据

4.4.4　生态影响评价

4.4.4.1　生态影响评价的概念

规划环境影响评价中的生态影响评价是通过揭示一定范围内的生态环境现状，预测规划实施对生态的影响及其带来的生态风险，分析确定一个地区的生态负荷或环境容量，评价规划实施的环境可行性，从而提出规划方案的优化调整建议和生态保护对策措施。

4.4.4.2　生态影响评价方法

生态影响评价的内容总体上可分为生态空间管制和生态负荷管控两个方面。其中，适用于生态空间管制的评价方法包括生态功能评价方法、生态环境敏感性评价方法、生态适宜性评价方法和景观生态学法；适用于生态负荷管控的评价方法包括生态系统服务功能评价方法、生态完整性评价方法等。

本研究以规划实施与区域生态结构、质量与功能变化及生态问题的关联效应为切入点，围绕区域生态完整性和生态分异规律、区域生态承载力和生态适宜性、区域生产资产评估等，建立区域生态影响定量评估方法体系，见图 4.29。

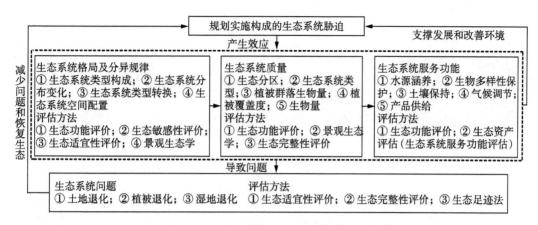

图 4.29 区域生态影响定量评估方法体系图

1）生态功能评价方法

生态功能指规划区域在涵养水源、保持水土、防风固沙、调蓄洪水、保护生物多样性等方面具有重要作用的生态功能。开展生态功能评价的重点内容包括土壤保持、水源涵养、生物多样性保护、洪水调蓄等。

（1）土壤保持功能重要性评价

A. 定量指标法

$$S_{\text{pro}} = \text{NPP}_{\text{mean}} \times (1-K) \times (1-F_{\text{slo}})$$

式中，S_{pro} 为土壤保持服务能力指数；NPP_{mean} 为评价区域多年生态系统净初级生产力平均值，可采用 NPP 的遥感模型算法；K 为土壤可蚀性因子；F_{slo} 为根据最大最小值法归一化到 0～1 之间的评价区域坡度栅格图（利用地理信息系统软件，由 DEM 计算得出）。

本方法强调绿色植被、地形因子和土壤结构因子在土壤保持中的作用，可定量揭示生态系统土壤保持服务能力的基本空间格局，比较适用于大尺度区域的快速评估。

B. 基于通用水土流失方程（USLE）的模型法

在数据资料丰富，能够充分满足各因子参数需求时可以采用修正的 USLE 土壤保持服务模型开展评价：

$$A_c = A_p - A_r = R \times K \times L \times S \times (1-C)$$

式中，A_c 为土壤保持量；A_p 为潜在土壤侵蚀量；A_r 为实际土壤侵蚀量；R 为降水因子；K 为土壤侵蚀因子；L、S 为地形因子；C 为植被覆盖因子。

（2）水源涵养功能重要性评价

$$\text{WR} = \text{NPP}_{\text{mean}} \times F_{\text{sic}} \times F_{\text{pre}} \times -F_{\text{slo}}$$

式中，WR 为生态系统水源涵养服务能力指数；NPP_{mean} 和 F_{slo} 的含义和算法同上文。F_{sic} 为土壤渗流能力因子。根据美国农业部（USDA）土壤质地分类，将 13 种土壤质地类型分别在 0～1 之间均等赋值得到。例如，clay(heavy) 为 1/13，silty clay 为 2/13，…，sand 为 1；F_{pre} 为由多年（大于 30 年）平均年降水量数据插值并归一化到 0～1 之间。

（3）生物多样性保护功能重要性评价

$$S_{\text{bio}} = \text{NPP}_{\text{mean}} \times F_{\text{pre}} \times F_{\text{tem}} \times (1 - F_{\text{alt}})$$

式中，S_{bio} 为生物多样性保护服务能力指数；NPP_{mean}、F_{pre} 参数的计算方法同上；F_{tem} 为气温参数，由多年（10～30 年）平均年降水量数据插值获得，得到的结果归一化到 0～1 之间；F_{alt} 为海拔参数，由评价区域海拔进行归一化获得。

（4）洪水调蓄功能重要性评价

$$Q_i = F_{\text{pre}} \times Q_{\text{w}}$$
$$Q = (\text{Li}_{\max} - \text{Li}_{\min}) / (\text{dem} - \text{Li}_{\min})$$

式中，Q_i 为区域内多个湿地洪水调蓄服务相对能力指数；F_{pre} 为降水因子，计算方法同上；Q_{w} 为评价单元水体面积比，由土地覆盖数据计算获得；Q 为某湖库湿地洪水调蓄服务能力指数；$\text{Li}_{\max}$ 为最大水位；$\text{Li}_{\min}$ 为最小水位；dem 为评价单元的海拔高度。

2）生态敏感性评价方法

生态敏感性是指在不损害或不降低环境质量的情况下，生态因子对外界压力或变化的适应能力。关注的主要对象包括水土流失敏感区、石漠化敏感区、河滨带敏感区、湖滨带敏感区等。

（1）水土流失敏感性评价

根据土壤侵蚀发生的动力条件，对水动力为主的水土流失敏感性评价可以根据《生态功能区划暂行规程》的要求，结合评价区域的实际情况，选取降水侵蚀力、土壤可蚀性、坡度坡长和地表植被覆盖等指标，将反映各因素对水土流失敏感性的单因子分布图，用地理信息系统技术进行乘积运算，公式如下：

$$\text{SS}_i = \sqrt{i \times K_i \times \text{LS}_i \times C_i}$$

式中，SS_i 为 i 空间单元水土流失敏感性指数；R_i 为降雨侵蚀；K_i 为土壤可蚀性；LS_i 为坡长坡度；C_i 为地表植被覆盖。

在数据条件具备的条件下也可采用通用水土流失方程（USLE）计算评价区域土壤侵蚀量的空间分布值，根据土壤侵蚀量大小进行水土流失敏感性分级。

（2）石漠化敏感性评价

石漠化敏感性主要取决于是否为喀斯特地形、地形坡度、植被覆盖度等因子。公式如下：

$$S_i = \sqrt[3]{D_i \times P_i \times C_i}$$

式中，S_i 为 i 评价区域石漠化敏感性指数；D_i、P_i、C_i 为 i 评价区域碳酸盐出露面积百分比、地形坡度和植被覆盖度；D_i 为区域单元范围内碳酸盐出露面积占单元总面积的百分比；P_i 为根据评价区数字高程（DEM）在地理信息系统下进行处理和分级；C_i 为土壤覆盖的敏感性等级。

（3）河滨带敏感性评价

依据河流水环境功能和水质目标以及滨岸带集水区土壤侵蚀强度，评价河滨带的敏感性。可以参考国内外河滨带植被保护宽度设计经验数据，或通过试验研究滨岸植被带宽度-效益关系，提出滨岸带植被最小保护宽度。

$$H = f(a,b)$$

式中,H 为根据水质目标敏感性和土壤侵蚀强度确定的河滨植被最小保护宽度;a 为水质目标敏感性等级;b 为滨岸带集水区土壤侵蚀强度。

(4) 湖滨带敏感性评价

按照渔业、水质、野生动物栖息地与生物多样性、休憩和视觉质量 4 个属性的敏感性等级综合判定湖滨带敏感性等级。对 4 个属性的敏感性由极敏感到不敏感分别设定 A、B、C、D、E 共 5 个等级的判定基准(可参考《国家生态保护红线——生态功能红线划定技术指南(试行)》),以 4 个属性中的最高敏感性作为综合等级。

$$f(x) = \max\{a,b,c,d\}$$

式中,$f(x)$ 为湖滨带敏感性综合等级;a 为湖泊渔业敏感性等级;b 为湖泊水质敏感性等级;c 为湖滨野生动物栖息地和生物多样性敏感性等级;d 为休憩和视觉质量敏感性等级。

3) 生态适宜性评价方法

规划环境影响评价中所涉及的生态适宜性分析大多是指土地的生态适宜性。土地生态适宜性分析是从维持生态系统稳定和环境保护可持续的角度,通过分析土地的自然生态条件,评价土地用于开发建设的适宜性和限制性特点。生态适宜性评价包括评价要素选择、评价指标体系建立、适宜性评价等主要内容。

(1) 评价要素选择

评价要素的选择应当结合评价区的地域特点,主要从自然地理、生态系统、社会经济 3 个方面综合考虑。自然地理要素一般包括地形地貌、地质灾害、水文气象等;生态系统要素一般包括重要生态空间、植被覆盖等;社会经济包括人口密度、经济发展水平、基本农田等。沿海地区应当考虑海岸可达度,山地城市应当分析滑坡、崩塌要素等。评价要求框架见图 4.30。

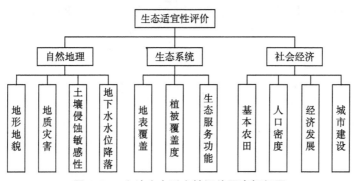

图 4.30　土地生态适宜性评价要素框架图

(2) 评价指标体系

在确定评价要素的基础上,建立适宜性评价指标体系。首先,量化评价要素的适宜性影响关系,用分值表示。如以分值 1~4 分别对应不适宜、较不适宜、较适宜和适宜 4 个级别。其次,根据评价要素对适宜性的影响程度确定评价要素的权重,所有要素的权重在 0~1 之间,所有权重之和为 1。确定权重一般使用层次分析法、专家打分法等。层次分析法将目标分解为多个目标或准则,进而分解为多指标的若干层次,通过定性指标模糊量化方法算出层次单排序和总

排序,该方法简单明了,通过与专家打分法相结合,使各要素权重更具科学性(表4.37)。

表4.37 土地生态适宜性评价指标体系表

一级指标(权重)	二级指标(权重)		分级标准	适宜性等级
自然地理(0.4)	地形地貌	坡度(0.25)	0°～5°	4
			5°～10°	3
			10°～25°	2
			>25°	1
		高程(0.15)	……	……
	地质灾害(0.3)		……	……
	土壤侵蚀敏感性(0.15)		……	……
	地下水水位降落(0.15)		……	……
生态系统(0.4)	地表覆盖(0.2)		……	……
	植被覆盖度(0.3)		……	……
	生态服务功能(0.5)		……	……
社会经济(0.2)	基本农田(0.4)		……	……
	人口密度(0.2)		……	……
	经济发展(0.2)		……	……
	城市建设(0.2)		……	……

(3)土地适宜性等级评定

当选取好研究区域的参评因子和确定权重后,采用指数和法与极限条件法相结合,评定土地适宜性的等级。首先,在确定各参评因子权重的基础上,将每个单元针对各个不同适宜类所得到的各参评因子等级指数分别乘以各自的权重值,然后进行累加,分别得到每个单元适宜类型的总分,最后根据总分的高低确定每个单元对各土地适宜类的适宜性等级。其计算公式如下:

$$S = \begin{cases} 0, & \text{当} V_k = 0 \text{时} \\ \sum_{k=1}^{n} W_k \cdot V_k, & \text{当} V_k \neq 0 \text{时} \end{cases}$$

式中,S 为评定单元综合评定分值;n 为评价因子数;W_k 为第 k 个评价因子的权重;V_k 为第 k 个评价因子的量化分值。

根据评定单元综合评定分值分布,选取合适的阈值,一般土地适宜性评价等级划分为3个或5个等级,其中,3个等级为 $F = \{F_1, F_2, F_3\} = \{$很适宜,适宜,不适宜$\}$,5个等级为 $F = \{F_1, F_2, F_3, F_4, F_5\} = \{$最适宜,较适宜,基本适宜,较不适宜,不适宜$\}$。与3个等级相比,5个等级的划分更细致一些,可针对不同区域的具体情况进行选择。各种等级用地的具体含义如下:① 最适宜生态用地——该地区最适宜自然生境生长,为不应或不可建设区域;② 较适宜生态用地——该地区比较适宜自然生境生长,为不适宜建设区域;③ 基本适宜生态用地——该地区基本适宜自然生境生长,为基本适宜建设区域;④ 较不适宜生态用地——该地区较不适宜自然生境生长,为较适宜建设区域;⑤ 不适宜生态生态用地——该

地区不适宜自然生境生长,为最适宜建设区域。

当某一因子达到很强烈限制时,会严重影响这一评价单元对于所定用途的适宜性。因此,还需结合极限条件法进行评定,即只要评价单元的某一参评因子指标值为不适宜时(等级指数为 0),不论综合得分多高,都定为不适宜土地等级。

4)景观生态学方法

景观生态学是研究由相互作用的生态系统组成的异质地表的结构、功能和变化的学科。景观生态学理论应用于规划环境影响评价最主要的是基于"斑块—廊道—基质模式"的景观空间格局分析和景观安全格局分析。

(1)景观空间格局评价

景观空间格局是大小、形状、属性不一的景观空间单元在空间上的分布与组合规律,又是各种生态过程在不同尺度上作用的结果。

景观空间格局分析主要是针对景观各要素,如斑块、廊道、基质等各要素的数量、类型、形状及在空间组合进行分析,通过选取能表征景观格局主要特征的不同景观格局指数(如表4.38)构建景观格局动态分析指标体系,开展评价区域规划前后的景观格局动态分析和景观格局累积影响识别和评价。

(2)景观安全格局分析

景观生态安全格局是指景观中存在某种潜在的生态系统空间格局,它由景观中的某些关键的局部、其所处方位和空间联系共同构成。景观生态安全格局对维护或控制地块的生态过程有着重要的意义。景观安全格局分析包括 3 个步骤:① 区域景观格局安全性判别分级准则的建立。参考已有的准则的基础,包括"集中与分散相结合"及"必要的格局"、10%~15%土地利用分异(DLU)战略、"景观生态安全格局"和"城乡与区域规划的景观生态模式"等,建立区域景观格局安全性判别分级准则,见表 4.38。② 景观格局动态分析指标体系构建。应用景观空间格局分析方法,选取适宜的景观格局指数构建指标体系,见表 4.39。③ 景观格局安全性评价和优化。依据区域景观格局安全性分级判别准则对区域景观格局规划前后方案的安全性进行综合评价和优化。

5)生态系统服务功能评价方法

(1)生态系统服务功能的概念

生态系统服务功能是指生态系统与生态过程所形成及所维持的人类赖以生存的自然环境条件与效用。生态系统服务功能可以概括为支持功能、供给功能、调节功能、文化功能,其价值可分为使用价值和非使用价值。

直接利用价值。主要是指生态系统产品所产生的价值,它包括食品、医药及其他工农业生产原料、景观娱乐等带来的直接价值。直接使用价值可用产品的市场价格来估计。

间接利用价值。主要是指无法商品化的生态系统服务功能。间接利用价值的评估常常需要根据生态系统功能的类型来确定,通常有防护费用法、恢复费用法、替代市场法等。

选择价值。选择价值是人们为了将来能直接利用与间接利用某种生态系统服务功能的支付意愿。选择价值评估可采用意愿调查法。

存在价值。存在价值亦称内在价值,是人们为确保生态系统服务功能能继续存在的支付意愿。存在价值是介于经济价值与生态价值之间的一种过渡性价值,它可为经济学家和生态学家提供共同的价值观。

表 4.38　区域景观格局安全性判别准则表(邬怀成等,2011)

综合表征状态(准则层)	景观格局安全等级及分值(总分 Z=100)			I—安全状态 (最优格局)(90<F≤100) 指标(i)/分值(f)	II—较安全状态 (良好格局)(70<F≤90) 指标(i)/分值(f)	III—不安全状态 (预警格局)(F≤70) 指标(i)/分值(f)
	权重(B)/分值(F_B)	分项表征状态(因素层)	权重(W)/分值(F_w)			
一、种群源的持大性和同达性分析,即规划区域源地状态(1~5)	0.45/15	1. 源地数量(区域范围内现存的乡土物种栖息地——大型自然植被斑块)	0.14/14	$i \geq 4$① /12.6<f≤14	$i=2\sim3$① /9.8<f≤12.6	$i=1$个 & $i=0$② /f≤9.8
		2. 缓冲区(环绕源的周边种扩散低阻力区)	0.08/8	i每个源地都具有明显且面积较大的缓冲区② /7.2<f≤8	i每个源地都具有较明显且面积较小的缓冲区② /5.6<f≤7.2	i 无缓冲区或不明显② /f≤5.6
		3. 源间连接(相邻二源间最易联系的底阻力通道——源间廊道)	0.11/11	i源地之间有2个以上的连接廊道,宽度在1~2 km① /9.9<f≤11	i源地之间具有1个接廊道,但宽度较窄,小于1 km,一般在几十米到几百米② /7.7<f≤9.9	i 无② /f=0
		4. 辐射道(由源地向外围景观辐射的低阻力通道)	0.05/5	i每个源地具有多个辐射道、辐射受到人类活动未受到人类活动的阻碍④ /4.5<f≤5	i每个源地具有较少的辐射道、辐射受到人类活动的一定阻碍④ /3.5<f≤4.5	i 无或无明显辐射道、辐射受到人类活动的较大阻碍或自身退化⑤ /f≤4.5
		5. 战略点(对沟通相邻源之间联系有关键意义的"踏脚石")	0.07/7	i源地之间具有战略点、日未受到人类活动的威胁,状态良好① /6.3<f≤7	i源地之间具有战略点、日受到人类活动的威胁,状态一般① /4.9<f≤6.3	i 无战略点① /f=0②
二、景观组织的开放性分析,即规划建成区景观格局(6a)及与建成区同边源地和绿地之间的空间关系(6b)	0.25/25	6. 规划建成区景观格局(6a)及与建成区同边源地和绿地之间的空间关系(6b)	6a:0.14/14 6b:0.11/11	6a: i规划建成区内有较多的小型自然斑块和廊道、日连通性良好②; 6b: i建成区通过多条绿色廊道和战略点连接良好②;i规划建成区内单个建设用地景观单元面积不超过10 hm²② /6a:12.6<f≤14 6b:9.9<f≤11	6a: i规划建成区内有较少的小型自然斑块和廊道、日连通性较好②; 6b: i建成区通过较少的绿色廊道和战略点连接较好②;i规划建成区内存在较多建设用地面积超过10 hm²的单个景观单元② /6a:9.8<f≤12.6 6b:7.7<f≤9.9	6a: i规划建成区内有很少的小型自然斑块和廊道、日连通性较差②; 6b: i建成区与其同边源地和绿地之间连接很少、两者几乎分离②;i规划建成区内存在超过10 hm²建设用地面积较多的单个景观单元② /6a:f≤9.8　6b:f≤7.7

（续表）

| 景观格局安全等级及分值（总分 Z=100） | | | | I—安全状态（最优格局）（90<F≤100） | II—较安全状态（良好格局）（70<F≤90） | III—不安全状态（预警格局）（F≤70） |
综合表征状态（准则层）	权重（B）/分值（F_B）	分项表征状态（因素层）	权重（W）/分值（F_W）	指标（i）/分值（f）	指标（i）/分值（f）	指标（i）/分值（f）
三、景观异质性分析，即规划区域自然景观单元总面积比例（7a）和分布状况（7b）	0.30/30	7. 规划区域自然景观单元（即森林植被和水域景观单元）总面积占规划区域总面积的百分比（7a）及分布情况（7b）	7a：0.16/16；7b：0.14/14	7a：$i>35\%$⑤；7b：i除源地景观单元外，其他自然景观单元均匀分布于规划区域⑥ /7a：$14.4<f≤16$ 7b：$12.6<f≤14$	7a：$25\%<i≤3$⑤；7b：i除源地景观单元外，其他自然景观单元比较均匀分布于规划区域⑥ /7a：$11.2<f≤14.4$ 7b：$9.8<f≤12.6$	7a：$i≤25\%$⑤；7b：i除源地景观单元外，其他景观单元不在规划区域内分布不均匀，呈密集分布⑧ /7a：$f≤11.2$ 7b：$f≤9.8$

注：（1）判别准则依据：①为俞孔坚提出的"景观生态安全格局"和"城乡与区域规划中的景观生态安全模式"中的相关内容和依据实践经验推理；②为依据①并结合实践经验推理；③为依据 Forman 的"集中与分散相结合"及"必要的格局"并结合实践经验的推理；④和⑥为依据 Haber 的 10%～15% 土地利用分异（DU）战略（"10%急需法则"）并结合实践经验制定；⑤依据国家环保模范城市城区绿化覆盖率 35% 制定；（2）分值说明：Z 为总分值，Z=100 分；B 为准则层权重，F_B 为准则层分值；W 为因素层权重，F_W 为因素层分值；将因素层各因素分值按权重分配确定的权重计算累计总分值纵向累计获得。各因素分值和因素层安全分级标准：I—安全状态：$90<F≤100$；II—较安全状态：$70<F≤90$；III—不安全状态：$F≤70$ 分别折算到景观格局安全性判别等级水平中，每个等级再按纵向其分值累计获得。

表 4.39　景观空间格局特征指标及其生态意义一览表

指标	计算方法	概念内涵	阈值及其生态意义
景观类型百分比（PLAND）	$\text{PLAND}=\left[\sum_{j=1}^{n} a_{ij}\right]/A$ 式中，a_{ij} 为景观类型 i 中斑块 j 的面积；A 为景观总面积；n 为景观类型 i 的斑块总数	量化各景观类型面积在整体景观中所占的比例%	景观格局基本空间特征，其大小影响到景观要素内部营养和能量的分配以及景观中物种组成和多样性
斑块数（NP）	$N_P=n_i$ 式中，n_i 为景观类型 i 的斑块块数	量化各景观类型斑块块个数	各景观类型斑块块个数
斑块密度（PD）	景观水平：$\text{PD}=N/A$；景观类型水平：$\text{PD}=N_i/A_i$ 式中，N_i 为景观类型 i 的斑块块数；A_i 为景观类型 i 的总面积；N 为景观斑块总数；A 为景观类型总面积	以单位面积上的斑块数目表示各景观类型的斑块密度	反映景观的破碎化程度，其值越大，破碎化程度越大

（续表）

指标	计算方法	概念内涵	阈值及其生态意义
面积加权分维数（FRAC_AM）	$$FRCA\_AM = \sum_{i=1}^{m}\sum_{j=1}^{n}\left\{\left[\frac{2\ln 0.25 P_{ij}}{\ln a_{ij}}\right]\left[\frac{a_{ij}}{\sum_{i=1}^{m}\sum_{j=1}^{n} a_{ij}}\right]\right\}$$ 式中，m 为景观类型总数，n 为景观类型 i 的斑块总数；P_{ij} 为斑块 j 的面积，a_{ij} 为景观类型 i 中斑块 j 的周长	从自相似性的角度来衡量景观斑块形状复杂性	其取值范围在 1～2，值越大，景观形状越复杂，通过测定斑块形状为研究人为干扰及其对斑块内部生态过程的影响
散步与并列指数（IJI）	$$IJI = \frac{-\sum_{i=1}^{m}\sum_{j=1}^{m}\left[\left(\frac{e_{ik}}{E}\right)\ln\left(\frac{e_{ik}}{E}\right)\right]}{\ln(0.5[m(m-1)])}(100)$$ 式中，$E = \sum_{i=1}^{m} e_{ik}$ 为景观中边界度总和；e_{ik} 为景观类型 i 与景观类型 k 之间共同边界的长	反映某景观类型同边出现其他类型景观的混合配置情况	其取值为 0～100，当某景观类型只与一景观时，值接近于 0，随着同其他类型景观增多，指数值随之增大
斑块凝聚度指数（COHESION）	$$COHESION = \left[1-\frac{\sum_{i=1}^{m}\sum_{j=1}^{n} P_{ij}}{\sum_{i=1}^{m}\sum_{j=1}^{n} P_{ij}\sqrt{a_{ij}}}\right]\left[1-\frac{1}{\sqrt{A}}\right]^{-1}$$ 式中，P_{ij} 为景观类型 i 中斑块 j 的周长；a_{ij} 为景观类型 i 中斑块 j 的像元数；A 为景观中像元的总数量	可衡量相应景观类型的自然连通程度	其取值为 0～100，斑块类型分布得变连续集，其值增大，反之，斑块被分割变得不连续时，其值变小
景观多样性指数（SHDI）	$$SHDI = 1-\sum_{i=1}^{m} p_i^2$$ 式中，p_i 为景观类型 i 占景观总面积的比例；m 为景观类型总数	反映景观要素的多少和各要素所占比例的变化	其取值为 0～100，当两个以上景观要素构成的景观，当景观类型所占比例相等，其值最高，所占比例差异越大，景观多样性指数下降
景观均匀度指数（SIEI）	$$SIEI = H/H_{max}$$ $$H_{max} = \ln m$$ $$H = -\ln\left[\sum_{i=1}^{m} (p_i)^2\right]$$ 式中，p_i 为景观类型 i 占景观总面积的比例；m 为景观类型总数；H_{max} 为给定丰度条件下景观最大可能均匀度	反映不同景观类型的分布均匀程度	其取值为 0～1，其值越大，各景观类型所占面积分布均越匀；其值越低，各景观组分分布越不均
景观连通性指数（R）	$$R = L/L_{max} = L/3(V-2)$$ 式中，L 为连接廊道数；L_{max} 为最大可能连接廊道数；V 为节点数	反映景观网络的连通性，即景观网络各节点由景观廊道连接起来的程度	其取值为 0～1，其值为 0，表示没有节点，其值为 1，表示每个节点都彼此相连
景观优势度指数（D）	$$D = \ln m + \sum_{i=1}^{m}(p_i)\ln p_i = \ln m - SHDI$$ 式中，p_i 为景观类型 i 占景观总面积的比例；m 为景观类型总数	表示景观多样性对最大多样性之间的偏离，反映景观组成中某种或某些景观类型支配景观的程度	其值越大，表示各景观类型所占比例差别大，其中某一种或某几种景观类型所占优势；其值越小，表示各景观类型所占比例相等，没有一种景观类型占优势

（2）生态系统服务功能评价方法

根据生态经济学、环境经济学和资源经济学的研究成果，生态系统服务功能评价方法见表4.40。

表4.40　常用态系统服务功能评价方法特点和适用性一览表

评估方法	计量模型	参数含义	适用范围
直接市场法	$P = \Delta Q \cdot (P_1 + P_2)/2$	P为环境价值损失；ΔQ为受污染产品的减产量；P_1为减产前的市场价格；P_2为减产后的市场价格	受污染农作物、森林、水产品、餐饮等损失
防护费用法	无一般模型	由采取的防护措施、购置的替代品、搬迁等所发生的支出确定	环境污染与生态破坏损失
重置成本法	无一般模型	由被破坏的环境恢复至原状所需支出确定	具有相同或类似参照物的资源环境损失
人力资本法与残病费用法	$P_1 = \sum_{i=1}^{k}(L_i + M_i)$ $P_2 = \sum_{i=1}^{T-1} \frac{\pi_{t+i} \cdot E_{t+i}}{(1+r)^i}$	P_1为疾病损失；P_2为早亡损失；L_i为i类人生病的工资损失；M_i为i类人的医疗费用；π_{t+i}为从t年龄活到$t+i$年龄的概率；E_{t+i}为在年龄为$t+i$时的预期收入；r为折现率；T为退休年龄	大气、水、噪声等对人体健康造成的疾病损失和早亡损失
意愿调查价值法	无一般模型	由人们对改善环境的支付意愿或忍受环境损失的受偿意愿确定	其他方法无法评价的资源环境收益或损失
旅行费用法	$P_i = \int_e^{\infty} F(e,z)\mathrm{d}e$ $P = \sum_{i=1}^{n} P_i$	P_i为第i位消费者对景点支付意愿；e为出发点到景点的旅行费用；z为人口的社会经济特征；P为景点总价值	风景名胜区、森林公园等景点的收益或损失
内涵资产价值法	$P = a_0 + \sum_{i=1}^{k}(a_i \cdot h_i)$	P为房地产价格；h_i为住房各内部特征（如面积等）价格；a_i为各内部特征权重；a_0为房地产造价	环境性房地产的价值或损失

6）生态完整性评价方法

生态完整性是反映生态系统在外来干扰下维持自然状态、稳定性和自组织能力的程度。生态完整性评价常用多个生态指标描述生态系统的组成和功能性质，并通过由数学方法综合起来形成综合指数，来反映生态系统完整性状况。评价过程主要包括评价指标筛选和综合评价两个步骤。

（1）评价指标选择

在评价一个特定区域生态完整性时，可以根据生态完整性管理需求、数据获取的便利性、指标的代表性和统计特性设置优先评价指数和指标，优先的评价指标需要能同时反映生态系统组成、结构和功能等多方面的性质。具体见表4.41和表4.42。

表4.41　生态系统完整性评价指标框架表

生态系统	组成	备选指数	备选指标
水生生态系统	生物完整性	鱼类群落生物完整性指数	种类丰富度；敏感种的种类数量和特性；异常鱼、杂交种等个体比例；样品中的个体数目
		附着生物完整性指数	种类丰富度；富营养型硅藻和能动型硅藻的相对丰富度；生物量叶绿素含量碱性磷酸盐活性
		EPT物种丰度指数	蜉蝣目、石蝇目、毛翅目、摇蚊科丰度指数

(续表)

生态系统	组成	备选指数	备选指标
	物理完整性	无脊椎动物群落指数	种类总数;蜉蝣目、毛翅目、双翅目种类总数;蜉蝣、石蛾、双翅目和其他非昆虫、耐性生物个体百分比;EPT物种类总数
		QHEI生境指数	底层类型、质量;水面林冠类型和覆盖度;河道弯曲程度、发展程度、渠道化情况、稳定性;滨岸带宽度、冲积平原质量、河岸受侵蚀情况;深滩的最大深度、形态、水流速度;浅滩深度、底层稳定性、底层嵌入程度;河流梯度
		物理生境指数	单位长度溪流中大木头残骸块数;溪流中水滩出现频率;夏季、冬季水面林冠类型和覆盖度;针叶树茎密度;河床底层稳定性;底质质地;溪流横断面形态;堤岸稳定性;滨岸带宽度
	化学完整性	水质指数	生化需氧量;溶解氧;总大肠杆菌;总氮;总磷;pH;电导率;碱度;硬度;有机氯浓度;各有机污染物质浓度;各重金属浓度;叶绿素a含量
陆地生态系统	生物完整性	鸟类群落指数	种类丰富度;本地种丰富度;外来种、耐受种、敏感种、杂食种、食种子种、地面觅食种、林冠觅食种、树皮觅食种、窝寄生种、开阔地面营巢种、林地地面营巢种、林冠营巢种、灌丛营巢种、洞穴营巢种等种类数量和总数
		陆地生物完整性指数	无脊椎动物总科数;双翅目科数;螨蜱目类群丰富度;捕食种、食腐质种、地面居住种群丰富度;弹尾目昆虫相对丰富度;杂食步甲科类群丰富
	生态系统功能	生产力指数	生物量;光合效率;叶面积指数
		生态系统演替	植被覆盖类型;植被年龄等级;树木再生情况
		营养物质保持力	数目生长状况;土壤质量指数;叶面营养状况
		有机物质分解率	有机质腐烂速度;土壤有机层深度

表4.42 生态系统压力评价相关指标表

压力来源	压力组成	备选指标
资源利用	土地利用	土地利用变化;土地覆盖指数;不同土地覆盖类型面积和所占比例;城市引力指数;自然生态系统到农业区的距离;农业机械化水平;单位面积农业用地化肥和农药使用量;路网密度;自然生境破碎化指数
	矿产资源开采	综合污染指数;尾渣排放量;尾渣中主要污染物含量;被破坏植被面
	水利项目	总移民人数;单位长度河流水闸数量;水闸下游水流量变化;水闸上游被淹土地面积
	鱼类和野生动物捕获	野生动物捕获量;鱼类捕获量
	木材砍伐	木材砍伐量
	生态旅游	人类进入频度;生态旅游区宾馆总床位数
污染物质排放	固体废弃物排放	单位面积土地接纳危险性工业固体废弃物总量;单位面积土地接纳生活垃圾总量
	废气排放	工业废气排放总量
	废水排放	单位面积土地接纳工业废水总量;单位面积土地接纳生活污水总量
外来物种入侵	外来物种入侵	种类数;丰富度;增长率;入侵面积

（2）综合评价

综合评价需要把选取的指数或指标组合起来,形成综合指数,常用的方法有算术平均

法、加权平均法、多元统计法和综合评价模型等。由于生态系统完整性状况是一个动态性的相对概念,影响要素是多样的,各要素之间的关系是复杂和模糊的。经分析比较各种计算模型方法,本研究建议选用理论研究较成熟的模糊综合评价法。当评价难以用一个简单的数值表示时,采用此法较为合适。具体步骤是根据评测数据计算每个指标对各个等级标准的隶属度集,形成模糊关系矩阵,再将权重集与模糊关系矩阵进行合成运算,获得综合评价集,最后根据最大隶属度原则,得出现状等级标准,具体过程如下。

A. 建立指标类集与指标集

$$U = \{U_1, U_2, \cdots, U_n\}$$

式中,U 为指标评价集;U_n 为指标评价类。每类指标中的分项指标表示为指标集 U_i:

$$U_i = \{U_{i1}, U_{i2}, \cdots, U_{in}\}$$

B. 建立指标类权重集

采用专家咨询法确定各指标权重。根据指标对评价目标的影响程度,对每类指标赋予相应的权数,指标类权重集为 $A = \{a_1, a_2, \cdots, a_n\}$;再结合每一类指标中分项指标的重要程度,赋予相应的权数,设第 i 类指标 U_i 的第 j 个指标 u_{ij} 的权数为 a_{ij},则指标权重集 $A_i = \{a_{i1}, a_{i2}, \cdots, a_{in}\}$。

C. 建立模糊关系矩阵

利用隶属函数得到评价指标隶属于备择集 $V = \{V_1, V_2, V_3, V_4, V_5\}$(即生态完整性评价标准可分为 5 个等级)中第 k 个元素 v_{ik} 的隶属度 r_{ijk}。对一类指标来说,各分项指标对各评价等级的隶属度就构成了 1 个矩阵,称为第 i 类指标 U_i 的一级模糊关系矩阵 R_i。

$$R = \begin{bmatrix} R_1 \\ R_2 \\ \vdots \\ R_n \end{bmatrix} = \begin{bmatrix} r_{11} & \cdots & r_{15} \\ \vdots & \ddots & \vdots \\ r_{n1} & \cdots & r_{n5} \end{bmatrix}$$

隶属函数采用柯西分布函数,公式为

$$U(x) = \frac{1}{1 + \alpha(x - \alpha)^2}$$

式中,$U(x)$ 为隶属度函数;x 为指标值;α 为函数参数。

D. 一级模糊评价

对第 i 类指标进行一级模糊综合评价,得到一级模糊评价集 B_i。

$$B_i = A_i \cdot R_i = (a_{i1}, a_{i2}, \cdots, a_{ij}, \cdots) \cdot \begin{bmatrix} r_{i11} & r_{i12} & r_{i13} & r_{i14} & r_{i15} \\ r_{i21} & & \cdots & & r_{i25} \\ \vdots & & \ddots & & \vdots \\ r_{ij1} & & \cdots & & r_{ij5} \\ \vdots & & \ddots & & \vdots \end{bmatrix} = (b_{i1}, b_{i2}, b_{i3}, b_{i4}, b_{i5})$$

式中,B_i 为一级评价集;A_i 为指标权重集;R_i 为一级模糊关系矩阵;计算方法采用普通矩阵

算法。

E. 二级模糊评价

由一级模糊评价结果，得到二级模糊综合评价集 B。

$$B = \begin{bmatrix} B_1 \\ B_2 \\ \vdots \\ B_n \end{bmatrix} = \begin{bmatrix} A_1 & R_1 \\ A_2 & R_2 \\ \vdots & \vdots \\ A_n & R_n \end{bmatrix} = (b_1, b_2, b_3, b_4, b_5)$$

最后根据最大隶属度原则，将 B 中最大数值所对应的等级类别作为最终评价结果。

4.4.4.3 广东省生态影响评价方法应用

广东省生态系统类型多样，不同地区质量与功能均存在差异。规划对区域生态的影响主要表现在生态系统格局、质量和功能等方面，应结合不同区域规划生态影响特征以及关键生态问题有针对性地选择适宜的生态影响评价方法。结合各类规划环境影响评价的特点和要求，生态影响分析方法应用条件见表 4.43。

表 4.43 生态影响评价方法应用条件一览表

序号	方法名称	方法特点	适用规划环境影响评价类型	技术要点
1	生态功能评价方法	优点：方法简单明了，可视性强，可有效指导适宜性分类与空间管制、空间治理。	工业项目集群类、矿产资源类、交通类、旅游类、城市建设类规划环境影响评价	该类方法主要是对规划开发区域进行优化管制，确保生态空间的严格保护。其中：① 应结合区域生态功能与保护定位，选择比较稳定、可量化的评价因子；② 评价因子权重大小应依据规划范围内各评价单元评价因子对评价目标影响的差异性确定；③ 综合评价应结合指数和法与极限条件法，评定适宜性或敏感性的等级。重点在于从保护维护生态系统安全格局角度，结合规划区生态功能、生态敏感性，对规划布局的合理性进行分析
2	生态敏感性评价方法	缺点：评价因子选择上多采用静态性和单一性因子，缺乏动态性和复合性因子，评价结果缺乏全面性，仅能用于对规划用地的调控		
3	生态适宜性评价方法			
4	景观生态学	优点：有助于形成一种全景式、多维度和多尺度的视角，可有效评估区域景观稳定性、异质性和景观安全格局。缺点：评价范围和空间尺度选取难度较大，评价结果较难与其他学科方法结合	工业项目集群类、矿产资源类、交通类、旅游类规划环境影响评价	该方法需要搜集规划区域土地利用、地表覆被等数据，并进行矢量化处理。对于景观安全格局识别重点应该包括源的确定、依据阻力面判别缓冲区、源间连接、辐射道和战略点等。景观类型分类应根据评价尺度及规划区所处生态功能区选取
5	生态系统服务功能评价方法	优点：可定量评估规划区域生态效益以及规划活动对生态系统服务功能的干扰程度。缺点：生态系统服务功能较复杂，价值估算方法较多，估算结果差异较大	工业项目集群类、矿产资源类规划环境影响评价	该方法重点关注生态系统服务分类、价值评估和价值标准选取3个方面。其中，生态系统服务分类应针对规划区域所在的生态功能定位来具体划分，如水源涵养、生物多样性保护、水土保持等；价值评估方法应根据不同的费用效益选取；价值标准选取应采用区域经济差异性进行修正。应重点评估陆域生态系统中生物多样性、水源涵养、水土保持、供给服务、气候调节等功能

（续表）

序号	方法名称	方法特点	适用规划环境影响评价类型	技术要点
6	生态完整性评价方法	优点：容易测度，具有一定的综合性，对生态系统变化响应能提供早期的预警，评价结果可用于生态系统保护与管理的依据。 缺点：只依赖于少量的指标，不能全面考虑生态系统完整性的复杂性	矿产资源类、交通类、水利水电类规划环境影响评价	该方法根据规划区域的生态功能区差异性和生态影响特征，选取生态完整性的表征指标，如生物完整性指标、植被完整性指标、生态系统完整性指标、水文生态完整性指标、水生生态完整性指标、鱼类生物完整性指标等。按照生态系统偏离参照系的程度，合理划分生态完整性的等级

在规划实施对生态格局的影响方面，广东省生态系统演变趋势主要为自然与人工生态系统的转变，宜选用生态功能评价、生态敏感性、生态适宜性等方法评估人工生态系统转变方向的合理性，并结合景观生态学方法对生态系统演替的变异规律进行分析；对于珠三角外围生态屏障区域，宜采用生态功能与生态敏感性评价方法从保护维护生态系统安全格局角度，对规划布局的合理性进行分析，生态功能方面重点关注生物多样性保护功能、水源涵养功能和水土保持功能，生态敏感性方面重点关注水土流失、地质灾害易发性等；对于经济相对发达、人工生态系统特征明显、开发建设边界较明确的区域，宜采用生态适宜性方法对用地规模及边界进行优化，应以优化建设用地空间扩展边界、提升区域生态功能为重点。

在规划实施对生态质量影响分析方面，宜采用景观生态学方法与生态完整性评价方法。采用景观生态学方法时，景观类型分类应根据评价尺度及规划区所处生态功能区选取，对于小尺度区域、城市与农业经济相对发达的地区，景观类型应重点关注城市绿地和农用地类型。对于大尺度区域，景观类型应主要根据生态服务功能主要提供对象选取。例如，粤北地区，可依据规划区所处的生态功能区划，分别重点选取具有重要生态功能的林分作为景观类型，如水源涵养林、水土保持林、原始林分等。滨海地区可重点选取重要湿地、沿海防护林地等作为景观类型；采用生态完整性评价方法时，应根据规划区所在生态特征选取评价对象。涉水污染物排放及岸线资源占用规划应从水生生态系统生物完整性和物理完整性角度分析，参照指标可根据广东省不同区域内河水生态特点、近岸海域海洋生态特点选取。涉及陆域开发项目，重要生态功能区应选择生产力指数、生态系统演进等体现区域生态系统功能的指标，对于单一生态功能重要区域，应有针对性地选取，如体现生物多样性指标、水源涵养指标、水土保持指标等。

在规划实施对生态系统功能影响方面，除了上述方法外，推荐采用生态系统服务功能价值评估法，重点生态系统服务功能应结合规划区生态系统特征选择，价值标准选取应采用区域经济差异性进行修正。对于广东省滨海岸带开发，应重点评估近岸海域海洋生态系统服务功能，如渔业生产、工业废水稀释、滨海旅游功能等；对粤东、粤西以及粤北山区，应结合规划区生态功能区划，重点评估生物多样性、水源涵养、水土保持、供给服务、气候调节等功能。

4.4.5　环境风险评价

4.4.5.1　环境风险概念

环境风险是指由人类活动引起或由人类活动与自然界的运动过程共同作用造成的，易燃易爆、有毒物质、放射性物质失控状态下的泄漏，通过环境介质传播的，能对人类社会及其

生存、发展的环境产生破坏、损失乃至毁灭性作用等不利后果的事件的发生概率。

环境风险评价是评估事件发生概率以及在不同概率下事件后果的严重性,并决定采取适宜的对策。规划环境影响评价中环境风险评价是指在规划层次对人类的各种社会经济活动所引发或面临的危害,对人体健康、社会经济、生态系统等所造成的可能损失进行评估,根据评估结果对区域内的产业结构、行业布局、土地利用进行调整,从源头上控制环境风险,并进行管理和决策的过程,其评价结果准确性直接决定该区域环境风险大小,继而影响区域内产业布局与土地利用调整。规划的环境风险通常具有以下几个特征。

(1)风险种类的复杂性:由于规划通常涉及面广,不同产业、行业、基础设施等相互交织,使得规划中可能涉及的环境风险源及风险受体种类繁多,某项规划可能既有大气污染风险源,又包含水环境风险源,受体既包含局部直接受污染影响的居住区,也包含不同的生态敏感区等。

(2)影响途径的多样性:由于风险源、风险受体种类繁多,规划实施常常存在各类风险源从不同途径影响风险受体,如风险源通过大气、水污染物排放直接对大气、水、生态、土壤的影响。

(3)风险诱因的不确定性:由于规划本身时间、空间、规模的不确定性,从环境风险评价角度来看,也相应存在污染排放源排放规模、排放时间、排放空间布局的不确定性。

4.4.5.2 环境风险评价基本框架

规划环境影响评价中环境风险评价内容主要包括风险识别、事故后果分析、环境风险管理3个部分,具体见图4.31。

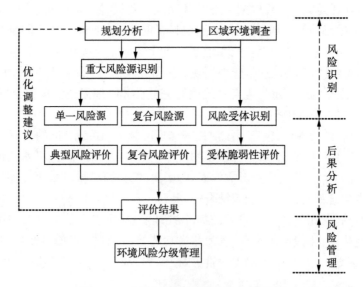

图 4.31 规划环境风险评价技术路线图

(1)环境风险识别:规划的环境风险识别包括风险源识别和风险受体识别两部分。在综合分析规划背景、性质、内容、目标等基础上,结合区域现状调查情况,识别规划涉及的重大环境风险源及风险受体目标。对规划活动中有可能造成重大火灾、爆炸和泄漏等环境污染的行为活动应识别为风险污染源(包括可概化为单一点源、线源或面源的单一风险源和多

个、多种风险源综合的复合污染源)。对涉及重点生态功能区和生态脆弱区的,还应识别重要生态风险受体。

(2) 后果分析:根据识别的风险源,进行事故及概率分析和受体脆弱性评价,并按照风险源种类不同,单一风险源采用大气、水环境或剂量反应评估、暴露模型等典型预测模式进行风险事故后果分析,复合风险源采用信息传递法等方法进行环境风险综合评价或环境风险区划,生态风险源应进行生态风险评价。

(3) 环境风险分级管理:环境风险分级管理主要针对风险评价结果,对涉及的各类风险提出具体的空间分级管控措施,制定减缓污染风险和生态风险的措施,并提出有效的风险应急预案。

4.4.5.3　环境风险评价方法

环境风险评价方法可分为单一风险源评价方法和复合风险源评价方法两种类型。其中,单一风险源评价方法包括典型污染事故环境风险评价方法和人群健康风险评价方法两类。单一风险源评价方法基于常规大气、水环境预测方法、生态风险评价方法,以及剂量反应评估、暴露模型,适用于环境风险源可概化为单一点源、线源、面源的规划,如工业项目集群类规划、能源类规划等;复合风险源评价方法以规划区内多个风险源布局为基础,参照大气、水环境扩散模式,综合预测规划实施后的各类风险源对受体的影响程度,划定环境风险区划。信息扩散法为最常用的复合风险源评价方法,可用于规划整体风险区划分,适用于各类规划的环境风险评价。

1) 单一风险源评价方法

(1) 大气环境风险评价方法

有毒有害物质在大气中扩散,采用多烟团模式或分段烟羽模式、重气体扩散模式计算。按一年气象资料逐时滑移或按天气取样规范取样,计算各网格点和关心点浓度值,然后对浓度值由小到大排序,取其累积概率水平为95%的值,作为各网格点和关心点的浓度代表值进行评价。

A. 多烟团模式

事故评价中,采用下列烟团公式:

$$c(x,y,0) = \frac{2Q}{(2\pi)^{3/2}\sigma_x\sigma_y\sigma_z}\exp\left[-\frac{(x-x_0)^2}{2\sigma_x^2}\right]\exp\left[-\frac{(y-y_0)^2}{2\sigma_y^2}\right]\exp\left[-\frac{z_0^2}{2\sigma_z^2}\right]$$

式中,$c(x,y,0)$为下风向地面(x,y)坐标处的空气中污染物浓度$(\mathrm{mg/m^3})$;x_0,y_0,z_0为烟团中心坐标;Q为事故期间烟团的排放量;σ_x,σ_y,σ_z为x,y,z方向的扩散参数(m)。常取$\sigma_x = \sigma_y$。

对于瞬时或短时间事故,可采用下述变天条件下多烟团模式:

$$c_w^i(x,y,0,t_w) = \frac{2Q'}{(2\pi)^{3/2}\sigma_{x,\mathrm{eff}}\sigma_{y,\mathrm{eff}}\sigma_{z,\mathrm{eff}}}\exp\left(-\frac{H_e^2}{2\sigma_{z,\mathrm{eff}}^2}\right)\exp\left\{-\frac{(x-x_w^i)^2}{2\sigma_{x,\mathrm{eff}}^2}-\frac{(y-y_w^i)^2}{2\sigma_{y,\mathrm{eff}}^2}\right\}$$

式中,$c_w^i(x,y,0,t_w)$为第i个烟团于t_w时刻在点$(x,y,0)$产生的地面浓度;Q'为烟团排放量(mg),$Q' = Q\Delta t$;Q为释放率$(\mathrm{mg/s})$;Δt为时段长度(s);$\sigma_{x,\mathrm{eff}}$,$\sigma_{y,\mathrm{eff}}$,$\sigma_{z,\mathrm{eff}}$为烟团在w时段沿x,y和z方向的等效扩散参数(m),可由下式估算:

$$\sigma_{j,\text{eff}}^2 = \sum_{k=1}^{2} \sigma_{j,k}^2 \quad (j = x, y, z)$$

式中，$\sigma_{j,k}^2 = \sigma_{j,k}^2(t_k) - \sigma_{j,k}^2(t_{k-1})$；$x_w'$，$y_w'$ 为第 w 时段结束时第 i 烟团质心的 x 和 y 坐标，由以下两式计算：

$$x_w' = u_{x,w}(t - t_{w-1}) + \sum_{k=1}^{w-1} u_{x,k}(t_k - t_{k-1})$$

$$y_w' = u_{y,w}(t - t_{w-1}) + \sum_{k=1}^{w-1} u_{y,k}(t_k - t_{k-1})$$

各个烟团对某个关心点 t 小时的浓度贡献，可按下式计算：

$$c(x, y, 0, t) = \sum_{i=1}^{n} c_i(x, y, 0, t)$$

式中，n 为需要跟踪的烟团数，可由下式确定：

$$c_{n+1}(x, y, 0, t) \leqslant f \sum_{i=1}^{n} c_i(x, y, 0, t)$$

式中，f 为小于 1 的系数。

B. 分段烟羽模式

当事故排放源持续时间较长时（几小时至几天），可采用高斯烟羽公式计算：

$$c = \frac{Q}{2\pi u \sigma_y \sigma_z} \exp\left(-\frac{y_r^2}{2\sigma_y^2}\right) \left\{ \exp\left[-\frac{(z_s + \Delta h - z_r)^2}{2\sigma_z^2}\right] + \exp\left[-\frac{(z_s + \Delta h + z_r)^2}{2\sigma_z^2}\right] \right\}$$

式中，c 为位于 $S(0, 0, z_s)$ 的点源在接受点 $r(x_r, y_r, z_r)$ 产生的浓度。

短期扩散因子 (c/Q) 可表示为

$$(c/Q) = \frac{1}{2\pi u \sigma_y \sigma_z} \exp\left(-\frac{y_r^2}{2\sigma_y^2}\right) \left\{ \exp\left[-\frac{(z_s + \Delta h - z_r)^2}{2\sigma_z^2}\right] + \exp\left[-\frac{(z_s + \Delta h + z_r)^2}{2\sigma_z^2}\right] \right\}$$

式中，Q 为污染物释放率（mg/s）；Δh 为烟羽抬升高度；σ_y，σ_z 为下风距离 x_r（m）处的水平风向扩散参数和垂直方向扩散参数。

C. 重气扩散模式

重气扩散采用 Cox 和 Carpenter 稠密气体扩散模式，计算稳定连续释放和瞬时释放后不同时间的气体扩散。气团扩散按下式计算。

在重力作用下的扩散：

$$\frac{\mathrm{d}R}{\mathrm{d}t} = \left[Kgh(\rho_2 - 1)\right]^{1/2}$$

在空气的夹卷作用下扩散：

$$Q_e = \gamma \frac{\mathrm{d}R}{\mathrm{d}t} \text{（从烟雾的四周夹卷）}$$

$$U_e = \frac{au_1}{R} \text{（从烟雾的顶部夹卷）}$$

式中，R 为瞬间泄漏的烟云形成半径；h 为圆柱体高度；γ 为边缘夹卷系数，取 0.6；a 为顶部夹卷系数，取 0.1；u_1 为风速(m/s)；K 为试验值，一般取 1；R_i 为 Richardon 数，由下式得出：

$$R_i = \frac{gl(\rho_{c,a}-1)}{(U_1)^2}$$

式中，a 为经验常数，取 0.1；U_1 为轴向紊流速度；l 为紊流长度。

D. 其他模式

除上述模式外，对于其他类型的大气环境污染事故，可依据不同层级和属性规划的决策需求，采用 4.4.3 节介绍的大气环境预测评价模式进行评价。

（2）水环境风险评价方法

A. 有毒有害物质在河流中的扩散

可采用河流中污染物扩散模式，具体见 4.4.1 节。

B. 有毒有害物质在湖泊中的扩散

可采用湖泊中污染物扩散模式，具体见 4.4.1 节。

C. 溢油扩散模式

本研究主要考虑规划环境影响评价当中常见的、事故影响较大的港口、码头发生溢油事故时的情形，重点对溢油事故的预测方法进行分析。溢油事故为短时间、不规律的排放源，且一般发生在沿海大型码头或者港口，一般使用动态的水动力-溢油模块进行模拟计算。模型一般采用成型的大型计算软件进行建模求解，如 POM、FVCOM、MIKE 和 EFDC 等，模型水动力部分公式方程及模型特点介绍，见 4.4.1 节近岸海域与河口计算方法内容，本节内容主要介绍溢油模块求解方程。

a. 油类运动的形态及其归宿

油类物质密度比水轻，在空气中的蒸发或挥发以及在水中的溶解性都很小。因此，油类物质溢出到水面以后，存在以下几种运动形态。

扩展：由于油比水轻，将漂浮于水面。在初期阶段由于受重力和表面张力的作用而在水面上向四周散开，范围越来越大。这个过程称为扩展过程。

漂移：油类薄膜在水流、风、波浪、潮汐等因素的作用下引起的漂移。

分散：油类在水面形成薄膜以后，受到碎波的作用使一部分原油以油滴形式进入水中形成分散状的油类。一部分分散状油类重新上升到水面，也有部分从水面逸出而挥发到大气中。

乳化：由于机械动力，如涡旋、破碎浪花、湍流等因素，使油类和水激烈混合，形成油包水乳化物和水包油乳化物。

吸附沉淀：部分油黏附在水中的悬浮颗粒上，并随之沉到水底。

生物降解：地表水环境中的微生物对水中的油类有降解作用。

油类在地表水环境中的归宿问题是个复杂的问题，由于受到各种环境条件（温度、盐度、风、波浪、悬浮物、地理位置和本身的化学组成等）的影响，每一次事故溢出物的归宿也不尽相同。其主要的影响因素有乳化、吸附沉淀和尘物降解等。

b. 计算模式

一般采用"油粒子"模型来模拟项目发生溢油事故后油膜的漂移规律。油粒子的输移包

161

括扩展、漂移、扩散等过程，这些过程是油粒子位置发生变化的主要原因，而油粒子的组分在这些过程中不发生变化。

扩展运动：

采用修正的 Fay 重力-黏力公式计算油膜扩展过程：

$$\left(\frac{\mathrm{d}\,A_{\mathrm{oil}}}{\mathrm{d}t}\right) = K_{\mathrm{a}}\,A_{\mathrm{oil}}^{1/3}\left(\frac{V_{\mathrm{oil}}}{A_{\mathrm{oil}}}\right)^{4/3}$$

式中，A_{oil} 为油膜面积，$A_{\mathrm{oil}} = \pi R_{\mathrm{oil}}^2$；$R_{\mathrm{oil}}$ 为油膜直径；K_{a} 为系数；t 为时间；油膜体积 $V_{\mathrm{oil}} = \pi \cdot R_{\mathrm{oil}}^2 \cdot h_{\mathrm{s}}$；$h_{\mathrm{s}}$ 为初始油膜厚度，取 10 cm。

漂移运动：

油粒子漂移的作用力主要为水流和风力，油粒子总漂移速度计算公式如下：

$$U_{\mathrm{oil}} = c_{\mathrm{w}} \cdot U_{\mathrm{w}} + U_{\mathrm{s}}$$

式中，U_{oil} 为油粒子总漂移速度；c_{w} 为风漂移系数，取值一般为 0.03～0.04 之间；U_{w} 为水面上 10 m 处的风速；U_{s} 为表面流速。

紊动扩散：

假定水平扩散各向同性，一个时间步长内 α 方向上可能的扩散距离 S_a 可表示为

$$S_a = [R]_{-1}^1 \cdot \sqrt{6\,D_a \cdot \Delta t_p}$$

式中，$[R]_{-1}^1$ 为 -1 到 1 的随机数；D_a 为 α 方向上的扩散系数。

（3）人群健康风险评价方法

人群健康风险评价方法通常采用剂量反应评估、暴露模型，用来解决突发性大气污染事故在短时间内可能产生大量的有毒有害气体，或燃烧、爆炸等突发灾害性事故可能引起暴露人群的组织器官损伤和系统中毒、死亡的影响程度。具体包含危害判定、剂量反应评估、暴露量评估、风险表征 4 步程序：

A. 危害判定

通过污染物的理化特性、毒理学特征和人群健康影响等资料，定性评价特定污染物对人群损害效应的性质、特点和强度，具体包括：理化特性和暴露途径与暴露方式、结构活性关系、代谢与药代动力学资料、其他毒理学效应的影响、短期试验、长期动物研究、人类研究。

B. 剂量-反应评估

剂量-反应关系指生物体暴露一定剂量的化学物质与其所产生反应之间存在的关系。通常有无阈效应评估和有阈效应评估两种剂量反应评估方法。

无阈效应指利用低剂量外推模式评估人群暴露水平上所致的危险概率，常用低剂量-反应外推模型见表 4.44。

表 4.44 常用致癌物低剂量-反应外推模型一览表

模式	表达式	模型在低剂量范围的曲线特征
对数-正态模型	$R(D) = \dfrac{1}{\sigma\sqrt{2\pi}}\int_{\infty}^{z}\exp(Z^2/2)\mathrm{d}Z$ $Z = (\lg D - U)/\sigma$	次线性

模式	表达式	模型在低剂量范围的曲线特征
威尔布模型	$R(D)=1-\exp(-a+bD^m)$	若 $m>1$，为次线性；若 $m=1$，为线性；若 $m<1$，为超线性
单击模型	$R(D)=1-\exp(-k_0-k_1D)$	线性
多阶段模型	$R(D)=1-\exp(-\sum_{i=1}^{n}k_iD^i)$	若 $k>0$，为线性；若 $k\geqslant0$，为超线性
线性多阶段模型	$R(D)=1-\exp(-\sum_{i=1}^{n}k_iD^i)$（取 $k_i>0$）	线性

注：R 为暴露群体的预期效应发生率；D 为剂量；U 为群体中的 $\lg D$ 的平均值；σ 为群体中 $\lg D$ 的标准差；i 为阶段序号；其他为剂量-反应关系曲线拟合系数。

有阈效应通常计算参考剂量 RfD，即低于此剂量时，期望不会发生有害效应的危险，可通过下式计算：

$$RfD=\frac{NOAEL\ 或\ LOAEL}{UF}$$

式中，RfD 为某种有阈化学物质的参考剂量[mg/(kg·d)]；NOAEL 为最高未观察到的有害作用水平[mg/(kg·d)]；LOAEL 为最低可观察到的有害作用水平[mg/(kg·d)]；UF 为总的不确定系数，无量纲，$UF=F_1\times F_2\times F_3\times MF$；$F_1=1\sim10$ 为种间不确定性系数；$F_2=1\sim10$，为种内不确定性系数；$F_3=1\sim100$，为毒性性质不确定性系数；$MF=1\sim10$，为资料库完整性的不确定性系数。

C. 暴露量评估

暴露为人与某一化学物或物理因子的接触，暴露量大小可通过测定或估算在某一特定时期交换界面（即肺、胃肠、皮肤）的某种化学物的量。暴露量评估是确定或估算（定量或定性）暴露量的大小、暴露频率、暴露的持续时间和暴露途径。可用下述公式计算慢性暴露的暴露量：

$$日平均终生暴露量=\frac{总剂量}{体重\times终生时间}$$

总剂量可用下式计算：

$$总剂量=污染物浓度\times暴露率\times暴露持续时间\times吸收因子$$

D. 风险表征

评价一种以上化学物所产生的非致癌效应的总能力，利用风险指数方法，此方法假定同时低于阈值暴露几种化学物可能导致有害健康效应。同时假定有害效应的大小与低于阈值暴露量比之和成正比。

$$风险指数=\frac{E_1}{RfD_1}+\frac{E_2}{RfD_2}\cdots\frac{E_i}{RfD_i}$$

式中，E_i 为第 i 种毒物暴露量水平；RfD_i 为第 i 种毒物的参考剂量。

当风险指数超过1时，应关注潜在健康影响，任一化学物暴露量水平大于毒性值将引起

风险指数超过 1,对于暴露多种化学物,即使没有一种化学物暴露量超过 RfD,风险指数也可能超过 1。

（4）生态风险评价方法

单一风险源的典型生态风险评价方法包括化学污染类生态风险评价方法和生态事件类生态风险评价方法两类。

A. 化学污染类生态风险评价方法

化学污染类生态风险评价方法是用来解决污染事故对生态系统影响的有效手段,常用来解决风险源位置、规模、风险受体确定的规划环境影响评价,如工业项目集群类规划、能源类规划、城市建设类规划等。化学污染类生态风险评价常用方法包括商值法和暴露-反应模型法。

a. 商值法

商值法是判定某一浓度化学污染物是否具有潜在有害影响的半定量生态风险评价方法,即依据已有文件或经验数据,设定需要受到保护的受体的化学污染物浓度标准,再将污染物在受体中的实测浓度与浓度标准进行比较获得商值,由商值得出"有无风险"的结论。当风险表征结果为无风险时,并非表明没有污染发生,而表示污染尚处于可以接受的程度。当标志有风险时,将风险等级划分为多个程度,如无风险、低风险、较高风险、高风险等(路永正,2008)。

$$RQ = \frac{EEC \text{ 或 } PEC}{PNEC}$$

式中,RQ 为风险商值,表征风险大小,比值大于 1 说明有风险,且比值越大风险越大;EEC 为环境暴露浓度;PEC 为预测环境浓度;PNEC 为无效应浓度。

b. 暴露-反应模型法

暴露-反应法是依据受体在不同剂量化学污染物的暴露条件下产生的反应,建立暴露-反应曲线或模型,再根据暴露-反应曲线或模型,估计受体处于某种暴露浓度下产生的效应。这些效应可能是物种的死亡率、产量的变化、再生潜力变化等的一种或数种。暴露-反应模型与人群健康风险评价中的剂量-反映模型相似,具体可参见 4.4.5 节的人群健康风险评价方法内容。

B. 生态事件类生态风险评价方法

生态事件类生态风险评价针对生物工程或生态入侵等生态事件进行的风险评价,主要适用于存在重大生态影响为主的规划生态影响评价,如交通类(港口、航道建设等)规划。本研究选取综合生态风险指数法进行论述。

综合生态风险指数法是从区域生态系统的景观结构出发,选取景观干扰度指数、脆弱度指数和损失度指数分析流域景观生态风险大小和变化情况。

a. 景观干扰度指数

景观干扰度指数用来反映不同景观所代表的生态系统受到外部干扰的程度,区域所受干扰越大,生态风险越大。以景观格局分析为基础,构建景观干扰度指数 E_i,通过各指数叠加来反映不同景观所代表的生态系统受到干扰的程度。其表达式为

$$E_i = aC_i + bN_i + cD_i$$

式中,E_i 为景观干扰度指数;C_i 为景观破碎度指数;N_i 为景观分离度指数;D_i 为景观优势度指数。各指数计算公式为

$$C_i = \frac{n_i}{A_i}$$

$$N_i = \frac{A}{2A_i}\sqrt{\frac{n_i}{A}}$$

$$D_i = \frac{Q_i + M_i}{4} + \frac{L_i}{2}$$

式中，n_i 为景观类型 i 的斑块数；A_i 为景观类型 i 的总面积；A 为景观总面积；Q_i 为斑块 i 出现的样方数/总样方数；M_i 为斑块 i 的数目/斑块总数；L_i 为斑块 i 的面积/样方的总面积；a、b、c 为 C_i、N_i、D_i 的权重，且 $a+b+c=1$。

b. 景观脆弱度指数

景观脆弱度表示不同景观所代表生态系统内部结构的易损性，能够反映不同景观类型对外部干扰抵抗能力的大小。景观类型抵御外部干扰的能力越小，则脆弱度越大，生态风险越大。而不同景观类型对外界干扰的抵抗能力的差异性与自然演替过程中所处的阶段有关，处于初级演替阶段食物链结构简单、生物多样性指数小的生态系统对外部干扰抵抗能力较小，较为脆弱。景观类型的脆弱性可按照未利用地、水域、耕地、草地、林地、建设用地等进行归一化处理后得到各景观类型的脆弱度指数 F_i。具体可由下式计算：

$$F_i = 0.35 \times T_i + 0.45 \times V_i + 0.2 \times P_i$$

式中，F_i 为第 i 类生态系统的生态脆弱性指数；T_i 为第 i 类生态系统的生态敏感性；V_i 为第 i 类生态系统的生态弹性；P_i 为第 i 类生态系统的生态压力。

c. 景观损失度指数

景观损失度指数 R_i 表示将不同指数叠加，用来反映不同景观类型所代表的生态系统在受到自然和人为双重干扰时其自然属性损失的程度。其表达式为

$$R_i = E_i \times F_i$$

式中，R_i 为第 i 类景观损失度指数；E_i 为景观干扰度指数；F_i 为第 i 类生态系统的生态脆弱性指数。

d. 景观生态风险指数

综合上述要素，得出各分区景观生态风险指数，表达式为

$$\text{ERI}_i = \sum_{i=1}^{N} \frac{A_{ki}}{A_k} R_i$$

式中，ERI_i 为第 i 个风险小区生态风险指数；A_{ki} 为第 k 个风险小区第 i 类景观的面积；A_k 为第 k 个风险小区的面积；R_i 为第 i 类景观损失度指数。

根据各小区景观生态风险指数（ERI）数值大小，结合实际情况划定规划区景观生态风险指数等值线，进而根据数值大小将规划区域划分为不同的风险区，如低生态风险区（0.12～0.17）、较低生态风险区（0.17～0.22）、中生态风险区（0.22～0.27）、较高生态风险区（0.27～0.32）、高生态风险区（大于 0.32）（张学斌，2014），进行分级管理。

2）复合风险源评价方法

复合风险源评价方法通过对不同污染风险源布局、类型、规模，并考虑风险受体脆弱程

度,对规划整体上进行风险评价和区划,从风险分级的角度对规划实施环境风险防控。对于单纯污染源风险的复合风险源,如工业项目集群类规划、能源类规划等,通常采用信息扩散法;对于污染风险和生态风险相结合的复合风险源,如矿产资源类规划、交通类规划等,可采用 RPD 模型法。

(1) 信息扩散法

信息扩散法,就是利用模糊数学中有关信息扩散的理论,对整个评价区域进行网格化,将其用等步长划分为相同大小的矩形区域,并用一个二维矩阵来表示这个区域,将环境风险值的单值信息扩散到整个评价区域,从而获得较全面的风险分析效果。信息扩散法主要包括区域网格化、风险源项分析、子风险信息矩阵构建、数值修正、风险值叠加、环境风险分区 6 个步骤。

A. 区域网格化

根据研究区域面积,选取合适的步长将其划分为相同大小的正方形区域,用正方形中心的信息量代表该区域,构成 $n \times m$ 的矩阵来表示这个二维空间。

B. 风险源项分析

将风险源的位置信息输入模型中,根据风险源项分析得到的突发性污染排放水平,利用污染物在环境介质(地表水、海洋、地下水、大气)中的扩散公式/模型,计算污染物浓度分布(具体见 4.4.1、4.4.2、4.4.3 节预测评价方法),对比有毒有害物质的半致死浓度,确定风险影响范围(l'、l)和风险源风险值(r_0)。

C. 子风险信息矩阵构建

选用梯形模糊关系,构建各个风险源在气体和液体中扩散的子风险信息矩阵(固态认为不扩散)。梯形模糊关系如下式:

$$r = \begin{cases} r_0 & 0 < x \leqslant l' \\ r_0(l-x)/l - l' & l' < x \leqslant l \\ 0 & x > l \end{cases}$$

式中,x 为区域上的点与风险源的距离(m);r 为计算点的指数形式风险值,a^{-1};r_0 为风险源的环境风险值,a^{-1};l' 为重伤区最大影响半径;l 为最大影响半径。对于无法准确确定 l' 和 l 的风险源,可通过类比法,按同类行业、相似规模企业的平均风险值和影响范围等来确定。

D. 数值修正

结合区域气象、水文、地形等自然条件特点,对风险扩散矩阵进行修正。以风险源为圆心,通过风向频率确定污染物在不同方向上传播的概率。此外,根据风险源附近的地表高程,调整污染物随空气传播的方向和距离。

E. 风险值叠加

在每个网格内,对各风险源在各环境介质中扩散后的风险值进行叠加。有毒、有害物质扩散对大气、水、土壤造成的风险不能直接求和,需要根据风险源性质及其对环境介质的破坏程度确定不同环境介质的叠加比例(或权重),以此比例(或权重)进行求和。

F. 环境风险分区

将叠加后的风险值按下式转化,并进行聚类分析(合并法),设置风险等级,得到区域风险等级分布图,将风险分布图与区域土地利用规划图、生态敏感区分布图、人口分布图进行

叠图分析,结合区域内的水文、气象特征,优化区域开发空间布局,调整区域内敏感目标和重大风险源的布局关系。

$$R = 8 + \lg r$$

式中,r 为指数形式的风险值;R 为小数形式的环境风险值。理论上 r 与 R 的取值上限没有限制,但实际上一般在 $0 < R < 8$ 的范围内取值。

参照美国 EPA 规定,职业人群可接受风险值为 $10^{-5} \sim 10^{-4} \mathrm{a}^{-1}$,非职业人可接受风险值为 $10^{-7} \sim 10^{-6} \mathrm{Pa}^{-1}$,结合国内胡二邦等人研究成果,选取 $10^{-5} \mathrm{a}^{-1}$ 数量级风险值为不可接受风险。可根据 R 值大小划分为 Ⅰ、Ⅱ、Ⅲ、Ⅳ、Ⅴ 五类分别代表"极低""低""中""高""极高"的风险等级,如表 4.45 所示。根据规划区域风险等级高低,结合风险受体脆弱程度,从规划环境风险角度对规划总体布局、规模、选址选线等提出优化调整建议。

表 4.45　各分区风险水平及可接受程度分级表(刘桂友和徐琳瑜,2007)

风险值 r	危险性	可接受程度	风险值 R	风险等级/水平
10^{-3}	操作危险特别高	不可接受,必须立即采取措施改进	$5 \leqslant R < 8$	极高/Ⅴ
10^{-4}	操作危险性中等	应采取改进措施	$4 \leqslant R < 5$	高/Ⅳ
10^{-5}	与游泳事故和煤气中毒事故属于同一量级	人们对此关心,愿采取措施预防	$3 \leqslant R < 4$	中/Ⅲ
10^{-6}	相当于地震和天灾的量级	人们并不关心此类事故发生	$2 \leqslant R < 3$	低/Ⅱ
$10^{-7} \sim 10^{-8}$	相当于陨石坠落伤人	没有人愿意为这类事故投资加以预防	$0 \leqslant R < 2$	极低/Ⅰ

(2) RPD 模型法

RPD 模型法主要适用于污染风险和生态风险相结合的复合风险源区域生态风险评价,模型可表示为

$$R = P \cdot D$$

式中,R 为综合风险值;P 为综合风险概率;D 为综合生态损失度。其中,综合风险概率 P 的计算公式为

$$P_k = \sum \beta_j P_{jl}$$

式中,P_k 为第 k 个风险小区内的综合风险概率;P_{jl} 为第 k 个风险小区内 j 类一级生态风险的概率;β_j 为 j 类风险源的权重,可由专家打分法或层次分析法获取。其中,综合生态损失度 D 的计算公式为

$$D_i = T_i \cdot F_i$$

式中,D_i 为第 i 类生态系统的综合生态损失度;T_i 为第 i 类生态系统的生态重要性指数;F_i 为第 i 类生态系统的生态脆弱性指数,可由专家判断法或景观生态风险评价方法中的公式计算取得。其中,生态指数 T_i 的计算公式为

$$T_i = 0.5 \times \mathrm{SHDL}_i + 0.5 \times N_i$$

式中，T_i 为第 i 类生态系统的生态重要性指数；$SHDL_i$ 为第 i 类生态系统的香农多样性指数；N_i 为第 i 类生态系统的主要生态服务功能指数。

通过区域内综合生态风险源概率图与综合生态损失度图的叠加，计算最终生态风险评价值。根据各评价单元的综合生态风险值对区域生态风险进行分级评价，并根据生态分级评价结果，对生态风险进行分级管理，如表 4.46 所示。

表 4.46 区域生态风险评价分级标准划分表（聂新艳，2012）

等级	风险描述	管理目标
一级风险区	属生态风险最高，生态环境脆弱的地区。该区内受自然风险发生的概率和强度大，加之以人为破坏，各种风险源叠加使得该区生态系统面临结构和功能的严重胁迫，恢复与重建困难	控制风险 严禁开发
二级风险区	生态系统结构变化较大，功能不全，同时受到多种风险源影响，风险值相对较大。人为过度开发与不当利用导致该区风险增大，生态系统一经破坏恢复困难	控制风险 杜绝污染
三级风险区	生态系统结构较完整，可维持基本功能，区域受到的风险概率和强度三级风险区均不大，但不宜进行高强度的人为活动，可进行适度的资源开发与利用	减轻风险 适度开发
四级风险区	该区一般为产业发展区域，由于人为管理负熵的大量输入，使得该区生态系统相当稳定，面临的风险比较单一，干扰后恢复相当迅速，生态风险值较小，可发展高效、精细产业	减轻风险 合理开发
五级风险区	该区一般为区域内居民集中的地区及附近地区，是人类活动的主要场所，完全是人工产物，结构最为稳定，功能齐全，不易受干扰，恢复能力强，面临的风险值最低	适应风险 协调发展

4.4.6 累积影响评价

4.4.6.1 累积影响评价的概念

累积影响是指当一个人类活动与过去、现在和未来可能预见到的人类活动进行叠加时会对环境产生综合影响或累积影响。累积影响评价指的是系统分析和评估累积环境变化的过程，即调查和分析累积影响源、累积过程和累积影响，对时间和空间上的累积做出解释，估计和预测过去、现在和计划的人类活动的累积影响及其社会经济发展的反馈效应，选择与可持续发展目标相一致的人类活动的方向、内容、规模、速度和方式。

规划累积影响评价是评价规划及与其相关的开发活动在规划周期和一定范围内对资源与环境造成的叠加的、复合的、协同的影响。目的在于识别和判定规划实施可能发生累积环境影响的条件、方式和途径，预测和分析规划实施与其他相关规划在时间和空间上累积的资源、环境、生态影响。根据规划累积过程的时空特征，累积影响大体上有以下几种形式。

（1）复合影响：某些相同或者类似环境影响的规划所带来的影响总和往往超过单个规划的环境影响。

（2）限度影响：当环境弹性达到一定的临界状态后，环境质量将大幅度下降。

（3）诱发影响：一项规划往往会连带引起很多的开发和基础设施建设。例如，交通规划引发一系列的资源开发、产业集聚、城镇布局与空间结构改变等影响。

（4）拥挤影响：还没有足够的时间和空间来弥补一项开发所带来的影响，另一项开发又开始进行了。

可见，时间、空间、作用方式和活动的性质是决定累积影响及其类型的主要因素。可认为,累积影响就是性质相同的活动的环境影响在时间或空间上的叠加,或者性质不同的活动在时间和空间上相互作用所产生的环境影响。

4.4.6.2 累积影响评价基本框架

在系统分析现有累积影响评价方法框架的基础上(都小尚等,2011),本研究提出"规划描述→影响识别→尺度确定→因果分析→评价基准→情景构建→累积评价"的累积影响评价技术路线,见图 4.32。

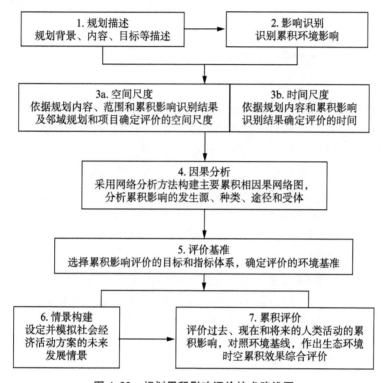

图 4.32 规划累积影响评价技术路线图

各步骤分述如下。

(1) 规划描述:综合分析规划的背景、性质、发展方向、发展方案和发展目标等内容。

(2) 影响识别:构建以规划方案中的不同发展内容为矩阵行、以环境受体为矩阵列的累积影响分析矩阵,在征询专家与利益相关者的基础上,分析拟评规划的正负面效应、主次要以及长短期影响,并采取定量或定性方法分析累积影响的不确定性。

(3) 尺度确定:时间尺度可依据规划方案时段和累积影响的矩阵分析结果,在考虑累积影响的种类和时间延迟效应的基础上确定;空间尺度则需通过对规划区域边界以及对规划方案中污染物累积排放总量的最大迁移扩散距离和影响距离的分析,并同时考虑邻域主要项目(活动)的影响以及累积影响的空间滞后效应来确定。

(4) 因果分析:依据累积影响矩阵识别规划的主要累积影响源、影响种类、影响途径和环境受体,并以此构建因果反馈网络图,为评价对象、评价基准以及预测模型的选择等提供指导。

（5）评价基准：依据影响识别和因果分析结果，确定累积评价的对象目标、指标体系和评价的环境基线（如采用环境标准阈值）。

（6）情景构建：在规划方案和考虑邻域影响的基础上，识别影响规划实施的主要驱动因子，并结合利益相关者意愿，设计出多个发展情景作为累积影响预测和评价的基础。

（7）累积评价：包括累积影响时空耦合、预测、评价，并根据评价结果提出预警。根据预测区域污染物排放、生态影响时间累积水平和空间累积水平，以选定的评价基准（如环境质量标准、空气污染指数、地表水水质级别指数等）为标尺，对区域生态环境累积效应预测结果做出时空累积效果综合评价，以此制定包括规划方案调整、污染防治和生态保护在内的减缓措施，并纳入区域规划、决策、实施和环境管理中。

4.4.6.3 累积影响评价方法

1）水环境累积影响评价方法

水污染物的累积影响是水体中的污染物质在外界环境因素的持续作用下，对水体的水功能健康或者水生生物造成累积性影响的现象。其主要类型有营养盐累积造成的水体富营养化、持久性有机污染物累积和重金属引起的生物富集等。规划实施的水污染物累积影响主要体现在两个方面：一是考虑多排放源之间对于水环境影响的叠加效应，主要反映了空间上的分布；二是考虑排放源持续排放在时间尺度上的累积，主要反映的是时间上的分布。

对于空间尺度上多排放源对水环境影响的叠加效应可以通过在预测模型中投放多排放源进行模拟计算，具体计算方法见4.4.1节内容。本节重点介绍时间尺度上的水体富营养化和重金属引起的生物富集效应分析方法。

规划实施引起的水体富营养化主要是由于纳污水体交换能力较差，或者污染物排放量较大，污染物容易累积停滞导致，如水利水电类、城市建设类规划、工业项目集群类规划等；重金属生物富集现象一般来源于排放重金属的规划，如工业项目集群类、矿产资源类，以及涉及产业开发的城市建设类规划。

（1）水体富营养化评价方法

水体富营养化的发生是由于水体中氮磷营养物质含量增多，使藻类及其他浮游生物在营养盐和外界环境因素的累积影响下迅速繁殖，水体溶解氧含量下降，最终造成藻类、浮游生物、植物、水生物和鱼类衰亡，甚至绝迹。水体富营养化的发生会导致水体生态系统结构和功能退化。

综合目前研究方法，同时考虑水功能区存在污染物排放负荷大于潜在容量的现实情况，现状水质不达标的状况以累积模型为基础，建立一个多种因素（包括外界环境因素、生物因素、水质因素等）影响下的、基于水质目标的、具有普适性的水环境累积评价方法，以期较全面地分析污染物质对水环境的累积影响。

假设 C 为污染物浓度（评价富营养化时，可将其作为藻类浓度），则污染物在控制体（水体或生物有机体）中的浓度变化过程可以表示为

$$\frac{\mathrm{d}C}{\mathrm{d}t} = GC_{\mathrm{w}} - DC$$

式中，C 为某一时刻的控制体中污染物（可将藻类看做水体的一种污染物）的浓度

(mass/mass)；C_w 为水体中的污染物浓度(mass/mass)；G 为促进控制体中污染物浓度增长的影响速率(time^{-1})；D 为造成控制体中污染物浓度降低的影响速率(time^{-1})；t 为时间(time)。

由于控制体中污染物的增长和下降是由多种不同因素造成的。例如,天然水体中,藻类生长受到温度、光照、pH、营养盐(如 TP、TN)等的影响,而藻类的死亡受到沉降、呼吸作用、藻类竞争等的影响；温度、溶解氧等对水生生物吸收和释放重金属等持久性有机物的过程也具有重要的影响,因此,设促进控制体中污染物/藻类浓度增长的影响因子为 x_i,而造成控制体中污染物/藻类浓度死亡的影响因子设为 y_i,则 G 和 D 可分别表示为

$$G = G(x_1,x_2,\cdots,x_n)$$
$$D = D(y_1,y_2,\cdots,y_n)$$

则上式可表示为

$$\frac{\mathrm{d}C}{\mathrm{d}t} = G(x_1,x_2,\cdots,x_n)\,C_w - D(y_1,y_2,\cdots,y_n)C$$

对满足功能区水质标准的水体：

$$\frac{\mathrm{d}C_n}{\mathrm{d}t} = GC_b - DC_n$$

式中,C_n 为控制体内污染物质正常存在的浓度；C_b 为水功能区水质标准。

对超标水体：

$$C_w = C_b + \Delta C_w$$

式中,ΔC_w 为超过功能区水质标准的污染物浓度。

控制体内污染物质浓度为控制体内正常存在的化学物质的浓度与控制体内富集的污染物质的浓度的总和。

$$C = C_n + \Delta C$$

式中,ΔC 为生物体内超出其正常含量的化学物质的浓度。

因此,由以上式子可得到控制体内超出其正常含量的化学物质的浓度随时间的变化为

$$\frac{\mathrm{d}\Delta C}{\mathrm{d}t} = G\Delta C_w - D\Delta C$$

通过积分可得

$$\Delta C = \frac{G}{D}\Delta C_w(1 - \mathrm{e}^{-ke^t})$$

污染物在控制体内造成的累积风险为超标时间内控制体超出正常范围的浓度与能够承受的最大超标浓度的比值：

$$\mathrm{risk} = \frac{\dfrac{G}{D}\Delta C_w(1 - \mathrm{e}^{-ke^t})}{C_m}$$

式中,risk 为风险值;C_m 为污染物质对控制体造成损害的临界浓度。

当风险值 risk 为 1 时,说明控制体中污染物浓度达到了控制体所能忍受的临界浓度;当 risk 大于 1 时,表示该浓度下的污染物已经开始对水体造成损害,若该过程持续时间较长,将会造成水生生态系统的崩溃或者生物体的死亡。

该评价方法已经成功应用于深圳茜坑水库、太湖、东湖及三峡库区的富营养化评价,与实测数据相比,模拟的富营养化结果与实际相差较小,误差在 15% 以内,方法具有普适性,且非常有效。

(2) 水体重金属生物富集效应评价方法

对于重金属生物富集这一受诸多复杂因素影响的过程,目前采用的模型都是以重金属迁移为基础的过程传递模型,在重金属的生物毒理和生物富集研究中常用的模型有以下几种:稳态模型(steady-state model)、两箱模型(two-compartment Model)、生物动力学模型(biodynamic model)。

A. 稳态模型

对重金属传递的研究主要以生物和水体之间的平衡理论为基础,毒理学研究中经常使用生物浓缩系数(bioconcentration factor, BCF)和生物富集系数(bioaccumulation factor, BAF)来表达重金属在生物体内的富集效应。

BCF 是指生物体内某种污染物含量和水中该污染物含量的比率,计算公式如下:

$$BCF = \frac{C_b}{C_w}(t \to \infty)$$

式中,C_b 为受检生物体内某种重金属元素含量($\mu g/g$);C_w 为受检生物所在水环境中重金属的实测含量($\mu g/g$)。

BAF 是指生物整体或者某个关注部位(如胆囊)经由生物体所有的接触途径(包括空气、水、沉淀物/土壤和食物),在此过程中富集重金属的能力,计算公式如下:

$$BAF = \frac{C_b}{C_f}(t \to \infty)$$

式中,C_b 为受检生物体内某种重金属元素含量($\mu g/g$);C_f 为受检生物的主要食物中重金属的实测含量($\mu g/g$)。

BCF 与 BAF 值的大小表明受检生物对环境中重金属的富集能力,对于量化重金属在环境中的迁移转化规律,监测、评价和预测污染物进入环境后可能造成的危害等方面具有重要意义。

B. 两箱模型

重金属生物富集模型也可视为传质模型。根据质量平衡,重金属生物富集和代谢可表示为

物质在限定个体内的净富集速率＝个体输入速率－输出速率＋净生成(转化)速率

因为重金属(总量,而非单指某种形态)不能经由生命活动生成和转化,所以,对于重金属生物富集和排出这一特定过程来说,模型可简化为

富集＝输入－输出

因此,水体与生物体之间的作用过程可用两箱模型进行描述。从自由基动力学模型衍生的两箱模型考虑到吸收和排出两个过程,即生物体从环境(水体)中吸收、富集,并排出污染物。该模型通常假设污染物在生物体内的生物富集可近似看作是污染物在水相和生物体之间的两相分配过程,则富集、排出过程可用一级动力学过程进行描述:

$$\frac{\mathrm{d}\,C_t}{\mathrm{d}t} = K_\mathrm{u}\,C_\mathrm{w} - K_\mathrm{e}\,C_\mathrm{A}$$

$$C_t = C_0 + C_\mathrm{w}\frac{K_\mathrm{u}}{K_\mathrm{e}}(1 - \mathrm{e}^{-K_\mathrm{e}t})(0 < t < t^*)$$

$$C_t = C_\mathrm{w}\frac{K_\mathrm{u}}{K_\mathrm{e}}(\mathrm{e}^{-K_\mathrm{e}(1-t^*)} - \mathrm{e}^{-K_\mathrm{e}t})(t > t^*)$$

式中,K_u 为生物吸收速率常数[$\mu\mathrm{g}/(\mathrm{g} \cdot \mathrm{d})$];$K_\mathrm{e}$ 为生物排出速率常数[$\mu\mathrm{g}/(\mathrm{g} \cdot \mathrm{d})$];$C_\mathrm{w}$ 为水体中污染物的含量($\mu\mathrm{g}/\mathrm{g}$);C_t 为生物体内 t 时刻重金属的含量[$\mu\mathrm{g}/\mathrm{g}$];t^* 为因环境改变,生物体由积累状态转为排泄状态的时刻,在平衡状态下,即为 $\mathrm{d}C_t/\mathrm{d}t = 0$。

C. 生物动力学模型

在水环境中,由于吸附作用,底泥中重金属含量远大于水体中的重金属含量。通常使用分配系数来表示重金属在两相上的分布,计算公式如下:

$$C_\mathrm{sediment} = K_\mathrm{d} \times C_\mathrm{water}$$

式中,C_water 为水中重金属的含量($\mu\mathrm{g}/\mathrm{g}$);C_sediment 为沉积物中的含量(g/kg);K_d 为重金属分配系数(L/kg)。K_d 受环境因子影响,包括温度、pH、溶解性有机物(DOC)、络合物、溶解氧、总有机碳(TOC)、氧化还原电位等。

重金属进入生物体内的途径主要有两种,分别是食物(包括底泥和食物链传递)和体表渗透作用,来源于食物的重金属是生物体内重金属生物富集的重要来源。在这种情况下,模型不但需要预测生物体从水中吸收的重金属,还要预测生物体内来自食物中的重金属,所以只考虑水相因素的两箱模型显示出其局限性。

生物动力学(biodynamic)模型不仅考虑了环境化学的影响特性,还考虑了水生动物代谢和生长的因素,涵盖了水生动物的主要重金属暴露途径(环境和摄食),捕食作用是运用生物动力学模型模拟重金属生物富集效果时的一个不可忽略的因素。这个模型包括 3 个主要过程,分别是生物体从水和食物中吸收重金属、生物体自身排出重金属。通过检测不同物种体内的重金属浓度及其对某种非重金属元素的吸收能力或者富集能力,可通过该模型来预测不同重金属或者非重金属元素的生物富集作用。生物动力学模型中,生物体内的重金属富集浓度是一个吸附、吸收、代谢、储存等主要过程的平衡浓度,这个模型同样基于质量平衡,主体方程如下:

$$\frac{\mathrm{d}\,C_t}{\mathrm{d}t} = (I_\mathrm{w} + I_\mathrm{F}) - (K_\mathrm{e} + g)\,C_t$$

$$I_\mathrm{F} = \mathrm{AE} \times \mathrm{IR} \times C_\mathrm{f}$$

$$I_\mathrm{w} = K_\mathrm{u} \times C_\mathrm{w}$$

将主体方程在积累阶段($0 \leqslant t_0 \leqslant t < t^*$),即 $(I_\mathrm{w} + I_\mathrm{F}) > (K_\mathrm{e} + g)C_t$ 进行积分:

$$C_t = \frac{(I_w + I_F) - [(I_w + I_F) - (K_e + g)C_0]\,e^{-(K_e + g)(t - t_0)}}{K_e + g}$$

式中，t 为暴露时间（d）；C_0 为 t_0 时刻生物体内重金属含量（$\mu g/g$）；C_t 为 t 时刻生物体内重金属含量（$\mu g/g$）；I_w 为水相中重金属的吸收速率 $[\mu g/(g \cdot d)]$；I_F 为食物中重金属的吸收速率 $[\mu g/(g \cdot d)]$；K_e 为重金属的代谢速率（d^{-1}）；g 为因个体生长引起的稀释比例（d^{-1}）。

由主体方程可以推导出特定稳态环境下（$dC_t/dt = 0$），生物体内重金属或其他痕量物质的平衡含量表达式：

$$C_{ss} = \frac{(K_u + C_w) + AE \times IR \times C_f}{K_e + g}$$

式中，C_{ss} 为稳定平衡状态下生物体内的重金属含量（$\mu g/g$）；AE 为生物体对已吸收食物中重金属的吸收速率 $[\mu g/(g \cdot d)]$；IR 为生物体对食物的捕食速率 $[\mu g/(g \cdot d)]$；C_f 为食物中重金属的含量（$\mu g/g$）；K_u 为溶解性金属吸收速率常数 $[L/(g \cdot d)]$；C_w 为水中重金属含量（$\mu g/g$）；K_u 为水生生物从水中吸收重金属的速率 $[L/(g \cdot d)]$；IR 为水生生物的食物摄入量 $[\mu g/(g \cdot d)]$；AE 为水生生物对吞食到消化道内重金属的吸收速率 $[\mu g/(g \cdot d)]$；K_e 为生物体重金属代谢速率（d^{-1}）；g 为生长参数（d^{-1}）。

采用上述三种方法，结合采样监测和实验分析，可得出评价区因规划实施重金属排放造成的生物体内的富集效应。然而，重金属毒性作用是一个复杂的化学和生物作用的外在表现，重金属在生物体内或生物体的某个器官内形成富集，不同的生物有不同的反应，并非重金属在生物体内富集就一定会产生毒性，因此，评价重金属的生物富集作用不能生硬地根据毒性反映来表达，应根据不同生物的不同毒性反映采用相应的标准进行量化评价。

2）持久性有机污染物（POPs）累积影响评价方法

（1）基本概念

持久性有机污染物（POPs）是指通过各种环境介质（大气、水、土壤等）能够长距离迁移并长期存在于环境，进而对人类健康和环境产生严重危害的天然或人工合成的有机污染物质。根据《关于持久性有机污染物（POPs）的斯德哥尔摩公约》，POPs 主要包括三类：一是杀虫剂类，主要是艾氏剂（aldrin）、氯丹（chlordane）等；二是工业化学品，主要是六氯苯（HCB）、多氯联苯（PCBs）等；三是副产物，主要是二噁英（PCDDs）、六氯苯（HCB）等。

规划实施过程产生持久性有机污染物（POPs）的环节主要来自于工业项目集群类规划中的农药和各种化学品制造过程，以及能源类规划中垃圾焚烧发电过程。对于 POPs 在环境中的迁移和转化等传输过程，可采用多介质逸度模型进行定量的计算和分析。

（2）评价模型

多介质逸度模型是评价持久性有机污染物环境行为一种非常有效的工具，该模型通过用定量化的数学表达式描述污染物在环境中的分配、传递、转化过程，建立质量平衡表达式，模拟污染物在介质内及介质间的迁移转化和环境归趋。适用于区域范围的、长时间的模拟，目前较多被用来模拟持久性有机污染物（POPs）在湖泊、流域和城市中的归趋。

常用的多介质逸度模型有 Level Ⅲ 模型。该模型通过定义一系列的 Z 值（逸度容量）、D 值（迁移、转化参数），并对水相、气相、土壤相和沉积物相分别建立质量平衡方程，计算出各

自的逸度 f，再通过 $C=Zf$ 得出污染物在各相中的浓度 C。逸度容量 Z 在各介质中的表达式见表 4.47。

表 4.47　常用的环境介质逸度容量计算公式一览表

环境介质	Z 值定义 $[mol/(m^3 \cdot Pa)]$	参数含义
水$_1$	$Z_1 = \dfrac{1}{H}$ 或 $\dfrac{C^s}{P^s}$	H 为亨利系数 $(m^3 \cdot Pa/mol)$；C^s 为水溶解度 (mol/m^3)；P^s 为液相蒸气压 (Pa)
空气$_2$	$Z_2 = 1/RT$	$R = 8.314[Pa \cdot m^3/(mol \cdot K)]$；$T$ 为绝对温度 (K)
土壤$_3$、沉积物$_4$	$Z_{3,4} = x_{oc} K_{oc} \rho_s Z_1$	x_{oc} 为固体有机碳质量分数；ρ_s 为固体密度 (kg/L)；K_{oc} 为有机碳-水分配系数 (L/kg)

逸度 f 根据化合物在各相中的质量传输平衡原理确定，每一相的质量平衡方程如下。

水$_1$：$E_1 + G_{A1} C_{B1} + f_2 D_{21} + f_3 D_{31} + f_4 D_{41} = f_1(D_{12} + D_{14} + D_{R1} + D_{A1}) = f_1 D_{T1}$

空气$_2$：$E_2 + G_{A2} C_{B2} + f_1 D_{12} + f_3 (D_{21} + D_{23} + D_{R2} + D_{A2}) = f_2 D_{T2}$

土壤$_3$：$E_3 + f_2 D_{23} = f_3(D_{32} + D_{31} + D_{R3}) = f_3 D_{T3}$

沉积物$_4$：$E_4 + f_1 D_{14} = f_4(D_{41} + D_{R4} + D_{A4}) = f_4 D_{T4}$

式中，E_i 为化合物排放速率（mol/h）；G_A 为平流流速（m^3/h）；C_{Bi} 为流入流体的浓度（mol/m^3）；D_{Ri} 为反应速率 D 值 $[mol/(Pa \cdot h)]$；D_{Ai} 为平流速度 D 值 $[mol/(Pa \cdot h)]$；D_{Ti} 为介质 i 中所有损失 D 值的总和 $[mol/(Pa \cdot h)]$；D_{ij} 为化合物从 i 相进入 j 相的 D 值 $[mol/(Pa \cdot h)]$。

以上 4 个方程共包含 4 个未知数（逸度 f），可以通过代数变换进行求解得出。

（3）评价步骤

a. 根据对规划实施的持续性污染排放水平的预测，确定污染物进入环境的途径，给出评价区域内污染物在水、空气、土壤和沉积物等环境介质的排放速率。

b. 用多介质逸度模型对污染物的迁移和转化进行数值模拟，通过与气象数据、水文数据的耦合，模拟污染物在环境中的累积浓度。

c. 比较污染物浓度和区域环境承载力的大小，结合评价区域内人口分布和人群活动特点，通过暴露分析，计算可能受影响的人群。

d. 结合环境质量目标和受体保护目标，估算区域性污染物的排放总量，以此为依据提出规划调控方案。

3）长期低浓度排放累积影响评价方法

长期低浓度排放累积影响评价方法适用于规划实施持续排放大气污染物的规划类型，如工业项目集群类规划、能源类规划等。大气污染物累积影响主要体现在两个方面：一是空间上多排放源对于大气环境影响的叠加效应；二是时间上大气污染源持续排放的累积。对于空间尺度上多排放源对大气环境影响的叠加效应，其评价方法与 4.4.3 节大气环境影响预测评价相同，通过大气模式设置多排放源进行模拟计算。本章节重点对时间尺度上的累积效应评价方法进行介绍。

规划实施过程中的大气污染物累积影响集中表现在人体长期吸入持续排放的低浓度大气污染物，有毒有害污染物长期反复对机体作用，对有机体微小损害的积累或毒物本身在体内的蓄积导致居民慢性健康危害。目前，造成人体健康影响的污染物可以分成三类，即非致

癌化学污染物(如 SO_2、NO_2 等)、致癌化学污染物(如甲醛等)和放射性污染物(如氡等)。可以根据各类污染物的环境浓度,估算它们对在该环境浓度下生活人群的健康风险。

(1) 致癌化学污染物

年健康风险由下式给出:

$$R_c = qD/70$$

式中,R_c 为平均每年致癌危险增量(a^{-1});D 为化学致癌物经吸入途径在空气中的浓度($\mu g/m^3$);q 为致癌强度系数,吸入途径($\mu g/m^3$)$^{-1}$;70 为人的平均寿命(a)。

表 4.48 给出了部分致癌化学污染物质的致癌强度系数参考值。

表 4.48   部分化学致癌物质致癌强度系数参考值表

致癌物质	吸入途径/$(\mu g/m^3)^{-1}$(终身)	致癌物质	吸入途径/$(\mu g/m^3)^{-1}$(终身)
苯	8.3×10^{-6}	环氧乙烷	1.0×10^{-4}
镉	1.8×10^{-3}	甲醛	1.3×10^{-5}
六价铬	1.2×10^{-2}	氯乙烯	4.1×10^{-6}

(2) 非致癌化学污染物

年健康风险由下式给出:

$$R_{ND} = D/(RfD) \times 10^{-6}/70$$

式中,R_{ND} 为非致癌污染物健康危害的平均风险(a^{-1});D 为非致癌污染物单位体重日均暴露剂量[$mg/(kg \cdot d)$];RfD 为非致癌污染物参考剂量[$mg/(kg \cdot d)$];70 为人的平均寿命(a)。

对于吸入途径 D 可由下式给出:

$$D = C_m M_m/70$$

式中,C_m 为非致癌物的空气中的平均浓度(mg/m^3);M_m 为非致癌污染物 m 的日均摄入剂量(m^3/d),对于吸入途径,成人每日的空气摄入量为 21.9 m^3/d;70 为成人的平均体重(kg)。

表 4.49 给出了部分非致癌化学污染物的参考剂量值。

表 4.49   部分非致癌化学污染物质参考剂量表

化学物质	吸入途径/[$mg/(kg \cdot d)$]	化学物质	吸入途径/[$mg/(kg \cdot d)$]
Cd	2.9×10^{-4}	Hg(无机)	2.0×10^{-3}
Cu(尘)	3.7×10^{-2}	Zn	2.1×10^{-1}
Pb	1.4×10^{-3}	二甲苯	1.0×10^{-2}

(3) 放射性污染物

年健康风险由下式给出:

$$R_r = (r_1 + r_2)H_E/70$$

式中,R_r 为放射性污染物健康危害的平均风险(a^{-1});r_1、r_2 分别相当于致死性癌与寿命损失等效死亡的辐射危险度因子,分别等于 5.0×10^{-2}/Sv 与 0.93×10^{-2}/Sv;H_E 为有效剂量(Sv)。

在评价中,有效剂量通常可由剂量转换因子(Sv/Bq),核素在空气中的浓度(Bq/m³)及环境利用因子(m³/a)的乘积求得。对于吸入途径:

$$H_E = \sum_i R_a C_i g_{Aj}$$

式中,R_a 为成人年空气摄入量($8.0 \times 10^3 \text{m}^3/\text{a}$);$C_i$ 为核素 i 在空气中的平均浓度(Bq/m³);g_{Aj} 为核素 j 的吸入量转换因子(Sv/Bq)。

表 4.50 给出部分放射性核素的吸入剂量转换因子。

表 4.50　部分放射性核素吸入剂量转换因子　　　　　　　　单位:(Sv/Bq)

核素	肺类别	幼儿(1 岁)	少年(10 岁)	成人
³H		4.3×10^{-11}	2.7×10^{-11}	1.7×10^{-11}
⁶⁰Co	W	2.9×10^{-8}	1.3×10^{-8}	8.0×10^{-8}
	Y	1.7×10^{-7}	6.8×10^{-8}	4.1×10^{-8}
¹³¹I	D	6.8×10^{-8}	2.2×10^{-8}	8.0×10^{-9}
²¹⁰Pb	D	9.6×10^{-6}	4.4×10^{-6}	3.4×10^{-6}
天然铀	D	2.7×10^{-6}	1.0×10^{-6}	6.7×10^{-7}
	W	1.2×10^{-5}	4.1×10^{-6}	1.8×10^{-6}
	Y	1.4×10^{-4}	5.3×10^{-5}	3.3×10^{-5}

(4) 长期低浓度累积效应

低浓度长期累积效应对评价区各子区(x_i, y_i)内人体风险 $R_c(x_i, y_i)$ 由下式给出:

$$R_c(x_i, y_i) = R_r(x_i, y_i) + R_c(x_i, y_i) + R_{NO}(x_i, y_i)$$

根据上述公式及评价区内因规划实施中低浓度长期释放累积效应造成的主要污染物浓度分布变化,估算评价区各子区(或网格)内的人体健康风险,以等值线表示,分析评价区内低浓度长期累积效应对人体健康风险的影响情况。

4) 土壤重金属累积影响评价方法

土壤污染物累积影响评价方法主要应用于规划实施过程中可能产生难降解的污染物(以含重金属的工业废气、废水和固体废物排放为主)在外界环境因素作用下进入土壤的规划类型,如工业项目集群类规划、能源类规划和矿产资源类规划等。由于重金属具有蓄积性、难降解性的特点,会在土壤中累积,并通过食物链的富集、浓缩和放大后会间接危害人体健康。

土壤累积影响评价定量预测的模式主要有两种,分别为考虑土壤残留系数的模式和不考虑土壤残留系数的模式。

考虑土壤残留系数的模式:

$$Q_t = Q_0 K^t + PK^t + PK^{t-1} + PK^{t-2} + \cdots + PK$$

式中,Q_t 为污染物在土壤中的年累积量(mg/kg);Q_0 为土壤中某污染物的起始浓度(mg/kg);P 为每年外界污染物进入土壤量折合成土壤浓度(mg/kg);K 为土壤中某污染物的年残留率(%);t 为年数(a)。

不考虑土壤残留系数的模式：

$$Q_t = Q_0 + Pt$$

式中，Q_t 为土壤中某污染物在 t 年后的浓度（mg/kg）；Q_0 为土壤中某污染物的起始浓度（mg/kg）；P 为每年外界污染物进入土壤量折合成的土壤浓度（mg/kg）；t 为年数（a）。

根据相关研究，大气沉降对土壤重金属累积影响贡献率在各种外源输入因子中排在首位，工业废气的排放是大气中重金属污染的主要来源，而工业废气中的污染物对土壤累积的影响需要通过大气沉降来实现。大气污染物进入土壤量折合成土壤浓度的计算方法，具体为通过大气扩散模型（AERMOD 模型、CALPUFF 模型等，模型介绍见 4.4.3 节），计算输出研究区域设定时段内污染物的干沉降通量、湿沉降通量和总沉降通量。考虑污染物通过干湿沉降的途径进入土壤，并在土壤中得到积累，计算特征污染物在土壤中的累积量。通过大气沉降进入土壤量的计算公式如下：

$$P = \frac{0.1 \times (Ddy + Ddw)}{z_s \times BD}$$

式中，P 为污染物年沉降量，即每年外界污染物进入土壤量折合成的土壤浓度[mg/(kg/a)]；Ddy 为污染物的干沉降通量[mg/(m^2/a)]；Ddw 为污染物的湿沉降通量[mg/(m^2/a)]；z_s 为土壤混合深度（cm），对于未翻耕土壤一般取 2 cm，对于翻耕土壤取 20 cm；BD 为土壤密度（g/cm^3）；t 为年数（a）。

根据土壤累积影响评价定量预测模式估算规划区域内土壤中污染物累积量，以等值线表示，分析规划区内土壤累积影响空间分布情况。同时，根据规划区域内土地利用类型，现阶段可以对照《土壤环境质量标准》（GB 15618—1995）相关标准，将土壤中污染物累积量计算结果与相应的标准限值进行对比分析，评价规划区内土壤累积影响程度。

5）生态累积影响评价方法

生态累积影响评价方法主要用于分析区域开发建设、土地利用变化引起景观类型变化、景观结构破碎化、景观多样性变化和生态系统退化等。例如，矿产资源类、陆域交通类、旅游类、水利水电类和城市建设类规划都会对生态产生景观演变累积效应。规划实施的生态累积影响主要是从景观尺度来描述区域开发所带来的景观演变及其对生态环境所构成的各种负面作用力的大小及其累积变化状况。这种变化体现为景观类型、格局和功能等相对实施前的结构性偏离，以及功能性损伤所造成的生态综合累积损失。

生态累积影响一般可使用"景观空间累积负荷指数"（MLCBI）来表征这种因开发活动而造成的生态累积损失，概念模型可表示为

$$MLCBI = DRL + IDRL = (CCI + LDI) + LSI$$

式中，MLCBI 为景观空间累积负荷指数，表征基于景观尺度所计算的生态综合累积损失；DRL 为景观演变所带来的生态直接累积损失（直接累积效应），表现为景观类型和景观格局相对基期的变化所带来的生态损失效应，其中，类型变化所带来的生态损失效应可以使用类型结构偏离累积度指数（CCI）来表示，景观格局变化所带来的生态损失效应使用格局干扰累积度指数（LDI）来表示，这两类指数可以利用景观格局指数构建相关指标来表达；IDRL 为生态功能的间接累积损失（间接累积效应），表征景观演变所带来的结构虽未直接损伤，但是

生态系统的胁迫性却在增强,生境逐渐退化的状况。它虽然难以直接利用景观格局指标进行获取,但可以通过构建生态敏感性退化累积度指标(LSI)进行补充与修正。

(1)景观类型结构偏离度指数模型

在区域发展的不同阶段,不同的景观类型所对应的生态系统在维持区域生态安全中发挥着不同的生态服务功能。景观类型结构的变化自然会影响生态系统对人类活动整体上的维护、支撑和保障功能,即生态服务功能的累积性变化。结构偏离累积度指数表现为景观类型面积的累积性变化所带来的生态服务功能相对基期的偏离程度。可以表示为

$$\mathrm{CCI}_{it} = (S_{i0} - S_{it})/S_{i0}$$

$$\mathrm{CCI}_t = \frac{(S_0 - S_t)}{S_0} = 1 - \frac{\sum_{i=1}^{n} \omega_i \cdot A_{it}}{\sum_{i=1}^{n} \omega_i \cdot A_{i0}}$$

式中,CCI_{it}为研究期(t)的景观类型i的结构偏离累积度指数;CCI_t为研究期所有景观类型相对基期的生态服务功能总的偏离度指数;S_{it}为研究期i景观类型生态服务价值;S_{i0}为研究基期i景观类型的生态服务价值;ω_i为i景观类型生态服务功能权重,反映了不同景观类型的生态服务功能,在实际应用中,可结合实际情况通过计算不同景观类型单位面积的生态服务价值来表征;A_i为研究基期i景观类型面积;n为景观类型总数。

CCI_{it}表示规划区域生态服务功能的变化情况,CCI_{it}(CCI_t)>0,表示规划末期相对基期生态服务功能的累积性丧失程度;CCI_{it}(CCI_t)<0,表示生态服务功能的累积性增加程度。

(2)格局干扰累积度指数模型

景观类型结构相同,景观格局不同也使得区域生态系统对外界干扰的抵抗和响应能力不同。为了描述景观格局演变所带来的生态累积效应,可选取破碎度、分离度和分维数倒数3个指标来表征区域景观格局受到各种干扰因素影响的程度,表达式为

$$\mathrm{LDI}_i = \alpha' C_i + \beta' S_i + \gamma' \mathrm{FD}_i$$

式中,LDI_i为研究期景观类型i的格局干扰指数;α'、β'、γ'为各指标对应的权重,$\alpha' + \beta' + \gamma' = 1$;$C_i$、$S_i$、$\mathrm{FD}_i$为景观类型$i$的破碎度、分离度和分维数倒数。

各景观类型的格局干扰累积度指数(CLDI)表达式为

$$\mathrm{CLDI}_{it} = \mathrm{LDI}_{it}/\mathrm{LDI}_{i0}$$

式中,CLDI_{it}为研究期t的i景观类型的格局干扰累积度指数;LDI_{it}、LDI_{i0}为研究期和基期的格局干扰指数。

CLDI_{it}表示规划区域景观格局受规划活动干扰的程度,$\mathrm{CLDI}_{it}>1$表示规划活动对生态系统景观干扰在增强,$\mathrm{CLDI}_{it}<1$表示干扰在减弱。

(3)生态敏感性退化累积度指数

生态环境敏感性是指生态系统对人类活动干扰和自然环境变化的响应程度,说明发生区域生态环境问题的难易程度和可能性大小。规划区域的高强度开发使得生态系统出现生态问题(水土流失、土壤盐渍化等)的概率发生变化,这是一种隐性的生态系统功能退化,它表现为人类活动对系统的结构未造成直接损伤,但实际上生态环境系统的功能却受到一定

胁迫的间接效应。可使用生态敏感性退化累积度指数来表征这一隐性间接的压力。在实际计算时,可以通过分析研究区生态系统所承担的社会功能,选用能够反映区域生态环境脆弱性的敏感性指标(因区域而异)来表征开发所带来的生态损失间接效应。

各景观类型的生态敏感性累积退化指数($CSEI_{it}$)表达式为

$$CSEI_{it} = SEI_{it} / SEI_{i0}$$

式中,$CSEI_{it}$为研究期t的i景观类型的生态敏感性累积退化指数,SEI_{it}、SEI_{i0}为研究期和基期的生态敏感性指数。

$CSEI_{it}$计算结果为规划区域生态环境脆弱性变化情况,$CSEI_{it} > 1$表示规划区域生态敏感性有所增加,$CSEI_{it} < 1$表示规划区域生态敏感性在降低。

(4)景观类型生态累积效应指数

根据景观格局指数的生态学意义及其与生态环境响应之间的联系,对结构偏离累积度指数、格局干扰累积度指数和敏感性退化累积度指数采用多级加权求和法来计算不同景观类型的空间累积负荷指数,对不同景观类型的生态累积效应进行评价,计算方法:

$$CEI_i = \alpha CCI_{it} + \beta CLDI_{it} + \gamma CSEI_{it}$$

式中,CEI_i为景观类型i的空间累积负荷指数,CCI_i、$CLDI_i$、$CSEI_i$为景观类型i的结构偏离累积度、格局干扰累积度和土壤侵蚀敏感退化累积度指数;α、β、γ为权重。

(5)区域生态累积效应指数模型

景观类型生态累积效应指数只反映了各景观类型的生态效应累积特征,并不能从空间上反映整个区域的生态累积效应特征。为此,需要构建使区域景观生态累积效应指数空间化的模型,建立起景观类型生态累积效应与区域综合景观类型生态累积效应之间的联系。区域景观空间累积负荷指数计算模型为

$$RMLCBI = \sum_{j=1}^{n} \frac{A_i}{TA} \cdot CEI_i$$

式中,$RMLCBI$为区域景观生态累积效应指数;A_i为样地中景观类型i的面积;TA为样地总面积;CEI_i为景观类型i的生态累积效应指数。

CEI_i、$RMLCBI$分别为某一景观类型及规划整体区域生态环境累积效应指数,数值越大,表示规划活动对区域生态累积影响越大。

上述使用景观类型、景观格局和景观生态敏感性等指标构建景观演变的生态环境累积效应表征模型,通过计算各指标与景观生态基准值的偏离程度进行评价和分析,获得规划区域景观空间累积负荷程度。在具体应用时可根据规划区域面积、景观格局及生态系统特点,采用格网全覆盖系统采样法,将各格网的综合生态环境累积效应指数值作为样地中心点的生态环境累积效应值,通过空间插值获得规划范围内生态累积效应分布图。在此基础上,依据累积影响空间分布情况,制定包括规划方案调整、污染防治和生态保护在内的环境影响减缓措施以及适应性管理措施。

5 广东省规划环境影响评价管理机制研究

5.1 规划环境影响评价工作程序

5.1.1 现行规划环境影响评价工作程序存在的不足

规划环境影响评价工作程序是规划环境影响评价工作的主线,是过程推进的重要依据。广东省的规划环境影响评价工作基本是按照《规划环境影响评价技术导则 总纲》(HJ 130—2014)规定的工作程序进行实施的。

该导则将规划分为"规划纲要编制阶段→规划研究阶段→规划编制阶段→规划报批阶段",对应的规划环境影响评价工作程序包括规划纲要初步分析、识别主要环境问题和制约因素、确定范围及评价重点、确定环境目标及构建指标体系、规划分析、环境现状调查与评价、环境影响预测与评价、规划方案综合论证、提出不良环境影响减缓措施、编制跟踪评价方案等几个部分。导则加强了规划环境影响评价编制过程中相关评价成果及时反馈给规划编制机关,实现全过程互动的要求。但是,其规划环境影响评价工作程序主要侧重于报告书的"编制程序",而对审查意见反馈、规划环境影响评价与建设项目环境影响评价的联动、规划环境影响跟踪评价等程序均未提及,缺乏对规划实施过程中的环境监管。

5.1.2 规划环境影响评价工作程序优化

为强化对广东省规划环境影响评价的事中、事后监管,本研究从公众参与介入时机和方式、审查程序、规划环境影响评价与建设项目环境影响评价联动、规划环境影响跟踪评价等方面对现行规划环境影响评价工作程序进行优化,将规划分为"规划启动阶段→规划研究阶段→规划编制阶段→规划报批阶段→规划实施阶段",对应的规划环境影响评价阶段分为"准备阶段→文件编制阶段→文件审查及成果提交阶段→跟踪评价阶段"。各阶段分述如下。

5.1.2.1 准备阶段

对规划纲要进行初步分析,收集相关基础资料,初步调查环境敏感区域的有关情况,识别规划实施的主要环境影响和资源环境制约因素,确定规划环境影响评价方案。识别结果反馈给规划编制机关。

5.1.2.2 文件编制阶段

规划环境影响评价文件的编制内容和工作程序主要包括规划分析、环境现状调查与评价、环境影响预测与评价、规划方案综合论证、提出不良环境影响减缓措施、编制跟踪评价方案,并提出下一层次建设项目环境影响评价简化的内容等几个部分。经过多轮成果反馈及规划方案调整,最终形成规划环境影响报告书/篇章或说明。

公众参与应贯穿整个规划环境影响评价编制过程。规划编制机关和环境影响评价机构应对规划的利益相关者进行充分识别，制定有效的公众沟通工作方案。报告书中需附具对公众意见采纳或者不采纳的说明。该阶段公众参与应分三次进行信息公开，第一次为基本信息公告，第二次为文件全本公告，第三次为公众参与汇编报告公开。

5.1.2.3　文件审查及成果提交阶段

规划环境影响评价文件编制完成后，需提交相应的环保部门组织审查或征求意见。

1）规划环境影响报告书

环保部门负责召集有关部门代表和专家组成审查小组，对报告书进行审查，形成书面审查意见。经审查后的规划环境影响报告书及其审查意见应一并递交给规划编制机关，方进行下一步的规划报批工作。

2）规划环境影响篇章或说明

规划编制机关应将环境影响篇章或者说明同规划草案一并送环保部门征求意见后，方可将环境影响篇章或说明随规划草案一起报送规划审批机关审批。

规划环境影响评价文件经审查后，环保部门应主动公开审查小组的审查意见；规划审批机关最终决定不采纳环境影响报告书结论及审查意见的，除逐项就不予采纳的理由作出书面说明并存档备查外，应反馈给环保部门，并向社会公众公开。

5.1.2.4　跟踪评价阶段

对环境有重大影响或审查意见明确要求需开展跟踪评价的规划，规划编制机关应当及时组织开展规划环境影响的跟踪评价，将评价结果报告规划审批机关，并通报环保部门。发现有明显不良环境影响的，应当及时提出改进措施。

规划审批后，在实施范围、适用期限、规模、结构和布局等方面进行重大调整或者修订的，规划编制机关应当重新或者补充进行环境影响评价。

广东省规划环境影响评价的主要工作流程建议见图 5.1。

5.2　规划环境影响评价文件类型及编制要求

5.2.1　规划环境影响评价文件类型优化

2004 年，原国家环境保护总局印发的《编制环境影响报告书的规划的具体范围（试行）》和《编制环境影响篇章或说明的规划的具体范围（试行）》（环发〔2004〕98 号）规定了规划环境影响评价的具体范围，界定了哪些规划需要进行环境影响评价，哪些需要编制环境影响报告书或环境影响篇章（或说明）。但在规划环境影响评价实际工作中，仍存在以下问题。

（1）各级政府及有关部门组织编制的规划的层次和种类繁多，很多规划类型无法与上述具体范围一一对应，导致环保部门与规划编制机关对部分规划环境影响评价的形式存在分歧。

（2）原规划环境影响评价文件编制范围仍不具体，编制环境影响报告书的规划与编制环境影响篇章或说明的规划范围界定不明确，实际执行过程中难以把握。

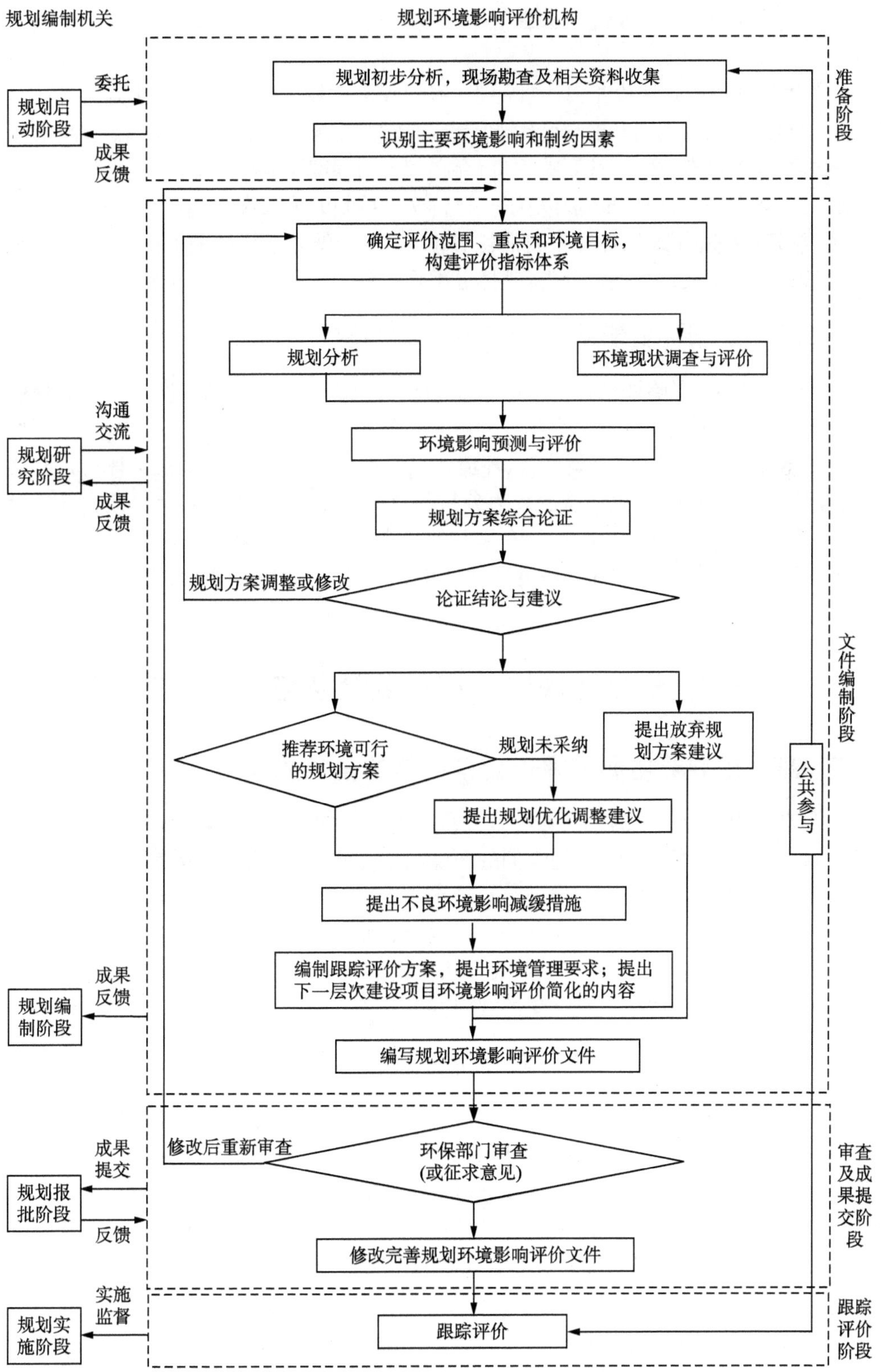

图 5.1　广东省规划环境影响评价工作流程建议图

（3）一些原纳入篇章或说明编制范围的规划实际上环境影响较大，未列入编制报告书范围。

（4）根据环境影响评价相关法规要求，目前仅需对设区的市级以上地方人民政府及其有关部门组织编制的规划开展环境影响评价，而对县级规划未提出该要求，一些对环境影响较大的规划未经过有效的环境影响评价，存在较大的环境风险和隐患。

针对上述问题，为增加规划环境影响评价文件编制的可操作性和针对性，根据广东省实际情况，修订和细化了编制环境影响报告书和环境影响篇章或说明的范围，增加了部分县级规划环境影响评价文件的编制分类，具体分类管理名录建议见表 5.1 和表 5.2。

5.2.2 规划环境影响评价文件编制要求

参照《规划环境影响评价技术导则　总纲》（HJ 130—2014），结合广东省规划环境影响评价实际情况，提出规划环境影响评价文件的编制要求建议见表 5.3。其中，规划环境影响报告书主要编制内容包括：规划分析、环境现状调查评价、环境影响识别与评价指标体系建立、环境影响预测评价、资源环境承载力分析与总量控制、规划方案综合论证和优化调整建议、环境影响减缓措施、跟踪评价、公众参与等。规划环境影响篇章或说明主要编制内容包括：评价依据、规划协调性分析、环境现状评价、环境影响分析与评价、规划方案综合论证、环境影响减缓措施、跟踪评价等。

5.3 规划环境影响评价公众参与方式及要求

5.3.1 规划环境影响评价公众参与的角色和作用

规划环境影响评价中的公众参与是公众通过一定的方式途径，在规划制定和实施过程中对环境利益的影响予以关注，把人们的环境利益要求融入决策，充分考虑规划实施中各利益相关方的诉求，有助于提高和保证公众充分享有知情权、监督权和参与权，提高决策有效性，维护公众环境权益。通过公众参与，能为各级政府部门提供科学依据，可使环境影响评价在规划方案编制阶段充分平衡各利益相关方的利益，特别是敏感人群的环境权益保障需求，促使决策者选择环境效益最大化的规划方案。

5.3.2 现行规划环境影响评价公众参与存在的不足

《环境影响评价法》第十一条、《规划环境影响评价条例》第十三条、《环境影响评价公众参与暂行办法》第三十三、三十四条均规定，规划编制机关对可能造成不良环境影响并直接涉及公众环境权益的规划，应当在该规划草案报送审批前，举行论证会、听证会，或者采取其他形式，征求有关单位、专家和公众对环境影响报告书草案的意见。编制机关应当在报送审查的环境影响报告书中附具对公众意见采纳与不采纳情况及其理由的说明。另外，对于规划实施后的跟踪评价，《规划环境影响评价条例》第二十六条规定，规划编制机关对规划环境影响进行跟踪评价，应当采取调查问卷、现场走访、座谈会等形式征求有关单位、专家和公众的意见。广东省的规划环境影响评价基本按照上述法律法规的要求开展公众参与工作，尚未颁布相关的法规文件。

表 5.1　广东省需编制环境影响报告书的规划名录修订建议及说明对照表

环发[2004]98 号原文	修订建议	修订说明
	一、工业的有关专项规划	
省级及设区的市级工业各行业规划	地市级以上工业各行业专项规划	基本不变
	二、农业的有关专项规划	
1. 设区的市级以上种植业发展规划 2. 省级及设区的市级渔业发展规划 3. 省级及设区的市级乡镇企业发展规划	地市级以上的市级种植业、渔业、乡镇企业发展规划	基本不变
	三、畜牧业的有关专项规划	
1. 省级及设区的市级畜牧业发展规划 2. 省级及设区的市级草原建设、利用规划	地市级以上的畜牧业发展规划	根据广东省情况,删除草原建设利用规划
	四、能源的有关专项规划	
1. 油(气)田总体开发方案 2. 设区的市级以上流域水电规划	地市级以上能源重点专项建设规划,包括火电设施建设规划(含集中供热规划)、流域水电设施建设规划、风电设施建设规划、新能源利用工程规划等	增加能源重点专项建设规划。根据广东省情况,删除油(气)田总体开发方案
	五、水利的有关专项规划	
1. 流域、区域涉及江河、湖泊开发利用的水资源开发利用综合规划和供水、水力发电等专业规划 2. 设区的市级以上跨流域调水规划 3. 设区的市级以上地下水资源开发利用规划	1. 流域(区域)水资源综合规划、供水规划、水力发电规划 2. 地市级以上跨流域调水规划 3. 县级以上河道整治规划	重新进行归类,增加河道整治规划
	六、交通的有关专项规划	
1. 流域(区域)、省级内河航运规划 2. 国道网、省道网及设区的市级交通规划 3. 主要港口和地区性重要港口建设规划 4. 城际铁路网规划 5. 集装箱中心站布点规划 6. 地方铁路建设规划	1. 陆域交通类规划,包括城市综合交通体系规划、城市轨道交通规划、公路(铁路网规划、公路运输枢纽规划、航道建设规划(含内河航运) 2. 水域交通类规划,包括港口总体规划和港口总体布点规划	细化规划分类,将集装箱中心站布点规划分别归类到公路运输枢纽规划和港口总体规划
	七、城市建设的有关专项规划	

（续表）

环发〔2004〕98 号原文	修订建议	修订说明
直辖市及设区的市级城市专项规划	1. 县级以上城市控制性详细规划 2. 县级以上城市建设类专项规划，包括市政基础设施专项规划、公共服务设施专项规划、环卫设施专项规划等	增加城市控制性详细规划、细化城市建设类规划类型
八、旅游的有关专项规划		
省及设区的市级旅游区的发展总体规划	县级以上旅游区总体规划	基本一致
九、自然资源开发的有关专项规划		
1. 矿产资源：设区的市级以上矿产资源开发利用规划 2. 土地资源：设区市级以上土地开发整理规划 3. 海洋资源：设区的市级以上海洋自然资源开发利用规划 4. 气候资源：气候资源开发利用规划	1. 地市级以上的矿产资源总体规划、矿产资源专项规划（包括开发利用专项规划、重点矿种专项规划、重点矿产地开发利用规划） 2. 县级以上的土地开发整理规划 3. 地市级以上的海洋自然资源开发利用规划	细化矿产资源规划分类。根据广东省情况，删除气候资源开发利用规划
十、林业的有关专项规划		
无	县级以上森林公园总体规划或开发建设规划	增加林业有关专项规划
十一、工业园区开发建设规划		
—	县级以上工业项目集群类规划，包括经济技术开发区、产业转移工业园、统一定点基地以及其他各类工业集聚区等	根据广东省园区设立情况，增加工业园区开发建设规划（工业项目集群类规划）

表 5.2 广东省需编制环境影响篇章或说明的规划名录修订建议及说明对照表

环发[2004]98 号原文	修订建议		修订说明
	一、土地利用的有关规划		
设区的市级以上土地利用总体规划	县级以上土地利用总体规划		基本不变
国家经济区规划	二、区域的建设、开发利用规划		
	国家经济区规划 区域发展规划(如区域一体化发展规划、新区发展规划、经济合作区发展规划等)		根据广东情况,增加区域发展规划
	三、流域的建设、开发利用规划		
1. 全国水资源战略规划 2. 全国防洪规划 3. 设区的市级以上防洪、治涝、灌溉规划	1. 县级以上防洪治涝规划 2. 县级以上农业灌溉规划		基本不变
	四、海域的建设、开发利用规划		
设区的市级以上海域建设、开发利用规划	地市级以上海域建设、开发利用规划		基本不变
	五、工业指导性专项规划		
全国工业有关行业发展规划	县级以上工业发展指导性规划		基本不变
	六、农业指导性专项规划		
1. 设区的市级以上农业发展规划 2. 全国乡镇企业发展规划 3. 全国渔业发展规划	县级以上农业发展指导性规划		基本不变
	七、畜牧业指导性专项规划		
1. 全国畜牧业发展规划 2. 全国草原建设、利用规划	县级以上畜牧业发展指导性规划		基本不变

（续表）

环发〔2004〕98号原文	修订建议	修订说明
八、林业指导性专项规划		
1. 设区的市级以上商品林造林规划（暂行） 2. 设区的市级以上森林公园开发建设规划	1. 县级以上商品林造林规划（暂行） 2. 县级以上林业发展规划	将森林公园规划列入编制环境影响报告书的范围，增加林业发展规划
九、能源指导性专项规划		
1. 设区的市级以上能源重点专项规划 2. 设区的市级以上电力发展规划（流域水电规划除外） 3. 设区的市级以上煤炭发展规划 4. 油（气）发展规划	1. 地市级以上能源发展规划 2. 县级以上能源重点专项规划（含电力行业发展规划、新能源专项规划等）	细化能源规划分类。根据广东省情况，删除煤炭发展规划和油（气）发展规划
十、交通指导性专项规划		
1. 全国铁路建设规划 2. 港口布局规划 3. 民用机场总体规划	地市级以上交通指导性专项规划	将港口布局规划归类到港口总体规划，列入编制环境影响报告书的范围。根据广东省情况，删除民用机场总体规划
十一、城市建设指导性专项规划		
1. 直辖市及设区的市级城市总体规划（暂行） 2. 设区的市级以上城镇体系规划 3. 设区的市级以上风景名胜区总体规划	县级以上城镇体系规划、城市总体规划	将风景名胜区总体规划纳入旅游区总体规划，列入编制环境影响报告书的范围
十二、旅游指导性专项规划		
全国旅游区的总体发展规划	县级以上旅游发展总体规划	将旅游区总体发展规划列入编制环境影响报告书的范围
十三、自然资源开发指导性专项规划		
设区的市级以上矿产资源勘查规划	地市级以上矿产资源勘查规划	基本不变

表5.3　广东省规划环境影响报告书、规划环境影响篇章或说明文件编制要求建议一览表

重点章节	报告书主要内容	篇章或说明主要内容
总则	概述任务由来，说明与规划编制全程互动的有关情况及其所起的作用	—
	明确评价依据，评价目的与原则，评价范围(附图)，评价重点	重点明确与规划相关的法律法规、环境经济与技术政策、产业政策和环境标准
	附图、列表说明主体功能区规划、环境功能区划内的具体要求。说明评价区域内的主要环境敏感目标和重点生态保护要求等。重点识别规划限制的红线问题	明确主体功能区规划、生态功能区划、环境功能区划对评价区域的要求，说明环境敏感区和重点生态功能区等环境保护目标的分布情况及其保护要求。重点识别规划限制的红线问题
规划分析	概述规划编制的背景，明确规划的层级和属性，解析并说明规划的发展目标、定位、规模、布局、结构、时序，以及规划包含的具体项目建设内容	—
	进行规划与政策法规、上层位规划的符合性分析，与同层位规划的协调性分析，给出分析结论。重点明确结论之间的冲突与矛盾	分析规划与相关政策、法规、上层位规划的符合性
	进行规划的不确定性分析，给出规划环境影响预测的不同情景	—
环境现状调查与评价	概述环境现状调查情况。简明评价区自然地理状况、社会经济概况、资源赋存利用状况、环境质量和生态状况等，评述区域资源利用和保护中存在的问题。分析规划布局与主体功能区规划、生态功能区划、环境功能区划和环境质量状况的关系，评价区域功能区划之间的关系。变化趋势和存在的主要问题，分析评价区主要行业经济和污染贡献率，结构的组成，结合生态系统防范和人群健康状况	评述资源利用和保护中存在的问题，评述区域环境质量状况，评述生态系统的组成，结构与现状，变化趋势和存在的主要问题，评价区域环境风险防范和存在区域环境风险
	对已开发区域进行环境影响回顾性评价，明确现有开发状况与区域主要环境问题间的关系。对工业集群类规划应详细说明现区域内已建立企业、已批未建企业的污染物产生、排放及其环保措施，并说明环境影响评价文件批复要求	同报告书
环境影响识别与评价指标体系构建	明确提出规划实施的资源与环境制约因素	同报告书
	识别规划实施可能影响的资源与环境要素及其范围，环境要素之间的动态关系。论述评价区域环境质量、生态保护和其他与环境保护相关的目标和要求，建立评价指标体系，给出具体评价指标值	明确评价要素与资源、生态保护和其他与环境保护相关的目标和要求，确定不同规划时段的环境目标，给出具体评价指标值
环境影响预测与评价	估算不同发展情景对关键性资源的需求量及污染物的排放量，主要生态影响的范围和持续时间，主要生态因子的变化值	—

（续表）

重点章节	报告书主要内容	篇章或说明主要内容
环境影响预测与评价	说明资源、环境影响预测的方法，包括预测模式和参数选取等	—
	预测与评价不同发展情景下区域环境质量能否满足相应功能区的要求，对区域生态系统完整性所造成的影响，对主要环境敏感区和重点生态功能区等环境保护目标的影响与影响质量程度。	同报告书，不需预测
	根据不同类型规划及其环境影响特点，开展人群健康影响状况评价、事故风险分析，以及生态风险分析、清洁生产水平和循环经济分析	同报告书
	预测和分析规划实施与相关规划在时间和空间上的累积环境影响	同报告书
环境承载力分析与总量控制	评价区域资源与环境承载能力对规划实施的支撑状况	—
	基于规划对区域环境功能分区和相应的环境质量目标，确定污染物总量管控限值和阶段性目标	—
规划方案综合论证和优化调整建议	综合各种资源与环境要素的影响预测和分析，评价结果，分别论述规划的目标、规模、布局，给和等规划特点的环境合理性，及环境目标的可达性和规划对区域可持续发展的影响	分析环境目标的可达性，给出规划方案的环境合理性和可持续发展综合论证结果
	明确规划方案的优化调整建议，并给出评价推荐的规划方案	—
	按照"优先保障生态空间、合理安排生活生产空间，集约利用生产空间"的原则，做好规划空间布局方案合理性论证和优化调整	—
	在综合考虑规划区域主体功能定位、环境质量现状、资源环境承载能力，环境保护要求和规划特点等因素的基础上，论证区域产业发展方向的环境合理性，提出环境准入负面清单和差别化环境准入条件	—
环境影响减缓措施	详细给出针对不良环境影响的预防、最小化及对策成效的影响，论述对策和措施的实施效果，涉及具体建设项目方案应给出重大建设项目环境影响评价要求（包括简化建议），环境准入条件和管理要求等	详细说明针对不良环境影响的预防、减缓（最小化）及对造成的影响进行全面修复补救的对策和措施。如规划方案中包含有具体的建设项目，还应给出重大建设项目环境影响评价的要求，环境准入条件和管理要求等
环境影响跟踪评价	详细说明拟定的跟踪评价方案，论述跟踪评价的具体内容和要求	给出跟踪评价方案，明确跟踪评价的具体内容和要求
公众参与	说明公众参与的方式，内容及公众参与意见和建议的处理情况，重点说明不采纳的理由	—
评价总结论	归纳总结评价工作成果，明确规划方案的合理性和可行性	—
附件	表征规划发展目标、规模、结构、布局、建设时序，以及表征规划涉及的资源与环境现状的调查表现、给出环境现状调查范围，监测点位分布等图件	附必要的图表

尽管目前我国公众参与规划环境影响评价的制度不断完善,但在实践中,大多数规划环境影响评价中的公众仅仅是消极、被动的参与,公众对决策的参与、影响作用无法充分发挥出来。存在的问题如下。

(1)公众参与主体规定过于笼统。由于暂行办法对公众的定义不太明确,导致无法明确划分各利益相关方。大多数规划环境影响评价的公众主要为受规划实施影响范围内的个人和单位,部分涉及相关政府职能部门等。公众参与主体相对狭窄,缺乏代表性、专业性和宏观性。

(2)公众参与方式亟待改进。对于公众参与的时机,一般集中在规划草案报送审批前,规划编制前期和规划环境影响评价文件审查后的公众参与环节是缺失的,公众对于规划方案的形成没有太多的建议时机,对规划审批后的环境要求缺乏知情权和监督权;对于公众参与的方式,由于没有明确需要采取何种形式,以及由谁来确定,公众参与方式大多借鉴建设项目环境影响评价公众参与的做法,方式比较单一,仅限于网络公示、问卷调查和专家咨询等,没有充分体现规划环境影响评价的特点。公众参与的意见和效果对规划环境影响评价工作和规划决策的作用相对有限。

(3)公众信息知情权没有得到切实保障。目前规划环境影响评价工作对信息公开内容的规定不具体,范围较为狭窄,对公开的义务和途径并没有在立法上明确赋予公众获取信息。公众参与信息的不对称性具体表现为信息公开不充分、公众参与形式单一和公众利益保障缺乏等问题。由于缺乏反馈机制,公众对提出的意见是否得到采纳并不知情,一定程度上削弱了其参与的积极性。

5.3.3　规划环境影响评价公众参与机制优化

规划环境影响评价公众参与应重点考虑两点:一是基于规划环境影响评价对象的公共性、复杂性特质,公众参与制度设计应充分考虑区域公平性、公正性,兼顾各利益相关方;二是基于规划制定与实施的多部门联动要求,规划环境影响评价中应加强非规划制定政府部门参与到规划环境影响评价中,及时纠正规划决策的不当之处,预先规避实施过程中的不良影响。协作型公众参与很好地统筹兼顾了上述两点,能在很大程度上提高规划环境影响评价中公众参与工作的有效性和科学性,尤其是可以从源头上减缓和化解规划项目的邻避效应。

5.3.3.1　协作型公众参与实施框架

协作型公众参与是采用"分析-协商"的评价方法开展,强调在决策和评价过程中,参与协商能够充分表达多方的意见和建议,是技术理性与交流理性的契合。其理念是各利益相关方、相关公众参与到规划环境影响评价过程,采用灵活的、柔性的、多样的、交互式评价模式,使各相关方在同一平台上表达各自的利益诉求,形成利益博弈,达到资源的优化配置,实现共同利益最大化;通过多次沟通、交流、协商使各方价值观趋于一致,从而使规划方案趋向合理。协作型公众参与实施框架见图5.2。

1)识别阶段

开展规划环境影响评价协作型公众参与首要是对规划涉及的利益相关方进行识别,以提高规划环境影响评价公众参与的有效性。

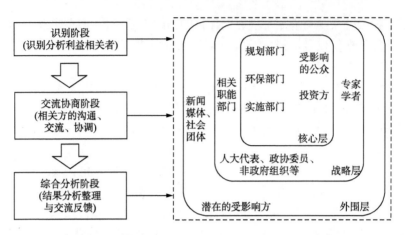

图 5.2　规划环境影响评价协作型公众参与实施框架图

　　规划环境影响评价中的利益相关方一般包括规划编制机关、规划实施部门、环保等政府相关职能部门、受规划实施直接影响的单位和个人，以及规划涉及项目的未来投资方等。此外，受规划实施潜在影响的单位和个人、关注该规划决策与实施的单位和个人、有关领域专家等作为非利益相关方可以参与到规划环境影响评价过程中。公众参与具体对象的选择应综合考虑地域、职业、专业知识背景、表达能力、受影响程度等因素，合理进行选择。规划环境影响评价中公众参与组成具体见表 5.4。

表 5.4　规划环境影响评价中的公众参与组成一览表

序号	公众参与方	主要组成	是否属于利益相关方
1	受规划实施直接影响的单位和个人	如受规划中具体措施、项目实施环境影响范围内的个人；项目实施环境影响范围内拥有土地使用权的单位和个人；在规划中具体措施、项目实施时，因各种客观原因需要搬迁或者无法继续经营的单位和个人	是
2	受规划实施潜在影响的单位和个人	如规划实施所导致的移民迁入地单位和个人；规划项目实施的潜在就业人群、供应商和消费者；规划所涉及行业内的单位和个人等	是
3	规划涉及项目的未来投资方	—	是
4	政府相关职能部门	如规划部门、环保部门、国土部门、发改部门、工业部门、规划部门等	是
5	有关专家学者	特指因具有某一领域的专业知识，能够针对规划某种影响提出权威性参考意见，在规划环境影响评价过程中有必要进行咨询的专家	否
6	关注该规划决策与实施的单位和个人	如各级人大代表、政协委员、相关研究机构、新闻媒体、社会团体、非政府环保组织和其他专业团体等	否
7	规划编制机关	—	是
8	规划实施部门	—	是

公众参与的组成可分为核心层、战略层和外围层。核心层为利益相关者,战略层和外围层为非利益相关者。核心层指在规划制订和实施过程中具有行政职能或者受到影响的个人和群体,他们的价值取向可对规划产生直接影响,如规划编制机关、规划实施部门、规划涉及的项目投资方、规划实施区域内受影响的相关单位和个人。战略层能够在特定时间和范围内影响规划制订或实施,例如,政府其他相关职能部门,虽然不直接制订规划,但是如果没有这些部门的配合和协调,规划编制工作难以顺利开展。再如,规划环境影响评价的不同阶段需要本领域及相关领域的专家、人大代表、政协委员、非政府组织等参与点评,集思广益。外围层则涵盖与规划编制和实施关系较为松散的社会团体和组织,一般主要包括电视、广播、报纸、杂志、互联网等新闻媒介以及潜在的受影响的公众。在公众参与过程中,着重协调核心层的利益冲突,吸收战略层和外围层的良好的对策建议。

2) 交流协商阶段

该阶段是各相关方通过沟通、交流、协商达到价值共识的过程,通过公众参与规划环境影响评价,让公众对与规划相关的环境影响、环境问题有一个全面、客观的认识,是取得公众,尤其是受到不良环境影响的公众理解、支持直至积极参与的重要手段。各利益相关方以制度主体的身份参与到公共权力运作中,实现各相关方在同一平台表达各自的利益诉求,形成利益博弈,达到资源的优化配置,实现共同利益最大化。

规划纲要编制时,相关职能部门和规划环境影响评价机构即应介入,从规划实施的资源和环境制约因素、规划社会关注问题等方面进行考虑,规划前期即规避相关红线问题。此阶段公众参与的对象主要为有关专家、相关职能部门和规划实施部门。

规划环境影响评价文件编制过程中,对于政策性、宏观性较强的规划,公众参与主体应以规划涉及的部门代表和专家为主。规划环境影响评价编制工作有了初步的规划方案论证结果后,规划编制机关与环境影响评价机构可主要通过座谈会、专家咨询会、论证会等方式,重点征求有关专家和部门的意见。对于内容较为具体的开发建设类规划,还应根据不同利益相关者群体的社会化特征,可通过问卷调查、座谈会、专家咨询会、论证会、听证会等多种方式,系统地调查和收集直接环境利益相关群体代表的意见。首先,从各利益相关方的利益基础出发,强调环境保护是经济发展的基础条件,引导参与者比较规划带来的经济损益、环境损益和基本损益等,表达各自的观点,以便于后期统计各相关方在环境公益、经济公益、环境个益和经济个益之间的关系;其次,通过前期调研工作,针对各相关方关心点、共同点和矛盾点设计公众参与方案(如调查问卷);再次,相关方通过公众参与问卷调查或其他途径充分反映其诉求,围绕利益各相关方所关心的问题采取座谈会、论证会等形式,进一步沟通协调规划利益相关方之间的关系与立场;最后,针对利益诉求,采取有效对应的措施。经过对利益相关方的分析及关系协调,各相关方利益得到最大满足,使规划方案趋向合理。

3) 综合分析阶段

该阶段的主要任务是分析整理公众调查结果,为规划环境影响评价分析提供必要的数据信息支持,同时应对环境影响评价文件是否采纳公众意见以及如何采纳进行交流和反馈。通过对多次公众参与的过程进行分析,确定最优的规划方案,使决策成为平衡社会各方、广泛接受的方案。

5.3.3.2 协作型公众参与机制构建

1) 强化环境影响评价前期利益相关者识别

首先,应科学识别规划涉及的主要利益相关方(与规划涉及项目有合约关系或者具有直

接法律约束力的主体)及次要利益相关方(不是直接利益相关方,但是其行动能够对规划进展产生影响的主体),分析各相关方的环保诉求和权力地位,重点关注环境利益的受损情况。其次,应与有代表性的利益相关方开展深度访谈,找出利益平衡点、达成共识,从而制定有效的公众沟通工作方案。

2) 拓宽环境影响评价工作公众参与主体

应确保公众参与主体的代表性、专业性和有效性。对于政策性、宏观性较强的规划,公众参与主体以规划涉及的部门代表和专家为主;对于内容较为具体的开发建设类规划,参与的人员还应包括直接环境利益相关群体的代表。同时,应明确人大代表、政协委员等具有社会影响力人员和环保社会组织可作为环境影响评价阶段公众参与的主体,对社会关注度高的规划环境影响评价过程进行监督,对公众意见及时进行反馈,促进环保部门与公众的有效沟通。

3) 推进重大规划环境影响评价会商机制

对选址位于环境问题较为突出的区域、流域,以及涉及重污染主导产业、重要生态敏感目标和跨界影响的规划,为从规划决策的源头预防和减缓跨界不利环境影响,应参照《关于开展规划环境影响评价会商的指导意见(试行)》(环发〔2015〕179号),在规划环境影响评价编制阶段开展规划环境影响评价会商工作。会商对象一般为会商范围内各级人民政府或者相关政府部门,由规划编制机关根据规划特点和可能产生的跨界环境影响情况具体确定。会商意见应聚焦跨界环境影响、规划优化调整方案和减缓对策措施,提出进一步完善和加强联防联控的措施建议。

4) 健全公众参与沟通反馈机制

开辟有效的意见表达和投诉渠道,搭建畅通的公众参与沟通平台。通过网站或微博、微信等新媒体,建立分层级(省、市、县级)的环境影响评价公众沟通平台,包括相关法律法规、规划环境影响评价文件、公众参与信息、公众意见反馈方式,公众意见回应情况等。同时,可通过召开座谈会、论证会、听证会等方式公开征求公众意见,并对公众意见的征求、采纳情况及时予以公布。

5) 优化规划环境影响评价信息公开制度

为确保公众及时、全面地了解和参与到规划编制和规划环境影响评价过程中,规划环境影响评价应采用便于公众知悉的方式,除法律规定不得公开的环境信息外,在环境影响评价工作中应依法依规主动公开信息,细化公开条目。公开的有关信息应在整个征求公众意见期间均处于公开状态。规划环境影响评价信息公开的次数、时间、实施主体和形式优化建议见表5.5。

表5.5　规划环境影响评价信息公开的次数、时间和形式建议表

次数	时间	实施主体	形式	公告内容
第1次	委托和承担环境影响评价工作后	规划编制机关及环境影响评价机构	网站、主流报纸或电视、环境敏感点张贴布告等	第一次信息公告
第2次	编制规划环境影响评价文件初稿后	规划编制机关及环境影响评价机构	网站、主流报纸或电视、环境敏感点张贴布告	第二次信息公告(含规划环境影响评价文件全本)

（续表）

次数	时间	实施主体	形式	公告内容
第3次	完成前两次公示并汇总所有公众意见后	规划编制机关及环境影响评价机构	网站、主流报纸或电视、环境敏感点张贴布告	规划环境影响评价公众参与汇编报告
第4次	规划文件通过审查后	规划环境影响评价文件审查部门	政府部门网站	审查小组的审查意见
第5次	规划报批阶段	规划审批机关	政府部门网站	规划审批机关对规划文件结论及审查意见不予采纳理由的书面说明

5.4 规划环境影响评价文件审查程序及要求

5.4.1 规划环境影响评价文件审查适用范围

广东省的规划可分为综合利用规划（"一地三域"）和专项规划（"十专项"）。其中，专项规划又划分为非指导性专项规划和指导性专项规划。一般而言，综合利用规划及指导性专项规划需编制环境影响篇章或说明，非指导性专项规划需编制环境影响报告书。

按照《环境影响评价法》和《规划环境影响评价条例》，专项规划须在报送审批前进行规划环境影响评价，规划环境影响报告书需要获得与规划审批同级的环保部门的审查意见后，连同专项规划一起报送规划审批机关。规划编制机关在报送审批综合性规划草案和专项规划中的指导性规划草案时，应当将环境影响篇章或者说明作为规划草案的组成部分一并报送规划审批机关。因此，规划环境影响评价文件审查的适用范围为非指导性专项规划环境影响报告书。

由于现行环境影响篇章或者说明尚未纳入规划环境影响评价文件审查程序，为加强规划环境影响评价对于规划草案的优化调整作用，规划编制机关应将环境影响篇章或者说明连同规划草案一并送环保部门征求意见后，方可将环境影响篇章或说明随规划草案一起报送规划审批机关审批。

5.4.2 规划环境影响评价文件审查工作程序

规划环境影响评价文件的审查环节无论是对规划环境影响评价报告书本身还是对规划的最终审批都有至关重要的影响作用。参照根据《环境影响评价法》《专项规划环境影响报告书审查办法》（国家环保总局令第18号）等相关规定，结合广东省规划环境影响评价文件审查的成功经验，规划环境影响报告书审查工作流程建议见图5.3。

环保部门受理规划环境影响报告书后，应先识别规划的环境影响程度。对可能产生重大环境影响的规划，环保部门可自行组织专家进行预审或委托相关技术评估机构进行技术咨询，提出预审意见或技术评估意见，交由规划环境影响评价机构对报告书进行修改完善后再进入正式的环境影响评价文件审查程序，尽量将重大技术问题和意见分歧提前加以关注和解决；对于可能产生一般性环境影响的规划，可直接进入环境影响评价文件审查程序。由环保部门召集有关专家和部门代表组成审查小组，对报告书进行审查，形成书面审查意见。

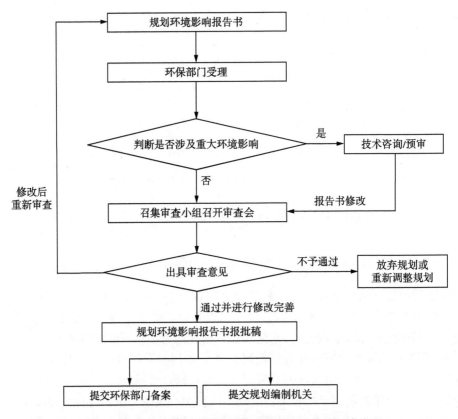

图 5.3　广东省规划环境影响评价文件审查工作流程建议图

审查意见应给出规划环境影响评价文件"修改后通过、修改后重新审查、不予通过"等结论；对于通过审查的报告书，根据审查意见修改完善后形成最终报批稿成果提交给规划编制机关，同时送环保部门备案；对于未通过审查的环境影响报告书，审查意见应通报给规划编制机关和环境影响评价机构。为提高规划环境影响评价文件审查效率，环保部门应在规划环境影响报告书受理之日起 30 日内组织完成审查，并将审查意见向社会公开。

5.4.3　规划环境影响评价文件审查形式

5.4.3.1　环境影响评价法规中对审查形式的规定

目前，广东省规划环境影响评价文件的审查形式主要参照《环境影响评价法》和《规划环境影响评价条例》相关规定。根据《环境影响评价法》，对规划环境影响评价文件进行审查是以审查小组的形式进行。审查小组中的组成人员由两部分组成，一是根据规定选定的专家，另一部分是有关政府部门的代表。审批权限在设区的市级以上人民政府的专项规划环境影响评价文件审查小组的召集人为规划审批机关指定的环保部门或其他部门；审批权在省级以上人民政府有关部门的专项规划环境影响评价文件审查小组召集人为环保部门会同专项规划审批机关。

《规划环境影响评价条例》做了进一步明确，"设区的市级以上人民政府审批的专项规划，在审批前由其环保部门召集有关部门代表和专家组成审查小组，对环境影响报告书进行

审查。""审查小组的专家应当从依法设立的专家库内相关专业的专家名单中随机抽取,专家人数不得少于审查小组总人数的二分之一。""审查意见应当经审查小组四分之三以上成员签字同意。"

5.4.3.2　环境影响评价文件审查形式的优化建议

1) 完善审查专家入库遴选制度

现阶段,广东省对入选审查专家库的人员标准及遴选规则基本参照《环境影响评价审查专家库管理办法》(国家环保总局第 16 号令)(以下简称《办法》)之规定。根据《办法》第 6 条、第 7 条,采取个人申请或者单位推荐方式向设立专家库的环保部门提出申请。设立专家库的环保部门在遴选专家入选专家库时根据需要征求有关行业主管部门及其他有关部门或者专家的意见,对符合条件的申请人或者被推荐人,决定入选专家库,并予以公布。对特殊需要的专家,经设立部门认可,可直接入选专家库。

可见,设立专家库的部门对专家是否入选有着很大的自由裁量权。若组织者在遴选专家过程中,不是考虑专家的知识水平是否权威,而是考虑是否会替自己说话,从利己原则出发来选择专家,或者行政机关在推荐或提供程序中将批判性较强、不合作的专家,排斥在审查小组之外,则会对专家的能力及规划环境影响评价文件审查质量带来隐患。因此,为避免行政机关在专家遴选过程中出现徇私舞弊现象,建议引入第三方机构进行遴选标准制定和专家库建设,并定期进行入库专家的专业水平评估和增补。同时,对政府部门代表方面也应作出详细规定,纳入专家库管理,避免有关部门对规划环境影响评价不重视,敷衍了事,随意选择参会代表。

2) 优化审查小组人员结构

部门代表即指与规划有关的相关部门的代表,虽然环境影响评价相关法规规定了审查小组成员应当"客观、公正、独立"进行审查,但是这些代表既然身处政府的相关部门,必然就代表了其部门利益,有些审查人员甚至为一些部门的领导,这样的审查会组成不能很好地保障专家的公正、公平立场,易受某些领导影响。因此,如果部门代表的人数过多,就会使环境影响评价文件审查的意义大打折扣。即使部门代表人数与专家人数相当,也不能保证科学公正审查的专家可以占到一半,又况且最后审查意见的形成需要 3/4 以上的人数通过才能形成。因此,建议提高专家人数比例,即 2/3 以上,占绝大多数,相应减少部门代表的人数至 1/3 以下。

3) 增强审查过程的透明度

规划环境影响评价文件审查过程应全面贯彻程序公开原则,使规划环境影响评价文件审查受到公众的监督,行政机关和相关的利益团体无法控制审查过程,降低其与审查人员"私下交易"的可能性。同时,信息公开也是对规划环境影响评价文件审查人员的监督,处于公众监督之中的审查人员,其言行举止都承受着公众和舆论的监督压力,而让自己保持价值中立的地位,客观公正的审查便是从这种压力中解脱的最有效的方法。

对于公开原则的贯彻,可以借鉴美国较为成熟的专家咨询规范体系程序公开的规定:"公开具体包括专家咨询委员会会议过程的公开、会议形成的文件的公开、行政事务的公开等方面的内容"。除在立法上获得豁免情形外,都应无条件向公众公开。结合美国对公开制度的规定,除需要保密的事项外,规划环境影响评价文件审查中需要公开的范围应包括:审

查小组会议时间、地点及会议讨论事项、参与审查人员名单；规划环境影响评价报告书的审查意见；环境影响报告书全文。对于"需要保密的事项"应只限于商业秘密和国家秘密。为避免行政机关以国家秘密为借口拒绝公开信息，对于不公开的审查小组会议，会议召集部门或者规划审批机关应当专门召开发布会或者以其他公众便于知晓的方式说明。

4）健全分级审查制度

规划环境影响评价文件的审查应按照规划的审批权限，以及规划对环境的影响性质、影响范围、影响程度等，实行分类管理和分级审查。原则上，省级人民政府或有关部门审批的规划，其规划环境影响评价文件由省级环保部门负责组织审查；地市级以上人民政府或有关部门审批的规划，其规划环境影响评价文件由市级环保部门负责组织审查。涉及重污染行业或重大环境影响的规划，其规划环境影响评价文件由省级环保部门负责组织审查；对本研究建议列入需要开展规划环境影响评价的县级规划（具体分类管理名录见表5.1和表5.2），其环境影响评价文件由县级环保部门负责组织审查。涉及污染较重的行业或环境影响较大的规划，其规划环境影响评价文件由市级甚至省级环保部门负责组织审查；对于可能造成跨界影响的规划，其规划环境影响评价文件由上一级环保部门负责组织审查；对于包含了上级环保部门负责审批建设项目的规划，其规划环境影响评价文件应由有审批建设项目权限的环保部门组织审查。

广东省专项规划环境影响评价文件分级审查名录建议见表5.6。

表5.6　广东省专项规划环境影响评价文件分级审查名录建议表

规划行业类别	规划具体分类	规划环境影响评价文件审查级别
一、工业有关专项规划	省级工业各行业专项规划	省级
	市级工业各行业专项规划	市级
二、农业有关专项规划	省级种植业、渔业、乡镇企业发展规划	省级
	市级种植业、渔业、乡镇企业发展规划	市级
三、畜牧业有关专项规划	省级畜牧业发展规划	省级
	市级畜牧业发展规划	市级
四、能源有关专项规划	省级火电设施建设规划、流域水电建设规划、风电设施建设规划、新能源利用工程规划等	省级
	市级火电设施建设规划、集中供热规划、流域水电建设规划、风电设施建设规划、新能源利用工程规划等	市级
五、水利有关专项规划	1. 流域水资源综合规划 2. 省级水资源综合规划、供水规划、水力发电规划 3. 省级跨流域调水规划	省级
	1. 市级水资源综合规划、供水规划、水力发电规划 2. 市级跨流域调水规划 3. 市级河道整治规划	市级
	县级河道整治规划	县级
六、交通有关专项规划	1. 省级城市综合交通体系规划、城市轨道交通规划、公路/铁路网规划、公路运输枢纽规划 2. 省级港口总体规划、航道建设规划、内河航运规划	省级

规划行业类别	规划具体分类	规划环境影响评价文件审查级别
	1. 市级城市综合交通体系规划、城市轨道交通规划、公路/铁路网规划、公路运输枢纽规划 2. 市级港口总体规划、航道建设规划、内河航运规划	市级
七、城市建设有关专项规划	1. 城市控制性详细规划 2. 市级城市建设类专项规划,包括市政基础设施专项规划、公共服务设施专项规划、环卫设施专项规划等	市级
	县级城市建设类专项规划,包括市政基础设施专项规划、公共服务设施专项规划、环卫设施专项规划等	县级
八、旅游有关专项规划	县级以上旅游区总体规划	市级
九、自然资源开发有关专项规划	1. 省级矿产资源总体规划、省级矿产资源专项规划(包括开发利用专项规划、重点矿种专项规划、重点矿产地开发利用规划) 2. 省级土地开发整理规划 3. 省级海洋自然资源开发利用规划	省级
	1. 市级矿产资源总体规划、市级矿产资源专项规划(包括开发利用专项规划、重点矿种专项规划、重点矿产地开发利用规划) 2. 市级土地开发整理规划 3. 市级海洋自然资源开发利用规划	市级
	县级土地开发整理规划	县级
十、林业有关专项规划	森林公园总体规划或开发建设规划	市级
十一、工业园区开发建设规划	省级经济技术开发区、产业转移工业园、统一定点基地(化学制浆、电镀、印染、鞣革、危险废物处置五类重污染行业)	省级
	1. 市级统一定点基地(建材、化工) 2. 市级及县级各类工业集聚区	市级

5.4.4 规划环境影响评价文件审查要求

5.4.4.1 文件形式审核要求

1)环境影响评价文件形式要求

(1)报送要求

规划编制机关报送环保部门组织审查的规划环境影响评价文件应包括但不限于规划环境影响报告书、规划环境影响报告书简本,公众参与汇编报告、相关报审材料和电子光盘材料等。

纸质材料:报告书(送审稿)及相关附件、报告书(送审稿)简本、公众参与汇编报告、书面申请函、责任承诺书。

光盘材料:报告书(送审稿)及相关附件、报告书(送审稿)简本、公众参与汇编报告(含公众参与调查表扫描件)、书面申请函(扫描件)、责任承诺书(扫描件)、地方政府作出的相关环保措施的承诺文件(扫描件)。

(2)文本要求

规划环境影响报告书的编制应符合《规划环境影响评价技术导则　总纲》(HJ 130—

2014)及相关行业规划环境影响评价技术导则的要求,包括文本结构、专题设置、内容编排、图件要求、必要文件等应全面、翔实、齐备。

2) 规划文本形式要求

（1）报送要求

当前,规划编制机关在将规划环境影响评价文件报送环保部门组织审查过程中,一般未要求同时提交规划草案文本。虽然规划环境影响评价文件中已有规划的概述,但是内容相对简单,环保部门和审查小组关注的规划内容可能并未在环境影响评价文件中得到充分体现和有效阐述,不利于规划环境影响评价文件的审查。因此,规划编制机关应将规划草案文本、图件和相关过程文件等连同规划环境影响评价文件一并报送环保部门组织审查,以便于环保部门和审查小组对规划的全面认识和了解,同时也作为审查环节的过程记录予以备案。

（2）文本要求

规划草案文本编制应符合相关规划的编制办法或者指南的要求,包括文本结构、专题设置、内容编排、图件要求、必要文件等应全面、翔实、齐备。对法律法规和规章制度已明确规定了规划编制主体、审批主体、实施主体,如矿产资源类、交通类、旅游类、能源类、水利水电类、城市建设类规划,应对编制主体、审批主体、实施主体等作出说明,以便于规划环境影响评价与监管和规划编制与实施的过程整合与反馈。

由于广东省工业项目集群类规划尚未颁布相关的规划管理办法,根据各类园区的特点和管理要求,规划环境影响评价涉及的责任部门建议按表 5.7 执行。另外,工业项目集群类规划多以园区总体规划、控制性详细规划的形式编制,可以参照城市规划编制办法或者指南,促进规划编制的标准化、规范化。

表 5.7　广东省工业项目集群类规划环境影响评价涉及责任部门建议表

序号	园区类型		规划编制机关	规划审批机关	规划实施主体	规划环境影响评价文件审查部门
1	经济技术开发区		开发区管委会	省级商务部门	开发区管委会	省级环保部门
2	产业转移工业园		产业园管委会	省级经信部门	产业园管委会	省级环保部门
3	统一定点基地	化学制浆、电镀、纺织、印染、鞣革、废旧资源利用（废塑料、危险废物）	基地管委会	市级经信部门	基地管委会	省级环保部门
		建材、化工	基地管委会	市级经信部门	基地管委会	市级环保部门
4	工业集聚区		集聚区管委会	市级规划部门	集聚区管委会	市级环保部门

5.4.4.2　技术审核总体要求

规划环境影响评价文件审查应秉承"分类指导、分级管理、因地制宜、区别对待"的差别化环境管理思想,将空间管制、总量管控和环境准入"三位一体"环境管理要求作为审查的重要内容。针对规划环境影响评价文件章节的设置情况,重点审核以下内容。

（1）规划概述。重点审核规划编制背景、规划发展目标、重点规划方案的真实性。报告书该部分内容应条理清晰、重点突出、详略得当,提供的信息对判断规划实施可能产生的环境影响直观、易懂。

（2）规划分析。重点审核报告书是否全面分析了规划发展定位、发展规模、规划结构、规划布局等与相关政策、法规、规划的符合性和协调性，具体内容包括政策符合性分析、规划符合性分析、规划协调性分析和规划方案内部协调性分析四部分。若规划存在不止一个方案，应逐一进行分析；审核报告书是否分析了规划草案中环境保护规划的不足，并提出了总体改进目标；审核报告书对规划实施的生态影响途径、性质和程度分析的合理性；审核对规划方案实施的主要污染物源强，以及污染物产生量、去除量（利用量）、排放量估算的可信性；审核报告书是否通过规划分析明确建立了规划的环境保护目标。

（3）现状调查与评价。重点审核报告书的现状调查范围、内容和方法是否符合有关标准与技术规范的要求；报告书是否全面、系统地调查了与规划实施相关的区域自然生态环境状况、社会经济状况、资源状况、环境质量和污染状况；是否特别关注了可能受规划实施影响的敏感目标和环境制约因素；是否回顾评价了区域的主要环境问题和发展趋势。

（4）环境影响识别和评价指标。审核报告书对于规划实施主要资源环境制约因素、环境风险及潜在环境影响识别的全面性和准确性；审核报告书对于环境敏感目标识别的全面性；审核报告书提出的区域环境目标、评价指标体系及相应指标取值的科学性；审核报告书确定的评价范围和评价重点的合理性。

（5）环境影响预测与评价。重点审核报告书是否全面预测了规划实施对水环境、大气环境、声环境、生态、社会经济、重要敏感目标的影响，环境风险以及固体废物（包括危险废物）导致的环境问题；审核影响预测是否从直接影响、间接影响和累积影响等方面全方位进行；审核报告书采用的分析方法和预测模式是否恰当，选取的参数是否合理，主要污染物产生量、削减量和排放量计算结果是否准确，预测结果和评价采用的标准是否正确，结论是否可信。

（6）资源环境承载力分析。审核报告书资源环境承载力分析内容的全面性，所用数据、资料的权威性、系统性、时效性，资源量、环境容量计算结果的准确性和科学性，污染物总量分配方案的合理性，结论是否可信；资源承载力分析应说明规划实施对区域水、土等资源的需求，阐明资源现状，分析区域资源对于规划实施的支撑能力；环境承载力分析应说明主要大气和水环境污染物排放是否能够满足当地总量控制指标要求，在没有总量指标的情况下，还应审核满足区域削减方案的可行性；生态承载力分析应从土地利用的适宜性、生态保护需求、敏感目标保护、环境风险防范等方面分析规划发展及空间布局的生态适宜性。

（7）规划方案环境合理性综合论证和优化调整意见。重点审核报告书是否从环境目标和评价指标可达性、与相关规划的协调性、规划实施后的环境影响等方面对规划的规模、空间布局、建设时序等的环境合理性进行了综合论证，得出的论证结论是否可信，提出的优化调整建议是否可行。

（8）预防或减缓不良环境影响的对策和措施。重点审核报告书是否针对区域性的环境影响，统筹考虑并通过优化布局来避免、减缓不利环境影响；提出的主要环境保护措施是否可行（是否具有针对性和可操作性）；是否能够解决规划所在区域已经存在的主要环境问题；是否能够预防或减轻因规划实施带来的环境影响，并使环境影响可接受；能否满足总量控制指标要求。

（9）规划所含近期建设项目环境影响评价建议。审核报告书提出的针对规划所包含的重大建设项目的环境影响评价指导意见是否全面、准确地体现了拟建项目特点及其环境影响特征，提出的环境准入条件、生态保护和污染防治重点及环境管理要求等是否明确，是否与规划环境影响评价结论相一致；审核报告书提出的下阶段建设项目环境影响评价简化建

议是否合理。

（10）规划实施环境监测及跟踪评价计划。审核报告书是否结合重点规划方案的布局及其环境影响,提出了规划实施阶段环境管理机构建设、环境管理制度和政策建议、环境监测方案、生态监测方案、跟踪评价计划及指标体系。是否明确提出了跟踪评价的实施机构、实施时间、资金来源等。是否提出了适时开展规划环境影响跟踪评价的要求。

（11）公众参与。审核公众参与调查方式、参与过程是否满足要求,是否对比较集中的意见进行了分析、归纳,是否提出了公众意见采纳与否的说明。公众意见与评价结论有较大分歧时,是否采用听证会、论证会等方式进行了论证。

（12）执行总结。执行总结应简要说明规划背景、规划目标、资源环境现状、主要环境影响与对策措施、规划的环境合理性及规划方案调整建议、公众参与的主要意见和采纳结果、总体评价结论等。

5.4.4.3　典型规划环境影响评价审核要点

针对报告书中规划分析、环境现状调查与评价、环境影响预测与评价、规划环境合理性论证、规划优化调整建议与环境影响减缓措施5个方面的重点内容,梳理广东省工业项目集群类、矿产资源类、交通类、旅游类、能源类、水利水电类和城市建设类规划七大类典型规划环境影响报告书的技术审核要点,见表5.8~表5.15。

表 5.8　工业项目集群类规划环境影响报告书技术审核要点

（一）规划分析

1. 政策、法规、规划符合性分析:重点审核园区选址、发展定位、目标、产业结构、布局及规模等规划要素与相关的产业发展政策、环境保护与污染防治政策、自然保护区等重要环境敏感区保护的法律法规等的符合性;审核规划要素与主体功能区规划、国民经济和社会发展规划、城市总体规划、土地利用总体规划等上层位规划要求的符合性;审核规划要素与环境功能区划、生态功能区划、环境保护规划等在资源保护与利用、环境保护、生态保护要求等方面的符合性。

2. 规划方案内部协调性分析:重点审核产业布局、用地布局、交通布局、市政公用设施布局等与空间管制规划的协调性,给水工程规划与排水工程规划的协调性,规划产业、人口规模、产业结构与区内基础设施(如供热、供气、污水处理、固废处理等)建设规模、处理工艺的协调性,排水、供热、供气、固废处理规划等与环境保护规划的协调性。

3. 审核规划依托的资源环境条件、规划方案可能出现的变化,不同的预测情景的可靠性。

（二）资源环境现状调查与评价

1. 资源和能源利用现状调查与评价:审核水资源总量、时空分布和开发利用强度;能源生产和消费总量、结构、利用效率等是否符合相关政策;审核围填海面积及其利用状况,岸线资源及其利用状况。

2. 水环境现状调查与评价:审核水环境功能区划、近岸海域环境功能区划、海洋环境功能区划;审核主要水污染源、排放量、各行业水污染物排放强度、环境质量数据的真实性和可靠性、排污口设置的合理性。

3. 大气环境现状调查与评价:审核主要大气污染源、排放量、各行业大气污染物排放强度、环境质量数据的真实性和可靠性。

4. 固体废物处理处置现状与评价:审核一般工业固体废物、危险废物、生活垃圾的来源、产生量、单位 GDP 固体废物产生量及处理处置是否与现状情况一致。

5. 其他环境要素现状质量与评价:审核声环境功能区划及各功能区达标情况、土壤类型及土壤环境质量现状、河流底泥和海洋沉积物质量现状及变化趋势等是否代表现状情况。

6. 生态现状调查与评价:审核规划涉及的主要植被类型、珍稀濒危、特有野生动植物的种类、分布和生境状况的真实性;审核生态功能区划、生态管控红线,生态系统类型等与规划红线布局的合理性。

7. 发展环境影响回顾评价：对于工业园区规划修编的，还应审核环境影响回顾评价内容：

(1) 规划实施情况回顾：审核工业园区发展历史、上一轮规划的实施情况；园区规模、布局、结构及主导产业的变化情况；园区集中供热、集中供气、污水集中处理、固体废物集中处理等基础设施的建设与运行情况。

(2) 环境影响回顾评价：审核工业园区主要行业污染物排放强度、资源能源利用效率的变化；审核上轮规划环境影响评价提出的园区规划优化调整意见、环境保护措施的落实情况、实施效果。

(三) 环境影响预测与评价

1. 审核不同发展阶段、不同发展情景规划开发强度估算方法、估算结果的可信性；环境影响预测分析方法和预测模式的适用性、参数选取的合理性、预测结果的准确性；环境影响预测内容的全面性、评价深度的适当性和评价结论的可信性。环境影响预测评价内容应充分体现园区规划实施对资源、环境产生的直接、间接和累积环境影响。

2. 水环境影响预测与评价：审核不同发展情景污水排放对受纳水体稀释扩散能力、水质和敏感目标的影响，及引起的地表水环境质量的变化趋势，规划实施后区域水环境质量能否满足相应水环境功能区的要求；污水规划纳入区域污水处理系统的，审核区域集中污水处理厂的设计规模、处理工艺、纳管水质要求、污水管网建设等对园区废水纳管的可行性；自建集中污水处理厂的工业园区，结合不同规划发展阶段园区废水水量、水质特点，审核园区规划污水处理厂处理工艺、处理规模、建设时序，及排污口、混合区设置的环境合理性。审核有毒有害物质泄漏及污水(渗滤液)渗漏对地下水环境的影响，以及对饮用水源地等地下水环境敏感目标的影响和可接受性。

3. 大气环境影响预测与评价：审核不同发展情景大气污染物排放对集中居住区等环境空气敏感区的影响，及引起的区域环境质量的变化趋势，区域各环境空气功能区环境质量达标可靠性。

4. 声环境影响预测与评价：审核用地布局规划、产业布局规划、交通布局规划等园区主要噪声源分布及构成(点声源、线声源和面声源)对区域声环境质量及声环境敏感目标的影响可接受性和达标可行性。

5. 固体废物处理处置及环境影响分析：固废处置规划纳入区域固废管理处置体系的，审核依托设施的可接纳能力、可处理固废类型、处理工艺及服务年限等，依托设施的可行性；规划建设固废集中处理处置设施的，审核各类固废处理处置设施运行的环境影响，及其选址、处理工艺、规划规模的环境合理性。

6. 生态影响预测与评价：审核规划实施对区域生态系统完整性及景观生态格局的影响；审核区域主要生态问题(如生态功能退化等)的变化趋势；审核园区选址、用地布局、产业布局、交通设施布局等与自然保护区等生态敏感区可能存在的空间冲突，园区开发建设对生态敏感区的影响范围、影响程度和影响可接受水平。

7. 资源环境承载力分析：审核不同发展情景资源环境承载力分析内容的全面性，所用数据、资料的系统性、时效性，资源环境承载力分析方法的适用性、分析结论的准确性、污染物总量分配方案的合理性及区域资源环境承载力评价结论的可信性。

8. 累积环境影响预测与分析：审核园区规划实施可能发生累积环境影响的条件、方式和途径，预测和分析规划实施与其他相关规划的累积环境影响结果的可靠性。

9. 人群健康影响分析：产生难降解、易生物蓄积、长期接触对人体和生物产生危害作用的化学物质、重金属污染物、持久性有机污染物等物质的工业园区，应审核污染物对人群健康的影响途径、影响方式，受影响的人群范围、数量和敏感人群所占的比例等的可靠性。

10. 环境风险评价：审核环境风险识别(包括危险物质识别、重大危险源识别和风险类型识别)的准确性、最大可信事故确定的合理性、环境风险事故源强的准确性、环境风险预测模式的适用性、环境风险计算和评价结果的可信性、园区环境风险防范应急措施的可行性。对涉及生态脆弱区或重点生态功能区的工业园区，审核园区规划实施可能导致的生态风险类型及生态风险损害范围的合理性和可靠性。

(四) 规划方案的环境合理性综合论证与规划优化调整建议

审核规划目标、规模、布局、结构的环境合理性(主要为发展目标和定位、产业发展规模、人口规模、产业结构、园区布局等方面)，以及环境目标可达性论证的全面性、充分性，对规划方案可持续发展论证的合理性，优化调整建议的可行性。按照"优先保障生态空间，合理安排生活空间，集约利用生产空间"的原则，审核规划空间布局方案的环境合理性论证。审核报告书基于规划实施的环境影响评价结果，提出环境保护措施的经济技术可行性，环境目标与评价指标可达性分析结论的可信性。审核环境准入负面清单和差别化环境准入条件的合理性。

(五) 环境影响减缓措施

审核报告书提出的预防或减轻不良环境影响对策和措施的有效性、针对性和可操作性，对规划修编的工业园区，还应审核报告书针对既有环境问题提出的改进措施及整改方案的全面性、可行性和有效性。

表 5.9　矿产资源类规划环境影响报告书技术审核要点

（一）规划分析

重点审核报告书是否全面分析了规划发展定位、开发规模、产业结构、开发布局等与相关政策、法规、规划的符合性和协调性，具体内容包括政策符合性分析、规划符合性分析、规划协调性分析及矿产资源总体规划方案内部协调性分析四部分。若总体规划存在不止一个方案，应逐一进行分析。

（二）资源环境现状调查与评价

1. 审核评价所使用的监测资料是否能全面反映了规划区地表水、地下水、大气、声环境、土壤环境质量现状及生态环境状况。在现有数据无法满足评价要求的情况下，一般应开展矿区环境现状监测。

2. 审核报告书中生态现状调查与评价是否在现场监测、3S等技术的支持下进行，调查和评价的内容是否包括矿区自然系统的生态完整性和敏感生态目标。其中，敏感生态目标的调查与评价应包括敏感区、生物因子、非生物因子和主要生态问题。

3. 审核报告书是否对自然保护区、风景名胜区、文物古迹、基本农田等敏感保护目标进行了重点调查，是否准确分析了敏感目标与矿区的关系，并对其性质、保护级别、保护要求、保护现状、存在的主要环境问题等进行了重点说明。

4. 对于已开采矿区，还应审核报告书是否开展了回顾性评价，是否分析了矿区开发对生态环境、地下水、地表水、大气环境、社会环境等的总体影响及其发展演变规律。

（三）环境影响预测与评价

1. 生态影响预测与评价：审核报告书对区域自然体系生态完整性影响预测的科学性，具体包括对自然系统自然生产力的影响预测和对自维持能力的影响预测两部分。审核对环境敏感目标（包括敏感区、生物因子和非生物因子）影响预测方法选择的合理性和预测结果的准确性，其中评价方法应根据评价对象的生态学特征选用。

2. 地下水环境影响预测与评价：审核报告书是否以区域水文地质、补径排关系、水量平衡为基础，客观、准确地分析了规划实施对区域地下水环境的影响。

3. 地表水环境影响预测与评价：审核报告书对矿区废污水污染物的产生量、削减量及排放量计算的准确性；审核污废水排放对地表水体水质影响（正常、非正常排放工况）预测的科学性。

4. 声环境影响预测与评价：审核规划实施对矿区周边、铁路、公路等线性工程两侧声环境敏感目标影响分析的准确性。

5. 大气环境影响预测与评价：审核报告书是否预测了规划项目大气污染物排放对评价区域的总体影响；重点审核对大气环境敏感目标影响预测的准确性。

6. 资源环境承载力分析：审核所有数据、资料的权威性、系统性、时效性，以及可利用水资源量、矿区规划用水量计算的准确性；审核水、大气环境容量及主要污染物排放计算的准确性和科学性。

（四）规划方案的环境合理性综合论证与规划优化调整建议

结合区域资源环境特征、主体功能区规划和生态保护红线管理等要求，从维护生态系统完整性和稳定性的角度，审核报告书是否明确禁止开发的红线区域和规划实施的关键性制约因素，提出的优化矿产资源开发的布局、规模、开发方式、建设时序等建议的合理性和可行性。审核报告书提出的对矿区划分、开发规模、开发时序等调整和优化建议的合理性；审核相关产业规划，以及资源综合利用规划调整和优化建议的合理性；审核报告书提出的对环境污染治理措施、生态环境综合整治方案等调整和优化建议的合理性。

（五）环境影响减缓措施

1. 生态影响减缓措施：审查生态影响减缓措施是否贯彻了维护区域生态完整性，确保矿区开发后原有的自然等级不降低的基本原则。审查报告书是否按照生态影响的避免、减缓和补偿的顺序，落实了对敏感生态目标的保护方案。审核报告书提出的生态补偿机制建议的适用性。

2. 地下水影响防护措施：审核报告书是否对于可能受到影响的水源，结合当地实际，提出了可行的避免、减缓、补偿等对策方案。

3. 水污染防治措施：审核报告书是否根据矿区的矿（坑）井水水质特点提出了相应的处理措施建议；对于特殊水质矿井水，还应审核在处理工艺和设施的选择上是否考虑了针对特殊污染物的处理要求。审核报告书是否分析了生活污水的处理工艺及达标情况，是否提出了污废水处理设施的规模及项目选址建议。审核报告书是否提出了矿区污废水的排放去向和排水口设置要求。

4. 噪声污染控制措施：审核报告书提出的声环境防护措施的可行性，声环境控制建议（包括线性工程调整建议）的合理性。

5. 大气污染防治措施：审核规划的矿产生产、储藏、装卸、道路运输等各个主要产污环节的污染治理措施、燃煤锅炉的烟气治理措施、堆场扬尘污染总体控制措施与建议的合理性；审核是否满足国家和地方控制大气污染的要求。

表 5.10 陆域交通类(公路、铁路、轨道交通)规划环境影响报告书技术审核要点

(一)规划分析

审核报告书与主要环保法律法规、环境保护和资源利用政策及区域经济社会发展规划、土地利用总体规划、综合交通运输规划、主体功能区规划等上位规划的符合性;与区域生态环境、水源保护、交通运输、城镇体系、旅游发展、矿产资源开发等规划及相关生态环境功能区划的协调性。重点审核是否与规划区域内自然保护区、饮用水源保护区、风景名胜区、文物保护单位、基本农田保护区、森林公园、文教区及居民集中区等环境敏感区存在冲突和矛盾。

(二)资源环境现状调查与评价

审核报告书是否对区域的自然生态环境状况、社会经济状况、资源状况、环境质量及污染状况、环境敏感目标、区域主要环境问题及发展趋势进行全面、系统的调查评价。

1. 生态环境现状调查与评价:审核评价区的土地利用情况,生态系统的类型及其结构、功能,植物区系与主要植被类型,重要保护野生动植物的种类、分布和生境,生态功能区划与保护目标,生态管控红线,主要生态问题的类型、成因、空间分布和发生特点等,生态系统面临的压力、变化趋势及主要原因,生态系统的完整性和敏感性等。

2. 环境质量现状调查与评价:审核环境功能区划、保护目标及各功能区的环境质量达标情况,主要及特征污染因子、主要污染物排放总量及其控制目标等,现存的主要环境问题及其发展变化趋势是否代表现状情况。

3. 资源赋存情况调查与评价:审核评价区土地、能源、矿产等资源的总量、结构、开发利用状况和保护要求等,分析区域资源能源利用中存在的问题。

4. 环境敏感区调查与评价:审核评价区内现有及规划的环境敏感区类型、级别、位置、范围、保护要求及保护对象等的准确性。

5. 振动环境和电磁环境现状调查与评价:对于城市轨道交通建设规划,还需重点审核报告书给出的振动源的特征和衰减规律,环境振动的敏感目标,环境振动现状、超标情况及原因等内容的全面性。审核评价范围内电磁环境保护目标及其与规划线路、主变电站的位置关系、适用标准、电磁环境保护目标的电视接收方式、有线电视入网率等情况的全面性与准确性。

6. 环境影响回顾性分析:审核报告书是否开展了已建道路(公路、铁路及轨道交通等)建设和运营过程中对生态环境、水环境、环境空气、声环境、资源能源等方面的影响评价,审核报告书中给出的规划范围内线路分布现状,已建线路对区域环境的影响和环境保护措施的实施效果、经验和教训等内容的全面性、客观性和准确性。

(三)环境影响预测与评价

审核报告书环境影响预测内容的全面性,报告书应全面预测规划实施对声环境、振动环境、水环境、大气环境、生态、重要敏感目标的影响,环境风险以及固体废物(包括危险废物)导致的环境问题;包括直接影响、间接影响和累积影响。

1. 生态影响预测与评价:审核报告书是否明确规划公路网与环境敏感区、重要生态功能区及生态脆弱区之间的空间位置关系,分析规划实施对其可能产生影响的途径、范围和程度,识别出影响较显著的路段及受规划影响较大的区域。规划实施前后区域生物多样性(主要是物种多样性和生境多样性)、生态系统连通性、破碎度及功能等方面的变化情况,以及规划实施对生态系统完整性和生态景观格局的影响,对区域主要生态问题的影响趋势和程度。

2. 污染影响预测与评价:

(1)地表水环境影响预测与评价:规划公路网运营过程中服务区、收费站、停车场等辅助设施的废水及主要水污染物排放总量,分析规划实施对区域地表水环境质量的影响;结合区域排污总量及其控制目标,提出水污染物的排放要求。对于穿越地表水源保护区、地表水Ⅱ类水体和重要自然湿地的规划线路,还应提出线路走向或敷设方式调整的合理意见,并说明规划建设单位的采纳情况。应根据城市排水规划,明确说明规划车辆段和综合检验基地与城市排水管网覆盖范围的关系。对于不能进入城市市政管网覆盖范围的污水车辆段和综合检修基地,还应从纳污水体的角度分析其选址的环境可行性。

(2)地下水环境影响预测与评价:轨道交通类项目根据规划线路穿越的水文地质单元类型、规划线路在含水层中占位,以及地下水位和流向,分析规划实施对区域内地下水补给、径流、排泄的影响。地下线路通过地下水富集区并对地下水流形成切割时,报告书应根据水文地质条件分析地下隧道对地下水位的影响程度和范围。

（3）大气环境影响预测与评价：规划公路网运营过程中主要大气污染物的排放总量及其空间分布。结合区域大气环境容量相关研究成果，分析规划实施后区域环境空气质量的变化趋势。

（4）声环境影响预测与评价：结合规划交通量的预测结果，选择典型路段，测算不同规划水平年公路沿线噪声值的分布情况，分析区域声环境质量的变化趋势。

（5）振动环境影响预测与评价：轨道交通类项目应全面准确预测和评价地铁线路运营对集中居住区、学校、医院、科研单位、文物保护单位、保护建筑等的振动影响和二次结构噪声影响。明确给出不同情景下轨道交通振动对地表振动、不同类型建筑物、文物保护单位、保护建筑的振动影响范围和程度，振动达标距离，受影响建筑物的类型、分布和人口规模。

（6）电磁环境影响预测与评价：轨道交通类项目应全面、准确评价主变电站的工频电场、工频磁场影响，高架区段列车运行时的电磁噪声影响。明确提出主变电站选址的要求，给出电磁噪声对周边开放式电视接收的影响范围。

（7）环境风险预测与评价：根据历史事故统计和典型案例研究结果，分析危化品运输泄漏事故对周边敏感水体和大气环境的污染风险，评估其可能造成的环境损害。

（四）规划方案的环境合理性综合论证与规划优化调整建议

1. 审核报告书是否结合线路走向及规模，从维护区域生态系统完整性和稳定性、协调与城镇生活空间布局关系的角度，论证线网规模、布局、敷设方式和重要站场的环境合理性，提出选址、选线及避让生态环境敏感目标和重要生态环境功能区等要求。重点关注不同规划水平年的资源环境支撑能力是否足够、规划实施的环境影响程度是否可接受等，并重点说明近期建设项目是否存在重要的资源环境制约。

2. 公路网规划环境影响评价逐一梳理规划主要线路其可能穿（跨）越的各类环境敏感区、生态脆弱区、重点生态功能区的具体情况及其可能导致的污染风险，分析其建设和运营面临的资源环境制约因素，并据此提出线路布局的整体要求；对显著影响重要环境敏感区、可能产生重大不利环境影响或存在重大环境风险的线路，应提出具体的优化调整建议。对于影响一般且难以调整的规划线路，应从建设时序、技术标准、工程形式、需开展的专题研究、施工期和施工方式选择等方面提出规划实施建议。

3. 轨道交通类规划环境影响评价应从优化线网布局、调整线路走向、调整线路敷设方式、优化车站及车辆段选址、调整线路建设时序、城市建设规划用地控制、污水处理设施建设方案等方面提出优化调整建议。应明确给出调整的依据和调整的要求，涉及居民搬迁、建筑物拆除的，应结合城市规划，从环境保护角度提出合理建议。

（五）环境影响减缓措施

审核报告书提出的主要环境保护措施的可行性、针对性、可操作性和有效性。

1. 生态保护措施：以空间管制为手段，根据规划涉及环境敏感区的不同保护要求，划定禁止穿越的区域；根据规划涉及区域的资源环境特点，提出节约土地、减轻生态与环境影响的施工方案，最大限度地减缓公路网建设的生态影响。对于受到较大影响的生态系统或重要生态功能区，应提出针对性的生态恢复或生态修复方案；对于受规划实施影响后不可恢复或难以修复的生态系统和重要生态功能区，应提出生态补偿措施或生境替代方案。对于公路建设可能导致的水土流失、生境破坏、生态阻隔等问题，应提出针对性的对策措施；对于受影响的野生保护动物，应提出针对性的保护要求。

2. 污染控制减缓措施：针对规划实施后污水及主要污染物的排放增量，结合区域环境基础设施建设相关规划，提出污水处置方案建议。对于穿越敏感水体且可能导致污染风险的路段，应提出设置桥面径流收集系统、建设应急事故池等工程措施的建议。结合区域环境空气和声环境保护相关要求，确定合理的大气污染和噪声控制目标，针对可能受影响的重要环境敏感区提出必要的污染防控措施。结合区域用地布局规划方案，提出路网沿线规划建设的控制要求。针对规划实施后环境风险事故形势，结合区域事故应急体系的现状和规划，提出具有针对性、可操作性的环境风险防控措施。

3. 环境振动及电磁环境保护措施：轨道交通类报告书应根据保护目标的实际情况，提出减振措施选取的原则，给出采取措施的区段，以及减振等级要求、资金估算等。对于特殊保护目标，报告书应优先提出线路避让等要求；对于规划的振动敏感目标，报告书应结合城市用地功能及振动标准，提出振动防护距离和规划控制要求。报告书应提出主变电站防护措施的建议。

表 5.11　水域交通类(港口、航道建设)规划环境影响报告书技术审核要点

(一) 规划分析

重点审核报告书是否全面分析了港口发展定位、发展规模、水域布局、陆域布局等与相关政策、法规、规划的符合性和协调性,具体内容包括政策符合性分析、规划符合性分析、规划协调性分析及规划方案内部协调性分析四部分。若港口总体规划存在不止一个方案,应逐一进行分析。审核报告书对规划实施的生态影响途径、性质和程度分析的合理性;审核对规划方案实施的主要污染物源强,以及污染物产生量、去除量(利用量)、排放量估算的可信性。

(二) 资源环境现状调查与评价

1. 环境现状调查与评价应包括评价区内的污染源、环境质量的调查与评价,可充分利用现有监测资料。审核评价结论中是否确定了主要污染物种类、污染程度和位置;是否给出了各种污染物质的超标原因的分析结论;是否确定了环境现状质量;是否说明了环境质量的变化和发展趋势。

2. 生态环境调查应包括:海(水)域生态和陆域生态的调查。审核评价结论中是否明确了水域的富营养化水平;主要水生生物的种类、数量、优势种、分布及多样性;水产养殖、渔业捕捞和珍稀动植物种类、分布和面积;洄游动物种类、洄游的性质、时间和路线;陆域的地质地貌、水土流失及植被现状。

3. 审核报告书是否明确给出了敏感保护目标所处位置、面积、保护级别、保护对象、保护时限、主管部门和相应的保护要求。

4. 对于已经实施或部分实施的规划或规划范围内已存在投入使用码头的港口,还应审核报告书是否开展了环境影响回顾性评价,是否分析了港口建设对生态环境、水环境、大气环境、社会环境等的影响及其发展演变规律,环境保护措施落实的经验和存在的问题。

(三) 环境影响预测与评价

1. 水环境影响预测与评价:

(1) 审核港口类规划环境影响评价是否重点分析了港口建设引起的水动力条件改变及其引发的污染物稀释扩散条件、水质变化等环境问题,并应在此基础上进行排污口优化分析论证。航道建设规划环境影响评价应重点审核:① 航道整治工程应分析说明评价整治河段的流速、流量和泥沙冲淤变化;② 航电枢纽应说明建设前后库区、坝下游河段的水文情势的改变情况,如流量、流速和泥沙冲淤变化,库区泥沙淤积程度,对下游航道的影响,归纳分析河床演变情况。

(2) 预测分析库区水质、水体富营养化、水环境容量及下泄水质变化,对下一梯级水质的影响,对库区及坝下城镇集中式饮用水源取水口的影响。

2. 生态影响预测与评价:重点审核报告书是否根据现状调查、岸线规划、环境功能区规划及水环境影响评价的结论,预测评价了规划实施对海(水)域生态功能维持的影响,包括生物多样性、生态系统生产力、重要生境、渔业资源和渔业生态的长期的累积性影响及海(水)域生态风险预测与评价等。

3. 大气环境影响预测与评价:审核报告书是否根据环境影响识别确定的主要污染因子进行了大气环境影响预测与评价,是否分析了污染因子的影响范围和程度。

4. 环境风险预测与评价:审核液体化工码头及固体化工码头存在的环境风险。风险分析范围应包括港口规划区域(包括航道、锚地和罐区等)。事故污染风险应包括溢油、不溶和可溶有毒有害化学品泄漏、爆炸、燃烧等事故引发的环境风险及次生环境问题。对于航道建设类规划,应对航道施工和运营环境风险进行判别,还应进行船舶事故风险分类,突出航运水平提升后的环境风险评估;根据历史事故统计分析和对典型案例的研究,识别航道施工和运营期间的环境风险源或事故源、事故类型、判别事故风险区域和影响方式;预测分析船舶油品、危险化学品事故泄漏的环境污染影响和事故接受水平;提出风险防范的原则建议,防止航道、航电枢纽建设不当可能带来的污染风险事故。

5. 资源环境承载力分析:资源承载力方面的审核报告书是否阐明了规划实施对水资源、岸线资源、土地资源的需求和资源现状,分析区域资源对于规划实施的支撑能力。环境承载力方面的审核报告书是否说明了大气和水污染物排放是否满足当地总量指标的要求;生态承载力方面的审核报告书是否从岸线资源、土地利用的适宜性、生态保护需求、敏感目标保护等方面,分析了岸线利用合理性及空间布局的生态适宜性。

(四) 规划方案的环境合理性综合论证与规划优化调整建议

根据近岸海域、河口、港湾、内河航道等生态整体性特点、生态功能和生态可持续性要求,按照"生态优先"的基本原则,审核报告书是否全面结合了岸线资源合理利用,生态功能区划、主体功能区划及综合性规划,综合论证了港口规划与区域生态的相容性;是否综合分析了规划发展目标与港口规模、岸线利用规划、港口布局规划的环境合理性和可

（续表）

行性。审核报告是否结合流域、海域资源环境承载能力，从维护生态系统安全、促进区域岸线资源可持续利用、严守生态保护红线等角度，明确提出了优化港口和航道功能与作业区布局方案；审核报告书对规划所含或所涉及项目的布局、规模、结构、货种及建设时序等提出的优化调整建议的合理性。

（五）环境影响减缓措施

1. 水污染防治及控制措施：应按"集中控制"原则设置污水处理设施。审核报告书是否根据港口排放污水水质特点提出了相应的处理措施建议；对于特殊水质污水，还应审核在处理工艺和设施的选择上是否考虑了针对特殊污染物的处理要求。

2. 大气污染防治及控制措施：应优先选用清洁能源，并实施集中供热。审核报告书对运营期可能产生的大气污染（粉尘、有害气体、锅炉烟气等）提出的控制措施与建议的合理性；审核是否满足国家和地方控制大气污染的要求。

3. 生态保护措施：以空间管制为手段，遵循"生态保护优先"的原则。审核报告书是否从陆域和海（水）域两个方面提出了生态影响的预防、减缓、生态恢复、建设和补偿方案，是否重点考虑了需保护的生态系统、生态敏感区的保护对策与措施。

4. 环境风险防范措施：明确产业环境准入，对涉及有毒、有害货种装卸的液体化工码头的港区规划，审核报告书是否充分考虑了规划所处区域的应急要求和具有的能力，是否提出了事故污染风险应急措施和应急方案、组织机构及主要设备和器材的配置要求。

5. 其他措施：如噪声防治措施、固体废物处理处置措施、船舶污染物接收处理、环境管理制度建设。审核报告书是否对污染控制、生态保护、风险防范等方面的环境管理制度建设提出了建议和要求。

表 5.12 旅游类规划环境影响报告书技术审核要点

（一）规划分析

审核报告书对旅游规划发展定位、建设规模、配套设施布局等与相关政策、法规、规划的符合性和协调性分析的全面性和可信性。若规划存在多个方案，须逐一进行分析。审核报告书对规划方案中环境保护规划有关内容的分析的全面性。

（二）资源环境现状调查与评价

审核报告书现状调查范围、内容和方法与有关标准与技术规范要求的符合性。报告书应对区域的自然生态环境状况、社会经济状况、资源状况、大气/水环境质量及污染状况、环境敏感目标、区域主要环境问题及发展趋势进行全面、系统的调查评价。其中，重点分析规划范围内涉及的珍稀濒危植物物种及其分布特征。同时重点分析环境敏感区和环境保护目标，包括国家法律法规确定的需要保护的环境敏感区，以及通过环境影响识别和现状调查评价确定的需要保护的主要目标（包括既有的和规划的）。

（三）环境影响预测与评价

审核报告书环境影响预测内容的全面性，审核是否全面预测规划实施对生态、动植物、水环境、大气环境、声环境、固体废物、社会经济、重要敏感目标的影响，环境风险导致的环境问题；包括直接影响、间接影响和累积影响。审核报告书采用的环境影响预测分析方法和预测模式的适用性、参数选取的合理性，主要大气/水污染物/固体废物产生量、削减量和排放量等计算结果的准确性，预测结果和评价采用的标准的合理性和准确性。

1. 旅游承载力分析：审核报告书中生态旅游环境承载力计算要正确、全面，旅游承载力的组成应包括资源空间承载量、生态环境承载量、心理承载量和经济承载量四部分，并以最小承载量为限制因子确定最终旅游活动所能容纳的最大游客数量。核实报告书是否充分论述旅游专项规划实施对自然生态环境及当地民俗文化的影响。

2. 生态影响预测与评价：审核报告书是否客观、准确地分析规划实施对生态敏感区域（如自然保护区、生态功能保护区、基本农田保护区、森林公园等）区域土地利用功能的变化情况，以及绿地、植被、古树名木、珍稀物种或农作物的损失情况，明确给出影响范围和程度，并提出生态影响防护和恢复措施要求。

3. 污染影响预测与评价：审核报告书是否明确给出生产废水和生活污水的水量、水质，主要污染物的类别，排放去向以及水环境影响程度，明确提出水环境保护措施及效果的要求。审核报告书是否给出固体废物产生量，主要污染物类别，运送去向以及环境影响程度，明确提出固体废物处理措施及效果的要求。审核报告书还将关注大气环境影响评价、声环境影响评价、固体废物环境影响评价结论的全面性和准确性。

（续表）

（四）规划方案的环境合理性综合论证与规划优化调整建议

1. 审核报告书环境合理性综合论证的全面性和充分性。报告书应从环境目标和评价指标可达性、与相关规划的协调性、规划实施后的环境影响等方面对规划的发展目标与规模、生态资源占用、重要配套设施布局、建设时序等规划内容的环境合理性进行充分论证。

2. 审核报告书提出的规划优化调整建议的全面性和可行性。报告书应从优化景区布局、调整人工设施建设规模、天然林地侵占情况、珍稀动植物影响情况、城市建设规划用地控制、污水处理设施建设方案等方面提出优化调整建议。应明确给出调整的依据和调整的要求，涉及居民搬迁、建筑物拆除、林地占用的，应结合城市规划，从环境保护角度提出合理建议。

3. 报告书应对规划环境目标的可达性进行客观、合理的分析。

（五）环境影响减缓措施

审核报告书提出的主要环境保护措施的可行性、针对性、可操作性和有效性。

1. 生态影响减缓措施：审核报告书是否针对规划实施导致的生态影响，提出能有效缓解生态影响的保护或恢复措施建议，包括：改善和恢复生态功能的措施，保护文物、景观协调的工程优化设计要求等。

2. 水环境保护措施：审核报告书是否分析生活污水、生产废水的处理工艺及达标情况，提出污废水处理设施的规模、选址及排放去向要求。

3. 大气环境保护措施：审核报告书是否分析废气处理工艺及达标情况，明确其能否有效减缓影响。

4. 固体废物处置措施：审核报告书是否分析固体废物收集、暂存方式及其最终的处理去向，明确其能否有效减缓影响。

表 5.13　能源类规划环境影响报告书技术审核要点

（一）规划分析

重点审核规划发展定位、目标、能源结构、布局及规模、重点项目等规划要素与能源相关政策法规、上层位规划在资源保护与利用、环境保护、生态建设要求等方面的符合性分析，与全国主体功能区规划、生态功能区划、环境功能区划、城市总体规划在功能定位、开发原则和环境政策等方面的符合性，与同层位规划在环境目标、资源利用、环境容量与承载力等方面的协调性分析，与规划区域内环境敏感区相关规划在敏感目标保护、空间布局等方面的协调性，给出分析结论，明确规划之间的冲突与矛盾。

（二）资源环境现状调查与评价

1. 审核报告书的现状调查范围、内容和方法与有关标准和技术规范的符合性；引用资料的真实性、数据的有效性、评价方法的适用性，对区域资源赋存和利用状况，环境质量和生态现状及其变化趋势，以及规划实施制约因素分析的全面性和准确性。

2. 能源、资源赋存与利用状况调查：审核能源资源总量及时空分布、开发利用现状及相关规划情况；土地资源、矿产资源、景观资源、旅游资源、动植物资源等资源赋存、分布、利用现状与规划情况。关注能源生产和消费总量、结构、利用效率等情况。

3. 各环境要素现状调查与评价：审核环境功能区划、保护目标及各功能区的环境质量达标情况，主要及特征污染因子、主要污染物排放总量及其控制目标等，现存的主要环境问题及其发展变化趋势。

4. 生态现状调查与评价：审核主要植被类型，珍稀濒危、特有野生动植物的种类、分布和生存状况；生态功能区划、生态管控红线，生态系统类型、结构与功能；生态敏感性或生态适宜性评价；主要生态问题的类型、成因、空间分布、发生特点。

5. 环境敏感区调查与评价：审核评价区内现有及规划的环境敏感区类型、级别、位置、范围、保护要求及保护对象等。

6. 对于能源规划修编的，还应审核报告书规划实施情况回顾与环境影响回顾评价内容。

（三）环境影响预测与评价

1. 审核报告书采用的不同规划阶段、不同发展情景规划能源开发利用强度估算方法的适当性，估算结果的可信性；环境影响预测分析方法和预测模式的适用性、参数选取的合理性、预测结果的准确性；环境影响预测内容的全面性、评价深度的适当性和评价结论的可信性。环境影响预测评价内容应充分体现能源规划实施对资源、环境产生的直接、间接和累积环境影响。

（续表）

2. 生态影响预测与评价：分析能源规划（如火电设施建设、风电设施建设、新能源利用工程等）实施对区域生态系统完整性及景观生态格局的影响，分析能源规划区域、运输道路、输送管线等与环境敏感区、重要生态功能区及生态脆弱区等可能存在的空间冲突，分析规划实施对生态敏感区的影响范围、影响程度和影响可接受水平，分析能源设施（如火电设施、垃圾焚烧发电设施等）含重金属烟尘和酸性气体排放对周边区域土壤产生累积性影响。

3. 污染影响预测与评价：审核不同发展情景下能源规划实施过程产生的各种类型污染对大气环境、水环境、声环境、电磁环境等的影响程度和影响范围，不同类型能源规划审核重点有所差异。

（1）水环境：审核报告书对规划（如火电设施建设规划、新能源利用工程规划等）实施过程产生排放的废水量、水污染物的产生量、削减量及排放量计算的准确性；审核废水排放对纳污水体水质影响（正常、非正常排放工况）预测的科学性。重点关注规划实施过程中能源设施运行过程对水资源的影响以及主要水污染物排放总量，分析规划实施对区域地表水环境质量与重要地表水保护目标的影响；结合区域排污总量及其控制目标，提出水污染物的排放要求。

（2）大气环境：审核能源规划（如火电设施建设规划、新能源利用工程规划等）实施后主要大气污染物产生量、削减量和排放量计算结果的准确性。审核报告书是否预测了规划项目大气污染物（二氧化物、氮氧化物、颗粒物、酸性污染物、重金属、二噁英类等）排放对评价区域的总体影响；重点审核对大气环境敏感目标影响预测的准确性。重点关注能源设施运行过程排放大气污染物对环境敏感区和评价范围内大气环境的影响范围与程度或变化趋势；分析规划实施后区域环境空气质量能否满足相应功能区的要求；结合区域大气排污总量及其控制目标，提出大气污染物的排放要求。

（3）电磁环境：审核能源规划（如火电设施建设规划、风电设施建设规划、新能源利用工程规划等）实施后各类能源运行设备产生的噪声对周围环境造成的影响。其中，风电设施建设规划重点关注风机运转和电磁作用产生的低频噪声对生物栖息地声环境造成的影响。

（4）声环境：审核能源规划（如风电设施建设规划等）实施后风电项目产生工频电场、工频磁场影响分析的科学性和准确性。

4. 环境风险评价：从区域规划能源布局、能源结构、能源调配、能源消耗、能源替代及生产规模等方面进行分析环境风险分析。环境风险的影响、防范和环境安全突发事件应急处理综合方案。对于公共安全、社会安定影响较大的民生能源项目，应着重考量。其中，重点审核火电设施建设规划、生活垃圾焚烧发电设施规划实施过程中大气污染物低浓度长期释放对区域内的人体健康可能产生的影响，液氨储罐存在泄露风险，焚烧系统或者烟气净化系统出现故障，导致烟气污染物的事故性排放，废水治理设施存在事故排放风险。

5. 资源环境承载力分析：资源承载力方面的审核报告书是否阐明了规划实施对水资源、土地资源的需求和资源现状，分析区域资源对于规划实施的支撑能力。环境承载力方面的审核报告书是否说明了大气和水污染物排放是否满足当地总量指标的要求；生态承载力方面的审核报告书是否从土地利用的适宜性、生态保护需求、敏感目标保护等方面全面分析空间布局的生态适宜性。

（四）规划方案的环境合理性综合论证与规划优化调整建议

1. 审核报告书规划方案环境合理性综合论证的全面性和充分性。从能源开发利用、生态环境承载力、经济社会发展能源需求、土地资源、水资源等方面，论证能源开发利用规模的合理性；从规划重点工程与环境敏感目标的位置关系，及其环境影响的可接受性和可控性角度，论证能源规划布局的合理性；根据规划实施的累积环境影响和不同情景环境影响程度比选结果，论证能源开发利用时序和方式的合理性。

2. 审核报告书规划方案与国家全面协调可持续发展战略符合性分析的合理性；对能源规划实施带来的直接和间接的社会、经济、生态环境效益估算的合理性；对区域经济结构调整与优化的贡献程度和对区域社会发展、社会公平促进作用分析的合理性；对于规划方案的可持续发展论证结论的可信性。审核报告书提出评价推荐的环境可行的规划方案的合理性、可行性。

3. 审核报告书根据规划方案综合论证结果，对规划开发规模、布局方案、建设方案、建设时序提出的优化调整建议的全面性和可行性。具体包括：以总量管控为目标，根据经济社会发展需求以及资源承载能力评价结果，提出的控制能源开发规模的建议；以空间管制为主线，根据珍稀保护物种及其重要生境等环境敏感目标的影响评价结果，提出的调整能源规划工程布局建议；根据规划区域的生态环境敏感性，提出的优化调整能源规划建设时序的建议；根据区域生态系统功能维系的要求，提出的生境保护、生态补偿等的建议。对于规划实施可能造成重大不良环境影响，且无法提出切实可行的预防或减轻对策和措施。

（续表）

（五）环境影响减缓措施
1. 生态保护减缓措施：对涉及不可替代、极具价值、极敏感、被破坏后难以恢复的敏感生态保护目标（如特殊生态敏感区、珍稀濒危物种）的规划工程，审核是否提出针对性的生态保护措施；对规划实施可能导致生态功能显著影响的区域，审核提出的生态恢复、生态建设方案的可行性。
2. 污染防治减缓措施：审核报告书针对不良环境影响的预防、最小化及对造成的影响进行全面修复补救的对策和措施的可行性。例如，规划方案中包含有具体的建设项目，审核重大建设项目环境影响评价的重点内容和基本要求、环境准入条件和管理要求的合理性。

表 5.14　水利水电类规划环境影响报告书技术审查要点

（一）规划分析
审核水利水电开发规划范围、任务、规模、布局等，与自然保护区、风景名胜区等重要敏感目标相关的法律法规及保护要求的符合性；与国民经济和社会发展规划、流域综合规划等规划在资源保护与利用、生态环境保护等方面的符合性，分析规划在空间准入方面的符合性；与流域水资源开发利用、防洪减灾、航道建设，以及区域环境保护、渔业发展、林业发展、土地利用、旅游发展、交通等规划及相关生态环境功能区划的协调性。
（二）资源环境现状调查与评价
1. 资源赋存与利用状况调查与评价：审核规划区域水能资源总量及时空分布、开发利用现状及相关规划情况；土地、矿产、景观、旅游、动植物等资源的赋存、分布、利用现状与规划情况。
2. 水文水资源调查与评价：审核规划涉及的水系组成，水能资源总量、时空分布、水文情势、开发利用现状等内容。其中，水文情势应调查主要控制断面多年平均和典型年径流量、流量、水位、流速、泥沙、水温等水文特征。
3. 环境质量现状调查与评价：审核调查范围是否包括规划涉及的干流及其主要支流和规划实施可能影响的下游水域；地表水环境是否调查了规划涉及河段水功能区划、重要饮用水水源地和主要污染源空间分布，开发河段的水环境质量与容量，开发河段已有库区水质和富营养化情况等内容；地下水环境是否调查地下水影响问题显著的规划河段的水文地质条件、地下水类型与分布特征、地下水补径排关系及与地表水的水力联系，地下水水质，以及区域环境水文地质问题等内容。
4. 生态环境现状调查与评价：陆生生态审核规划流域生态系统类型及其结构、功能和过程、植物区系与主要植被类型，水土流失状况、地质灾害状况，重要野生动植物的种类、分布和生境状况等；水生生态审核规划流域水生动植物种群结构、优势种、生物量、资源量、分布特点以及鱼类"三场"等重要生境特点与分布状况，可能的替代生境在规划河段上下游与支流的分布情况，以及鱼类资源演变、保护与利用现状和存在的主要问题。审核主要生态问题的类型、成因、空间分布和发生特点等，生态系统面临的压力、变化趋势及主要原因，评价生态系统的完整性和敏感性。
5. 环境保护目标调查与评价：审核现有及规划的环境敏感区和保护目标类型、分布、范围、级别、主要保护对象及保护要求，分析水利水电开发布局与环境敏感区、环境保护位置关系和生态联系。
6. 环境影响回顾性分析：回顾已建水利水电工程开发规模、方式和运行调度情况；已开发河段水文情势和生态环境系统变化情况；对主要环境敏感区和环境保护目标的影响范围和程度；以及现有环保措施的落实情况、效果和存在问题。评价区域生态系统的变化趋势和环境质量的变化情况，分析流域存在的主要生态、环境问题与现有水利水电工程模式、布局和调度方式等方面的关系。
（三）环境影响预测与评价
1. 水文情势影响预测与评价：跨流域调水规划、水力发电规划、河道整治规划、防洪治涝规划应重点审核规划实施对水文情势（包括流量、水位、水面积、水深、流速、泥沙等）的影响程度。
2. 水温影响预测与评价：重点审核水力发电规划实施引起的库区水温分布特征和规划河段沿程水温时空变化趋势。
3. 水环境影响预测与评价：重点审核流（区）域供水规划、跨流域调水规划、水力发电规划、河道整治规划实施产生的水资源时空变化和水动力学条件改变导致规划涉及水域的水环境容量、水环境质量等方面的变化趋势，预测规划实施对河流典型时段（包括丰水平、平水期、枯水期）、典型断面（包括重点支流和库湾）水质的影响，结合相应水功能区水质标准，评价水质达标情况。
4. 生态影响评价：
（1）陆生生态影响评价：重点审核跨流域调水规划、水力发电规划、河道整治规划实施对流域生物多样性（包括物种多样性和生境多样性）、生态系统连通性、破碎度及功能的影响，评价规划实施对流域生态系统完整性（包括生态系

统组成、结构和功能)的影响;规划实施对珍稀、濒危、特有动植物集中分布区及重要生境等的影响范围、途径、性质、程度;水库蓄水对库区周围局地气候的影响,以及对库区周围陆生植被自然演替的影响;梯级电站建设及运行导致水土流失范围和水土流失强度的变化趋势。

(2)水生生态影响评价:重点审核水力发电规划实施造成的大坝阻隔、水文情势变化、水体理化性质变化和饵料生物变化等情况,预测分析规划实施对流域水生生态系统结构和功能、完整性的影响,对重点保护水生生物重要生境的影响范围和程度,以及区域水生生物种类组成、数量和生物多样性的变化情况。其中,对珍稀、濒危、特有鱼类"三场"和洄游性鱼类洄游通道等重要生境的影响应着眼于全流域水利水电开发的累积与叠加效应,重点审核鱼类资源及重要生境在全流域上下游、干支流的分布特征和受损情况,规划实施后在本流域的留存情况,以及可能的替代生境的健康状况。

(3)生态风险评价:重点审核水力发电规划实施可能导致的生态风险,包括区域典型或特有生态系统(含水生生态与陆生生态)消失、生态系统服务功能丧失、珍稀濒危动植物(特别是鱼类)及其重要生境消失、水体富营养化等。

5. 环境敏感目标影响预测与评价:重点审核各类水利水电规划实施对环境敏感区和环境保护目标结构和功能、物种多样性及关键、保护物种等的影响范围、途径、性质和程度。

6. 地下水环境影响预测与评价:重点审核水力发电规划实施对地下水水位的影响,以及由此导致的土壤盐渍化、次生沼泽化、土地次生荒漠化、岩溶塌陷、湿地退化等间接影响。

7. 资源环境承载力分析:重点审核不同规划方案下涉及影响区域的资源环境承载力分析内容的全面性,采用基础计算分析数据、资料的时效性和可靠性,资源环境承载力分析方法的适用性、分析结论的准确性,各项资源和环境承载力评价结论的可信度,规划实施前后影响范围资源环境承载力变化及目标可达性。

(四)规划方案的环境合理性综合论证与规划优化调整建议

1. 根据"生态优先、统筹考虑、适度开发、确保底线"的基本原则,从水能资源开发利用、生态环境承载力等方面,论证规划开发规模的环境合理性;从环境影响可接受性和可控性等角度,论证规划开发布局的合理性;由规划实施的累积环境影响以及不同情景环境影响程度比选结果,论证规划开发时序和开发方式的合理性。审核是否提出区域资源环境要素的优化配置方案,结合生态保护红线和生态系统整体性保护要求,是否划定禁止或限制开发的红线区域、流域范围。

2. 审核规划方案与国家全面协调可持续发展战略符合性分析的合理性;对水利水电规划实施带来的直接和间接的社会、经济、生态环境效益估算的合理性;对区域经济结构调整与优化的贡献程度和对区域社会发展、社会公平促进作用分析的合理性;对于规划方案的可持续发展论证结论的可信性。

(五)环境影响减缓措施

1. 预防性措施:审核报告书是否从避让环境敏感目标等方面提出规划梯级布局调整措施;建立流域生态环境管理机构,制定环境风险防范与应急预案、梯级联合调度方案、生态补偿机制;对流域干支流及上下游具有重要保护意义的河段或支流,编制生态环境保护方案。

2. 减量化措施:审核报告书提出的水库分层取水、生境保护(就地保护和迁地保护)、修建过鱼设施、水土流失防治等措施的合理性和可行性。

3. 修复性措施:审核报告书提出的施工迹地绿化恢复、水库下泄生态流量、替代生境构建与保护、鱼类增殖放流等生态修复性措施的合理性和可行性。

表5.15　城市建设类规划环境影响报告书技术审查要点

(一)规划分析

审核规划空间范围和空间布局、近期和中远期目标、发展规模、结构(如产业、能源、资源利用结构等)、建设时序以及配套设施安排等,与规划相关的主要环境保护法律法规、环境经济与技术政策、资源利用和产业政策等相关法律法规、政策、规划的符合性,与上层规划的符合性,与本规划所依托的资源和环境条件相同的同层位规划的一致性和协调性。

(二)资源环境现状调查与评价

1. 环境质量现状调查与评价:审核评价区的水、大气、声等环境要素的环境功能区划,保护目标以及各功能区各因子达标情况,主要污染因子和特征污染因子、主要污染物排放总量及其控制目标、重点污染源分布情况以及现状监测点位情况;主要土壤类型及其分布、土壤肥力与使用情况、土壤污染的主要来源、环境质量现状;评价区生态系统的类型及其结构、功能和过程、植物区系与主要植被类型、重要保护野生动植物的种类、分布和生境,生态功能区划与保

（续表）

护目标、生态管控红线，主要生态问题的类型、成因、空间分布和发生特点等，生态系统面临的压力、变化趋势及主要原因，评价生态系统的完整性和敏感性。

2. 社会环境现状调查与评价：审核报告书是否阐述了评价区的行政区划、人口规模与分布、城镇布局、产业结构、交通基础设施布局、民族文化与宗教信仰、文物古迹等方面的基本情况。

3. 资源赋存情况调查与评价：审核报告书是否阐述了评价区土地、能源、矿产、旅游、生物等资源的总量、结构、开发利用状况和保护要求等，分析区域资源能源利用中存在的问题。

4. 环境敏感目标调查与评价：审核报告书是否给出了评价区内现有及规划的环境敏感区类型、级别、位置分布、范围、保护要求和保护对象等。

5. 环境影响回顾性评价：审核报告书是否开展了环境影响回顾性评价。结合区域发展的历史或上一轮规划的实施情况，对区域生态系统的变化趋势和环境质量的变化情况进行分析与评价，重点审核评价区域存在的主要生态、环境问题和人群健康状况与现有的开发模式、规划布局、产业结构、产业规模和资源利用效率等方面的关系。

（三）环境影响预测与评价

1. 水环境影响预测与评价：重点审核排水工程规划对受纳水体稀释扩散能力、水质、水体富营养化等的影响；审核给水工程规划对地表水流速、流量、水域面积等，以及对地下水水质、流场和水位的影响。明确影响的范围与程度或变化趋势，评价规划实施后受纳水体的环境质量能否满足相应功能区的要求，并绘制相应的预测与评价图件。

2. 大气环境影响预测与评价：重点审核燃气工程规划以及城市综合交通体系规划对环境敏感区和评价范围内大气环境的影响范围与程度或变化趋势，在叠加环境现状本底值的基础上，分析规划实施后区域环境空气质量能否满足相应功能区的要求，并绘制相应的预测与评价图件。

3. 生态环境影响预测与评价：重点审核城市综合交通体系规划、公共服务设施专项规划以及各类市政基础设施专项规划对区域生物多样性（主要是物种多样性和生境多样性）、生态系统连通性、破碎度及功能等的影响性质与程度，评价规划实施对生态系统完整性及景观生态格局的影响，明确评价区域主要生态问题（如生态功能退化、生物多样性丧失等）的变化趋势，分析规划是否符合有关生态红线的管控要求。对规划区域进行了生态敏感性分区的，还应评价规划实施对不同区域的影响后果，以及规划布局的生态适宜性。

4. 环境保护目标影响预测与评价：重点审核各类城市建设类规划对自然保护区、饮用水水源保护区、风景名胜区、基本农田保护区、居住区、文化教育区域等环境敏感区、重点生态功能区和重点环境保护目标的影响，评价其是否符合相应的保护要求。

5. 环境风险影响评价：重点审核城市交通体系规划、燃气工程规划实施中，可能产生的重大环境风险源的（如加油站、天然气站等），进行危险源、事故概率、规划区域与环境敏感区及环境保护目标相对位置关系等方面的分析，开展环境风险评价；对于规划范围涉及生态脆弱区域或重点生态功能区的，应开展生态风险评价。

6. 资源环境承载力分析：重点审核不同规划方案涉及影响区域资源环境承载力分析内容的全面性，采用基础计算分析数据、资料的时效性和可靠性，资源环境承载力分析方法的适用性、分析结论的准确性，资源和环境承载力评价结论的可信度，规划实施前后影响范围资源环境承载力变化及目标可达性。

（四）规划方案的环境合理性综合论证与规划优化调整建议

审核规划目标、发展规模、城市布局的环境合理性，以及环境目标可达性论证的全面性、充分性，对规划方案可持续发展论证的合理性，优化调整建议的可行性。按照"优先保障生态空间，合理安排生活空间，集约利用生产空间"的原则，审核规划空间布局方案的环境合理性论证。

对于城市建设规划的目标、发展定位与主体功能规划要求不符；规划布局和具体建设项目选址、选线与主体功能区划、生态功能区划、环境敏感区的保护要求发生严重冲突；规划方案中配套建设的生态保护和污染防治措施实施后，区域的资源、环境承载力仍无法支撑规划的实施，或仍可能造成重大的生态破坏和环境污染时，审核是否从建设时序、技术标准、工程形式等方面提出具体的优化调整建议和建议的可行性。

（五）环境影响减缓措施

1. 生态保护减缓措施：根据规划涉及环境敏感区的不同保护要求，提出针对性的对策措施；对于受影响的野生保护动物，提出针对性的保护要求。重点审核上述措施和要求的合理性和可行性。

2. 污染控制减缓措施：针对规划实施后污水和主要污染物的排放增量，结合区域环境基础设施建设相关规划，提出污水排放出路、排放要求等污水处置方案建议；对于敏感水体且可能导致污染风险的建设区域，提出污水强化处理等工程措施建议；结合区域环境空气和声环境保护相关要求，确定合理的大气污染和噪声控制目标，针对可能受影响的重要环境敏感区提出必要的污染防控措施；针对规划实施后环境风险事故形势，结合区域事故应急体系的现状和规划，提出具有针对性、可操作性的环境风险防控措施。重点审核上述措施和要求的合理性和可行性。

5.5 规划环境影响评价文件审查后的环境监管

5.5.1 规划环境影响评价文件审查意见反馈

5.5.1.1 环境影响评价法规中的相关规定

《规划环境影响评价条例》第二十二条规定，"规划审批机关在审批专项规划草案时，应当将环境影响报告书结论以及审查意见作为决策的重要依据。规划审批机关对环境影响报告书结论以及审查意见不予采纳的，应当逐项就不予采纳的理由作出书面说明，并存档备查。有关单位、专家和公众可以申请查阅；但是，依法需要保密的除外。"

《广东省人民政府关于进一步做好我省规划环境影响评价工作的通知》（粤府函〔2010〕140号）要求，"规划审批机关应当将环境影响报告书结论及审查意见作为决策的重要依据，在审批中未采纳环境影响报告书结论及审查意见的，应当逐项就不予采纳的理由作出书面说明，并存档备查，同时通报同级环保部门。"

5.5.1.2 实际工作中存在的问题

在广东省规划审批实际工作中，虽然《规划环境影响评价条例》等要求规划审批机关对未采纳的环境影响评价结论进行书面说明并存档备查，"有关单位、专家和公众可以申请查阅"，但由于规划审批机关为政府部门，而作为普通公众、专家，甚至其他同级的政府部门难以真正申请查阅相关备档资料。环境影响评价机构在进行规划范围内的建设项目环境影响评价工作时，难免出现项目建设与规划可能相符，与规划环境影响评价要求可能不协调等问题。另外，很少有规划审批机关对未采纳的环境影响评价结论进行书面说明，并反馈给环保部门，导致环保部门在进行规划区域内的建设项目审批时，会出现规划环境影响评价要求未落实等问题，对建设项目的审批造成困扰。此外，某个规划或项目在实施的过程中，一旦出现严重的环境影响问题，矛头就直指环保部门和环境影响评价机构。但更多的原因是，环境影响评价识别了问题，提出了优化调整建议，而规划审批时未采纳，仍维持原有规划发展模式，环保部门和环境影响评价机构就成为"替罪羊"。

5.5.1.3 环境管理工作建议

1）完善规划环境影响评价反馈机制

规划审批机关在审批规划草案时，应将规划环境影响报告书结论及审查意见作为决策的重要依据。必要时，规划审批机关可邀请相关部门和公众召开论证会，集体讨论是否采纳规划环境影响报告书结论及审查意见。对于规划审批机关拟采纳规划环境影响评价报告结论和审查意见的，应要求规划编制机关对规划草案进行相应的调整，并将采纳情况书面说明及调整后的批准规划文本反馈给环保部门。对于规划审批机关最终决定不采纳环境影响报告书结论及审查意见的，除逐项就不予采纳的理由作出书面说明并存档备查外，还应向社会公众公开，并将采纳情况书面说明及批准后的规划文件反馈给环保部门备案。规划环境影响评价文件审查意见反馈流程建议见图5.4。

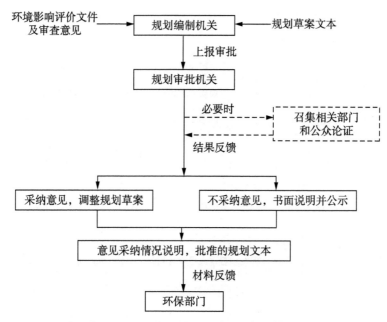

图 5.4 规划环境影响评价文件审查意见反馈流程建议图

2）建立规划环境责任追究制度

尽快制定和出台相关的规划环境责任追究制度,针对在规划实施中出现的环境问题明确相关责任主体。对于因规划编制机关、规划环境影响评价机构、环境影响评价文件审查部门等失职失察,造成环境事故的,由相关责任主体和责任人承担。对于规划环境影响评价已识别和给出优化调整建议,环保部门审查意见已明确要求调整规划方案的,因规划审批机关未采纳造成环境事故的,应依法追究规划审批机关的法律责任。对于因规划实施主体未落实规划和环境影响评价提出的环保减缓措施,造成环境事故的,应依法追究规划实施单位的法律责任。

针对在规划实施中出现的环境问题划分责任类型和责任主体。规划环境责任追究情形建议见表 5.16。

表 5.16 规划环境责任追究情形建议一览表

序号	责任主体	责任类型
1	规划编制机关	(1) 在组织规划编制过程中,未按程序组织开展规划环境影响评价的; (2) 在组织规划编制过程中弄虚作假,提供虚假材料,造成规划环境影响评价严重失实的; (3) 对规划进行重大调整或修订,未按程序重新组织开展或补充进行规划环境影响评价的
2	规划环境影响评价机构	(1) 规划环境影响评价编制过程中弄虚作假,伪造虚假数据,得出与事实严重不符评价结论的; (2) 规划环境影响评价编制过程对规划存在重大环境影响的方案及重要生态环境保护目标识别不清,导致评价结论严重失实的; (3) 规划环境影响评价编制过程经分析规划方案有重大环境影响,未提出针对性的规划方案优化调整建议和环境影响减缓措施的
3	环保部门	(1) 在组织规划环境影响评价文件审查时弄虚作假,或者滥用职权,造成环境影响评价文件审查意见严重失实的; (2) 未认真履行审查责任,对存在重大质量问题的规划环境影响评价文件予以通过审查的

（续表）

序号	责任主体	责任类型
4	规划审批机关	（1）对依法应当编制而未编制规划环境影响篇章，或者说明的综合性规划草案和专项规划中的指导性规划草案，予以批准的； （2）对依法应当附送而未附送规划环境影响报告书，或者对环境影响报告书未经审查小组审查的规划草案，予以批准的； （3）对已经批准的规划发生重大调整或者修订，未依法重新或者补充进行环境影响评价，予以批准的； （4）对规划环境影响评价文件结论及审查意见认为会造成明显环境污染或生态破坏，要求规划草案进行调整，规划审批过程中不予采纳，导致发生重大环境污染事件或生态破坏的
5	规划实施主体	（1）对未依法开展环境影响评价的规划，有关部门组织实施该规划，或者批准规划内所包含的建设项目的； （2）规划实施过程未按环境影响评价文件及审查意见提出的减缓措施及建议，导致发生重大环境污染事件或生态破坏的； （3）规划实施过程发现有重大不良环境影响，不采取改进措施，也不向规划审批机关和环保部门通报的； （4）对规划进行重大调整或修订，未按程序重新开展或补充进行规划环境影响评价即实施规划的

5.5.2　规划变更或调整环境管理

5.5.2.1　环境影响评价法规中的相关规定

《规划环境影响评价条例》规定，"对已经批准的规划在实施范围、适用期限、规模、结构和布局等方面进行重大调整或者修订的，规划编制机关应当依照本条例的规定重新或者补充进行环境影响评价。"

《广东省人民政府关于进一步做好我省规划环境影响评价工作的通知》（粤府函〔2010〕140号）要求，"已经批准的规划在实施范围、适用期限、规模、结构和布局等方面进行重大调整或修订时，应重新或补充进行环境影响评价。"

5.5.2.2　实施工作中存在的问题

上述法规文件仅对已批准实施的规划发生变更时提出要"重新或者补充进行环境影响评价"，但未制定相关的配套法规。规划本身存在一定的不确定性，在实际执行中难免会出现与已批复规划的调整会变更，由于规划实施部门对规划变更的环境影响估计不足，或难以判断什么情况、多大尺度的规划变更需要重新进行环境影响评价，若在未充分进行环境影响评价论证的情况下直接变更规划内容，可能带来比原有规划大得多的环境影响，甚至是不可逆。此外，部分规划修编调整后未重新编制规划环境影响评价文件，导致一些具体建设项目的环境影响评价文件审批受到制约。

5.5.2.3　环境管理工作建议

1）制定规划变更或调整界定细则

制定相应细则对规划重大变更或调整进行界定，重点包括：规划实施的定位和目

标发生重大变更、规划实施范围和规模发生重大变更、规划实施的主导产业发生重大变更。以便于规划编制机关或规划实施单位能根据规划变更或调整的具体情况进行判别和上报。

2）完善规划评估和跟踪评价制度

规划编制机关应建立和完善规划评估制度和环境影响跟踪评价制度，及时发现规划实施过程中出现的偏差，包括规模范围、产业定位、结构与布局、环境影响减缓措施等，分析产生的原因，提出规划变更或调整方案。评估结果应报送规划审批机关和环保部门。对属于一般性的规划变更或调整，规划或调整方案可以仅进行相关重点专题的环境影响评价，并报环保部门备案；对属于重大规划变更或调整的，规划变更或调整方案应按照规划环境影响评价的工作程序重新或者补充进行规划环境影响评价，报环保部门审查；对于在规划实施期末出现的规划重大变更或调整，可以考虑在下一轮规划修订时一并进行规划环境影响评价。

3）建立规划与环保部门的会商机制

规划编制机关或规划实施单位将规划变更的内容上报规划审批机关和环保部门后，应建立规划审批机关和环保部门的会商机制，共同讨论是否属于规划重大变更或调整，是否需要重新或者补充进行规划环境影响评价，以便于监管和实施。

4）制定严格的责任追究制度

尽快制定和出台相关的责任追究制度，如发现规划变更未及时上报或变更后未进行相应的环境影响评价，则应对规划编制机关或规划实施单位进行经济处罚或规划区域项目限批处罚等。因规划擅自变更而造成严重环境污染事故的，应追究规划主要执行人的法律责任（规划环境责任追究情形可参照表 5.16）。

根据各类规划的环境影响特征，广东省典型规划的重大变更或调整情形界定建议见表5.17。

表 5.17　广东省典型规划重大变更或调整情形界定建议一览表

规划类型	规划分类	重大变更或调整情形
工业项目集群类	经济开发区、产业转移工业园、统一定点基地、工业集聚区	1. 规划范围：规划选址发生变更；规划范围发生调整；规划土地利用布局发生较大调整，导致不利环境影响明显加重。 2. 产业定位：主导产业类型、生产规模等发生变更，导致污染物类型、排放量明显增加。 3. 结构与布局："三生空间"布局发生较大变化；3类工业用地配比增加10%以上，或2类工业用地配比增加20%以上；用地布局调整导致重大环境风险源对环境敏感点的影响明显加重。 4. 减缓措施：排水工程规模、纳污范围、排水去向等发生调整，或能源结构发生调整，导致污染物排放量和环境风险明显增加
矿产资源类	矿产资源总体规划、矿产资源专项规划	1. 规划定位：矿产资源开发利用和保护目标发生调整。 2. 规划范围：规划范围发生调整；重点矿区开发范围发生变化。 3. 规划规模：重点规划开采面积增加20%以上；主要矿种开采总量增加20%以上，导致污染物排放量明显增加。 4. 结构与布局：矿产资源勘查、开发、保护与储备的规划分区发生明显变化；重点矿区开采方式发生变化；矿区开采边界调整，导致评价范围内受影响的自然保护区、风景名胜区、饮用水源保护区等生态环境敏感区明显增加。 5. 减缓措施：重点矿区和生态环境敏感区的环境保护与生态恢复治理措施弱化或降低

（续表）

规划类型	规划分类	重大变更或调整情形
交通类	城市轨道交通规划	1. 规划范围：规划范围调整，导致受影响的环境保护目标明显增加。 2. 规划规模：线路长度增加20%及以上；站场、综合基地及主变电站数量增加20%及以上。 3. 结构与布局：线路走向发生调整，导致沿线环境敏感区发生明显变化或环境敏感点数量增加20%以上；站场、综合基地及主变电站选址变更比例达到20%以上；线路敷设方式（如地下线改为地上线）发生明显变化，车辆选型、轨道及车站相关技术标准、运营组织等发生变化，导致不良环境影响明显增加
	公路网规划	1. 规划性质：路网结构、功能定位和等级发生调整。 2. 规划规模：线路长度增加20%及以上。 3. 结构与布局：线路走向发生调整，导致沿线环境敏感区发生明显变化或环境敏感点数量增加20%以上；服务区等附属设施或特大桥、特长隧道数量增加20%及以上；穿越自然保护区、风景名胜区、饮用水水源保护区等生态环境敏感区的线路走向和长度发生变化
	铁路网规划	1. 规划性质：客货共线改客运专线或货运专线；客运专线或货运专线改客货共线。 2. 规划规模：正线或单双线长度累积增加20%及以上；路基改桥梁或桥梁改路基长度累计调整20%以上。正线数目（如单线改双线）、车站数量增加20%及以上；新增具有煤炭（或其他散货）集疏运功能的车站。 3. 结构与布局：线路走向发生调整，导致沿线环境敏感区发生明显变化或环境敏感点数量增加20%以上；特大桥、特长隧道数量增加20%及以上；穿越自然保护区、风景名胜区、饮用水水源保护区等生态环境敏感区的线路走向和长度发生变化
	港口规划	1. 规划性质：港口、作业区性质与功能定位发生变化。 2. 规划规模：吞吐量及主要货类增加20%以上；岸线长度增加20%及以上；港区占地和涉水总面积增加20%以上；危险品码头数量增加10%以上。 3. 结构与布局：作业区和航道与锚地位置调整，陆域布置规划发生明显变化，导致评价范围内受影响的自然保护区、风景名胜区、饮用水源保护区、高要求水环境功能区等生态环境敏感区明显新增；增加危险品货种或危险品堆场位置发生变化，导致环境风险明显增加
	航道建设规划	1. 规划性质：航道分段、分类变化程度20%以上，航道建设标准和任务发生变化。 2. 规划规模：航运量增加20%以上；航道涉及河段范围增加20%以上；占用水陆域面积增加20%以上；渠化航道里程增加20%以上。 3. 结构与布局：主要航道工程（疏浚、炸礁、护岸、切滩、护坡及筑坝等）位置变更，或航电枢纽工程（船闸）布局调整，或蓄水位和汇水区淹没变化等导致评价范围内受影响的自然保护区、饮用水源保护区、高要求水环境功能区等水生态环境敏感区明显增加
旅游类	旅游区规划	1. 规划范围：旅游区规划选址发生变更；规划范围发生调整。 2. 规划规模：游客规模增加30%以上，导致不利环境影响明显加重。 3. 结构与布局：旅游空间总体布局和重要景点区布局发生调整，服务设施和娱乐设施发生明显变化，导致评价范围内受影响的自然保护区、风景名胜区、饮用水源保护区等生态环境敏感区明显增加
能源类	电力行业发展规划	1. 规划性质：电源结构类型或燃料类型发生较大改变，导致不利环境影响明显加重。 2. 规划范围：规划范围发生调整。 3. 规划规模：电源数量增加；电源发电装机容量增加30%以上。 4. 结构与布局：燃煤、燃油发电装机容量占比增加20%以上；电源选址变更占比20%以上；电网（管网）布局调整，导致评价范围内受影响的自然保护区、风景名胜区、饮用水保护区等生态环境敏感区明显增加
	火电设施建设（包括集中供热）规划	1. 规划性质：机组类型或燃料类型发生调整，导致不利环境影响明显加重。 2. 规划范围：规划范围发生调整。 3. 规划规模：火电设施数量增加，或发电装机容量增加，导致污染物排放量明显增加。 4. 规划布局：火电设施选址变更；电网（管网）布局调整，导致评价范围内受影响的自然保护区、风景名胜区、饮用水源保护区等生态环境敏感区明显增加

（续表）

规划类型	规划分类	重大变更或调整情形
	风电设施建设规划	1. 规划范围：规划范围发生调整。 2. 规划规模：风电设施数量增加，导致不利环境影响明显加重。 3. 规划布局：风电设施选址变更，或电网布局调整，导致评价范围内受影响的自然保护区、风景名胜区、饮用水源保护区等生态环境敏感区明显增加
水利水电类	流（区）域供水规划、跨流域调水规划	1. 规划范围：供水（引调水）范围增加20%以上。 2. 规划规模：供水（引调水）量增加20%以上。 3. 结构与布局：供水（引调水）设施和管线选址变更，导致评价范围内受影响的自然保护区等水生生态和陆域生态环境敏感区明显增加
	水力发电规划	1. 规划范围：规划范围发生调整。 2. 规划规模：梯级数量增加20%以上。 3. 结构与布局：梯级坝址调整占比20%以上。 4. 减缓措施：梯级枢纽的生态流量下泄保障设施、过鱼措施、分层取水水温减缓措施等发生明显改变，或蓄水位和汇水区淹没变化等，导致不利环境影响明显加重
	河道整治规划	1. 规划范围：规划范围发生调整。 2. 规划规模：河道整治长度增加20%以上。 3. 结构与布局：河道土方疏浚工程、护岸工程、绿化工程、桥梁工程、阻水建筑物拆除等工程量发生变化，导致不利环境影响明显加重
城市建设类	城市总体规划	1. 规划性质：规划区域发展目标与功能定位发生明显变化。 2. 规划范围：规划范围发生调整。 3. 规划规模：人口规模和土地开发强度明显增加，导致不利环境影响明显加重。 4. 结构与布局："三生空间"布局发生较大变化，用地布局调整导致对区内、区外环境敏感点的影响明显加重
	城市综合交通体系规划	1. 规划范围：规划范围发生调整。 2. 规划规模：主要交通线路（铁路、高速公路、主干线等）长度增加20%及以上，机场、港口、运输枢纽数量，以及客流量、货运量增加20%及以上。 3. 结构与布局：交通规划体系发生变化，公共交通与慢性交通比例减少30%及以上；机场、港口、运输枢纽选址发生变更；线路敷设方式（如地下线改为地上线）发生明显变化，导致不良环境影响明显增加
	环卫设施专项规划	1. 规划范围：规划范围发生调整。 2. 规划规模：生活垃圾无害化处置场（包括填埋场和焚烧厂）数量增加；垃圾转运站、公共厕所等环卫设施数量增加达30%以上。 3. 结构与布局：生活垃圾无害化处置场选址发生变化，或处置方式（填埋和焚烧）发生变化；垃圾转运站、公共厕所等环卫设施选址变更30%以上
	市政基础设施专项规划	1. 规划范围：规划范围发生调整。 2. 规划规模：供水、排水、供电、供气等设施数量增加，服务范围和人口明显增多，导致不良环境影响明显增加。 3. 结构与布局：污水处理、发电厂、燃气储罐区以及配套管线选址选线发生明显变化。 4. 减缓措施：排水工程的规模、纳污范围、排水去向等发生较大调整，或能源结构发生调整，导致污染物排放量和环境风险明显增加

5.5.3 规划环境影响评价与建设项目环境影响评价联动

5.5.3.1 环境影响评价法规中的相关规定

《规划环境影响评价条例》明确规定，"已经进行环境影响评价的规划包含具体建设项目

的,规划的环境影响评价结论应当作为建设项目环境影响评价的重要依据,建设项目环境影响评价的内容可以根据规划环境影响评价的分析论证情况予以简化。"

《关于加强规划环境影响评价与建设项目环境影响评价联动工作的意见》(环发〔2015〕178号)明确提出了开展联动工作的总体要求、重点领域(包括产业园区、公路、铁路及轨道交通、港口、航道、矿产资源开发、水利水电开发)规划环境影响评价的主要工作任务,加强项目环评对规划环评落实情况的联动反馈,逐步健全推进联动工作的保障体系,提高规划环境影响评价对建设项目环境影响评价工作的指导和约束作用。

《广东省人民政府关于进一步做好我省规划环境影响评价工作的通知》(粤府函〔2010〕140号)也明确要求,"完善规划环境影响评价与项目环境影响评价的联动机制。环保部门在审批规划所包含建设项目的环境影响评价文件时,应当将规划的环境影响篇章或者说明、环境影响报告书的评价结论作为重要依据。""对未进行环境影响评价的规划所包含的建设项目,环保部门不得受理其环境影响评价文件。"

5.5.3.2 实际工作中存在的问题

(1)规划编制机关认识不够,导致规划环境影响评价介入时间滞后。部分规划环境影响评价成了某些重大项目的"路条",存在"先上车后补票"和"建设项目环境影响评价推动规划环境影响评价"的情况。终因规划环境影响评价介入太晚,规划已基本定型,规划环境影响评价的科学性和有效性难以得到保证。

(2)部分规划在实施期限、规模、布局、结构和功能等进行重大调整或修订后,未及时重新或补充开展规划环境影响评价,开展建设项目环境影响评价时会出现与原规划和规划环境影响评价不一致的问题。

(3)部分规划中的建设项目未能按照规划环境影响评价文件审查要求开展环境影响评价,规划环境影响评价要求执行效率低。还有部分规划环境影响评价是下一级地方审查,而规划中的建设项目则可能是上一级甚至国家审批,因关注重点、论证深度及审查要求不一致等原因,出现规划环境影响评价与建设项目环境影响评价部分要求难以衔接等问题。

(4)规划和建设项目的环境影响评价内容和深度界定模糊,两者的工作开展繁复甚至重叠,还易产生前后矛盾。由于缺乏可操作性的实施细则,使得建设项目环境影响评价依据规划环境影响评价进行简化的程度和内容难以掌握,建设项目环境影响评价机构出于各方面考虑并未进行真正的简化,难以真正实现联动。

5.5.3.3 环境管理工作建议

1)健全联动机制的管理制度

首先,环保部门在审批过程中要坚持"先规划环境影响评价,后建设项目环境影响评价"的原则,未进行环境影响评价的规划所包含的建设项目,不予受理其环境影响评价文件,避免出现"宏微倒挂"问题;对于下级环保部门负责审查的规划环境影响评价文件中包含由上级环保部门负责审批建设项目环境影响评价的,应制定相应的规划环境影响评价文件审查流程和技术要求,建议该类型规划环境影响评价文件审查提高审查级别,由负责审批建设项目环境影响评价的环保部门组织审查,避免出现"上下倒挂"问题;对于有关部门审批的专项

规划涉及重大建设项目的,应联合相关行业主管部门和投资部门进行会审,完善规划环境影响评价文件审查办法,避免出现"宏微脱节"问题。

2）加强行政管理系统间的联动

积极推进横向联动和纵向联动机制。横向联动是指建立与发改、规划、国土、交通、水利等部门间的联动机制,推进规划环境影响评价早期介入、与规划编制互动。特别是加强规划审批机关与环保部门的沟通协调;纵向联动是指规划环境影响评价文件审查部门应及时向实施规划的区域、流域、行业主管部门以及社会公众,公布规划环境影响评价的详细内容和审查意见,加强对规划环境影响评价实施过程的监督管理,杜绝不符合规划环境影响评价要求的建设项目上马。

3）完善环境影响评价全过程联动机制

在管理层面,通过制定严格的管理规定,明确各环节的联动程序、联动内容和联动要求。在技术层面,引导规划环境影响评价从宏观战略层面评估规划方案的环境合理性,提出预防和减缓规划实施影响的对策建议。对于规划包含重大项目布局、结构、规模等的规划环境影响评价,应强化规划环境影响评价在空间管控、总量管制和环境准入方面的作用,探索规划环境影响评价"清单管理"模式,明确禁止开发的空间清单、区域污染物排放总量管控清单、禁止和限制准入的行业和工艺清单。进一步理顺规划环境影响评价与建设项目环境影响评价在评价范围、内容、深度等方面的衔接关系,强化建设项目环境影响评价对规划环境影响评价要求的响应和落实。规划环境影响评价与建设项目环境影响评价联动程序建议见图5.5,联动要点建议见表5.18。

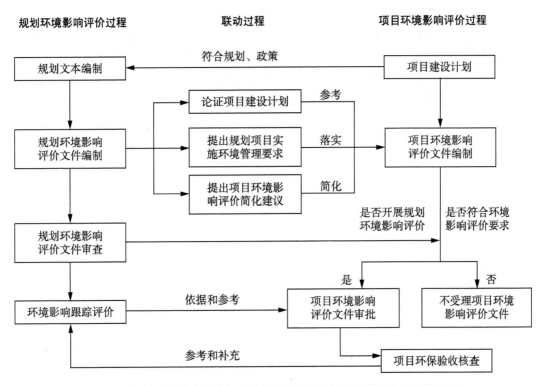

图5.5　规划环境影响评价与建设项目环境影响评价联动工作流程建议图

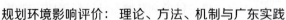

表 5.18　规划环境影响评价与建设项目环境影响评价联动要点建议表

联动环节	联动要点
联动内容	1. 根据规划环境影响评价提出的空间管制、总量管控和环境准入等相关要求,分析规划所包含的项目与规划的符合性,反馈入驻项目的区域环境可行性; 2. 根据规划环境影响评价编制阶段提出规划已包含的项目建设计划、产业发展类型、污染物产排特征等,提出建设项目环境影响评价的重点评价内容及具体简化内容建议; 3. 跟踪评价重点关注规划区域环境质量变化、环保措施执行情况、实际环境影响等内容,为规划所包含建设项目审批提供依据和参考。规划所包括的建设项目环境影响评价的现场调查、公众参与等评价成果也可作为该规划环境影响评价跟踪评价的参考和补充
联动管理	1. 非指导性的专项规划可实施规划环境影响评价与规划所包含的建设项目环境影响评价的联动; 2. 非指导性的专项规划环境影响评价文件审查应将对建设项目环境影响评价的指导意见作为审查的重要内容,并在审查意见中给予明确。可以作为开展规划环境影响评价与建设项目环境影响评价联动的依据; 3. 对符合规划环境影响评价结论及审查意见的项目,其环境影响评价文件可采用引用规划环境影响评价结论、减少建设项目环境影响评价文件内容或章节、降低环境影响评价文件的类别等方式实现; 4. 各级环保部门应加强对联动工作的管理,对明显不符合规划环境影响评价结论及审查意见的建设项目环境影响评价予以审批的,或者有关技术单位和人员不应该简化而随意简化的,应及时提出处理意见,追究相关单位及人员责任; 5. 各级环保部门应建立规划环境影响评价及审查意见的数据库和管理应用平台,推动规划环境影响评价和建设项目环境影响评价信息共享,为加强规划环境影响评价和建设项目环境影响评价联动做好技术储备

4) 制定规划包含建设项目环境影响评价简化实施细则

对已通过规划环境影响评价文件审查的规划,应制定其包含建设项目环境影响评价内容简化的实施细则,明确简化和重点分析的内容。根据规划类型和内容,甚至可以降低环境影响评价文件的编制级别和审批权限。规划环境影响评价对建设项目环境影响评价简化内容要求建议见表 5.19、表 5.20。

表 5.19　规划环境影响评价对建设项目环境影响评价简化要求建议表

规划类型		简化建议
工业集群类	单一产业园区	由于行业单一,在已经完成规划环境影响评价主要工作任务,且环保基础设施完善的前提下,对符合规划环境影响评价结论及审查意见要求的建设项目,可以降低建设项目环境影响评价文件的类别,简化评价内容
	综合产业园区	由于园区产业类型较多,在已经完成规划环境影响评价主要工作任务,且环保基础设施完善的前提下,对符合规划环境影响评价结论及审查意见要求的部分建设项目(如污染相对较轻),可以降低建设项目环境影响评价文件的类别,简化评价内容。对重污染行业和涉重金属排放、使用危险化学品或有潜在环境风险的建设项目,其简化内容应慎重,可以根据实际情况简化评价内容
专项规划类		规划包含的建设项目,其环境影响在规划环境影响评价中已得到充分论证,可以降低建设项目环境影响评价文件的类别,简化评价内容;对于规划未包含的建设项目环境影响评价,简化幅度可以视其环境影响特征适当降低;对于规划实施超出一定年限再引入建设项目的环境影响评价,由于相对规划环境影响评价编制时的环境条件可能已随区域发展发生较大变化,建议不进行或进行较小幅度的简化

表 5.20 规划环境影响评价包含的建设项目环境影响评价重点内容及简化内容建议表

主要章节	重点评价内容	简化评价内容
总则	说明编制依据,项目位置,环境功能区划,评价重点,环境敏感目标等	环境功能区划、评价因子、评价标准等可以参照规划环境影响评价文件(规划环境影响评价文件,评价标准等可以参照规划环境影响评价文件(规划环境影响评价后新颁布或修编的环境功能区划及标准除外)
建设项目概况与工程分析	分析项目组成,工程布置,原辅材料,生产工艺,污染源强,污染防治措施等	—
环境现状调查与评价	调查建设项目产生的特征污染因子,对个别监测点补充监测	规划所在区域污染源变化不大时,建设项目环境影响评价可以引用规划环境影响评价的环境现状监测数据和评价结论。监测数据复用有效性考虑时限建议不超过 3 年
环境影响预测与评价	对项目涉及的水,大气,特征污染物和第一类水污染物进行预测评价;根据项目位置、水污染源强和厂区布局等,进行地下水环境影响评价;根据项目性质,位置和影响类型,进行生态环境影响评价	项目废水纳入集中污水处理厂的,仅分析污水处理厂服务范围,污水纳管条件,接管标准;项目废水纳入集中供热范围的,仅分析项目工艺废气对外环境的影响;项目所在区域地质资料和影响评价结论可以引用规划环境影响评价文件,仅对项目地下水污染防治分区和措施进行分析;工业项目生态环境影响评价内容可简化或删减
产业政策及选址合法性分析	分析项目类型,规模与规划环境影响评价要求的符合性,以及选址与规划布局的相符性	项目与相关产业政策符合性分析内容,可简化或删除
环境风险评价	分析项目环境风险,提出项目应采取的风险防范措施。结合规划环境风险防范措施及执行情况,分析项目与区域联动措施的衔接性和可依托性	规划环境影响评价已识别的风险源环境风险评价结论,可直接引用
环保措施技术经济论证	说明规划环境影响评价提出的环保措施落实情况,分析项目可依托性和拟采取环保措施技术经济论证	建设项目依托的规划区域环保措施技术经济论证,可简化或删除
清洁生产分析	分析项目是否满足规划环境影响评价文件审查认可的清洁生产要求,提出改进措施	—
污染物总量控制	分析规划环境影响评价文件审查认可的总量指标占有情况,项目污染物排放量合理性,明确总量控制指标来源	区域环境容量及总量控制指标计算,可以简化
环境影响经济损益分析	分析项目拟采取的环保措施是否符合规划环境影响评价结论及审查意见要求,提出补偿措施建议	符合规划环境影响评价结论及审查意见要求的项目,可简化
公众参与	给出采取公众环境影响评价信息公平方式,公众调查方式,调查对象等,说明公众意见和采纳情况	在满足环境准入条件的情况下,对规划环境影响评价过程中已征求的单位和个人等,可不征求意见或减少征求意见数量,征求意见的事项可重点调查公众对规划实施以来的环境满意度和改进建议等,其他调查事项可简化

5.5.4 规划环境影响跟踪评价

5.5.4.1 环境影响评价法法规中的相关规定

《环境影响评价法》规定，"对环境有重大影响的规划实施后，编制机关应当及时组织环境影响的跟踪评价，并将评价结果报告审批机关；发现有明显不良环境影响的，应当及时提出改进措施。"说明规划编制机关为跟踪评价的实施主体。

《规划环境影响评价条例》要求，跟踪评价应包括"规划实施后实际产生的环境影响与环境影响评价预测可能产生的环境影响之间的比较分析和评估；规划实施中所采取的预防或者减轻不良环境影响的对策和措施有效性的分析和评估；公众对规划实施所产生的环境影响的意见；跟踪评价的结论"等内容。关于"重大不良环境影响"的发现，若为规划编制机关发现，则"规划编制机关应当及时提出改进措施，向规划审批机关报告，并通报环境保护等有关部门"；若为环保部门发现，则"应当及时进行核查。经核查属实的，向规划审批机关提出采取改进措施或者修订规划的建议"。同时规定，规划编制机关收到建议后，"应当及时组织论证，并根据论证结果采取改进措施或者对规划进行修订。"

《关于加强产业园区规划环境影响评价有关工作的通知》（环发〔2011〕14号）提出，"实施五年以上的产业园区规划，规划编制部门应组织开展环境影响的跟踪评价，编制规划的跟踪环境影响报告书，由相应的环境保护行政主管部门组织审核。"

《广东省人民政府关于进一步做好我省规划环境影响评价工作的通知》（粤府函〔2010〕140号）要求，"要落实规划环境影响评价跟踪评价制度，对环境可能造成重大影响的规划实施后，规划编制机关应当按要求及时组织规划环境影响的跟踪评价，将评价结果报告规划审批机关，并通报环保等有关部门。规划实施过程中产生重大环境不良影响的，规划编制机关应及时提出改进措施。"

5.5.4.2 实际工作中存在的问题

目前，"跟踪评价方案"已成为广东省编制规划环境影响报告书不可或缺的内容。但在规划实施后，很少有规划实施单位能真正履行跟踪评价方案或坚持环境影响问题、环境影响减缓措施有效性的反馈工作。对于编制"跟踪环境影响报告书"，除了产业园区类规划有强制性规定外，其他类别规划实施环境影响跟踪评价均以"建议"的形式提出，强制力相对较弱，导致跟踪评价的推进难度很大。而产业园区由于缺乏相应的监督，实际上开展跟踪评价的执行率非常低。

5.5.4.3 环境管理工作建议

1）工作程序

环境影响跟踪评价应包含3个关键步骤：一是判定规划是否应进行环境影响跟踪评价；二是对已实施部分的规划做出回顾性评价，其关键步骤在于做出相符性判断；三是对未实施部分的规划进行预测评价，关键步骤是基于回顾性评价的结论和环境质量现状对未实施部分的规划的环境影响进行重新预测，并调整原环境影响评价的减缓措施或提出新的减缓措施。规划环境影响跟踪评价工作流程建议见图5.6。

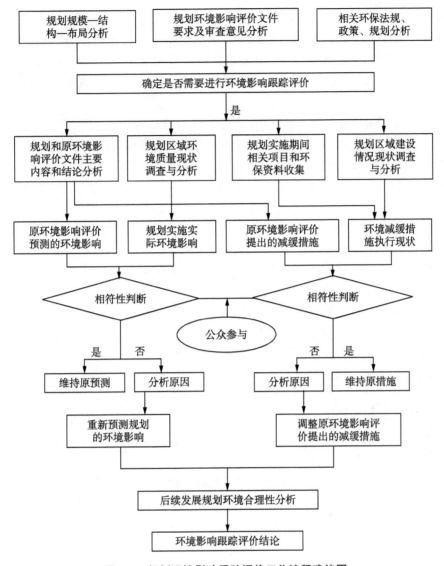

图 5.6　规划环境影响跟踪评价工作流程建议图

2）评价内容

（1）规划实施回顾性分析：在区域自然环境资源现状调查和环境质量评价的基础上，对区域进行环境影响回顾性分析、评价，识别规划现有的环境制约因素提出对策和措施；回顾性分析评价主要包括：规划方案实施变化；规划布局与土地开发的执行情况；形成的主导产业与重点引入项目符合性分析；基础设施与环境保护建设实施情况分析；环境质量调查与环境质量演变趋势分析等。

（2）环境影响预测准确性分析：分别从污染源和环境角度对区域开发前后的环境现状、环境影响预测及验证时的状况进行回顾、对比、验证和分析。通过对环境要素进行验证性监测数据和原预测数据的对比、验证，为判断预测的准确性，对验证结果进行误差原因分析和讨论，依据验证结果，找出与原预测不同之处，分析原因，并提出相应的补救措施或改进建议。

（3）减缓措施有效性分析：减缓措施是为了保证规划实施产生的环境影响能够为环境所接受而提出的一些具体的技术、管理措施，这些措施是否按照原环境影响评价的要求执行，其执行是否有效，关系到规划能否在环境友好的情况下实施。对于减缓措施的评价，一是原环境影响评价文件中提出的减缓措施是否如期执行；二是评估这些减缓措施是否起到了预期的作用。

（4）后续发展规划环境合理性分析：包括后续发展规划方案分析，确定进一步区域开发建设可能带来的主要环境影响，以及可能的资源与环境制约因素；开展后续发展规划的区域环境承载力分析、环境影响预测和评价；从环境角度论证区域后续发展基础设施建设，包括能源、水资源利用、污染集中治理设施的规模、工艺、布局的合理性等；提出进一步的减缓措施。

（5）公众参与：采用问卷调查、座谈会、论证会、听证会等方法了解公众对规划实施后的看法及意见。公众参与的调查结果既可为跟踪评价补充验证依据，同时也是一种很好的环保宣传和教育。

3）管理要求

环境影响跟踪评价是规划环境影响评价文件审查后监管的重要组成部分，是提高环境影响评价的有效性、实现建设项目环境影响评价对规划环境影响评价反馈的重要手段。跟踪评价是一个持续的动态过程。规划编制机关作为跟踪评价的实施主体，应设置专门机构进行规划实施后的相关跟踪评价工作，做好数据资料的收集、分析、备案。对于发现规划实施造成的严重环境影响，应及时提出改进措施，并上报规划审批机关和环保部门做进一步的规划调整和补充环境影响评价工作。

环保部门应尽快出台规划环境影响跟踪评价相关法规和技术导则，明确需要开展跟踪评价的规划类型和情形，规范跟踪评价的时限、内容和技术要求，科学指导跟踪评价的开展。对于规划环境影响评价文件审查意见中有明确跟踪评价要求的规划，应建立长效监督机制，督促规划编制机关的具体落实。对于开展了跟踪评价的规划，规划编制机关应严格落实环境影响跟踪评价报告提出的补救措施或改进建议，减少规划后续实施过程带来的环境影响。

广东省典型规划环境影响跟踪评价情形界定建议见表 5.21。

表 5.21　广东省典型规划环境影响跟踪评价情形界定建议表

序号	规划类型	影响情形
1	工业项目集群类	（1）规划实施影响涉及社会关注区、特别保护区、生态敏感脆弱区的； （2）污染物排放量较大，或持续排放重金属或者持久性有机污染物，可能导致区域环境质量明显下降或对环境功能区功能影响较大的； （3）规划实施有重大环境风险的
2	矿产资源类	（1）规划实际环境影响程度和范围较大，且主要环境影响在规划包含项目建设运行一定时期后逐步显现的规划，以及规划项目周边涉及重要生态敏感区的； （2）有重大环境风险，规划重点矿区选址周边较敏感，且持续排放重金属或者持久性有机污染物的
3	交通类	（1）规划实际环境影响程度和范围较大，且在规划包含项目建设运行一定时期后对涉及的社会关注区、重点生态功能区、重要生态敏感区影响逐步显现的； （2）规划直接环境影响不显著，但规划实施所诱导的环境风险影响、间接环境影响和累积影响显著的

（续表）

序号	规划类型	影响情形
4	旅游类	规划实施影响区域涉及重点生态功能区、重要生态敏感区的
5	水利水电类	(1) 规划实际环境影响程度和范围较大,且主要环境影响在规划包含项目建设运行一定时期后逐步显现的规划,以及涉及重点生态功能区、重要生态敏感区的; (2) 规划直接环境影响不显著,但规划实施所诱导的间接环境影响和累积影响显著的
6	能源类	(1) 规划实际环境影响程度和范围较大,对涉及的社会关注区、重要环境功能区影响显著的; (2) 污染物排放量较大,或持续排放重金属或者持久性有机污染物,可能导致区域环境质量明显下降或对环境功能区功能影响较大的; (3) 规划实施影响区域涉及重点生态功能区、重要生态敏感区的
7	城市建设类	规划实施可能导致区域环境质量明显下降,或对环境功能区功能影响较大的

6 广东省规划环境影响评价案例实证研究

6.1 规划环境影响评价案例来源

广东省环境科学研究院(原广东省环境科学研究所)作为原国家环境保护总局规划环境影响评价推荐单位之一,非常重视规划环境影响评价工作,成立了专门的研究部门——规划环境影响评价研究室,组建了一支由博士和硕士组成的研究团队,专业方向覆盖了水环境、大气环境、生态环境、水文学及水资源、环境工程、环境规划与管理等。研究团队先后承担了包括广东省水泥工业发展专项规划(2010~2015年)在内的规划环境影响评价项目近80项,规划类型涵盖了工业、矿产资源、交通、旅游、能源、城市建设、畜牧业以及土地利用、区域开发利用等。参与了海峡西岸经济区重点产业发展战略环境评价子项目、珠三角地区战略环境评价分项目。承担了广东省实施差别化环保准入促进区域协调发展政策、广东省环境影响评价工作中的公众有效沟通机制等相关课题研究。通过项目实践和相关课题研究,积累了成功经验和实践心得,取得了一些研究成果。

本研究选取广东省环境科学研究院规划环境影响评价研究团队近年来主持完成的1个规划环境影响评价相关政策研究课题和5个具有代表性的专项规划环境影响评价项目(包括工业产业发展规划、产业转移工业园区规划、统一定点基地规划、矿产资源开发规划和港口交通规划等),开展规划环境影响评价示范性案例研究,对核心理论、关键方法和管理机制进行适用性检验和经验总结。梳理规划环境影响评价相关政策研究课题的研究背景、研究过程、研究内容、研究成果和成果应用等,归纳5个规划环境影响评价项目的规划概况、评价过程、方法应用、成果采纳和经验启示等,为广东省重点区域、重点行业规划环境影响评价工作提供参考和借鉴。

6.2 规划环境影响评价案例分析

6.2.1 广东省实施差别化环保准入促进区域协调发展政策研究

6.2.1.1 研究背景

为贯彻落实《中共中央关于全面深化改革若干重大问题的决定》加快生态文明制度建设、省委省政府《关于进一步促进粤东西北地区振兴发展的决定》《进一步加强环境保护推进生态文明建设的决定》的重要精神,严格按照广东省主体功能区划定位,进一步强化环境保护分类指导,提高环境保护主动优化经济发展工作水平,切实保障广东省区域协调、可持续发展,广东省环保厅提出了制定《广东省实施差别化环保准入促进区域协调发展的指导意见》的工作(以下简称《指导意见》),通过实施不同区域差别化的环境准入政策,严格产业转移工业园区、重污

染行业统一定点基地的规划环境影响评价和园区引进项目的环境影响评价把关。

2013年6月,广东省环境科学研究院作为编制《指导意见》的技术支撑单位,根据《指导意见》工作方案的总体要求,组织课题组开展了相关基础调研和文件起草工作。

6.2.1.2 研究过程

本次研究共分3个阶段。

1) 第一阶段为基础调研阶段(2013年6~8月)

主要是通过收集广东省及各地区现有的相关政策、法规、规划、标准,以及产业和环境现状资料,分析各区域产业现状及发展趋势、主要环境问题与压力、环境政策与管理手段实施情况;选取粤东、粤西、粤北地区10个代表性地级市开展调研工作,掌握各区域典型工业聚集区的建设和环境管理现状,识别各区域产业发展中的环境问题,了解各地市相关部门对于地区产业发展战略的展望、环境管理中急需解决的问题和对环保准入政策制定的建议等。

2) 第二阶段为文件起草阶段(2013年9~10月)

主要是结合前期调查情况,总结珠三角、粤东、粤西和粤北四大区域的资源环境禀赋、产业发展现状和主要资源环境问题,梳理区域产业发展战略和环境管理政策要求,评估现行环境管理手段的实施效果。在此基础上,起草完成《指导意见》文件初稿,报省环保厅起草小组审议讨论,再报厅起草领导小组审定。

3) 第三阶段为文件征求意见阶段(2013年11~12月)

《指导意见》文件征求省直有关部门、地方政府及专家、学者意见建议,梳理汇总意见,修改完善文件相关内容,报省环保厅起草领导小组审定后,报厅务会审议,再报请省政府批准发布实施文件。

6.2.1.3 研究内容

根据工作目标,设置了以下3个主要研究专题。

1) 资源禀赋及环境压力调研

通过资料收集和现场调研,结合全省主体功能区划和生态环境功能区划的相关要求,归纳总结不同区域的资源条件、功能定位、发展需求、环境承载能力、环境质量现状,以及重点流域、重点区域存在的环境问题和环保难点等。

2) 产业现状及发展趋势调研

通过资料收集和现场调研,摸清各区域的产业发展现状,特别是工业产业发展特征和产业发展中存在的困难,以及不同区域未来的产业发展战略、发展定位和产业布局,结合资源环境禀赋及环境压力调研情况,总结分析产业转型升级和区域协调发展的要点。

3) 环境政策与管理手段实施情况调研

通过对生态补偿、排污权交易、总量控制、区域限批、地方污染物排放标准、特别污染物排放限值等环境政策和管理手段实施情况的调研,分析不同区域在实施过程中存在的困难、问题和有效性,并且在此基础上力求探索一些新的综合调控手段。

6.2.1.4 研究成果

本研究识别了珠三角、粤东、粤西和粤北四大区域的资源环境禀赋和产业发展现状;分

析了制约区域协调发展的主要资源环境问题；梳理了区域产业发展战略和环境管理政策要求；评估了现行环境管理手段的实施效果，得出了以下研究结论和编制建议。

1）研究结论

（1）珠三角地区

珠三角地区分布了国家级优化开发区域、省级重点开发区域，以及省级重点生态功能区和国家级农产品主产区。已初步形成了汽车制造业、计算机、通信和其他电子设备制造业、电气机械及器材、仪器仪表及文化、办公用机械制造等优势产业。该片区发展较早，人口密集，资源环境条件非常有限。虽然水资源量丰富，但是密集的人口和快速的经济发展导致部分片区出现水质性缺水现象，地表水环境超标现象较为普遍，大气污染物密集排放导致珠三角成为大气复合污染的典型地区。目前珠三角地区的资源环境条件已明显制约经济发展，特别是在东江等重点流域，省政府颁布了《广东省东江水系水质保护条例》和《关于严格限制东江流域水污染项目建设进一步做好东江水质保护工作的通知》（粤府函〔2011〕339号）、《广东省人民政府关于严格限制东江流域水污染项目建设进一步做好东江水质保护工作的补充通知》（粤府函〔2013〕231号）等文件，并在石马河、淡水河部分流域执行区域限批制度，以控制水污染项目建设。因此，必须推进优势产业转型升级，加强重污染行业整合提升，严格环境准入条件，提高清洁生产和污染物排放标准。

（2）粤东地区

粤东地区分布了国家级重点开发区域、省级重点生态功能区，以及国家级农产品主产区。已初步形成了以轻加工为主的工业体系，围绕服装、陶瓷、玩具、食品加工等行业建设了一批具有一定规模的产业基地和具有区域性影响的流通市场或生产基地。粤东地区水资源量相对较少，区域环境质量总体保持良好，但存在局部水环境污染问题。大部分地区环境容量足以支持地方产业有序发展。目前的主要问题是由于练江沿岸纺织服装产业以粗放型规模扩张为主，导致练江重度污染，应进行传统产业整合升级，推进流域综合整治工作。

（3）粤西地区

粤西地区分布了国家级和省级重点开发区域、省级重点生态功能区，以及国家级农产品主产区。产业特色较为明显，石化、农副产品加工、五金加工等行业占据主导地位，但由于底子薄、经济总量低，整体发展水平滞后。粤西地区水资源量相对较少，区域环境质量总体保持良好，但存在局部水环境污染问题。大部分地区环境容量足以支持地方产业有序发展。目前的主要问题是由于鉴江流域的皮革产业以粗放型规模扩张为主，小东江流域污染较重，需进行产业整合升级，推进流域综合整治工作。

（4）粤北地区

粤北地区分布了省级重点开发区域、国家级和省级重点生态功能区，以及国家级农产品生产区。粤北地区产业相对落后，分布有老工业基地，产业复杂，没有形成明显特色。初步形成钢铁、电力、有色金属、建材等一批特色鲜明、颇具规模的资源型工业支柱产业，粮食、蔬菜、水果、烟草、南药等具有山区特色的农业种养业继续保持稳定发展势头，以旅游、物流业为龙头的第三产业发展迅猛。粤北地区水资源量和矿产资源量最为丰富，区域环境质量总体保持良好，是广东省重要的生态安全屏障和水源涵养地。大部分地区环境容量足以支持地方产业有序发展。但是要实行从严从紧的环保准入，确保生态环境安全。目前资源环境

较突出的问题是资源型工业的发展,例如韶关钢铁厂和冶炼厂,对环境污染较大,应加快推进韶关冶炼厂环保搬迁,促进韶关钢铁厂升级改造。

2) 编制建议

(1)《指导意见》的编制应以科学发展观为指导,以推进生态文明制度建设、增强区域可持续发展能力、维护区域生态环境安全为目的,坚持环境保护主动优化经济发展的理念,按照"在保护中发展,在发展中保护"的战略思想,强化环境保护分类指导和环境分区控制,通过实施广东省不同区域差别化的环保准入要求,促进区域协调发展。

(2)《指导意见》的编制应注重"产业布局与生态格局相协调、发展规模与环境条件相适应、点状开发与面上保护相结合、产业入园与集中治污相统一"的基本原则,优化产业布局,加强环境保护,促进区域可持续发展。

(3)《指导意见》的编制可考虑粤东地区和粤西地区区域发展和环境保护要求基本一致,将其合并为一个分区,按照珠三角、粤东粤西和粤北三大分区,结合广东省主体功能区规划,从产业布局、园区开发、项目建设 3 个层次,强化清洁生产、污染物排放标准等环境指标的约束,突出重点区域、重点流域、重点行业的污染控制,形成"保底线、优布局、调结构、严标准"四位一体的差别化环保准入管理格局。

6.2.1.5　成果应用

根据上述研究成果,广东省环境科学研究院课题组起草了《指导意见》初稿,并按照相关阶段工作流程,完成了文件的修改工作。此项工作在全国属首创。

2014 年 4 月 8 日,经广东省人民政府同意,广东省环境保护厅、广东省发展和改革委员会联合印发了《广东省实施差别化环保准入促进区域协调发展的指导意见》(粤环〔2014〕27)。

《指导意见》提出:"按照珠三角、粤东粤西和粤北三大分区,结合广东省主体功能区规划,从产业布局、园区开发、项目建设 3 个层次,强化清洁生产、污染物排放标准等环境指标的约束,突出重点区域、重点流域、重点行业的污染控制,形成'保底线、优布局、调结构、严标准'四位一体的差别化环保准入指导意见。""珠三角地区要通过提高环保准入门槛,促进产业转型升级,不断改善环境质量,逐步水清气净,以环境调控促转型升级,优化发展;粤东粤西地区要坚持'在发展中保护',科学利用环境容量,有序发展,维持环境质量总体稳定,留住碧水蓝天;粤北地区是广东省主要的生态发展区域,区域总体生态环境较好,是广东省重要的生态安全屏障和水源涵养地。要坚持'在保护中发展',实行从严从紧的环保准入,确保生态环境安全。"

《指导意见》要求:"各地要充分认识实施差别化环保准入指导意见对推进广东省区域协调发展的重要性,按照本指导意见的要求,尽快研究制定辖区内的产业准入条件和项目入园区的环保底线等实施细则。"

按照文件要求,目前中山、珠海、佛山、东莞、惠州、阳江、江门、深圳等多个地级市已颁布,或者正在编制辖区内的差别化环保准入指导意见实施细则。《指导意见》及各地级市的实施细则已经成为制定全省和地方区域发展和产业发展规划等宏观决策,以及工业园区规划和项目建设环境管理的重要依据,其实施对保障全省区域协调、可持续发展发挥了重要作用。

6.2.2 广东省某滨海新区产业发展规划(2014~2030)环境影响评价

6.2.2.1 规划概况

广东省某滨海新区位于粤西地区,规划建设用地总面积为 1 688 km²,规划期限近期为 2014~2017 年,规划人口规模 178 万,城市建设用地规模 85 km²;中期 2018~2020 年,人口规模 200 万,城市建设用地规模 135 km²;远期 2021~2030 年,远期人口规模 252 万,城市建设用地规模 227 km²。

滨海新区依托城市"一带一轴两城四港五区"总体空间结构的基本布局思路,按照低碳化、现代化、多元化的产业发展理念,统筹产业发展布局,集聚以河西工业区、乙烯片区、试验区、信息园、智慧城等为主的产业组团,构建世界级石化基地、战略性新兴产业、现代服务业、现代特色农业四大产业体系,发展石油化工产业、塑料及纺织产业、装备制造产业、信息产业、新能源电力产业、金属新材料产业、物流产业、旅游产业、农海产品加工产业九大重点产业。滨海新区产业综合布局见图 6.1。

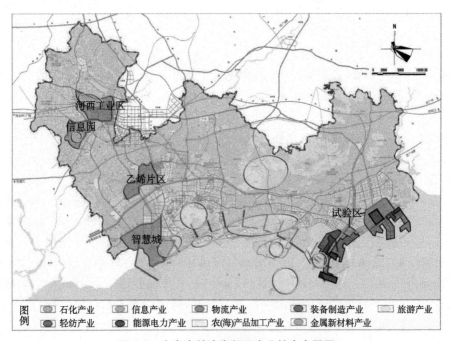

图 6.1　广东省某滨海新区产业综合布局图

6.2.2.2 方法应用

滨海新区规划范围、用地规模和人口规模较大,产业类型多样,对区域资源环境的需求量大;规划仅提出拟发展的产业总体产值和重点产业面积,未对各产业片区具体行业的规模、结构比例、产值等进行详细说明,规划方案具有一定的不确定性;此外,规划涉及石油化工等产业类型,且分布范围广,存在较大的环境风险。本评价确定了 3 个重点分析内容:一是规划分析,着重解决规划方案不确定对评价结论的影响和干扰;二是针对规划实施对区域资源环境的需求量大,结合产业类型和区域特征,重点评估水环境容量和大气环境容量对滨

海新区发展的承载能力;三是根据滨海新区石油化工等产业类型及重大风险源分布情况,进行环境风险综合评价。评价中的关键方法应用情况如下。

1) 规划分析

鉴于规划产业规模和结构的不确定性,本评价采用情景分析法对规划方案在不同时间和资源环境条件下的相关因素进行分析。以经济发展、产业结构、节能减排、环境治理等关键任务之间的均衡协调为出发点,设计了较强环境约束和维持经济适当放缓情景(情景Ⅰ)、中度环境约束和经济增速适当提高情景(情景Ⅱ)、弱度环境约束和经济高速增长情景(情景Ⅲ)三种情景下规划实施的产业发展、能源利用和污染物排放情形,如表6.1所示。采用系统动力学方法辅助预测不同情景下的规划实施效果和环境影响,进而判断设置情景的优劣,筛选出规划最优发展情景和合理的规划方案。

表6.1　滨海新区不同发展情景设定一览表

情景编号	主要设定指标
情景Ⅰ	GDP年增速8.8%;主导产业占工业增加值比重65%;单位GDP能耗下降3.8%;单位GDP COD下降9.5%;单位GDP SO_2 下降9.8%
情景Ⅱ	GDP年增速12.8%;主导产业占工业增加值比重73%;单位GDP能耗下降3.3%;单位GDP COD下降8.9%;单位GDP SO_2 下降9.3%
情景Ⅲ	GDP年增速16.8%;主导产业占工业增加值比重77%;单位GDP能耗下降2.8%;单位GDP COD下降8.3%;单位GDP SO_2 下降8.8%

根据滨海新区发展情景,将规划系统划分为经济发展子系统、能源消耗子系统、污染物排放子系统,收集各子系统相关统计数据,明确内生变量、外生变量、输入量等,分析各变量之间的耦合关系,采用仿真模拟计算,得出在输入参数条件下的经济数据、人口数据、土地资源数据和环境数据,模拟过程主要方程如表6.2所示,仿真模拟结果见表6.3所示。在此基础上,对三种情景的仿真结果进行对比,得到滨海新区规划最优的发展情景方案。

表6.2　滨海新区系统动力学模型部分方程示意表

项目	主要方程
经济发展子系统	工业增加值=GDP×工业增加值占GDP比重
	主导产业工业增加值=工业增加值×主导行业增加值占工业增加值比重
能源消耗子系统	总能耗=工业能耗+生活及其他能耗
	工业能耗=主导产业能耗+其他产业能耗
	主导产业能耗=主导行业增加值×主导行业单位增加值能耗
	主导产业单位能耗变化率=主导行业单位增加值能耗×主导行业节能技术改进系数
污染物排放子系统	污染物排放量(SO_2、COD)=主导产业 SO_2、COD排放量+其他领域 SO_2、COD排放量
	主导产业污染物排放量=主导行业增加值×主导行业单位增加值污染物排放量
	主导产业单位污染物排放变化率=主导行业单位增加值污染物排放量×单位主导行业增加值污染物排放进步系数

表 6.3　滨海新区不同情景下系统动力仿真模拟结果表

情景编号	人均 GDP	节能效率指标	COD 总量控制指标完成率	SO₂ 总量控制指标完成率
情景 I	218 254	0.85	0.87	0.82
情景 II	317 460	0.93	0.91	0.88
情景 III	416 667	1.13	1.08	1.02

根据仿真结果，情景 I、情景 II 未能达到规划人均 GDP 经济发展目标，为预设人均 GDP 的 0.68 倍、0.99 倍，情景 III 超过规划人均 GDP 经济发展目标，为预设人均 GDP 的 1.30 倍；能源消耗方面，情景 I、情景 II 节能效率指标均能达标，情景 III 节能效率指标超标 0.13 倍；污染物排放方面，情景 I、情景 II COD 总量控制指标完成率、SO₂ 总量控制指标完成率均能达标，情景 III COD 总量控制指标完成率、SO₂ 总量控制指标完成率分别超标 0.08 倍、0.02 倍。综上可以看出，情景 II 在满足节能减排要求的前提下，最大限度地提高了经济发展水平，故为最优规划情景方案。

2）环境承载力分析

（1）水环境承载力分析

滨海新区布设了 7 座污水处理厂（表 6.4），其中，河西石化区污水处理厂、河西工业污水处理厂设计规模分别为 12 万 t/d 和 7 万 t/d，主要收集河西工业区和信息园产生的废水，经处理后排入 A 江；乙烯工业区污水处理厂设计规模 6 万 t/d，主要收集乙烯片区产生的废水，经处理后排入 B 海；茂港污水处理厂设计规模 12.5 万 t/d，主要收集智慧城等产生的废水，经处理后排入 B 海；试验区石化区污水处理厂及工业污水处理厂设计规模分别为 7 万 t/d 和 5 万 t/d，分别收集试验区石化废水及一般工业废水，经处理后排入 C 海。

表 6.4　滨海新区污水处理厂基本情况一览表

序号	片区名称	污水处理厂名称	污水处理量/(t/d)	排放去向
1	河西工业区	河西石化区污水处理厂	12 万	A 江
2		河西工业污水处理厂	7 万	
3	信息园	河西工业污水处理厂		
4	乙烯片区	乙烯工业污水处理厂	6 万	B 海域
5	智慧城	茂港污水处理厂	12.5 万	
6	试验区	试验区石化区污水处理厂	7 万	C 海域
		试验区工业污水处理厂	5 万	

由于乙烯片区污水处理厂排放方案已经过其他专项论证，本评价不予分析。因此，滨海新区纳污水体主要为 A 江、B 海和 C 海。本评价针对这两种水体的不同水文特征，对 A 江采用二维稳态模式，对 B 海、C 海采用二维动态潮流-水质模式进行各自的水环境容量计算。

A. B 海、C 海水环境承载力分析

对于 B 海及 C 海海域,本评价采用数学模型反解法计算水环境容量。选取二维动态潮流-水质模式描述水动力和污染物迁移过程,建立计算海域污染源-水质动态响应关系,当把混合区边界控制点水质目标设定为海水水质标准时,排污口的排放量即为水环境容量。计算因子选取为 COD_{Mn} 和无机氮,并将其计算结果转换为 COD 和氨氮。模型计算选取 2004 年 10 月 26 日 00:00:00～2004 年 11 月 1 日 23:50:00 共 7 天的潮位过程作为动边界的计算水文条件,潮位过程采用大洋潮汐同化模式 TPXO 运算提供。污染物降解系数取值为 COD_{Mn} 0.03/d,无机氮 0.01/d。容量计算混合区边界水质约束条件采用《海水水质标准》(GB 3097—1997)三类,即 $COD_{Mn} \leqslant 4$ mg/L,无机氮 $\leqslant$ 0.4 mg/L。计算超标混合区的约束条件为:将超环境标准限值水质范围(混合区)控制在 0.5 km² 以内。

采用建立的近岸海域数学模型和各计算参数,计算得到水环境容量,将滨海新区各片区的水污染物排放量与水环境容量进行对比,分析近岸海域纳污区域对滨海新区发展的承载能力,见表 6.5。

表 6.5 滨海新区近岸海域水环境承载力分析表

序号	纳污水体	排污片区	污水处理厂名称	水环境容量/(t/a)		污染物排放量/(t/a)		占水环境容量比例/%	
				COD	氨氮	COD	氨氮	COD	氨氮
1	B 海	智慧城	茂港污水处理厂	21 960	1 466	1 780	222	8.11	15.14
2	C 海	试验区	试验区工业污水处理厂	21 524	1 608	546	68	2.54	4.23
			试验区石化污水处理厂			1 569	292	7.29	18.16
			小计	21 524	1 608	2 115	360	9.83	22.39

根据表 6.5 可知,各片区废水经相应污水处理厂处理达标后排放至纳污海域后,均满足排放水域水环境容量限制要求。B 海和 C 海的环境容量还有较大的余量。

B. A 江水环境承载力分析

A 江排污口下游断面执行地表水Ⅳ类标准。2015 年 3 月现状监测结果显示,两断面监测最大值为 COD 19.7 mg/L,氨氮 5.93 mg/L,氨氮超标 2.95 倍。说明 COD 尚有剩余容量,氨氮已无剩余容量,需进行区域削减。

本评价采用二维模式计算 A 江 COD 剩余环境容量,以及氨氮的理论削减量。容量计算采用水质目标为 COD$\leqslant$30 mg/L,NH$_3$-N$\leqslant$1.5 mg/L。本底浓度值考虑最不利原则,采用现状补充监测结果的最大值。计算水文条件取 90% 保证率最枯月平均流量 7.6 m³/s,河宽 70 m,水深 2 m,平均流速 0.054 m/s。降解系数 COD 取 0.2/d,氨氮取 0.1/d。

根据上述计算条件,计算得出 A 江 COD 剩余容量为 2 652 t/a,氨氮理论削减量为 1 116 t/a。滨海新区在 A 江流域布置有河西工业区,规划实施导致污染物增加,同时,根据广东省环境保护厅引发的《A 江流域水环境综合整治方案》(2015～2020),整治方案将对 A 江流域污染源进行削减。对 A 江进行水环境承载力分析结果见表 6.6。

表6.6　滨海新区A江水环境承载力分析表　　　　（单位：t/a）

项目 因子	现状剩余 容量	工业区 排放量	A江流域整治削减量		整治实施后剩余容量	
			2017年	2020年	2017年	2020年
COD	2 652	3 655	6 100	8 600	5 097	7 597
氨氮	−1 116	554	1 300	1 600	−370	−70

注："−"代表A江水质达标需要削减的污染物排放量。

由表6.6可知,目前,A江已无法承载滨海新区河西工业区规划的实施;随着A江流域整治的实施,流域周边污染源将得到大幅度削减,规划2017年和2020年A江COD均有环境容量剩余,COD可以承载河西工业区规划的实施;但氨氮2017年和2020年仍需削减370 t/a、70 t/a。本评价建议:① 调整产业布局,合理利用环境容量。滨海新区近岸海域水环境质量较好,在承接相应纳污区域排污之后,仍有较大的环境容量剩余,建议将河西工业区部分产业向近海区域调整。② 放缓发展进程,提高排污标准。河西工业区应严格控制发展规模,加大中水回用力度,减少废水排放量。同时,对该区域污水处理工艺进行优化设计,提高氨氮排放标准。

（2）大气环境承载力分析

采用中尺度气象模式（MM5）模拟规划区年平均地表及各高度层的流场、温度场和降水分布,计算边界层特征参数,选取影响区域空气资源的特征量（包括年均地面风速、日最大混合层高度、混合层内平均风速、稳定度、年均降水量、地面风向日标准差、500 m与50 m之间风向风速切变及SO_2和PM_{10}的干沉降速度等）构建滨海新区范围的空气资源指标体系,根据区域空气特征量归一化值在该地区大气中出现的量级和变化范围,将滨海新区空气资源进行分级判定,得到了规划区在无源排放下的大气扩散、稀释、清除等综合能力,如图6.2所示。通过空气资源分级特征与规划产业布局叠图分析,发现重污染行业（如炼油、乙烯等）均布局在空气资源较好的一级和二级范围内。因此,从空气资源的角度初步判断,滨海新区产业布局规划是基本合理的。

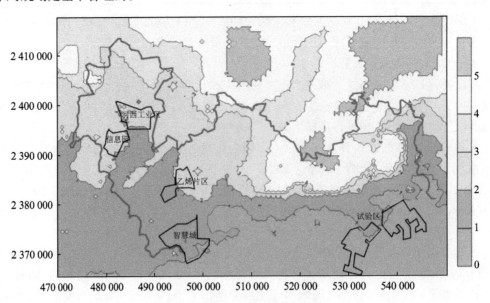

图6.2　滨海新区空气资源分布图

在空气资源评价的基础上,采用 AEREMOD 模型计算了规划各片区大气环境容量,并与各片区大气污染物排放量进行比较,如表 6.7 所示。可知,各片区 SO_2、NO_x、PM_{10} 排放量均在大气环境容量范围内。

表 6.7　滨海新区各片区大气环境承载力计算表　（单位：t/a）

片区名称	SO_2		NO_x		PM_{10}	
	容量	排放量	容量	排放量	容量	排放量
河西工业区	1 791	23.6	560	94.5	1 194	10.1
信息园	1 253.7	16.5	392.0	66.2	835.8	7.1
乙烯片区	2 162	53.8	676	166.3	1 441	56.2
智慧城	4 136	80.8	1 293	53.8	2 758	34.6
试验区	3 460.0	47.4	1 081.0	135.5	2 307.0	77.4
总计	12 802.7	222.1	4 002.0	516.3	8 535.8	185.4

3）环境风险评价

鉴于滨海新区规划有河西工业区、乙烯片区、试验区等石油化工区,环境风险源分布较多。本评价采用信息扩散法对滨海新区环境风险进行评价。

根据滨海新区面积,采用 1 km 长正方形网格将滨海新区剖分为 43×75 的二维空间矩阵,将滨海新区内产业涉及的 10 个环境风险源位置输入到模型,利用污染物在环境介质中的扩散模式,采用 Visual Basic 编程技术预测污染物浓度分布情况。在此基础上,采用梯形模糊矩阵结合区域 2014 年气象、水文及 DEM 地形数据等自然条件特点,构建局部风险源指数形式的环境风险值 r,最终将有害物质对大气、水、土壤等环境风险进行加权求和,并进行归一化换算后转变为统一小数形式的环境风险值 R,进而得到整个滨海新区范围内的环境风险分级区划图(图 6.3)。

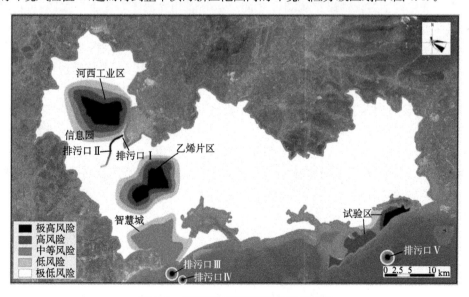

图 6.3　滨海新区环境风险分级区划图

6.2.2.3 成果采纳

根据上述 3 个方面的分析结果,结合其他专题对规划环境合理性综合论证的结论,本评价对规划方案中存在不合理的地方提出了针对性的优化调整建议,主要涉及产业规模、环境准入、空间管制等几个主要方面。报告书审查意见对本评价给予了充分肯定,指出"报告书环境影响识别基本正确,评价方法适当,主要环境影响预测分析较合理,提出的《规划》优化调整建议和不良环境影响减缓措施总体可行,评价结论总体可信。"

1）产业规模方面

报告书优化调整建议提出:"智慧城 8 900 hm² 信息产业、河西工业区 4 000 万 t 炼油产业等适度控制产业片区建设规模,在区域环境容量能够满足要求,并在充分、合理论证的情况下,方可实施"。

报告书审查意见基本采纳该调整建议,要求:"在满足资源环境承载力要求的前提下,合理控制开发时序,做好环境保护工作。""新区应推动水环境综合整治,通过区域削减腾出水环境容量适度发展。"

2）环境准入方面

报告书优化调整建议提出:"各片区应尽量引进《产业结构调整指导目录》等产业政策中的鼓励类,不引进禁止类和限制类。制定入园企业准入门槛,避免将高耗能、污染重的企业引入。""新区应适度控制产业发展规模,重点发展第三产业和低污染的第二产业。""以近岸海域水环境容量为基础,优化入海排污口布局,并在滨海新区沿海流域内实施入海污染物总量控制,合理分配各区域的入海水污染物总量。"

报告书审查意见全部采纳了该调整建议,并要求:"应重视石化、精细化工产业对于周边海洋生态环境的压力,加强关注石化区和滨海旅游业发展对局部地区的环境可能构成威胁。"

3）空间管制方面

报告书优化调整建议提出:"规划区北部及东北部部分地区为生态严控区,应将涉及生态严控区的范围调出规划范围。规划涉及基本农田保护区的,应在解决合法性及与环保规划的协调性问题后方可实施。新区范围内存在森林公园等大气一类区,禁止引入大气污染型项目。在噪声大的装备制造业企业,有大气污染物,特别是有无组织废气排放的工业企业或园区周边,应设置合理的环境防护控制距离和足够的绿化隔离带。在开发过程中应严格划定开发界线及产业规模,并制定相应的保护措施,禁止对饮用水源保护区水质产生影响。"

报告书审查意见采纳该调整建议,要求:"《规划》实施中应尽量避让各生态敏感区、基本农田保护区和水源保护区,并尽量加大与邻近敏感区的距离。入新区各企业应加强隔声、消声、减震等措施。在噪声大的装备制造业企业,有大气污染物,特别是有无组织废气排放的工业企业或园区周边,应设置合理的环境防护控制距离。防护控制距离范围内不宜规划集中式的居住区等环境敏感建筑物。"

6.2.2.4 经验启示

广东省某滨海新区地处大西南经济圈、北部湾经济圈的交汇点和重叠核心地带,是广东省面向西南的重要门户,也是承接产业转移的前沿地带。本次规划范围广,区内 A 江流域历

来是广东省水环境治理的热点和难点地区,水环境条件极其敏感,且包含炼化、乙烯、电力能源等环境风险高、污染重的行业。如何通过规划环境影响评价优化产业发展规模和布局,解决水环境和大气环境可承载性以及优化环境风险分级管控,是本次评价的重点内容,对滨海新区未来开发建设具有重要的指导意义。

规划情景设置得是否准确,直接决定了后续评价的准确度和可信度。本次评价采用情景分析法和系统动力学法从以环境约束和经济发展指标为设计关键参数的三种情景中筛选出最优发展情景,最大限度地降低了规划不确定性影响;采用空气资源评价法＋AEREMOD模型法给出了区域空气资源分布情况和大气环境承载力,为优化产业类型和布局提供了强有力的技术支撑;针对规划范围大、环境风险源多、环境目标敏感的特点,采用信息扩散法从区域角度对滨海新区环境风险进行总体评价,划分了环境风险分级管控区,为区域环境风险源及风险受体管理提供了科学依据。应用效果表明,本次重点评价内容采用了适用于该类规划特点的评价方法,对该类规划环境影响评价具有较强的示范作用。

本次规划环境影响评价过程中,依据规划区大气、水环境等承载能力,提出了信息产业、河西工业区4 000万 t炼油产业等适度控制产业片区建设规模及建设时序等调整建议。以实施《A江流域水环境综合整治方案》(2015～2020)为契机,从流域污染整治的角度提出了水环境容量合理调配和产业优化布局的建议,充分体现了空间布局、总量控制、环境准入"三位一体"的环境管理理念,使规划环境影响评价顺利获得了环保部门的审查意见。

总体来说,本次规划环境影响评价抓住了规划产业发展需求和区域资源环境特征,从环境保护角度调控了产业发展总体布局和环境准入要求,充分落实了《广东省实施差别化环保准入促进区域协调发展的指导意见》对粤西地区要"科学利用环境容量,有序发展,维持环境质量总体稳定,留住碧水蓝天"的差别化环境管理思想,从规划层次强化了环境指标的约束作用。

6.2.3　广东省某经济合作区总体规划(2012～2025)环境影响评价

6.2.3.1　规划概况

广东省某经济合作区规划总用地面积为 36 km²。合作区产业发展定位为:以现代制造业为主导产业,以生产服务、生活服务、旅游服务为配套产业,建设成为现代产业和生态宜居相结合的经济合作区。合作区规划年限为 2012～2025 年,分为近(2012～2015 年)、中(2016～2020年)、远(2021～2025年)三期。合作区用地布局结构和土地利用规划见图 6.4。

6.2.3.2　方法应用

合作区规划面积较大,涉及水域、农林用地较多,绝大部分用地尚未开发,规划实施对区域生态环境影响较大;东临B江,规划范围内分布有饮用水源保护区,所处区域为石灰石岩溶地质,水文地质条件复杂,地下水和地表水联系紧密,水环境敏感;区内规划建设冷热电三联供项目进行集中供热,大气污染物排放量较大,对区域大气环境容量需求较大。本评价确定了3个重点分析内容:一是分析合作区规划建设对生态环境的影响程度,进一步优化生态、生产和生活空间布局;二是预测分析规划实施对区域地下水水质的影响,提出合理的生产空间优化布局和地下水污染防治措施建议;三是分析区域大气环境容量对合作区规划的

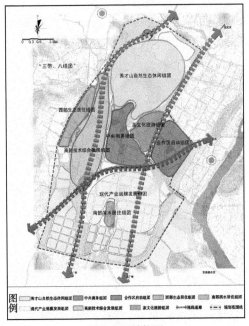
用地布局结构图

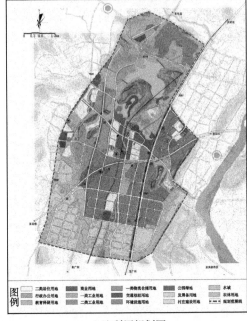
土地利用规划图

图 6.4　合作区用地布局结构和土地利用规划图

集中供热项目的承载能力。评价中的关键方法应用情况如下。

1）环境影响预测与评价

（1）地下水环境影响评价

合作区所在区域地貌属岩溶盆地和河流冲积阶地,第四系覆盖层为冲积地层,场地内岩土层根据成因、地质年代、岩性和工程特性等可分为第四系人工填土层、第四系冲积层、第四系坡积层、第四系残积层及石炭系下统大塘阶石蹬子段基岩等。规划区地下水划分为松散岩类孔隙水、裸露型碳酸岩裂隙溶洞水、覆盖型碳酸岩裂隙溶洞水和埋藏型碳酸岩裂隙溶洞水四种类型,其中,覆盖型碳酸岩裂隙溶洞水为本区主要含水岩组,富水性较好,松散岩类孔隙水富水性较差,其余含水岩组受裂隙发育控制,富水性贫乏～中等。区域水文地质图见图 6.5。

A. 地下水脆弱性评价

地下水脆弱性评价是区域地下水资源保护的重要手段,通过地下水脆弱性研究,区别不同区域地下水的脆弱程度,识别出地下水易受污染的高风险区,从地下水环境保护的角度对规划布局进行优化,制定有效的地下水保护管理措施。

本次评价采用 DRASTIC 评价模型,选取地下水埋深、净补给量、含水层介质、土壤介质、地形坡度、包气带影响介质六类影响和控制地下水脆弱性的指标,建立了合作区地下水脆弱性评价指标体系,结合规划区域水文地质条件和各评价指标对地下水环境的影响程度进行量化处理及权重赋值。在此基础上,应用 ArcGIS 软件对 7 类单数据指标按照相应权重进行数据编辑和叠加运算,得出合作区地下水脆弱性等级分区图（图 6.6）。

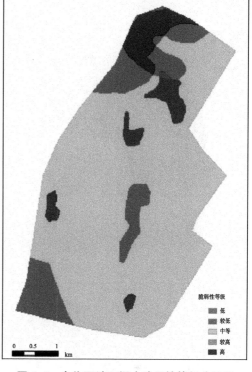

脆弱性等级

- 低
- 较低
- 中等
- 较高
- 高

0　0.5　1
km

图 6.5　合作区水文地质图　　　　图 6.6　合作区地下污水脆弱性等级分区图

评价结果表明,地下水脆弱性高及较高区主要集中分布在合作区西北角及中南部部分地块,区域开发建设对地下水环境风险较大。参照合作区土地利用规划图,规划区北面为生态屏障片区,工业用地主要集中在中部和南部,总体上对地下水环境影响较小,评价建议位于中南部地下水脆弱性较高的工业用地区应合理细化用地布局,避免布局废水产生量大或有大量危险化学品的企业,并加强该区域地下水防渗体系建设,防止地下水环境污染向周边地表水体运移。

B. 地下水污染运移预测

为研究规划区开发建设产生的污染物质对区域地下水环境可能产生的影响,采用国际通用的地下水有限差分软件 MODFLOW 建立了合作区地下水水流数值模型,在此基础上采用 MT3DMS 建立了地下水溶质运移模型,并利用现有资料对模型进行了校正和检验,通过模型预测规划实施后的地下水流及水质变化情况。

根据合作区地下水流三维数值模型,模拟了渗流区地下水稳定流场(图 6.7)。根据水污染源强分析结果,选取水污染物特征因子 COD,对存在地下水污染的工业区污染物渗漏面状污染、污水管网渗漏线状污染和污水处理系统渗漏点状污染分别进行预测分析。在工业用地区污染物面状渗漏情景下,合作区内未来 10 年、20 年的地下水污染等值线见图 6.8。预测结果表明,在连续下渗的情况下,10 年后 COD$\geqslant$3 mg/L 的范围为 0.052 km²,20 年后,COD$\geqslant$3 mg/L 的范围为 0.543 km²。污染物超标范围主要集中在工业用地区,对周边用地类型区地下水环境影响较小,地下水环境影响可以接受。但由于规划区下部多为覆盖型碳

酸盐岩类溶洞水,应加强重点防渗区防渗体系建设,防止污染物渗入地下溶洞,进而对周边地下水及地表水环境造成影响。

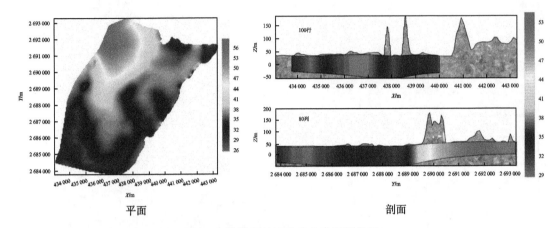

平面　　　　　　　　　　　　　　　　　　　　剖面

图 6.7　渗流区地下水稳定流场影像图

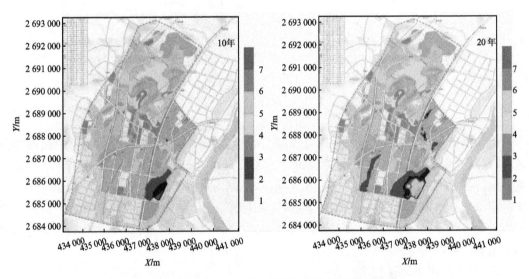

图 6.8　合作区工业用地地区污染物运移预测等值线图

(2) 生态环境影响分析

A. 景观生态学分析

本评价采用规划区 2010 年的 TM 影像数据,首先在 ENVI4.6 软件支持下对遥感影像进行几何校正和图像增强处理,采用最大似然法进行监督分类;然后将各类型用地数据导入 ArcGIS10.0,根据目视判读进行修改,获取规划区域现状各种景观类型的矢量数据。规划实施后的景观类型数据采用土地利用规划数据。由此得出合作区规划实施前后的生态景观类型,见图 6.9。

在此基础上,运用 ArcGIS10.0 和 FRAGSTAT 软件计算相关景观格局指数(包括破碎度、聚集度、平均邻近距离、分形维数等),见表 6.8,分析规划实施前后景观格局的时空异质性。

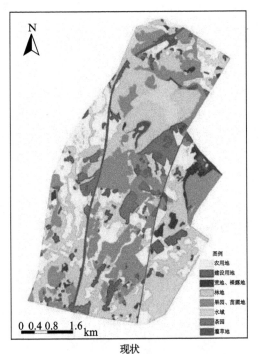

图6.9 合作区规划实施前后生态景观类型分布图

表6.8 合作区规划范围内相关景观生态指数对比表

景观类型	破碎度		聚集度		平均邻近距离		分形维数	
	现状	规划	现状	规划	现状	规划	现状	规划
农地	2.07	0.70	94.45	91.86	74.44	94.84	1.32	1.26
建设用地	2.18	2.24	90.55	97.89	143.07	102.71	1.51	1.20
旱地	0.69	0.25	92.10	89.79	424.82	473.14	1.32	1.29
林地	2.70	4.90	94.91	95.69	63.74	67.86	1.31	1.30
果园	0.91	2.52	96.04	93.76	119.74	95.05	1.37	1.26
水域	3.31	2.80	92.19	93.67	109.41	141.65	1.35	1.24
菜园	0.33	1.03	96.01	95.40	290.59	314.24	1.37	1.30
草地	0.44	0.12	91.15	87.58	392.41	248.52	1.36	1.28

经分析,规划实施对区域景观生态影响突出,具体表现为:建设用地和林地面积显著增加,斑块数目减小,平均斑块规模变大,说明规划调整后零散用地斑块将得到有效整合;两者分形维数具有一定程度的降低,说明边界形状的复杂性减小。该地区的景观结果组成的复杂性降低,各类斑块在面积上分布的均匀程度增强。

B. 生态适宜性分析

本评价将规划评价区域内的单因子生态适宜性分为三级,用1、3、5分别表示不适宜建

设用地、较适宜建设用地、适宜建设用地。规划评价区内政策约束性因子,如饮用水源保护区、铁路和高速公路两侧等作为完全禁止开发区域单独划出,赋值为0。根据各个单因子的作用和影响程度赋予权重值。

在ArcGIS平台中将各个生态因子数据按照评价标准和评价值进行定量化处理,用规划区统一的边界对各个单因子进行数字化,同时将各个因子的适宜性评价值输入属性表,生成各个单因子矢量格式图层,再将其栅格化处理,生成栅格格式的单因子适宜性分布图,然后运用ArcGIS空间分析模块,将各个单因子的适宜性分布图层进行加权叠加,最终生成综合生态适宜性分布图(图6.10)。由评价结果可知,规划区内生态适宜建设用地面积为10.83 km²,占全部规划区的29.41%;生态较适宜用地面积为11.77 km²,占31.96%;生态不适宜建设用地面积为14.22 km²,占38.63%。

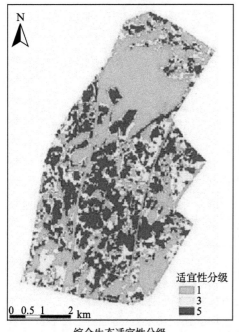
综合生态适宜性分级

适宜性分析结果与用地规划叠加

图6.10 合作区综合生态适宜性分析结果图

将生态适宜性分析结果与土地利用规划图进行叠加和对比分析。通过分析可知,大部分建设用地都规划在建设用地生态适宜和较适宜区域,布局比较合理,但合作区北部部分娱乐康体用地为生态不宜建设区。

2) 环境承载力分析

(1) 大气环境承载力分析

本评价采用线性规划法和A-P值法分别进行大气环境容量测算。其中,线性规划法利用ADMS大气扩散模型软件对规划区SO_2、NO_x扩散状态进行模拟,评价区内的大气污染源主要为冷热电三联供项目点源,优化控制点选取评价范围内的村庄、最大落地浓度点等环境敏感点。线性规划的约束条件即为所有控制点环境质量均达标。采用ADMS模型计算输出长期平均污染物浓度,通过线性优化模式对SO_2、NO_x的允许排放总量进行计算。

两种方法计算所得剩余环境容量见表 6.9。由计算结果可知,线性规划法与 A-P 值法的理想环境容量基本接近。本评价取两种方法计算结果的较小值作为合作区大气环境容量。经核算,热电联供项目 SO_2、NO_x 排放量分别为 79.6 t/a、1 480.92 t/a,在大气环境容量范围内。但 NO_x 排放量接近环境容量值,应强化大气污染防治措施,区内不允许建设分散式燃油、燃煤、燃气锅炉,热电联供项目应预留脱硝空间,技术成熟时实施脱硝。

表 6.9 两种方法核算的环境容量及控制总量比较表

方法	剩余环境容量	
	SO_2/(t/a)	NO_x/(t/a)
线性规划法计算值	3 557	1 615
A-P 值法计算值	5 784	1 563
环境容量取值	3 557	1 563

（2）土地资源承载力分析

本书采用生态敏感性评价方法进行土地资源承载力分析。根据前面生态适宜性评价结果进行土地利用生态适宜性分类,以生态用地为约束,在预留一定数量生态用地的前提下估算了规划区可以提供的宜建土地规模为 22.6 km²（含生态适宜和较适宜建设用地）。根据规划,合作区各类型建设用地需求量为 18.45 km²,且经分析,大部分建设用地都规划在建设用地生态和较适宜区域,区域土地资源可以满足规划建设用地规模需求,见表 6.10。

表 6.10 合作区土地资源供需平衡表

分类		面积/km²	合计面积/km²
可供应量	生态适宜建设用地	10.83	22.60
	生态较适宜建设用地	11.77	
需求量	规划建设用地规模	18.45	18.45

6.2.3.3 成果采纳

根据上述 3 个方面的分析结果,结合其他专题对规划环境合理性综合论证的结论,本评价对规划方案中存在不合理的地方提出了针对性的优化调整建议,主要涉及空间管制、环境准入、能源结构和地下水保护等几个方面。报告书审查意见对本评价给予了充分肯定,指出"报告书符合规划环境影响评价技术导则要求,内容较全面,对主要环境影响的程度、范围等预测分析较合理,提出的规划优化调整建议和不良环境影响预防或减缓措施基本可行,评价结论总体可信。"

1）空间管制方面

报告书优化调整建议提出:"饮用水水源一级保护区内规划了部分娱乐、商业建设用地,二级保护区内规划了少量商业用地,不符合饮用水源保护法规的要求,规划应严格按照饮用水源保护区相关法律法规要求做好生态建设和环境保护工作,调整饮用水源保护区内用地功能,要求饮用水源保护区内用地不得开发建设。""加强重要生态功能区的保护。将合作区内的山体、水系、水库等划为沿江地区的重要生态功能保护区,为工业集中区、居住区及办公区等提供生态服务功能,保护自然生态系统结构与功能的完整性。"

报告书审查意见基本采纳该调整建议，要求："生态优先，饮用水源保护区位于合作区内，应严格按照《中华人民共和国水污染防治法》《广东省饮用水源水质保护条例》等法律法规的规定，调整饮用水源保护区内用地功能，水源保护区范围不得用于与水源保护无关的开发建设活动。"

2）环境准入方面

报告书优化调整建议提出："合作区所处位置较敏感，应严格项目环境准入，禁止引入电镀、冶金、印染（漂染）、皮革（鞣革）、造纸（制浆造纸）及稀土冶炼、分离、提取等水污染物排放量大或排放一类水污染物（特别是镉、镍、铅等）、持久性有机污染物的项目。"

报告书审查意见全部采纳了关于合作区未来进驻项目环境准入要求。

3）能源结构方面

报告书优化调整建议提出："严格按照总体规划控制合作区能源结构。近期热电冷三联产工程未建成投产前，各进驻企业可使用自备锅炉。同时考虑部分工艺用能，近期合作区能源采用电、天然气、普通柴油和液化石油气，禁止使用煤作为工业燃料；中远期热电冷三联产工程投产运营后，合作区用能以清洁能源电、天然气等为主，同时使用少量柴油。"

报告书审查意见基本采纳该调整建议，要求："采用清洁能源，实施集中供热。结合市热电联产规划及区域用热需求，加强论证，科学合理确定合作区热电规模，区内不得设置分散性燃煤、燃油锅炉。"

4）地下水保护方面

报告书指出："合作区位于石灰石岩溶地质带，其水文地质条件复杂，在规划实施过程中应加强地下水保护措施，如源头控制（减少污水排放、严禁引入重污染型企业），进行分区防治、加强监控等，防止造成地下水体污染及地下水资源破坏。"

报告书审查意见全部采纳了关于地下水污染防治措施要求的建议。

总体来说，审查意见基本采纳了报告书的优化调整建议，规划编制机关也基本采纳了报告书和审查意见中提出的相关建议，并对规划方案进行了相应的调整。尤其是调整了饮用水源保护区内用地功能，将饮用水源保护区划定为禁止开发区域，规划合作区内建设项目将按主导产业引入，不得引进禁止类产业及负面清单所列产业类型。

6.2.3.4 经验启示

该合作区位于粤北地区，属于广东省主体功能区规划中的"生态发展区"，所在区域临近B江，且位于石灰石岩溶地质带，水文地质条件复杂，规划范围内还涉及饮用水水源保护区，水环境保护十分重要。如何通过规划环境影响评价提出合理的空间管制要求和环境准入条件，是本次评价需要重点关注的问题，对合作区开发建设和区域生态环境保护有着十分重要的意义。

本次评价结合区域环境敏感性，确定以地下水环境、大气环境和生态环境为重点评价。采用地下水脆弱性评价识别出地下水易受污染的高风险区，提出了优化规划产业布局及地下水防渗体系建设的建议；建立了地下水水流模型和溶质运移模型，预测了规划实施后的地下水流及水质变化情况，并提出了有针对性的减缓措施和禁止引入重污染产业的建议，确保区域地下水及干流水环境安全；采用景观生态学和生态适宜性分析法，对景观生态指数、建设用地生态适宜性进行了定量分析，为加强空间管制提供了科学依据；采用线性规划法和

A-P 值法两种方法综合确定了合理的大气环境容量,分析对热电联供项目的承载能力,提出了能源结构和大气污染减缓措施的优化建议。本评价重点内容采用的关键技术方法具有很好的实用性和针对性,能有效评估规划实施对资源环境的影响,并为后续提出针对性的减缓措施提供依据。

本次规划环境影响评价从规划编制前期就已经介入。基于合作区所在区位的环境敏感特征,环境影响评价机构从环保角度提出了较多的优化调整建议。例如,在产业选择方面,原规划拟引进精细化工、电镀等产业,在环境影响评价机构的建议下摒弃了这两种类型的产业。再如,合作区内分布有饮用水源保护区,原规划拟在一、二级保护区内安排娱乐、商业用地类型,环境影响评价机构从切实保护饮用水源的角度出发,提出该区域内不得进行开发建设,同时还应预留足够的缓冲区的建议,得到规划编制机关的认可,规划方案得以调整。这些沟通互动使规划环境影响评价真正发挥了早期介入、源头控制的作用,规划环境影响评价文件审查得以顺利通过。

总体来说,本次规划环境影响评价在编制和审查过程中,较好地体现了粤北地区作为广东省重要的生态安全屏障和水源涵养地,要坚持“在保护中发展”,实行从严从紧的环保准入,确保生态环境安全的差别化环境管理思想。

6.2.4　广东省某纺织印染环保综合处理中心规划环境影响评价

6.2.4.1　规划概况

纺织服装产业是粤东地区某市的支柱产业之一,区域内纺织漂染企业众多,且主要分布在 C 江两岸,因企业过于分散,产业集约度不高,管理水平有限,污染防治措施不到位,对周边环境,特别是 C 江流域水环境造成了严重影响。C 江作为广东省重点整治河流,受到了省委省政府的高度重视。2015 年,广东省环境保护厅发布了《C 江流域水环境整治方案》(2014~2020),明确将印染统一定点基地——某纺织印染环保综合处理中心建设作为 C 江污染整治的关键措施之一。为此,该处理中心所在区人民政府按照“统一规划、统一建设、统一监管、统一治污”的要求,通过将区内现有符合保留条件的印染企业引入处理中心,实现印染产业发展集约化、规范化。通过污水集中处理、中水回用、集中供热等配套设施的规划建设,实现印染行业污染物集中控制和统一处理。同时,按照规划关停各类工艺设备落后的印染企业。

处理中心规划形成五大功能片区,其中 3 个纺织印染组团,以及综合服务组团和循环经济组团。规划总用地面积为 243 hm²,以工业用地为主,占地面积 132 hm²。规划总人口规模 36 500 人,中心内居住从业人口 21 900 人,中心外居住从业人口 14 600 人。产业拟将原有纺织行业中的漂染和印花产业整合,延伸此产业链相关的辅助行业,并综合治理 C 江流域及相应支流的水环境问题。处理中心功能布局结构见图 6.11,处理中心用地布局见图 6.12。

6.2.4.2　方法应用

该纺织印染环保综合处理中心属于印染行业统一规划统一定点基地,承担了区域内传统产业整合升级和水环境污染综合整治双重角色。因此,处理中心规划实施前后的社会经济效益和环境效应如何,是本次规划环境影响评价关注的重点。此外,由于印染行业是高污染、高能耗、高水耗的行业,规划建设大型集中式污水处理厂和排海工程,以及燃煤热电联产

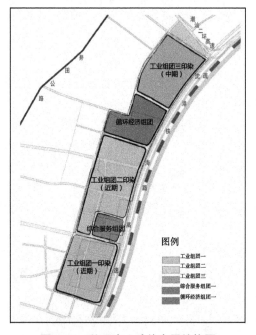

图 6.11　处理中心功能布局结构图

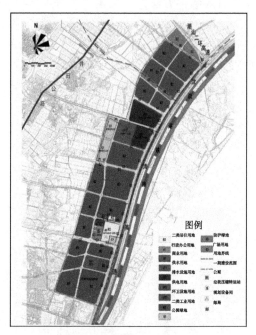

图 6.12　处理中心用地布局图

项目,废水和废气排放量较大,对周边环境质量的影响较大,生产用水量大对区域水资源的承载能力也是一大考验。因此,本评价确定了3个重点分析内容:一是基于规划实施和零方案两种情景分析处理中心规划实施前后的社会经济效益和环境效应,尤其是对C江水质改善的程度;二是针对规划实施废水和废气排放量较大的特点,评估其对周边水环境和大气环境质量的影响程度;三是根据规划处理中心发展规模和行业特点,分析区域水资源和水环境对规划实施的承载能力。评价中的关键方法应用情况如下。

1）规划分析

该处理中心是一个以区域印染行业整合升级来带动C江流域水环境综合整治的平台。处理中心规划能否实施、行业提升空间多大、污染整治力度如何,这些因素都可能导致规划实施出现多种情景。其中,处理中心规划实施与不实施最具代表性两种情景,所产生的社会经济效益和环境效应是截然不同的。为全面分析规划实施带来的社会经济效益和环境效应,本评价设置两个情景:一是零方案情景,即不实施处理中心规划;二是规划实施情景,即实施处理中心规划。两个情景方案的主要内容见表 6.11。

表 6.11　处理中心情景方案分析表

要素		零方案情景	规划实施情景
规划方案		区域内纺织印染企业不进行整合升级,企业布局分散、产业集约度不高、污染状况难以改善,C江污染整治方案难以实施	拟保留纺织印染企业逐步搬迁至处理中心。提升行业发展水平,完善污染处理设施,废水排海可显著削减C江纳污量,促进C江污染整治,可实现区域产业绿色发展
情景发生效应	产业发展	产业分散发展,现有企业240余家,规模普遍较小,生产技术水平低下、管理水平有限,难以形成产业品牌优势	130余家保留企业全部迁入处理中心,其余企业实施关停;鼓励企业合并,提升大中型企业比例,提高生产工艺装备、产品档次和附加值,产业结构得到整体提升

（续表）

要素		零方案情景	规划实施情景
	资源利用	集约程度较低,土地资源占用量大;水资源消耗量大,新鲜用水量达到了20.4万t/d;小型燃煤锅炉较多	处理中心大大提高了土地集约利用率;行业用水量下降,水重复利用率提高,水资源利用率较高,新鲜用水量为11.5万t/d;实行集中供热,能源消耗量减少
	污染排放	废水排放量17.4万t/d,治理达标率低,COD、氨氮排放量分别为5 109.33 t/a、741.28 t/a,全部排入C江;存在大量小型燃煤锅炉,废气治理效果差,SO₂、NOₓ排放量分别为5 344.49 t/a、1 444.56 t/a,大气污染较重	废水排放量为7.9万t/d,全部集中达标处理,COD、氨氮排放量分别为1 933.07 t/a、241.64 t/a,排放量大幅度下降,全部深海排放,不排入C江,有利于改善C江水质;实施集中供热,废气治理效率高,SO₂、NOₓ排放量分别为445.6 t/a、500.85 t/a,大气污染物排放强度大幅度减少,对区域大气环境改善明显

由两个情景对比可以看出,规划实施情景下,有效提升了产业发展结构和生产管理水平,实现了产业整合升级。而且集约式的发展提高了资源利用效率和污染治理水平,显著减少了土地、水资源的消耗量,废水、废气排放量显著降低,尤其是处理中心废水深海排放,结合现有企业的关停并转,对C江流域的污染整治将有非常显著的积极效果。因此,规划实施情景明显优于零方案情景,说明本规划的实施将明显有利于区域产业发展、资源节约和污染治理,具备正面效益。

2）环境影响评价

（1）水环境影响预测

规划处理中心污水处理厂尾水拟进行深海排放,根据综合考虑规划区附近海域的近岸海域功能区划、排污影响初步判断、稀释扩散条件等方面进行,设置3个排污口（图6.1中的1♯、2♯、3♯）。预测范围为22°56′～23°17′N,116°29′～116°48′E区域的近岸海域（图6.13）。

图6.13   模型计算域示意图

本评价根据处理中心的废水污染特征,选择COD$_{Mn}$、无机氮、硫化物作为预测评价因子,预测源强为污水处理厂尾水排放量,预测工况分正常排放和事故排放两种源强、3个排污口方案、大潮和小潮两个时期,共12个工况（每个工况三种预测因子）;预测模型采用二维动态数值模式,即用二维浅水方程模拟预测范围内水动力特征,采用垂向平均的二维对流扩散方程预测污水处理厂尾水排放至周边海域后污染物的时空分布特征;预测模型采用100 m×100 m尺寸的

网格对排污口附近海域进行划分,排污口以外的海域依次采用 200 m×200 m、400 m×400 m 尺寸的网格对研究海域进行逐步划分,网格单元共 24 044 个,网格节点共13 000 个。

根据预测结果(以正常排放条件下小潮期 COD_{Mn} 为例,见图 6.14),1♯、2♯、3♯ 三个排污口尾水排放对区域水质,尤其是 C 江口自然保护区、龙头湾中华白海豚自然保护区影响不

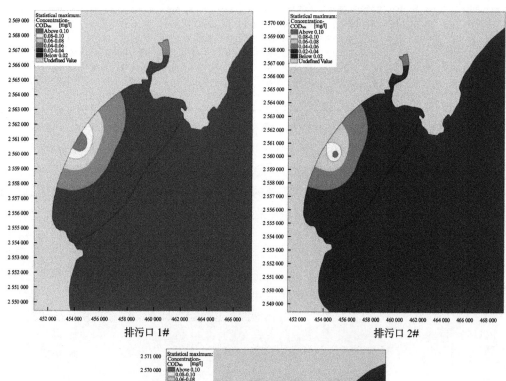

排污口 1#   排污口 2#

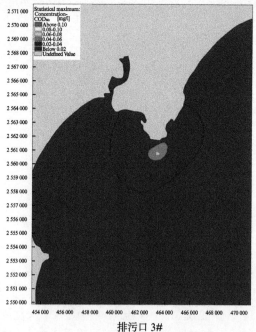

排污口 3#

图 6.14   处理中心正常排放条件下水污染物浓度分布图

大。相比较而言,1♯排污口离岸最近,浓度增值相对较高,但总体上3个排污口差别不大。在综合考虑建设条件、近岸海域功能区划、航道影响等因素后,最终推荐1♯排污口(表6.12)。

表6.12 处理中心排污口方案比选情况

排水方案	水力条件	浓度增值	海洋功能区划	对保护区的影响			建造维护成本	航道影响
				C江口	田心湾	龙头湾		
方案1	差	大	三类	大	大	小	低	无
方案2	中	中	二类	中	中	小	中	无
方案3	好	小	二类	小	小	大	高	有

(2)大气环境影响预测

A. 大气环境质量影响预测

根据处理中心地形条件和大气污染物排放特征,本评价采用ADMS模式进行预测。预测范围为处理中心及外延2.5 km范围内的区域,南北7.1 km,东西8.7 km;源强为热电联产锅炉排气筒烟气及污水处理厂臭气无组织排放;预测因子为SO_2、NO_x、PM_{10}、H_2S、NH_3;计算点包括环境空气敏感点、评价范围内的网格点以及评价区域最大地面浓度点,采用直角坐标网格设置,网格距设为80 m;采用国际科学数据平台下载的地形数据模拟评价区的复杂地形(图6.15)。

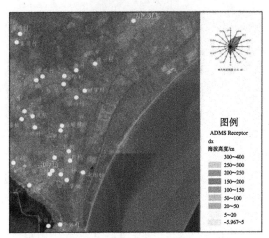

图6.15 大气评价范围、计算点及地形图

根据预测结果评价范围内在最不利的气象条件下,最大小时地面浓度、最大日平均浓度及年平均浓度贡献值均达到相应标准限值,叠加本底值后均没有发生超标现象,处理中心废气排放对区域大气环境质量的影响在可接受的范围之内。以SO_2、NO_x、PM_{10}年浓度预测结果为例,见图6.16。

B. 长期低浓度排放累积影响评价

根据预测结果,处理中心废气排放导致的区域大气污染物浓度增值不大,不会对区域大气环境质量产生明显影响。但是规划区大气污染物长期低浓度排放可能会对区域大气环境造成累积性影响,带来区域居民人体健康风险。

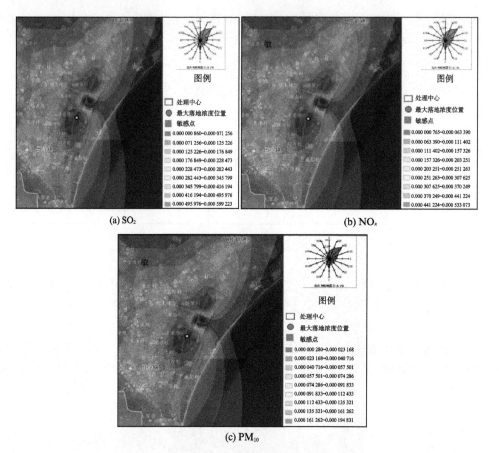

(a) SO₂

(b) NOₓ

(c) PM₁₀

图 6.16　处理中心大气污染物年平均浓度分布图

　　本评价采用大气污染物长期低浓度排放累积影响评价方法，进行规划影响区域居民的人体健康风险评估。由于规划处理中心废气排放主要是 SO_2、NO_x、PM_{10} 等，属于非致癌化学污染物，故利用非致癌化学污染物年健康风险公式 $R_{ND}=D/(RfD)\times10^{-6}/70$ 计算各类非致癌物平均每年的致癌危险增量，其中，对于吸入途径下非致癌物污染物单位体重日均暴露剂量可由 $D=CmMm/70$ 给出，Cm 为利用 ADMS 模式模拟得出的 SO_2、NO_x、PM_{10} 区域各网格点年平均浓度。将 SO_2、NO_x、PM_{10} 平均每年的致癌危险增量相加，即可得出评价区域长期低浓度污染物影响下的人体健康风险分布等值线，见图 6.17。

　　从预测结果可以看出，处理中心废气排放导致的风险值很低，均小于 3×10^{-10}。从风险值分布区域来看，高值区主要在处理中心范围内及以西部分区域，但对周边村庄风险值一般都比较低。个体风险可接受值研究表明，居住、办公等敏感区个体风险可接受值 $\leqslant1\times10^{-6}$。因此，该处理中心废气长期低浓度排放风险值对区域人体健康风险总体较低，说明规划处理中心废气排放累积性影响的程度不大。

　　3）环境承载力分析

　　（1）水资源承载力分析

　　本评价采用供需平衡法进行水资源承载力分析。该方法的公式为 $SDCI=\dfrac{W_S}{W_D}$，式中，$SDCI$ 为供需平衡指数；W_S 为区域水资源可供水量；W_D 为区域水资源总需水量，当 $SDCI$

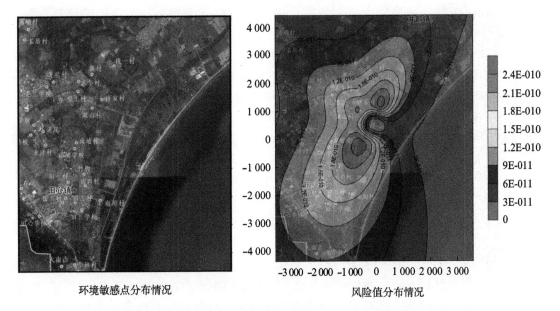

环境敏感点分布情况　　　　　　　　　风险值分布情况

图6.17　处理中心大气污染物低浓度长期累积风险值分布图

值>1.0,表示区域水资源可以承载规划的实施,否则不可承载。

根据处理中心水资源需求情况,区域水资源量分布情况、区域供水规划,区域水资源供需关系情况见表6.13。

表6.13　处理中心水资源供需关系分析表

项目	规划水资源需求量(W_D)	区域水资源可供水量(W_S)	供需平衡指数(SDCI)
分项统计	生活用水 0.51 万 t/d	龙溪水厂可供水 3.72 万 t/d	SDCI>1,区域水资源可以承载规划处理中心的发展建设
		井都水厂可供应园区生活用水 0.51 万 t/d	
	工业用水 10.99 万 t/d	现有企业搬迁后腾出 3.4 万 t/d 供水能力	
		引韩供水工程 10 万 t/d 供水规模	
合计	11.5 万 t/d	11.63 万 t/d	

由表6.13分析可知,区域水资源供需平衡指数(SDCI)>1,说明区域水资源量是可以承载处理中心规划发展建设的。

(2) 水环境承载力分析

处理中心规划实施产生的废水经污水处理厂集中处理达标后最终排放至附近海域。同时,处理中心规划的实施是C江流域污染综合整治的重要措施。因此,本评价针对处理中心规划实施对附近海域的影响和对C江水质的改善,分析区域水环境的承载力。

A. 近岸海域水环境承载力分析

根据处理中心附近海域水环境质量现状监测数据,无机氮已超过《海水水质标准》(GB 3097—1997)二类标准,因此,选取COD_{Mn}为计算因子并转换为COD。模型计算选取2007年3月10日 00:00:00~2007年3月30日 23:50:00,共20天的潮位过程作为动边界的计

算水文条件,潮位过程采用大洋潮汐同化模式 TPXO 运算提供。污染物降解系数取为 COD_{Mn} 0.03/d。混合区边界水质约束条件采用《海水水质标准》(GB 3097—1997)二类标准,$COD_{Mn} \leqslant 3$ mg/L。计算海域背景浓度值选取拟选排污口 2014 年 12 月监测结果的平均值 COD_{Mn} 1.196 mg/L。计算超标混合区约束条件为田心湾南方鲎自然保护区(2 km),同时考虑排污口距离岸边 500 m 距离,最终确定混合区边界控制在排污口周边 400 m 以内。

采用建立的近岸海域数学模型以及各计算参数,可计算得出环境容量 $COD \leqslant 4\ 297$ t/a,处理中心水污染物排放量为 $COD \leqslant 1\ 933$ t/a,占比为 45%。可知,处理中心附近海域水环境容量能满足处理中心排污的需求。且随着规划的实施,区域纺织印染企业整治提升,附近海域的纳污量将得到较大程度的削减,水质会相应得到改善。

B. C 江水质改善效果分析

处理中心规划的实施规范了 C 江流域纺织印染企业的排污,且合理利用了附近海域的环境容量,对 C 江的水环境质量具有改善作用。

根据 2010～2013 年的监测数据,C 江超标非常严重,COD 最大值的平均值为 169 mg/L,氨氮为 17 mg/L,水质为劣 V 类。C 江枯水期流量较小,水面狭窄,采用完全混合模式计算处理中心规划实施对 C 江带来的削减效果。计算水质目标选取为地表水 V 类标准,即 $COD \leqslant 40$ mg/L,$NH_3\text{-}N \leqslant 2$ mg/L,本底浓度值取 COD 169 mg/L,氨氮 17 mg/L。计算水文条件取 90%保证率最枯月平均流量 1.5 m³/s,平均流速 0.005 m/s。

经统计,处理中心规划实施后,对 C 江流域纺织印染污水削减 97 979 m³/d,COD 削减 5 034 t/a,氨氮削减 561 t/a。经反演计算,可使 C 江水污染物浓度下降 COD 67 mg/L,氨氮 7 mg/L,即规划实施后,C 江浓度可降低至 COD:102 mg/L,氨氮:10 mg/L,改善幅度为 COD:39.6%,氨氮:41.2%。

由于 C 江为跨界河流,处理中心规划实施后 C 江水质仍为劣 V 类水质(COD:102 mg/L,氨氮:10 mg/L),因此,仅依靠该处理中心对区域印染行业进行整治升级是不够的,还需流域内的相关市、县、区共同加大辖区内印染行业等污染源的整治力度,才能使 C 江最终恢复至 V 类水质标准。

6.2.4.3 成果采纳

根据上述 3 个方面的分析结果,结合其他专题对规划环境合理性综合论证的结论,本评价对规划方案中存在不合理的地方提出了针对性的优化调整建议,主要涉及空间管制、环境准入和水资源利用等几个方面。报告书审查意见对本评价给予了充分肯定,指出"报告书内容较全面,基础资料较翔实,规划概述和协调性分析、环境现状调查与资源环境承载力分析较清楚,规划实施的环境影响因素和环境保护目标识别明确,评价方法适当,减缓不良环境影响的措施与跟踪评价方案总体可行,评价结论总体可信。"

1) 空间管制方面

报告书优化调整建议提出:"建议员工生活区、生活配套区和行政办公区布置在规划处理中心西南部,可以更有效地避免处理中心内企业产生的废气对周边村庄的影响。生产用地和村庄及园内居住用地之间设置一定的绿化隔离带。"

报告书审查意见基本采纳该调整建议,要求:"进一步完善中心总体规划和环保措施方案,优化土地利用和企业布局,加强对周边村庄等环境敏感点的保护,避免在其上风向或临

近区域布置废气或噪声排放量大的企业,并在企业与环境敏感点之间合理设置防护距离,确保敏感点环境功能不受影响。"

2) 环境准入方面

报告书优化调整建议提出:"通过本次产业转型升级规划对现有印染企业根据实际情况进行淘汰或转型升级,实现印染产业发展集约化、规范化发展,在解决 C 江流域水环境综合整治的同时,应对拟进入处理中心的 130 余家企业提出更高要求,并建立激励机制,鼓励其积极采用新技术、新设备,持续不断地提高清洁生产水平。原则上进园企业不得扩大产能。"

报告书审查意见基本采纳该调整建议,要求:"严格按照 C 江流域水环境综合整治方案及区域印染行业统一规划统一定点实施方案的要求,整合、提升范围内现有纺织印染企业入中心,不得引入新的印染企业。入中心的项目须符合国家、省的产业政策及中心准入条件,满足清洁生产、污染控制、节能减排和循环经济的要求。妥善做好搬迁企业善后工作,防止遗留环境污染。"

3) 水资源利用方面

报告书优化调整建议提出:"出于安全用水、合理用水、规范用水的原则出发,处理中心建成后禁止企业自设水源,再加上距离较远等原因,现有企业的自备地下水、地表水水源均取消。考虑到地区地下水不宜开采区,处理中心用水不考虑地下水开采利用。"

报告书审查意见基本采纳该调整建议,要求:"根据区域水资源承载力情况,合理调整中心分期建设方案和建设时序。中心规划实施过程中,应严格控制地下水资源的开发利用。"

报告书优化调整建议提出:"为达到本评价提出的中水回用率,减少新鲜水用量,满足本地区水资源承载力的要求,建议在现有的废水处理基础上,建设一套 RO 工艺的深度处理设施(可分期实施),总产水率按 10 000～12 000 t/d 考虑。"

报告书审查意见基本采纳该调整建议,要求:"优化设置给排水和回用水系统,落实中水回用管网建设,确保中心内各企业工业用水重复利用率不低于 60％,中心废水中水回用率不低于 50％。"

6.2.4.4 经验启示

纺织服装产业是粤东地区某市的支柱产业之一,整合升级区域印染行业是解决 C 江流域水污染难题的关键措施之一。该纺织印染环保综合处理中心属于印染行业统一规划统一定点基地,承担了区域传统产业整合升级和水环境污染综合整治双重角色。因此,处理中心规划实施的社会经济效益和环境效应如何,是本次规划环境影响评价应关注的一个重点。同时,由于印染行业是高污染、高能耗、高水耗的行业,处理中心规划实施用水量大,废水和废气排放量大,对区域水资源和环境承载能力也是一大考验。

本次评价抓住了处理中心规划的上述两大特点,主要围绕水资源、水环境和大气环境开展工作。在水环境评价方面,由于处理中心废水排放量大,且实施深海排海,故采用河口、海岸预测的二维动态数值模式对纳污海域的水环境质量变化及水环境承载力进行了预测分析,同时分析了规划实施对区域水污染物的削减作用和对 C 江水质的改善作用;在大气环境评价方面,处理中心将实施热电联产工程,评价采用适合本规划区域地形条件和大气污染特征的 ADMS 模式进行模拟预测,并对规划实施产生的废气长期低浓度排放所带来的累积性人群健康风险进行了预测;在水资源评价方面,采用定量的供需平衡法对区域水资源承载力

进行分析,并结合区域环境水文地质问题,提出不宜开采地下水,以及提高处理中心中水回用率和清洁生产水平的措施建议。从评价效果来看,本评价所采用的方法充分体现了规划的特点。不但评估了规划实施所带来的水环境、大气环境、水资源等负面影响,而且分析了规划对区域水环境整治所带来的正面效应。还进行了基于规划实施和零方案两种情景下的社会经济效益和环境效应对比分析,使评价结论更全面、客观、科学。

总体来说,通过本次评价,使规划编制机关和规划环境影响评价文件审查部门基本掌握了处理中心规划实施对区域产业绿色发展、流域污染综合整治、资源环境承载能力等方面的正负面效应,规划实施是对《C江流域水环境整治方案》(2014~2020)对本区域相关要求的具体落实。评价过程中认真贯彻了《广东省实施差别化环保准入促进区域协调发展的指导意见》提出的粤东地区要"坚持'在发展中保护',科学利用环境容量,有序发展,维持环境质量总体稳定,留住碧水蓝天"的差别化管理要求。报告书所提出的规划优化调整建议基本被采纳,为推动C江流域污染综合整治、实现区域绿色发展提供了重要的保障,也为同处C江流域内其他市、县、区的印染行业整治升级提供了参考和借鉴。

6.2.5 广东省某矿产资源重点规划区规划(2011~2015)环境影响评价

6.2.5.1 规划概况

广东省某矿产资源重点规划区规划范围包括8个地级市行政区域,规划矿产资源开采总量控制在10 000 t/a以内,矿山开采全部采用先进开采工艺,资源综合利用率达到75%以上。规划提出,全面落实矿山地质环境保护与生态环境治理恢复措施,做好矿山水土保持、生态保护和土地复垦工作,在采矿山地质环境治理恢复率达到100%。全省共划定重点勘查区块43个、重点开采规划区块19个、矿产地储备区25个、保护区块178个。优先在8个市设置探矿权,共设置探矿权总数43个,采矿权不超过19个。

6.2.5.2 方法应用

根据规划布局,本次规划重点勘查规划区块、重点开采规划区块、矿产地储备区块和保护区块等主要分布于广东省主要江河上游地段,区域分布有较多的饮用水源保护区、地表水Ⅱ类水体、大气一类区及生态严控区等敏感目标,此外,各规划区多位于丘陵山地区,矿产开采、勘察过程中不可避免地会影响所在区域生态系统安全。故本评价确定了3个重点分析内容:一是分析规划方案与饮用水源保护区、地表水Ⅱ类水体、大气一类区、生态严控区等环境敏感目标的协调性;二是针对规划实施对生态系统的影响,重点评估8个重点规划区的生态承载能力;三是根据重点规划区布局和各类生态敏感目标分布情况,进行生态环境影响评价。评价中的关键方法应用情况如下。

1) 规划分析

由于规划区域涉及众多饮用水源保护区、地表水Ⅱ类水体、大气一类区和生态严控区等环境敏感目标,本评价采用地理信息系统+叠图法对重点规划开采、勘察等区块进行叠加分析。采用MapGIS地学专业软件图形处理功能,将规划区块与水源保护区、地表水Ⅱ类水体、大气一类区、生态严控区等坐标配准。通过数据采集、矢量化等基础工作,采用ArcGIS分析各规划布局与各类环境敏感目标的位置关系。

根据叠图结果,本次规划的重点勘查规划区块 KZQ003 等 12 个地块与生态严格控制区重叠,规划开采分区的 CZQ012 等 4 个地块与生态严格控制区重叠。规划勘察区块 KZQ002 等 3 个地块及重点开采区块 CZQ014 涉及了大气功能一类区。重点开采规划区块 CZQ011 等 5 个区块范围内涉及了地表水Ⅱ类水体,重点勘查规划区块 KZQ026、重点开采规划区块 CZQ004 涉及了饮用水源二级保护区,重点勘察规划区块 KZQ002 涉及自然保护区。本评价据此提出了规划方案优化调整建议,具体叠图情况见图 6.18~图 6.21。

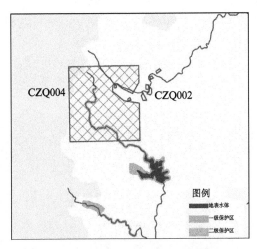

图 6.18　规划涉及饮用水源保护区叠加图

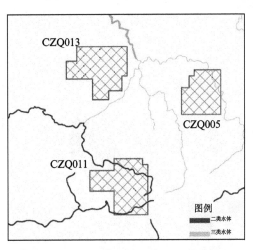

图 6.19　规划涉及Ⅱ类水体区块叠加图

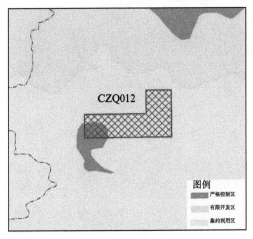

图 6.20　规划涉及生态严控区块叠加图

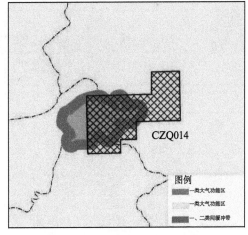

图 6.21　规划涉及大气一类区块叠加图

2) 生态影响评价

矿产资源类规划环境影响评价中,生态影响评价主要包括两个方面:一是针对自然保护区、生态严控区、森林公园、饮用水源保护区等生态敏感对象的分析;二是针对矿产资源开发可能产生的生态问题进行的专题评价。生态敏感对象的分析主要利用 GIS 的图层叠加功能实现,针对矿产资源开发对生态敏感要素的影响程度定量描述,本评价采用生态敏感性分析法,评价规划矿产资源开采区开发对生态因子的影响程度。

根据规划矿区生态环境特征,本评价关注的主要敏感生态因子包括地形地貌、土壤侵蚀、植被覆盖度、植被指数、植被覆盖度等。进行生态敏感性评价的主要步骤包括：① 规划区环境现状数据采集，包括图形数据和属性数据的采集；② 制作单要素专题图，包括区域自然条件专题图、区域土地利用专题图、区域地质环境现状专题图、区域地形地貌专题图等；③ 制作区域生态敏感性现状评价图，利用 GIS 的图层叠加分析、缓冲区分析、地理统计分析等，形成一张反映各生态要素敏感性的现状评价图；④ 根据规划的目标和规划实施后可能对生态造成影响的因素，制作规划生态影响评价图，从而得出环境影响评价结论。

　　本次评价针对部分开采区进行生态敏感性评价，分析结果如图 6.22 所示。分析结果表明，规划开采区矿山分布总体上与生态环境的适宜性相对较好，对重要生态敏感性因子没有严重冲突和直接破坏；但某些规划区多数矿区位于丘陵地区内，植被指数和覆盖度较高，矿区开采会对山地景观、植被等产生一定影响。

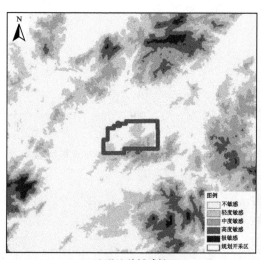

地形地貌敏感性

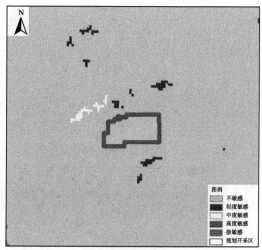

水土流失敏感性

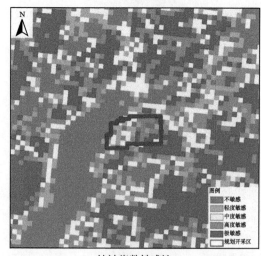

植被指数敏感性

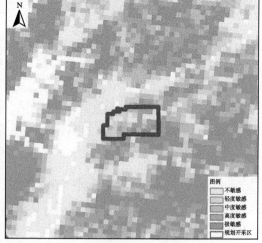

植被盖度敏感性

图 6.22　部分规划开采区生态敏感性分析结果图

3) 生态承载力分析

本评价采用生态足迹法对 8 个重点规划区规划实施后的生态可持续性进行评估。分农用地、草地、林地、建筑用地、化石能源地和水域等 6 种具有生产能力的土地利用类型,利用各重点规划区 2012 年的统计年鉴为数据源,将农产品、动物产品、水产品、水果、木材和林产品等生物资源以及煤、石油、焦炭、电力等能源分别计入生物资源账户和能源消费账户,如表6.14、表 6.15 所示。

表 6.14　重点规划区生态足迹计算中生物资源账户一览表

项目	全球平均产量/(kg/hm²)	规划区生物/T	人均生态足迹/(hm²/人)	类型
粮食	2 744	7 759 610	0.086 891	耕地
蔬菜	1 800	13 491 316	0.230 304	耕地
豆类	1 856	98 108	0.001 624	耕地
薯类	1 267	789 779	0.019 154	耕地
花生	1 856	549 282	0.009 094	耕地
烟叶	1 548	56 139	0.001 114	耕地
糖蔗	1 500	835 585	0.017 117	耕地
猪肉	74	1 415 547	0.587 777	草地
牛羊肉	33	36 272	0.033 774	草地
奶类	502	65 444	0.004 006	草地
禽蛋	400	153 260	0.011 773	草地
柑橘橙	3 500	2 060 000	0.018 085	林地
香蕉	3 500	1 850 000	0.016 241	林地
菠萝	3 500	70 000	0.000 615	林地
荔枝	3 500	580 000	0.005 092	林地
龙眼	3 500	390 000	0.003 424	林地
水产品	29	1 875 334	1.987 011	水域

表 6.15　重点规划区生态足迹中能源消费账户一览表

项目	全球平均能源足迹	折算系数/(GJ/t)	消费量/t	人均生态足迹/(hm²/cap)	生物生产性面积类型
煤炭	55	20.934	11 121 088	0.130 064	化石燃料土地
焦炭	55	28.470	809 271	0.012 872	化石燃料土地
燃料油	71	50.200	310 470	0.006 745	化石燃料土地
汽油	93	43.124	1 229 760	0.017 522	化石燃料土地
柴油	93	42.705	1 521 520	0.021 468	化石燃料土地
煤油	93	43.124	238 268	0.003 395	化石燃料土地
电力	1 000	11.840	900 638	0.000 328	建筑用地

在生物资源账户和能源消费账户计算的基础上,利用生态足迹计算公式求取各土地利用类型生态足迹,并与求得的各土地利用类型生态承载力相比较,得到最终生态赤字水平,如表 6.16 所示。

表 6.16　2012 年重点规划区生态足迹与生态承载力计算结果汇总表

生态足迹需求				生态承载力			
土地类型	人均面积 /（hm²/人）	均衡因子	均衡面积	土地类型	人均面积 /（hm²/人）	产量因子	人均生态承载力
耕地	0.365 298	2.8	1.022 834	耕地	0.066 373	1.7	0.112 834
林地	0.043 457	1.1	0.047 803	林地	0.214 2	0.9	0.192 78
草地	0.637 33	0.5	0.318 665	草地	0.008 689	0.2	0.001 738
化石燃料地	0.192 066	1.1	0.211 273	化石燃料地	0	0	0
建筑用地	0.000 328	2.8	0.000 918	建筑用地	0.018 011	1.7	0.030 619
水域	1.987 011	0.2	0.397 402	水域	0.004 998	1	0.004 998
人均生态足迹 1.998 895				人均生态承载力 0.342 969,扣除 12% 生物多样性保护面积,可利用人均生态承载力 0.301 812			
生态赤字 1.697 083							

根据结果,重点规划区 2012 年人均生态承载力为 0.342 969 hm²,为保护生物多样性扣除 12% 后,人均生态承载力为 0.301 812 hm²;重点规划区人均生态足迹为 1.998 895 hm²,人均生态赤字为 1.697 083 hm²,高于全国水平(中国 1997 年人均生态足迹为 1.12 hm²,人均生态承载力为 0.8 hm²,人均生态赤字为 0.4 hm²)。从各类土地类型的供给与需求组成结构来看,重点规划区社会经济发展以侵占耕地和草地为主。本次规划涉及重点规划区矿产资源开发,影响生物土地类型主要是林地,开采工艺先进,对地表植被破坏较小,基本上不会造成区域林地资源破坏。根据以上分析,本次规划涉及重点规划区林地资源存在一定的生态盈余,足以支撑规划相关活动。

6.2.5.3　成果采纳

根据上述 3 个方面的分析结果,结合其他专题对规划环境合理性综合论证的结论,本评价对规划方案中存在不合理的地方提出了针对性的优化调整建议,主要涉及空间管制、生态保护等几个方面。报告书审查小组意见对本评价给予了充分肯定,指出"报告书内容较全面,规划概况、规划实施的环境影响因素和环境保护目标识别、矿产资源开发回顾性分析、规划区环境现状调查与分析、规划相符性分析较清楚,提出的准入条件建议、不良环境影响预防或减缓措施、环境管理和监测计划等基本可行,优化调整建议合理,评价结论总体可信。"

1) 空间管制方面

报告书优化调整建议提出:"规划的重点勘查规划区块 KZQ003 等 12 个区块与生态严格控制区重叠,该区域可适度开展以摸清地方资源、评价地质环境为目的的公益性勘查及调查活动,禁止新设以转化为开采区块的商业性矿产勘查项目;重点开采规划区块 CZQ009 等 4 个区块部分区域与生态严格控制区重叠,应进行优化与调整,需将重叠区域调出规划区块,同时要求未来具体矿区边界与生态严格控制区留出合理的防护距离。规划重点开采规划区块 CZQ014 涉及大气功能一类区,应进行优化与调整,需将重叠区域调出规划区块,同时要求未来具体矿区边界与大气功能一类区留出合理的防护距离,避免矿产资源开发对大气功能一类区产生较大的不利影响。重点开采规划区块 CZQ004 等 5 个区块范围内涉及了地表水 II 类水体,建议调整矿区最终范围,不得包括 II 类水体,且不得在 II 水体上新设排污

口。重点勘查规划区块 KZQ026、重点开采规划区块 CZQ004 涉及了饮用水源二级保护区，应将与饮用水源保护区重叠的规划开采区块范围调出，禁止在饮用水源保护区内设置新的矿区。"

报告书审查小组意见全部采纳了本评价提出的规划方案优化调整建议。

2）生态保护方面

报告书优化调整建议提出："规划目标应调整为'到规划期末，破坏矿山土地复垦率大于85%，历史遗留矿山的地质环境恢复治理率＞40%，新建矿山的地质环境恢复治理率达到 100%。'"

报告书审查小组意见基本采纳该调整建议，要求："按照《矿山生态环境保护与污染防治技术政策》(环发〔2005〕109 号)有关要求，加大矿山生态环境治理恢复力度，妥善解决规划实施中产生和现有矿山遗留的环境问题。对规划实施造成的生态影响，应采取相应的生态补偿和恢复等措施，切实减少开采活动对生态环境破坏。"

总体来说，规划环境影响评价文件审查小组意见采纳了本评价提出的主要调整建议，规划编制机关根据调整建议，对规划方案进行了优化调整。尤其是调整了涉及饮用水源保护区、地表水Ⅱ类水体、大气一类区和生态严控区等环境敏感目标的规划重点勘查规划区块和重点开采规划区块，对保护上述环境敏感目标起到了积极的作用。

6.2.5.4　经验启示

本次规划的某矿产重点勘查规划区块、重点开采规划区块、矿产地储备区块和保护区块等除极个别区块位于重点开发区外，其余区块均位于生态发展区（国家级重点生态功能区、省级重点生态功能区、国家级农产品主产区）。此外，该区域还分布有众多的饮用水源保护区、地表水Ⅱ类水体、大气一类区和生态严控区等环境敏感目标，生态环境十分敏感。如何在保护优先的前提下，合理开发利用矿产资源，维护区域生态系统安全格局，是本评价需要重点解决的问题。

矿产资源规划在实施过程中主要对生态环境和水环境造成影响，包括导致地形地貌改变、森林植被破坏、景观演替和生物群落多样性，以及水环境污染等。本评价采用地理信息系统＋叠图法将各规划区块与饮用水源保护区、地表水Ⅱ类水体、大气一类区和生态严控区等进行叠图分析，分析规划布局的环境合理性；选择生态足迹法，将生产性空间作为限制性因子，测度规划对生态承载力的占用情况，直观表达出规划区块对林地资源的占用量及其可持续性；采用生态敏感性评价方法分析矿产资源开采对生态系统的影响，提出各重点规划区优化管制关键问题，确保生态空间的严格保护。可见，针对该类规划的影响特征，选取了方便、有效的评价方法，对环境影响评价结果的准确表达起到了重要的支撑作用。

本次规划环境影响评价重点协调了规划布局与环境保护的关系，环境影响评价机构与规划编制机关在评价过程中多次进行沟通协调，将与重要环境敏感目标冲突的区块调出规划范围，使规划环境影响评价顺利通过了环保部门的审查。但是，由于本次规划环境影响评价介入的时间远落后于规划编制时间，导致规划环境影响评价所提及的许多优化调整建议无法在这一轮规划实施中得到具体落实，只能寄希望于下一轮规划修编时重点关注本次规划环境影响评价及审查意见提出的各项要求，使得规划环境影响评价的有效性大大降低。

总体来说，本次规划环境影响评价针对重点问题采取了适当的评价方法，提出了合理的

优化调整建议,但规划环境影响评价的作用已经大打折扣。从这个案例中可以看出,只有强化规划环境影响评价工作程序,做到早期介入,注重规划编制与规划环境影响评价的整合互动,规划环境影响评价才能更好地影响规划决策,为社会经济的可持续发展发挥应有的作用。

6.2.6 广东省某内河港总体规划环境影响评价

6.2.6.1 规划概况

根据《广东省内河航运发展规划》(2010~2020),某内河港是珠江三角洲北部地区发展外向型经济的重要支撑,是联系港澳国际市场、与珠江三角洲腹地之间物资交流的重要口岸,将发展成为具有多式联运、运输组织管理等功能的综合性港口。内河港包括 A 港区、B 港区、C 港区三大港区,主要运输货种为煤炭、石油和天然气制品、矿石、水泥、粮食、集装箱、其他件杂货等。按规划方案预测,内河港 2015 年、2020 年和 2030 年货物吞吐量分别为 1 900 万 t、2 450 万 t 和 3 200 万 t。根据内河航运需求和岸线资源情况,内河港共规划控制港口岸线长 69.5 km,其中,目前已利用港口岸线 8.1 km,规划新增港口货运及支持系统岸线 31.1 km(包括规划期内利用岸线 20.1 km 和预留发展岸线 11.0 km),规划港口滨水休闲岸线 30.3 km。内河港在三大港区规划了 14 个作业区,规划期末内河港泊位数将达到 284 个,较现状新增 142 个泊位,泊位规模 500 吨~5 000 吨级,陆域占地面积 810 hm²。水域方面,规划在 A 港区和 C 港区共布置了 4 个锚地,并对港池水域、航道等进行了规划。

6.2.6.2 方法应用

内河港规划活动涉及某市范围内大部分主要河流,而且部分河流分布着重要的饮用水源保护区。此外,港口活动带来多种人为活动,占用岸线资源较多,环境影响因素较多。尤其是运输货种多样,且涉及石油等,环境风险较大。因此,确定该规划环境影响评价的重点:一是通过对规划方案与饮用水源保护区之间位置关系的分析,解决其协调性和合法性问题;二是分析规划区岸线资源对规划实施的承载能力;三是识别规划潜在的风险源,分析规划实施所带来的环境风险。评价中的关键方法应用情况如下。

1) 规划分析

评价首先对内河港总体规划方案进行了梳理和初步分析,采用目前功能强大的地理信息系统软件 ArcGIS,通过采集、分析相关数据,重点进行了规划作业区码头泊位与饮用水源保护区叠图分析,分析内河港规划布局是否与饮用水源保护存在冲突。

根据叠图分析结果,规划柜三大港区部分作业区与饮用水源保护区存在重叠。以 B 港区为例,其规划泊位与饮用水源保护区的重叠情况如图 6.23 所示。

2) 岸线资源承载力分析方法

岸线资源是港口发展过程中所利用的重要资源,为评估内河岸线资源对规划的承载能力,评价采用岸线适宜性评价方法进行内河港岸线资源承载力分析。根据规划区域特点,从生产适宜性、生活适宜性、生态适宜性 3 个方面建立了岸线资源适宜性评价指标体系,并将各指标进行量化,得到规划利用岸线的综合评价结果,确定生态岸线、生活岸线、生产岸线三类的分布情景(图 6.24)和长度数据(表 6.17)。

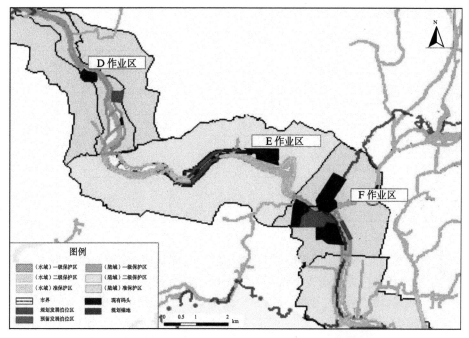

图 6.23　B 港区作业区与饮用水源保护区位置重叠图

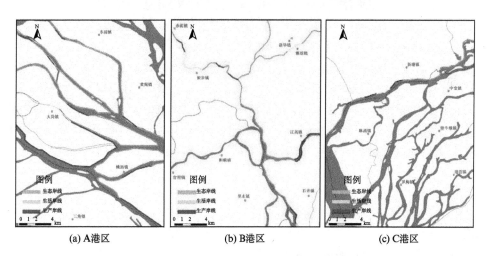

图 6.24　内河港岸线适宜性评价结果示意图

表 6.17　内河港岸段适宜功能分类统计表　　　　　　　　　　（单位：km）

港区名称	生态岸线	生活岸线	生产岸线	合计
A 港区	318	90	110	518
B 港区	232	16	38	286
C 港区	186	22	35	243
合计	736	128	183	1 047

　　将岸线适宜性评价结果与规划的岸线利用类型进行比较（表 6.18），可见各港区规划的港口岸线有 29.9 km 位于生态岸线（主要是饮用水源保护区），不宜进行开发利用，应进行调

整。其余岸线均符合相应的规划用途。

表 6.18　规划岸线利用类型与适宜岸线类型比较表

规划港区	规划岸线类型	规划总长度/km	位于各类适宜岸线长度/km		
			生态岸线	生活岸线	生产岸线
A 港区	规划港口岸线	24.5	2.1	0	22.4
	规划港口滨水休闲岸线	18	8.6	9.4	0
B 港区	规划港口岸线	7.9	2.9	0	5.0
C 港区	规划港口岸线	6.8	4.2	0	2.6
	规划港口滨水休闲岸线	12.3	12.1	0.2	0
合计		69.5	29.9	9.6	30.0

3）环境风险评价

内河港总体规划实施带来的环境风险主要是码头及船舶的排污和泄漏事故对水环境的影响，尤其是规划各港区涉及不少的饮用水源保护区，对饮水安全构成潜在的环境风险。规划区属于河网地区，评价采用三维水环境数学模型 EFDC 建立溢油模型所需的水动力模型、泥沙和吸附质模型。水动力模型采用 EFDC-Hydro 模块进行模拟；泥沙模型采用 EFDC-SED 模块，对悬浮泥沙的对流扩散、沉降再悬浮过程进行模拟；吸附质模型采用 EFDC-TOX 模块，模拟吸附态物质在水体、泥沙两相分配、输移及沉积、再悬浮过程。

本评价以规划 B 港区南部某码头发生溢油事故为例，模拟油膜漂移情况和石油烃浓度分布情况。设定该区域码头发生油品连续溢出，油类为 0 号柴油，溢出量为 50 m³，泄漏过程持续 5 h，风对油膜的拖曳系数值为 0.03，事故期间水温取实际监测平均温度，溢油轨迹模型油粒子数为 10 000 个，计算时间步长为 30 秒。根据前述参数，采用 EFDC 模型分枯季、洪季条件进行预测，获得油膜的漂移情况。根据洪季预测结果，随时间推移，油膜漂移距离逐步变远，90 h 后，油膜最大漂移距离达到了事故下游约 20 km 处，影响范围较大。通过预测分析，掌握了对饮用水源保护区存在较高环境风险的部分作业区。

6.2.6.3　成果采纳

根据上述 3 个方面的分析结果，结合其他专题对规划环境合理性综合论证的结论，本评价对规划方案中存在不合理的地方提出了针对性的优化调整建议，主要涉及饮用水源保护、现有码头整治、规划协调性、环境风险防范等几个主要方面。报告书审查意见对本评价给予了充分肯定，指出"报告书内容较全面，专题设置齐全，评价技术方法合理，环境影响分析、预测和评价结论基本可信，提出的主要规划补充完善建议和预防减缓不良环境影响的对策措施总体可行，评价结论基本可信。"

1）饮用水源保护方面

报告书优化调整建议提出："涉及饮用水源保护区的规划作业区设置，必须满足《中华人民共和国水污染防治法》《广东省饮用水源水质保护条例》等的相关要求。"

报告书审查意见采纳了该调整建议，要求："应取消规划中与《中华人民共和国水污染防治法》《广东省饮用水源水质保护条例》等法律法规相关规定不符的岸线和工程。"

审查会后，规划编制机关经与环境影响评价机构沟通与协调后，对规划方案进行了调

整,取消了位于饮用水源保护区内的规划发展泊位。以 B 港区的 G 作业区为例,该作业区规划发展泊位区位于饮用水源二级保护区,经评价建议,规划编制机关调整了规划方案,取消了该作业区规划的新建泊位(图 6.25)。

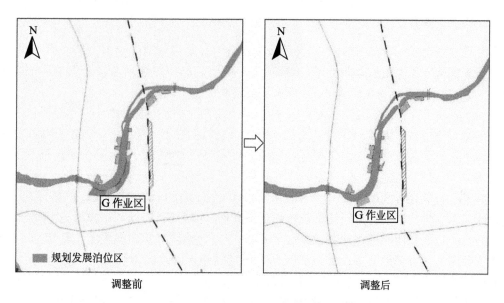

图 6.25　B 港区 G 作业区规划方案调整示意图

2) 现有码头整治方面

报告书优化调整建议提出:"规划方案应补充现有码头整治措施,督促现状存在环保问题的码头依法完善和履行相关手续,部分不符合饮用水源保护区相关规定的已建码头,建议规划单位和地方政府进行充分沟通和协调,通过关闭、搬迁、整合等方式,逐步整改不符合环保要求的码头。"

报告书审查意见基本采纳该调整建议,要求:"规划范围各港区已建码头泊位应整合利用,并督促其依法完善和履行相关手续,逐步调整、取缔规划范围内不符合规定的码头,确保港区建设符合《中华人民共和国水污染防治法》《广东省饮用水源水质保护条例》和《广东省跨行政区域河流交接断面水质保护管理条例》等的要求。"

3) 规划协调性方面

报告书优化调整建议提出:"规划港口作业区加强与各区、镇土地利用规划的协调,不得侵占基本农田。"

报告书审查意见基本采纳该调整建议,要求:"港区后方陆域发展必须与土地利用规划、陆域生态控制性规划相符。"

4) 环境风险防范方面

报告书优化调整建议提出:"加强港区作业区风险防范,各港区制定合理的风险防范措施,避免港区建设和运营对地表水体,尤其是饮用水体产生不利影响。"

报告书审查意见采纳了该调整建议,要求:"规划应补充完善港区应急响应体系建设规划,着眼于未来港区可能发生的事故风险隐患,完善区域联动体系,建设与港区规划相匹配的应急设施。"

　　总体来说,环境影响评价文件审查意见采纳了本评价提出的主要调整建议,规划编制机关根据调整建议,在规划中补充了现有码头的整治要求,对规划方案进行了优化调整,尤其是取消了饮用水源保护区内的规划泊位,对于饮用水的保护有十分显著的作用。

6.2.6.4　经验启示

　　内河港是地区性重要内河港口,其建设区域分布在某市域范围内的主要河流,而且部分河流分布着重要的饮用水源保护区,水环境十分敏感。如何在规划港口开发过程中注重环境保护,尤其是维系饮用水安全,是本评价需要解决的核心问题。

　　规划环境影响评价要根据规划本身的特点及其主要的环境影响特征,才能抓住这类港口交通类专项规划环境影响评价的关键,选择合适方法进行分析和评价。本评价采用 GIS 技术将规划作业区与饮用水源保护区的位置关系进行了清晰表述,为后续评价打下了良好基础;根据河网水系和溢油事故的特点,选择适用于该情形下的风险评价模型——EFDC,有效掌握了溢油事故对区域主要河流的潜在风险;评价依据港口建设对资源占用的特点,采用适宜性评价方法分析了内河河流岸线资源的适宜性,并与规划岸线利用方案进行比较,识别出规划功能与适宜功能存在冲突的岸线,为报告规划优化调整建议提供了论证依据。因此,本次重点评价内容采用了适用于该类规划环境影响评价特点的方法,具有很好的实用性和针对性,起到了有效评估规划实施对资源环境影响的作用。

　　本次规划环境影响评价过程中,环境影响评价与规划编制的互动特点十分突出。报告书通过技术审查会后,考虑到规划多个作业区涉及饮用水源保护区,不符合相关法律法规的要求,且对饮用水安全造成了一定的潜在威胁。环境影响评价机构与规划编制机关多次沟通、协调,最终对规划方案进行了适当调整,剔除了位于饮用水源保护区内的规划泊位,并据此对报告书进行了相应的修改完善,使规划环境影响评价顺利获得了环保部门的审查意见。但同时也折射出由于缺乏良好的协作型公众参与和部门会商机制,单靠环境影响评价机构和规划编制机关的沟通协调,作用有限,难以达到预期效果,导致规划调整意见落实时间过长,一定程度上制约了规划编制和审批过程。

　　总体来说,本次规划环境影响评价的优化调控作用十分显著,同时也真正发挥了规划环境影响评价源头控制的效用。从这个案例可以看出,规划环境影响评价的价值能否真正得到体现,关键在于规划环境影响评价过程能否与规划编制过程充分互动。规划环境影响评价只有影响规划决策,才能使规划方案充分体现绿色环保的理念,做到经济发展与环境保护协调、可持续发展。

7 研究结论与展望

7.1 研 究 结 论

本研究在系统回顾、总结国内外战略/规划环境影响评价发展历程和研究进展的基础上,对广东省规划环境影响评价的实践情况进行深入调研,剖析了规划环境影响评价存在的问题;结合规划影响环境的机理,从目标理论、方法理论和决策理论3个方面构建了符合广东省省情的规划环境影响评价核心理论体系;基于广东省区域发展和环境保护战略定位,筛选了工业项目集群、矿产资源、交通、旅游、能源、水利水电、城市建设七大类典型规划,进行了典型规划环境影响识别与评价指标体系构建;系统梳理了当前已有规划环境影响评价方法的适用范围,开展了针对广东省典型规划环境影响评价方法的应用研究,包括规划分析、资源环境承载力分析和环境影响评价等方法,明确了方法的适用情景和技术要点;针对不同行业、不同层次规划,完善了规划环境影响评价的工作程序、编制内容、多方协同、技术审查和实施监管等机制,创新了规划环境影响评价实施和管理模式,为广东省规划环境影响评价管理提供机制保障;选取1个规划环境影响评价相关政策研究课题和5个具有代表性的专项规划,开展了规划环境影响评价示范性案例研究,对核心理论、关键方法和管理机制进行适用性检验和经验总结,为广东省重点区域、重点行业规划环境影响评价工作提供了参考和借鉴。

7.1.1 主要研究创新点

(1)针对广东省发展面临的现实问题,构建了以实现"协调发展、绿色发展"两大可持续发展目标,以"多学科融合、协作型公众参与"规划环境影响评价模式为手段,以"空间布局、总量控制、环境准入'三位一体'和差别化"环境管理决策为导向的规划环境影响评价核心理论体系。填补了广东省规划环境影响评价理论体系方面的空白。

(2)开展了广东省规划环境影响评价关键方法的应用研究,采用耦合空气资源评价的大气环境承载力分析方法,进行规划空间布局优化和大气环境容量确定;引入地下水脆弱性评价方法(DRASTIC模型)进行规划的选址论证和布局优化;围绕区域生态完整性和分异规律、区域生态承载力和生态适宜性、区域生产资产评估等,建立区域生态影响定量评估方法体系;引入多介质逸度模型(Level Ⅲ模型),模拟规划实施产生的持久性有机污染物在多种环境介质当中的累积效应。构建了广东省规划环境影响评价的关键方法学体系。

(3)构建了基于利益相关方的协作型公众参与模式;提出了规划环境影响评价5阶段信息公开工作流程(环境影响评价基本信息、环境影响评价文件全本、公众参与汇编报告、审查意见、审查意见采纳情况说明);结合广东省实情,提出了对县级规划开展规划环境影响评价的管理建议。创新了广东省规划环境影响评价的工作模式和管理机制。

7.1.2　主要研究结论

7.1.2.1　规划环境影响评价发展历程与经验总结

战略环境评价已经在世界上多个主要国家和地区开展多年,并不断发展。战略环境评价引入我国后,以规划环境影响评价的形式确立了其法律地位,并在不同领域和区域进行了大量的实践,积累了宝贵的经验。研究人员也从规划环境影响评价的基础理论、评价方法和管理机制等进行了相关的研究,并取得了一定的成果,为规划环境影响评价的开展提供了重要的支撑。广东省是全国较早开展了规划环境影响评价的省份,主要经历了从区域环境影响评价开始推行逐步延伸到行业专项规划环境影响评价的发展过程,并以工业项目集群类的区域开发建设规划环境影响评价和专项规划环境影响评价两大类为主。

虽然我国规划环境影响评价在研究和实践方面取得了一定的成果,但仍面临规划环境影响评价基础理论研究不足、方法针对性不强、评价类别和层次不明、监管机制缺失和实施作用有限等诸多问题,阻碍了规划环境影响评价的有效开展,削弱了其在环境保护和可持续发展等方面的作用。因此,非常有必要开展规划环境影响评价的核心理论和关键方法研究以提高其针对性,通过完善和创新规划环境影响评价的工作模式与管理机制以提高其有效性。

7.1.2.2　规划环境影响评价核心理论体系构建结论

规划作为上层的战略决策,通过影响人类经济行为活动,进而产生各种社会、经济和环境的效应,从而对人类生态系统产生各种影响。我国是一个十分重视规划的国家,规划深入社会经济生活的各个方面,发挥着重要的作用。目前,我国总体上形成了“三级三类”的规划体系,即国家级、省(区、市)级、市县级三级,总体规划、专项规划、区域规划三类。我国规划管理总体上包括规划编制、规划审批和实施、规划的评估修订等几个方面。而规划环境影响评价作为规划管理中的重要制度,已经有机地结合到了规划管理的各个环节,承担了调控规划实施对环境影响的重要作用,且其作用在不断强化。

根据规划的内涵、作用和地位,本研究基于决策理论、系统理论、结构行为绩效理论分析了规划影响环境的发生机理,即规划影响环境来源于规划缺陷、超域效应和外部性,规划影响环境的发生方式主要是通过对各类资源进行调配和管控,并对各种行为方式,包括经济的、社会的和环境的进行调整和约束,从而产生相对应的环境影响。

规划实施的目标就是实现可持续发展,其核心是社会、经济与环境的协调发展和绿色发展。针对当前广东省面临的如何实现区域间的协调发展和社会经济的绿色发展这一难题,本研究构建了以实现“协调发展、绿色发展”两大主题的可持续发展为目标,以“多学科融合、协作型公众参与”规划环境影响评价模式为手段,以“空间布局、总量控制、环境准入‘三位一体’和差别化”环境管理决策为导向的规划环境影响评价核心理论体系,很好地解决了当前规划环境影响评价理论体系不全、目标导向不明、评价模式单一、决策支持不足等问题。紧扣区域发展面临的现实问题和环境保护需求,为广东省规划环境影响评价的开展提供了理论支撑。

7.1.2.3　规划环境影响特征研究结论

广东省规划类型多样。根据对区域发展战略定位的研判,本研究选取了具有代表性的

工业项目集群、矿产资源、交通、旅游、能源、水利水电和城市建设七大类典型规划,并对相应规划分类和规划内容进行了梳理。

规划实施造成的影响是多方面的。为了全面识别广东省典型规划实施可能影响的资源环境要素,并判断影响的性质、范围和程度,本研究筛选了矩阵法、网络法和压力-状态-响应分析法三种最为实用的规划环境影响识别与评价指标的建立方法。其中,矩阵法可直观地表示主体与受体之间的因果关系,能将矩阵中各资源环境要素与人类各种活动产生的累积效应很好地联系起来;网络法能明确表述环境要素间的关联性和复杂性,有效识别规划实施的支撑条件和制约因素;压力-状态-响应分析法将压力指标放在指标体系的首位,突出了压力指标的重要性,强调了规划实施可能造成环境与生态系统的改变,涵盖面广,综合性强。

本研究采用上述三种方法,从规划规模、结构和布局等方面分别识别了各类规划对区域资源消耗、环境污染和生态系统等方面的环境影响特征,给出各规划活动引发的开发行为对资源环境要素的影响途径和影响方式。同时,根据广东省环境保护战略要求,筛选出受规划影响大、范围广的资源环境要素,从资源利用、环境质量和生态保护等方面,建立各类规划环境影响评价的评价指标体系,为广东省典型规划环境影响评价工作提供参考。

7.1.2.4　规划环境影响评价关键方法应用研究结论

规划环境影响评价方法具有系统性、复合性、多样性特点。本研究结合广东省典型规划环境影响评价特点,基于"科学性、综合性、层次性、实用性"的原则,以降低规划方案不确定影响、解决区域资源环境约束、确保优化措施科学性为出发点,从规划分析、资源环境承载力分析、环境影响评价等方面筛选了具有针对性和适用性的规划环境影响评价关键方法。

在规划分析方法方面,根据规划分析的内容要求,选取情景分析法、系统动力学法和地理信息系统＋叠图法,针对各方法在规划环境影响评价中应用的特点,从方法的基本概念、应用步骤和案例示范等方面进行了详细论述。其中,地理信息系统＋叠图法主要用来分析规划布局与相关区划和规划的协调性;情景分析法用来分析和预测不同情景下的规划实施的环境影响程度,降低规划的不确定性分析带来的影响,为推荐环境可行的规划方案提供依据;系统动力学法主要用于辅助预测不同情景下的规划实施效果和环境影响。

在资源环境承载力分析方法方面,结合广东省七大类典型规划所涉及的资源、环境要素特征,分资源要素(水资源、土地资源、岸线资源、旅游资源)和环境要素(水环境、大气环境、生态等),选取了供需平衡分析法、总量指标分析法和生态学分析法等资源环境承载力分析方法。分述了各类方法的特点、适用范围和技术要点。其中,供需平衡分析法和总量指标分析法普遍适用于各类规划环境影响评价,方法简单,评价结果直观反映资源、环境压力情况,可信度高。生态学分析法能够综合反映生态系统和生物种的历史变迁、现状、存在问题,以及未来的发展趋势,是最常用的生态评价方法。

在环境影响评价方法方面,从环境要素(地表水、地下水、大气、生态)、环境风险和累积影响等方面,针对广东省七大类典型规划环境影响评价的具体内容及各典型区域的环境特征,选取了类比分析法、数值模拟法、生态学分析法等环境要素影响评价方法,数值模拟法和剂量-反应关系评价法等环境风险评价方法,以及数值模拟法和生态学分析法等累积影响评价方法。分述了各类方法的特点、内容、适用范围和技术要点。其中,类比分析法普遍适用于各类规划环境影响评价,方法简单、易行。数值模拟法能够定量描述多个环境因子和环境

影响的相互作用及因果关系,充分反映环境扰动的空间位置和密度,可分析空间、时间的累积效应,对各类规划的定量表达效果较好。剂量-反应关系评价方法适用于各类风险评价模型,评价结果能够反映风险条件下对人居、生态系统的影响程度。

7.1.2.5　规划环境影响评价管理机制研究结论

为强化规划环境影响评价的事中、事后监管,本研究从公众参与的介入时机和方式、环境影响评价文件审查程序、规划环境影响评价与建设项目环境影响评价联动、规划环境影响跟踪评价等方面充实和优化了现有规划环境影响评价的工作程序,提出规划环境影响评价的工作阶段应分为"准备阶段—文件编制阶段—文件审查及成果提交阶段—跟踪评价阶段"。

为增加规划环境影响评价文件编制的可操作性,本研究根据广东省规划分类和规划环境影响评价实际开展情况,修订和细化了编制环境影响报告书和环境影响篇章或说明的范围目录,并提出了对县级规划开展规划环境影响评价的建议。从加强"空间管制、总量管控和环境准入"的角度出发,优化了规划环境影响评价文件的编制要求,提出了广东省七大类典型规划环境影响评价文件的审查技术要点。

为增强规划可实施性和规划环境影响评价的有效性,本研究结合协作型公众参与理论,提出了构建协作型公众参与及信息公开机制优化建议。协作型公众参与模式涵盖了利益相关方的识别、交流、协商、综合分析等过程。研究认为,通过开展协作型公众参与,有效协同、良性互动,可使规划方案和规划环境影响评价更趋向合理,从源头化解规划项目的邻避效应。

为强化规划环境影响评价文件审查后的实施监管,本研究从规划审批机关对规划环境影响评价文件审查意见的反馈、规划发生重大变更或调整的界定和监管、规划环境影响评价与建设项目环境影响评价之间联动、规划环境影响跟踪评价等方面,提出了多项操作性强的优化建议,为规划实施监管提供参考。具体如下。

在规划审批机关对规划环境影响评价文件审查意见的反馈方面,提出要完善规划环境影响评价反馈机制,建立规划环境责任追究制度。建议规划审批机关应将采纳情况书面说明及批准后的规划文件反馈给环保部门,并针对规划实施过程中可能出现的环境问题,为明确责任类型和责任主体,列出了规划环境责任追究情形的界定清单。

在规划发生重大变更或调整的界定和监管方面,提出要制定规划变更或调整界定细则,建立规划与环保部门会商机制,以便相关部门进行判别和监管。同时,根据各类规划的环境影响特征,梳理了广东省七大类典型规划的重大变更或调整情形的界定清单。

在规划环境影响评价与建设项目环境影响评价之间的联动方面,提出要健全联动机制管理制度,加强行政管理系统间的联动。从完善环境影响评价全过程联动机制角度出发,优化了规划环境影响评价与建设项目环境影响评价联动程序、联动内容和联动管理要求,明确了规划环境影响评价包含的建设项目环境影响评价内容的简化清单。

在规划环境影响跟踪评价方面,建议尽快出台相关法规制度和技术规范,科学指导跟踪评价的有序开展。完善了跟踪评价的工作程序、评价内容和管理要求,提出了广东省典型规划需要开展环境影响跟踪评价情形的界定清单。

7.1.2.6　规划环境影响评价案例实证研究结论

选取广东省 1 个规划环境影响评价相关政策研究课题和 5 个具有代表性的专项规划环

境影响评价项目(包括工业产业发展规划、产业转移工业园规划、统一定点基地规划、矿产资源开发规划和港口交通规划等),开展了规划环境影响评价示范性案例研究,对核心理论、关键方法和管理机制进行适用性检验和经验总结。梳理了规划环境影响评价相关政策研究课题的研究背景、研究过程、研究内容、研究成果和成果应用等,归纳了 5 个规划环境影响评价项目的规划概况、评价过程、方法应用、成果采纳和经验启示等。

实证结果表明,案例涉及的核心理论对区域发展和环境保护具有很好的指导作用,所采用的关键方法具有很强的实用性和针对性,能有效评估规划实施对资源环境的影响,并为后续提出针对性的减缓措施提供了科学依据。案例实践经验从正反两方面验证了本研究提出的规划环境影响评价管理机制创新建议的必要性和合理性,为广东省重点区域、重点行业规划环境影响评价工作提供了参考和借鉴。

7.2 研 究 展 望

7.2.1 深入开展规划环境影响评价关键领域研究

虽然我国在规划环境影响评价理论方法研究和实践方面取得了一定的成果,但规划环境影响评价的模式与方法在宏观导向、微观调控和综合决策方面,尚难以满足需求。下一步应深入开展规划环境影响评价关键领域的研究,如环境容量、总量控制与监测、排污许可衔接研究、生态风险与人居安全研究、绿色发展体系研究、规划与规划环境影响评价的融合研究等。此外,应针对不同背景、层次、行业和领域的规划,加强规划环境影响评价方法的适用性和有效性案例研究,探索建立不同规划环境影响评价关键方法基础数据库,提高规划环境影响评价的科学性和准确性。

7.2.2 强化规划环境影响评价差别化环境准入管理

规划环境影响评价影响规划决策的过程,需要充分结合区域空间定位、社会经济特征、资源环境禀赋和环境管理要求,从产业准入条件、污染物排放标准、清洁生产要求、污染物总量控制等多个方面从强化规划环境影响评价的差别化环境准入管理。下一步应研究和制定重点区域、重点行业的资源环境效率、开发强度指数、污染负荷指数,提出综合性环境保护目标与指标体系,为制定区域、行业的环境准入负面清单以及规划环境影响评价文件审查与监管提供科学依据,真正发挥规划环境影响评价"以环境保护优化经济发展"的作用。

7.2.3 系统开展规划环境影响评价实施有效性评估

规划环境影响评价的有效性直接关系到规划实施的效果。规划环境影响评价有效性的保障依赖于从制度层面建立规划环境影响评价参与综合决策的机制,从操作层面开发规划环境影响评价融入规划编制过程的技术规范,并在规划实施阶段建立监督机制和跟踪评价制度。规划环境影响评价虽然开展多年,对规划环境影响评价有效性评估尚处于学术研究阶段。下一步应结合现有规划环境影响评价开展情况,着重从管理程序、内容设置、评价方法和规划实施保障措施等方面研究和制定规划环境影响评价有效性评估考核体系,定期开展规划环境影响评价有效性评估,以此作为规划环境影响跟踪评价、环境影响后评估、规划调整与变更、具体建设项目审批的重要参考依据。

参 考 文 献

安乐生. 2007. 地表水水质评价方法和水质预测模型的综合研究[D]. 青岛：青岛大学硕士学位论文.

白利平, 王业耀, 王金生, 等. 2011. 基于数值模型的地下水污染预警方法研究[J]. 中国地质, 38(6)：1653-1659.

包存宽. 2013. 公众参与规划环境影响评价、源头化解社会矛盾[J]. 现代城市研究, (2)：36-39.

包存宽. 2015. 基于生态文明的战略环境评价制度(SEA2.0)设计研究[J]. 环境保护, 43(10)：17-23.

包存宽, 陆雍森, 尚金城. 2004. 规划环境影响评价方法及实例[M]. 北京：科学出版社.

伯鑫, 丁峰, 徐鹤, 等. 2009. 大气扩散 CALPUFF 模型技术综述[J]. 环境监测管理与技术, 21(3)：9-13, 47.

蔡春玲. 2008. 规划环境影响评价与建设项目环境影响评价之比较[J]. 青海环境, 18(2)：62-65, 75.

曹德友. 2013. 航运发展规划的环境影响识别[J]. 上海船舶运输科学研究所学报, 36(4)：7-10.

曹淑艳, 谢高地. 2007. 表达生态承载力的生态足迹模型演变[J]. 应用生态学报, 18(6)：1365-1372.

曹玉清, 胡宽瑢, 李振栓. 2009. 地下水化学动力学与生态环境区划分[M]. 北京：科学出版社.

常高峰, 宁斌, 李万庆. 2010. 生态工业园区规划环境影响评价思路的探讨[J]. 环境科学与技术, 33(6E)：446-448, 466.

陈诚. 2013. 沿海岸线资源综合适宜性评价研究——以宁波市为例[J]. 资源科学, 35(5)：950-957.

陈凤先. 2008. 区域规划环境影响跟踪评价理论及实践研究[D]. 北京：北京化工大学硕士学位论文.

陈捷, 吴仁海. 2014. 规划环境影响评价与建设项目环境影响评价联动机制的健全对策研究. 中国环境科学学会学术年会论文集[C]. 1015-1020.

陈耀. 2006. 推动我国区域协调发展的新思路[J]. 中国社会科学院院报, (3)：1-2.

陈永灿, 刘昭伟, 朱德军. 2012. 水动力及水环境模拟方法与应用[M]. 北京：科学出版社.

陈瑜, 相景昌, 宋宝德. 2015. 城市新区基础设施建设专项规划环境影响评价要点探讨[J]. 环境与发展, 27(3)：27-31.

丁飞, 何霖, 张奇林, 等. 2008. Visual MODFLOW 在平原型水库水环境数值模拟中的应用[J]. 水资源与水工程学报, 19(2)：79-81.

丁峰,赵越,伯鑫.2009.ADMS 模型参数的敏感性分析[J].安全与环境工程,16(5):25-29.

董博.2007.规划环境影响评价方法研究[D].北京:北京化工大学硕士学位论文.

董成森.2009.森林型风景区旅游环境承载力研究[J].经济地理,29(1):160-164.

董翊明.2011.城乡规划与《规划环境影响评价条例》衔接策略探讨[J].规划师论丛,(2):71-76.

都小尚,刘永,郭怀成,等.2011.区域规划累积环境影响评价方法框架研究[J].北京大学学报(自然科学版),47(3):552-560.

杜胜品,孔建益,熊玲.2003.城市轨道交通线网规划方案评价指标体系研究[J].武汉理工大学学报(交通科学与工程版),27(6):841-844.

段勇.2007.城市总体规划环境影响评价技术要点和案例研究[D].长春:吉林大学硕士学位论文.

樊建民.2014.规划与谋划[M].北京:中国经济出版社.

范丽媛.2015.山东省生态红线及生态空间管控研究[D].济南:山东师范大学硕士学位论文.

傅世锋,张平,蒋金龙.2012.基于开发区规划环境影响评价的土地资源承载力评价[J].应用生态学报,23(2):459-467.

高吉喜.2013.区域生态资产评估——理论、方法与应用[M].北京:科学出版社.

高洁宇.2013.基于生态敏感性的城市土地承载力评估[J].城市规划,37(3):39-42.

郭怀成,都小尚,刘永,等.2011.基于景观格局分析的区域规划环境影响评价方法[J].地理研究,30(9):1713-1724.

国家环境保护局.GB/T3840—91 制定地方大气污染物排放标准的技术方法[S].

国家环境保护局.HJ/T2.3—93 环境影响评价技术导则 地面水环境[S].

何彤慧,夏贵菊,王茜茜.2014.区域开发的生态累积效应研究进展[J].生态经济,30(5):82-85,102.

何璇,包存宽.2013.情景分析法在城市环境规划中的应用——以《太仓市城市环境规划》为例[J].环境规划,32(1):119-123.

何英彬,陈佑启,杨鹏,等.2009.国外基于 GIS 土地适宜性评价研究进展及展望[J].地理科学进展,28(6):898-904.

贺楠.2008.规划环境影响评价环境影响界定及评价指标确立的方法研究[D].北京:北京化工大学硕士学位论文.

贺涛,桑燕鸿,白中炎.2014.战略环境影响评价机制与实施[M].北京:化学工业出版社.

贺晓华.2010.中尺度城市大气环境容量研究[D].成都:西南交通大学硕士学位论文.

胡博.2008.地理信息系统在环境影响评价中的应用研究[D].西安:长安大学硕士学位论文.

胡二邦.2009.环境风险评价实用技术、方法和案例[M].北京:中国环境科学出版社.

华建伟.2009.矿产资源规划环境影响评价的理论与实践[D].南京:南京大学.

环境保护部.HJ130—2014 规划环境影响评价技术导则[S].

环境保护部.HJ2.2—2008 环境影响评价技术导则 大气环境[S].

环境保护部.HJ 610—2016 环境影响评价技术导则 地下水环境[S].

环境保护部自然生态保护司.2014.国家生态保护红线—生态功能红线划定技术指南(试行)
　　[S].

黄爱兵,包存宽.2010.环境影响跟踪评价实践与理论研究进展[J].四川环境,29(1)：91-96.

黄宝荣,欧阳志云,郑华,等.2006.生态系统完整性内涵及评价方法研究综述[J].应用生态
　　学报,17(11)：2196-2202.

黄成.2006.行为决策理论及决策行为实证研究方法探讨[J].经济经纬,(5)：102-105.

黄程.2012.广东省水利规划体系浅探[J].广东水利电力职业技术学院学报,10(2)：9-12.

黄平.1996.水环境数学模型及其应用[M].广州：广州出版社.

蒋宏国,林朝阳.2004.规划环境影响评价中的替代方案[J].环境科学动态,(1)：11-13.

鞠美庭,张裕芬,李洪远.2006.能源规划环境影响评价[M].北京：化学工业出版社.

瞿群.2006.流域水电规划环境影响评价研究——以黑河干流(黄藏寺～莺落峡河段)水电梯
　　级开发规划环境影响评价为例[D].兰州：兰州大学硕士学位论文.

寇刘秀,包存宽.2006.公路网规划环境影响评价指标体系研究[J].中央民族大学学报(自然
　　科学版),15(2)：177-182.

蒯鹏,李巍,成钢,等.2014.系统动力学模型在城市发展规划环境影响评价中的应用——以
　　山西省临汾市为例[J].中国环境科学,34(5)：1347-1354.

雷炳莉,黄圣彪,王子健.2009.生态风险评价理论和方法[J].化学进展,21(2/3)：350-358.

李明光.2003.战略环境评价在中国的发展及方法学探讨[J].中国人口、资源与环境,13(2)：
　　23-27.

李绅豪,龚晶晶,恽晓雪,等.2008.基于利益相关方分析法的规划环境影响评价公众参与研
　　究[J].环境污染与防治,30(2)：68-71.

李松柏,朱坦.2014.融入能源"脱钩"理论的城市规划战略环境影响评价研究[J].生态经济,
　　30(1)：16-19.

李天威,周卫峰,谢慧,等.2007.规划环境影响管理若干问题探讨[J].环境保护,384(118)：
　　22-25.

李巍.1998.面向可持续发展的战略环境影响评价[J].中国环境科学,18：66-69.

李新科,叶媛博,凌志艺.2011.广东省规划环境影响评价的实践分析[J].环境,2：12-13.

李越越.2010.工业园区规划环境影响评价主要问题实例分析[J].环境与可持续发展,5：
　　10-13.

梁波,陆雍森,杨瑾,等.2004.城市交通规划环境影响评价的特点和案例研究[J].交通环保,
　　25(1)：10-14.

廖嘉玲,彭勇,刘政,等.2013.基于多层面联动理念的规划环境影响评价与建设项目环境影
　　响评价联动机制研究[A].中国环境科学学会学术年会论文集[C].3136-3140.

廖千家骅.2007.铁路规划环境影响评价指标体系研究[D].成都：西南交通大学硕士学位
　　论文.

林道辉.2002.环境与经济协调发展理论研究进展[J].环境污染与防治,24(2)：120-123.

刘桂友,徐琳瑜.2007.一种区域环境风险评价方法——信息扩散法[J].环境科学学报,27
　　(9)：1549-1556.

刘慧,郭怀成,盛虎,等.2012.系统动力学在空港区域规划环境影响评价中的应用[J].中国

环境科学,32(5)：933-941.

刘丽,王体健,李宗恺,等.2011.区域空气资源的评估方法及其在台湾海峡西岸地区的应用[J].环境科学学报,31(9)：1872-1880.

刘小琳,罗秀豪.2012.广东实施绿色发展战略的对策建议[J].科技管理研究,(7)：37-40.

刘晓飞.2008.规划环境影响评价中大气环境容量计算的探讨[D].厦门：厦门大学硕士学位论文.

刘信安,吴方国.2004.多介质环境模型研究太湖藻类生物量对 POPs 的影响[J].安全与环境学报,4(1)：3-7.

刘毅,陈吉宁,范琳,等.2007.城市规划环境影响评价中公众参与研究方法与案例[J].中国环境科学,27(3)：428-432.

刘毅,李天威,陈吉宁.2007.生态适宜的城市发展空间分析方法与案例研究[J].中国环境科学,27(1)：34-38.

路永正,阎百兴,李宏伟,等.2008.松花江鱼类中汞含量的演变趋势及其生态风险评价[J].农业环境科学学报,27(6)：2430-2433.

罗育池,宋宝德,阮文刚.2015.矿产资源开发对地下水环境的影响及对策——以广东省封开县某矿区为例[J].南水北调与水利科技,13(2)：289-293.

马铭锋,陈帆,吴春旭.2012.规划环境影响评价技术方法的研究进展及对策探讨[J].生态经济,31-36.

马蔚纯,赵海君,李莉,等.2015.区域规划环境影响评价的空间尺度效应——对上海高桥镇和浦东新区的案例研究[J].地理科学进展,(34)6：739-748.

毛文锋,张淑娟.2004.可持续发展与战略环境评价[J].上海环境科学,23(3)：5-60.

毛文锋,张淑娟.2004.可持续发展与战略环境评价[J].上海环境科学,23(3)：5-60.

孟素花,费宇红,张兆吉,等.2011.华北平原地下水脆弱性评价[J].中国地质,38(6)：1607-1613.

孟伟庆,李洪远,鞠美庭,等.2009.规划环境影响评价的案例研究[J].环境与可持续发展,(2)：18-21.

聂新艳.2012.规划环境影响评价中区域生态风险评价框架研究[J].环境工程技术学报,13(2)：154-161.

聂新艳.2012.规划环评中区域生态风险评价技术研究[D].长沙：湖南师范大学硕士学位论文.

牛文元.2012.生态文明与绿色发展[J].青海科技,4：40-43.

潘岳.2004.环境保护与公众参与[J].前沿论坛,(13)：12-13.

潘岳.2005.战略环境影响评价与可持续发展[J].环境保护,9：10-14.

逄勇,陆桂华.2010.水环境容量计算理论及应用[M].北京：科学出版社.

彭王敏子.2009.规划环境影响评价中环境风险评价方法的探究与实践[D].厦门：厦门大学硕士学位论文.

彭泽洲,杨天行,梁秀娟,等.2007.水环境数学模型及其应用[M].北京：化学工业出版社.

钱家忠.2009.地下水污染控制[M].合肥：合肥工业大学出版社.

尚金城,包存宽.2003.战略环境评价导论[M].北京：科学出版社.

舒廷飞,霍莉,蒋丙南,等.2006.城市规划与规划环境影响评价融合的思考与实践[J].城市规划学刊,(4)：29-34.

舒艳,王亚男,李时蓓,等.2011.铅污染物在土壤中累积影响评价方法研究[A].重金属污染防治技术及风险评价研讨会论文集,180-189.

宋国军.2008.环境政策分析[M].北京：化学工业出版社.

覃广信.2014.工业园区规划环境影响评价要点分析[J].科技与创新,3：150.

谭文清,孙春,胡婧敏,等.2008.GMS在地下水污染质运移数值模拟预测中的应用[J].东北水利水电,26(286)：54-55.

汪劲.2007.欧美战略环境评价法律制度中的主体比较研究[J].国际瞭望,(19)：86-89.

王灿发.2004."战略环境评价"法律问题研究[J].法学论坛,19(3)：13-19.

王海伟,王波.2013.环境累积影响评价方法及在水利工程中的应用[J].中国农村水利水电,(11)：20-23.

王华东,姚应山.1991.区域环境影响评价有关问题的探讨[J].中国环境科学,11(5)：392-395.

王坚.2013.基于ISCST3模型的危险废物焚烧设施累积性环境影响分析[J].科技创新导报,30：38-42.

王靖楠,邓杨帆,李强,等.2014.规划环境影响评价中公众参与探讨研究[J].环境科学与管理,39(1)：176-179.

王灵丹.2013.旅游环境承载力在旅游规划环境影响评价中的应用研究——以某国际旅游岛旅游规划环境影响评价为例[J].环境,28-29.

王暖,仵彦卿.2011.驱动力—压力—状态—影响—响应/网络分析法整合模型在上海宝山区产业规划方案评价中的应用[J].环境污染与防治,33(7)：105-110.

王青,李富程,廖方伟,等.2015.省级矿产资源规划环境影响评价关键技术研究[M].北京：科学出版社.

王庆改,丁峰,何友江,等.2012.WRF和MM5模式及其模拟结果对比分析[A].第二届大气环境影响评价国际研讨会.

王铁军.2008.贵阳市浅层地下水污染健康风险初步评价[D].贵州：贵州大学硕士学位论文.

王小燕.2013.AERMOD在区域大气环评中的应用研究[D].兰州：兰州大学硕士学位论文.

王兴华,门明新,王树涛,等.2010.基于生态足迹的土地资源可持续发展容量与潜在转换关系[J].生态学报,30(14)：3772-3783.

王行风,汪云甲,马晓黎,等.2011.煤矿区景观演变的生态累积效应——以山西省潞安矿区为例[J].地理研究,30(5)：879-892.

王修林,李克强,石晓勇.2006.胶州湾主要化学污染物海洋环境容量[M].北京：科学出版社.

王璇.2012.规划环境影响评价文件审查制度研究[D].苏州：苏州大学硕士学位论文.

王亚男,赵永革.2006.空间规划战略环境评价的理论、实践及影响[J].规划研究,(3)：20-25.

王亚炜,魏源送,刘俊新.2008.水生生物重金属富集模型研究进展[J].环境科学学报,28

(1)：12-20.

王燕云,刘花台.2010.规划环境影响评价有效性的评估及对策[A].中国环境科学学会学术年会论文集[C].1616-1621.王志霞.2007.区域规划环境风险评价理论、方法与实践[D].上海：同济大学博士学位论文.

魏国孝,王德军,王刚,等.2007.GIS技术和FEFLOW在酒泉东盆地地下水系统数值模拟中的应用[J].兰州大学学报(自然科学版),43(6)：1-6.

吴静.2007.累积影响评价在战略环境评价实践中的应用[J].城市环境与城市生态,20(4)：44-46.

吴维海.2015.政府规划编制指南[M].北京：中国金融出版社.

吴志华.2006.旅游专项规划环境影响评价指标体系研究[D].合肥：合肥工业大学硕士学位论文.

仵彦卿.2012.多孔介质渗流与污染物迁移数学模型[M].北京：科学出版社.

夏大慰.1999.产业经济学产业组织与公共政策：哈佛学派[J].外国经济与管理,(8)：3-5.

肖波,钱瑜.2009.规划环境影响评价技术方法发展现状及其局限[J].环境科技,22(3)：58-60.

谢进川.2005.关于差异化管理的理论探讨[J].理论前沿,(23)：22-23.

熊鹰.2013.生态旅游承载力研究进展及其展望[J].经济地理,33(5)：174-181.

徐东.2008.关于中国现行规划体系的思考[J].经济问题探索,(10)：181-185.

徐鹤,白宏涛,王会芝,等.2012.规划环境影响评价技术方法研究[M].北京：科学出版社.

徐鹤,陈永勤,林建枝,等.2010.中国战略环境评价理论与实践[M].北京：科学出版社.

徐鹤.2012.规划环境影响评论技术方法研究[M].北京：科学出版社.

徐鹤,朱坦,贾纯荣.2000.战略环境影响评价(SEA)在中国的开展——区域环境评价(REA)[J].城市环境与城市生态,13(3)：4-10.

徐美玲,包存宽.2010.中国规划环境影响评价管理制度剖析[J].中国地质大学学报,10(6)：45-48.

薛文博,王金南,杨金田,等.2013.国内外空气质量模型研究进展[J].环境与可持续发展,(3)：14-20.

杨春玲,邢世录,韩爱中.2007.地下水系统数值模拟的研究进展[J].内蒙古科技与经济,21：305-307.

杨亮,吕耀,郑华玉.2010.城市土地承载力研究进展[J].地理科学进展,29(5)：593-600.

杨永恒.2012.发展规划理论、方法和实践[M].北京：清华大学出版社.

杨志峰,胡廷兰,苏美蓉.2007.基于生态承载力的城市生态调控[J].生态学报,27(8)：3224-3231.

尹航.2008.规划环境影响评价中的风险评价研究[D].北京：北京化工大学硕士学位论文.

原政云.1997.矩阵法在环境影响评价中的应用[J].环境工程,15(1)：55-58.

云巴图.2014.风电项目环境影响评价指标研究[D].北京：华北电力大学硕士学位论文.

翟绍岩,赵敏,徐永清,等.2007.AERMOD模型原理及应用[J].中国科技论文在线.

张焘,仇雁翎,朱志良,等.2012.有机污染物的持久性评价方法研究进展[J].化学通报,75(5)：420-424.

张海凤,王瑾,洪坚平.2010.规划环境影响评价中环境敏感性评价——以忻州市为例[J].山西农业大学学报(自然科学版),30(3)：263-269.

张晖.2009.基于PSR模型的大气复合污染情景分析指标体系研究——以广州市为例[D].北京：中国环境科学研究院硕士学位论文.

张静,钱瑜,张玉超.2010.基于GIS的景观生态功能指标分析[J].长江流域资源与环境,19(3)：299-304.

张静,钱瑜,张玉超.2010.基于GIS的景观生态功能指标分析[J].长江流域资源与环境,19(3)：301-304.

张思锋,刘晗梦.2010.生态风险评价方法述评[J].生态学报,30(10)：2735-2744.

张万顺,徐艳红.2013.基于水质目标的水环境累积风险评估模型[J].环境科技,(5)：51-54.

张小平,王兆雨,赵飞,等.2014.高铁区域生态环境累积影响评价方法研究[J].石家庄铁道大学学报(社会科学版),8(4)：23-27.

张秀红,王琦,贺达观,等.2012.生态承载力分析在城市总体规划环境影响评价中的应用——以江苏省宿迁市城市总体规划为例[J].江西农业学报,24(2)：150-152.

张学斌,石培基,罗君,等.2014.基于景观格局的干旱内陆河流域生态风险分析——以石羊河流域为例[J].自然资源学报,29(3)：410-419.

赵芳敏,王大志,巍欣.2007.港口总体规划环境影响评价研究[J].环境科学与技术,30(7)：64-67.

郑子航,彭荔红.2010.规划环境影响评价与建设项目环境影响评价关系的探讨[J].中国环境科学学会学术年会论文集[C].1612-1615.

钟林生,徐建文.2008.旅游规划的环境影响识别探讨[J].长江流域资源与环境,17(5)：814-818.

周慧霞.2010.突发性大气污染事件人群健康风险评价技术研究[D].北京：中国疾病预防控制中心硕士学位论文.

周盈涛.2008.GIS叠图法在山地高速公路环境影响评价中的应用浅析[J].环境科学导刊,27(6)：95-97.

周影烈,郭茹,包存宽,等.2009.规划环境影响跟踪评价初探[J].环境污染与防治,31(6)：84-88.

周永红,赵言文,施毅超.2007.水利规划环境影响识别及评价指标体系——以南通市为例[J].节水灌溉,0(8)：89-91.

朱红云,杨桂山,万荣荣,等.2005.港口布局中的岸线资源评价与生态敏感性分析——以长江干流南京段为例[J].自然资源学报,20(6)：851-857.

朱惠琴,席磊,郭梅修,等.2011.基于信息扩散法的区域规划环境风险评价方法探讨[J].环境科学与管理,36(9)：159-163.

朱坦,鞠美庭.2003.战略环境评价的发展趋势及在中国实施的管理程序和技术路线[J].中国发展,(1)：21-26.

朱坦,吴婧.2005.当前规划环境影响评价遇到的问题和几点建议[J].环境评价,4：50-54.

朱香娥.2008."三位一体"的环境治理模式探索——基础市场、公众、政府三方协作的视角[J].价值工程,(11)：9-11.

朱一中,夏军,谈戈. 2002. 关于水资源承载力理论与方法的研究[J]. 地理科学进展,21(2):180-188.

朱祉熹. 2010. 我国战略环境评价中的情景分析研究[D]. 南京:南开大学博士学位论文.

G. A. Briggs. 1985. Analytical parameterizations of diffusion:The convective boundary layer[J]. Journal of Applied Meteorology,24:1167-1186.

Glenn W. Suter Ⅱ. 2011. 生态风险评价(第二版)[M]. 尹大强,林志芬,刘树深等译. 北京:高等教育出版社.

J. C. Weil, 1991. Appendix C:Discussion of lofting model and related dispersion models. Modification of hybrid plume dispersion model(HPDM)for urban conditions and its evaluation using the Indianapolis data set. Vol. Ⅱ. Electric Power Research Institute Rep. A089-1200 Ⅱ, Electric Power Research Institute, Palo Alto, CA, 160 pp.

J. C. Weil, R. P. Brower. 1984. An update Gaussian plume model for tall stacks[J]. Journal of the Air & Waste Management Association,34:818-827.

Lobos V,Partidário M R. 2014. Theory versus practice in strategic environmental assessment(SEA)[J]. Environment Impact Assessment Review,48:34-46.

Pope J,Bond A,Morrison-Saunder A,et al. 2013. Advancing the theory and practice of impact assessment:setting the research agenda[J]. Environment Impact Assessment Review,41:1-9.

Therivel R. 2010. Strategic environmental assessment in action. 2nd ed. London[M]. UK:Earthscan Publications Ltd.